Gestion de la relation client

Collection *Solutions d'entreprise* dirigée par Guy Hervier

René Lefébure • Gilles Venturi

Gestion de la relation client

Édition 2005

EYROLLES

ÉDITIONS EYROLLES
61, bd Saint-Germain
75240 Paris Cedex 05
www.editions-eyrolles.com

Préface

En achetant ce livre, vous attendez peut-être des réponses sur le bien fondé d'un projet CRM. Aussi permettez-moi de vous faire partager en quelques lignes mes convictions.

Lorsque j'ai lu la première édition de ce livre, je conduisais, à cette époque-là et depuis deux ans, un projet CRM pour les AGF, avec toutes les questions et incertitudes qu'entraîne un projet novateur de ce type ; nous étions dans les années 2000-2001.

Ce livre, je l'ai dévoré, retrouvant au fil des pages les problèmes que nous avions dû résoudre tout au long du développement du projet. J'ai pris alors contact avec Soft Computing pour rencontrer les auteurs de cet ouvrage et échanger avec eux sur le sujet. Depuis, René Lefébure nous accompagne dans la mise en œuvre de notre data warehouse. Son esprit de synthèse, son sens pédagogique, son pragmatisme et sa compétence nous permettent de progresser dans des domaines souvent nouveaux pour nous.

Il s'agit d'une merveilleuse aventure que vous ne regretterez pas d'avoir vécue. Cependant, avant de vous lancer, assurez-vous que les quelques points incontournables suivants sont respectés. Tout d'abord, il est essentiel de garder à l'esprit que ce projet doit concourir au développement de votre entreprise et non du vôtre. Ensuite, un investissement CRM doit s'inscrire dans le cadre de la stratégie de votre entreprise et non le contraire. Enfin, il est primordial que ce projet soit conduit par les utilisateurs et non par les informaticiens. En effet, l'informatique finit toujours par fonctionner mais les hommes, eux, ne marcheront jamais s'ils n'adhèrent pas.

Si ces trois points sont acquis, vous pouvez vous jeter à l'eau mais dites-vous bien que la mer ne sera jamais calme, elle sera seulement plus ou moins agitée. En effet, un projet transversal comme celui-ci est contre nature dans nos entreprises verticalisées et organisées par silos. C'est la force du projet qui déclenchera l'adhésion de tous et non le pouvoir des hommes. Il est donc essentiel que ce soit un projet collectif et non l'affaire de quelques-uns. Le nom donné au projet est capital parce que tout le monde doit pouvoir se l'approprier. Mais soyez sans crainte, ce projet attirera les « bons » et créera ainsi une formidable dynamique.

Déployer un projet CRM avec succès ne suffit pas, faut-il encore le rentabiliser. Dans les deux cas, René Lefébure insiste d'ailleurs beaucoup sur ce point, mettez-vous d'accord sur les indicateurs de mesure avant de commencer.

Nous en avions retenu deux pour la phase de déploiement et deux pour la phase de retour sur investissement. Ces indicateurs sont de véritables étoiles qui vous guideront tout au long de l'aventure et vous éviteront de vous perdre sur des voies secondaires.

Enfin, il me reste un dernier message à vous faire partager : restez calme et serein — car un CRM, ça marche ! — mais surtout lisez ce livre, il vous économisera quelques nuits blanches à vous demander quelles décisions prendre face à des choix toujours incertains.

Xavier Harlay
Directeur Marketing
Responsable du projet CRM des AGF assurfinance

Remerciements

« L'homme raisonnable s'adapte à son environnement, l'homme déraisonnable essaye sans cesse d'adapter son environnement à lui. Aussi, tout progrès dépend-il de l'homme déraisonnable. »

Georges Bernard Shaw

La mise à jour d'un livre se révèle souvent plus difficile que son écriture ! Il faut rechercher patiemment dans le texte original les idées qui restent d'actualité, comprendre les causes d'obsolescence de certains thèmes avant de compléter avec les nouveautés. Il faut dégager les tendances véritables des effets de mode. Enfin, il faut oser se positionner et accepter de se tromper. S'agissant d'un livre sur la gestion de la relation client dont la première édition a été écrite en 2000, les évolutions ont été très importantes, mais si nous ne devons retenir qu'une seule idée, alors nous pouvons dire que le marché du CRM est passé en quatre ans de l'utopie à la réalité, du discours aux actes. Les entreprises pionnières ont constaté des difficultés de mise en œuvre, de mesure des retours sur investissement, voire davantage dans la mise en œuvre du concept. Pendant ces quatre années, nous avons vécu ce retournement de tendance, cette évolution, ce qui nous a conduits à reformaliser notre vision du marché à l'occasion de cette nouvelle édition.

Heureusement, la première édition avait su attirer l'attention sur la complexité et la difficulté de ces projets. Elle avait su présenter les concepts sans tomber dans les superlatifs. Le client ne nous avait jamais paru simple à gérer. Nous avons choisi de conserver cet angle de vision en élargissant progressivement le « scope » de la gestion de la relation client. Aujourd'hui, il nous semble évident que la gestion de la relation client n'est pas un effet de mode, mais que sa validation ne passe pas par le seul prisme du client. La gestion de la relation client est transverse et s'accompagne d'impacts importants sur l'organisation des tâches avec une recomposition des processus, et une révision des pratiques comptables. Il ne s'agit pas de satisfaire seulement le client, il faut aussi satisfaire les salariés et les actionnaires.

Nous avons cherché à introduire dans cette mise à jour nos expériences. Le contenu de ce livre est le résultat de notre travail de consultants dans des projets de gestion de la relation client depuis une quinzaine d'années. Le savoir-faire que nous avons accumulé sur les concepts, les solutions et les retours d'expérience en matière de gestion de la relation client est le fruit des échanges et des rencontres avec de nombreux utilisateurs, formateurs, fournisseurs de logiciels, responsables d'entreprise dans de nombreux secteurs d'activité. Ceux-ci ont bien voulu nous faire confiance pour prendre en charge tout ou partie de leurs projets ; ceux-là nous ont abreuvés d'informations ou de formation qui nous ont facilité la construction d'une vue d'ensemble, que nous avons voulu partager dans cet ouvrage.

Certains exemples et certaines idées s'inspirent de ces rencontres et travaux. Ce livre appartient donc à tous ces amis, collaborateurs, supporters et clients enthousiastes. Il est impossible de mentionner toutes les personnes qui ont contribué, d'une manière ou d'une autre, au contenu de ce livre, mais nous tenons à remercier plus particulièrement certaines personnes pour le support qu'elles nous ont apporté ces dernières années :

Les enseignants, formateurs, « coacheurs » d'idées : M. Berdugo et le groupe HEC, M. Méry et l'EFMA, Mme Maubourget et l'ESC de Pau, M. Groussin et la Confédération du Crédit Mutuel, M. Ait Hennani et Lille II, M. Leddet et l'IFCAM, M. Salerno et l'IAE de Lille, pour nous avoir permis d'animer un cours sur la gestion de la relation client, enfin M. Dubois, pour sa direction dans le cadre d'une thèse d'État en Marketing.

Les personnes qui nous ont permis de participer, comprendre, interpréter et apprécier la mise en œuvre de certains projets : Mme Assathianny-Leroux, Mme Allard, Mme Benach, Mme Bremer, Mme Dobbleare, Mme Gay, Mme Latour, Mlle Meslier, Mme Poteau, Mme Tesseidre, Mme Raymond, M. Ayat, M. Beauvillain, M. Blanville, M. Buchart, M. Ciraudo, M. Charretier, M. Chiboutt, M. Chedanne, M. De La Breteche, M. Diéval, M. Dubois, M. Escaffre, M. Harlay, M. Josserand, M. Leleu, M. Lentz, M. Mahé, M. Mouveroux, M. Pelletier, M. Pinault, M. Sauret, M. Sauzay, M. Thomas.

Nous tenons également à remercier particulièrement certaines sociétés pour leur contribution : AGF, Apec, AOL, Bayard Presse, Biogaran, BNP, CCF-HSBC, Club Internet, Cofidis, Covefi, Crédit Agricole, DHL, Fenwick, FNAC, Franfinance, Groupe Caisse d'Epargne, ING Belgique, Noos, La Poste, Orcanta, Printemps, Société Générale, Sodelem, System U, UBP, Wanadoo.

Enfin, nous souhaitons remercier certaines personnes qui nous ont aidés à écrire ce livre :

- Mlle Vlaminck pour son travail de recherche auprès des éditeurs de gestion de campagnes et son support constant dans les missions.
- M. Culligan, M. Adam, M. Mouheb pour leur travail de recherches auprès des éditeurs de logiciels de forces de vente.
- Les étudiants de la licence professionnelle en SID de Lille 2 pour leur travail de recherche d'informations.
- Les compagnons invisibles de ce livre qui nous ont aidés par leur soutien : Me Benach, Mme Parent, M. Clerquin, M. Mouheb.
- L'ensemble des consultants de Soft Computing qui nous ont accordé du temps pour relire, compléter et alimenter ce livre.

René Lefébure remercie l'université de Lille II, et plus spécifiquement les enseignants et étudiants de l'IUT C de Roubaix, pour la confiance accordée depuis de nombreuses années.

Ce livre a été conçu avec l'aide des experts de Soft Computing, qui apportent des conseils et mettent en œuvre des solutions pour mesurer et mieux tirer profit du capital client. Merci à toute l'équipe du Groupe Soft Computing, à laquelle ce livre est dédié.

Table des matières

Partie I

Définition et périmètre du CRM

Partie II

Panorama de l'offre et des outils

Partie III

Réussir son projet CRM

Partie IV

Annexes

Introduction

« Auparavant, dans l'économie, les biens corporels représentaient 80 % de l'actif de la plupart des entreprises. Aujourd'hui, il est probable que ces 80 % soient constitués de biens incorporels : hommes, savoir et clients. Le défi, c'est de saisir la valeur de cet actif incorporel et de le transformer en bénéfices. »

Bill Davidow

Pourquoi ce livre ?

La décision d'écrire ce livre est d'abord venue d'un étonnement. Alors que tous les livres à succès, les écoles de commerce et les conférences sur le management mettent en avant le client comme le véritable actif de l'entreprise, il nous est apparu que les systèmes de gestion et d'évaluation de cet actif étaient particulièrement déficients. Cette faiblesse se reflète dans les deux contradictions suivantes.

Une absence de réaction : une entreprise qui perd 10 % de ses stocks réagit, mais, lorsqu'elle perd 10 % de ses clients au profit de ses concurrents, elle n'est souvent pas capable de le voir !

Une absence de suivi : alors que 87 % des entreprises mentionnent la satisfaction client comme un des points essentiels dans la réussite de l'entreprise, moins de 18 % ont mis en place une méthode de mesure de cette satisfaction !

Comment expliquer cette absence de suivi et de mesure du principal actif ?

Une première analyse nous a permis de constater que les systèmes de collecte, de mesure et d'évaluation du capital client commencent seulement à être décrits. Ils ne sont appliqués que dans quelques entreprises, la plus notable étant Skandia. Par ailleurs, il n'existe pas de consensus sur l'évaluation des clients, au contraire des méthodes d'évaluation de la valeur des immeubles, des créances, des fournisseurs ou des brevets.

Les techniques et les recommandations pour faire fructifier ce capital ne manquent pas, mais les mesures et les évaluations sont rares. La raison en est incroyablement simple : le client n'existe pas dans les systèmes d'information de la plupart des entreprises ! Il n'est présent qu'indirectement, par ricochet, par consolidation des informations sur les produits… Il n'est qu'un sous-produit ! Il est éparpillé dans l'ensemble du système d'information de l'entreprise : paiement, commande, service, commercial, etc.

Depuis la sortie de la première édition, les entreprises ont cherché à améliorer la connaissance de leur capital client. Elles ont entrepris de vastes chantiers pour consolider les informations et parfois mettre en place des méthodes d'évaluation de ce capital. Mais cette période nous a permis de constater la difficulté de mise en œuvre de ces projets tant au niveau technique qu'organisationnel. L'augmentation des coûts de mise en œuvre et la quasi-impossibilité d'évaluer des retours sur investissement représentent les principales faiblesses des projets de gestion de la relation client. La focalisation sur les aspects techniques et l'oubli des impacts sur les métiers et les hommes restent une des faiblesses majeures de ces projets.

Les directions des ressources humaines sont restées relativement éloignées de ces projets. Pourtant, il est facile de comprendre que la gestion de la relation client a des impacts importants sur les fonctions suivantes :

- le développement des centres d'appels avec mise en œuvre d'une gestion productiviste des équipes, ce que nos étudiants nomment les « OS du XXIe siècle » ;
- l'apparition de nouveaux métiers à mi-chemin entre l'informatique et les directions fonctionnelles, au positionnement difficile dans des organisations structurées par métier ou compétences ;
- le développement de nouvelles compétences pour gérer et développer le capital informationnel de l'entreprise sans définition de fonctions ou perspectives d'évolution.

Les directions comptables et/ou financières ont su mettre en place des systèmes d'évaluation des coûts de ces projets, mais elles n'ont pas entrepris la refonte de leurs outils de mesure de la création de valeur. Il apparaît de plus en plus évident que la mesure du capital client ne passe pas seulement par une simple agrégation des données produits autour du client. Il faut pouvoir évaluer à la fois le coût des activités dédiées au client, considérer certains de ces coûts comme des investissements amortissables sur plus d'un exercice et disposer d'outils de mesure de l'efficacité de ces investissements. La réponse à la question du retour sur investissement des projets de gestion de la relation est plus transverse qu'il n'y paraît.

Lors de la première édition nous avions fait un constat sévère des systèmes d'information et de valorisation de l'information dans les entreprises. Pour cette seconde édition, nous faisons un constat sévère sur les méthodes de déploiement et d'évaluation de ces projets.

La gestion de la relation client en bref

La gestion de la relation client, connue sous l'acronyme de CRM (Customer Relationship Management) en anglais, combine les technologies et les stratégies commerciales pour offrir aux clients les produits et les services qu'ils attendent ou qu'ils sont prêts à payer.

La gestion de la relation client est la capacité à identifier, à acquérir et à fidéliser les meilleurs clients dans l'optique d'augmenter le chiffre d'affaires et les bénéfices.

Le terme de gestion de la relation client est devenu le fédérateur de nombreux fournisseurs de solutions informatiques. Des logiciels d'automatisation de la force de vente aux outils de *data mining*, de centres d'appels ou de géomarketing, tout le monde fait de la gestion de la relation client ou du capital client. Il est évident que le discours marketing arrive à donner un côté neuf à des préoccupations anciennes et constantes des entreprises.

Les évolutions des systèmes d'information mettent de plus en plus en évidence que de nouveaux modes de production, de distribution, de prix et de promotion se conjuguent pour mettre à mal les fondements traditionnels des entreprises. Les résultats constatés sur les entreprises les plus avancées ouvrent des perspectives intéressantes sur de multiples leviers :

- Réduction des coûts : la concentration des activités de traitement des commandes, d'avant-vente, d'après-vente et de commerce électronique sur son seul site d'Atlanta s'est traduite pour Hewlett-Packard par une baisse de 20 % des coûts informatiques dès la première année.

- Part de marché : le développement d'un site de e-Commerce utilisant les dernières technologies de gestion de la relation client et des outils de configuration de produits a permis à Dell Computer de prendre en moins de dix ans la place de leader sur le marché des ordinateurs personnels.

- Créativité : Amazon.com a révolutionné le mode de distribution du livre et du disque. Elle a construit en moins de trois ans une base de plusieurs dizaines de millions de clients qui a secoué les distributeurs traditionnels. Elle applique progressivement son mode innovant de distribution à d'autres produits, et certains craignent aujourd'hui l'arrivée d'un portail unique pour la vente de tous les biens que préfigurent également des sites comme eBay ou Cdiscount en France !

Et, pourtant, aucune de ces entreprises n'a épuisé l'ensemble des possibilités qu'offrent les nouveaux modes de relation avec le client et les technologies associées.

Le CRM est un enjeu stratégique pour les dirigeants car il concerne la croissance du chiffre d'affaires et des bénéfices, à l'inverse des vagues précédentes, qui ne s'attachaient qu'à la réduction des coûts ou à l'augmentation de la productivité.

Il est évident que le CRM est une opportunité de rebondir :

- pour un marketing qui veut oublier les vagues successives de réduction des coûts et développer une culture financière du client ;
- pour une informatique qui veut se positionner comme un levier stratégique et améliorer la satisfaction des clients ;
- pour un contrôle de gestion qui souhaite revisiter la chaîne de valeur de l'entreprise en positionnant le client dans les éléments de coûts et de revenus à côté des produits ;
- pour la recherche et le développement, qui doivent concevoir de nouvelles offres pour les clients.

Les objectifs de ce livre

Ce livre se propose de fournir les bases nécessaires pour comprendre les multiples composants de la gestion de la relation client. Il établit un inventaire des technologies qui sous-tendent la gestion de la relation client. Nous avons voulu organiser et clarifier les concepts de gestion de la relation client dans le cadre d'une architecture d'ensemble cohérente. Cette architecture doit contribuer à positionner et à comparer les différentes alternatives en matière de CRM. Nous avons voulu faciliter l'expression d'une vision, élément essentiel pour la mise en place de ce type de projet. En effet, comme le dit dans *Alice au pays des merveilles*, le Chat perché à Alice qui demande sa route : « Si tu ne sais pas où tu vas, toutes les routes t'y conduiront ! ».

Ce livre se propose ensuite d'apporter des conseils pour la mise en œuvre. Il peut être utilisé comme un guide technique de sélection des différents outils sur une base objective de fonctions. Mais il se veut aussi un outil pour vous accompagner dans la mise en place du projet. Cette mise en place n'est pas chose facile : il y avait 70 % à 80 % d'échecs constatés en 2000 et 2001 (mais rassurez-vous ce taux a très largement baissé depuis deux ans). Une première règle : si vous essayez de tout mettre en œuvre en même temps, vous risquez fort d'échouer. Il est donc primordial de dégager les bénéfices attendus et d'avoir une méthodologie progressive de mise en place. Une seconde règle : ne vous focalisez pas sur la technologie et les composants, mais sachez anticiper les difficultés d'intégration. Avant d'aborder le problème d'une nouvelle technologie dans l'entreprise, il faut nécessairement prendre en compte les hommes, les compétences, l'organisation et les ressources financières pour obtenir le maximum de retour sur investissement. Dans la majorité des cas, les coûts d'implémentation des infrastructures (certes lourds) ne sont rien comparés aux difficultés de déploiement.

Comme l'énonce Michael Schrage dans son ouvrage *Shared Minds* : « Nous avons besoin de passer d'une vision de la technologie comme outil de gestion de l'information à celle d'une technologie comme moyen de construire des relations. »

L'organisation de l'ouvrage

Ce livre est construit en trois parties :

- Une première partie, du chapitre 1 au chapitre 6, aborde les besoins couverts et les fonctionnalités généralement embrassées par les technologies.

- Une deuxième partie, du chapitre 7 au chapitre 11, dresse un panorama de l'offre des technologies, des outils et de leurs caractéristiques.

- Une troisième partie, du chapitre 12 au chapitre 14, prodigue quelques conseils tirés de notre expérience pour maximiser les chances de réussite et pérenniser votre projet.

Parcours de lecture

Cet ouvrage a été écrit et conçu pour être utilisé de plusieurs façons. Il peut être vu et lu comme la réunion de quatre livres dans un seul.

- C'est d'abord un livre qui met en avant les bénéfices et les risques dans la mise en place d'une démarche de gestion de la relation client. Il s'adresse aux managers qui souhaitent se construire une vision globale. Les chapitres 1, 2, 6, 12, 13 et 14 leur sont plus spécifiquement dédiés.

- C'est un livre qui cherche à expliquer les principales techniques utilisées par les hommes de marketing pour connaître le client et mettre en œuvre des campagnes promotionnelles. Il s'adresse aux informaticiens qui veulent développer une connaissance fonctionnelle des métiers du marketing. Les chapitres 4, 5, 6 et 12 leur sont plus spécifiquement dédiés.

- C'est un livre qui présente les principes des nouvelles technologies de l'informatique dans le domaine de la gestion des données client et de la mise en œuvre de l'interactivité. Il s'adresse aux hommes de marketing ou des forces de vente qui souhaitent comprendre les termes techniques employés par les informaticiens. Les chapitres 2, 3 et 7 leur sont plus spécifiquement dédiés.
- C'est enfin un livre pour aider les personnes en charge de la mise en place de ces solutions. Il s'adresse aux maîtres d'ouvrage qui souhaitent avoir un guide pour sélectionner des prestataires et piloter leur projet. Les chapitres 2, 7, 8, 9, 10, 11, 12 et 13 leur sont plus spécifiquement dédiés.

Nous conseillons de lire l'ensemble de l'ouvrage aux étudiants qui souhaitent avoir une vision globale des enjeux de la relation client. Comme vous pourrez le constater à sa lecture, le chemin du CRM n'est pas simple. Nous espérons que ce livre vous aidera à mieux définir et mettre en œuvre votre projet pour améliorer la compétitivité de votre entreprise. Nous vous encourageons à toujours poursuivre cet objectif car sinon votre concurrent le fera !

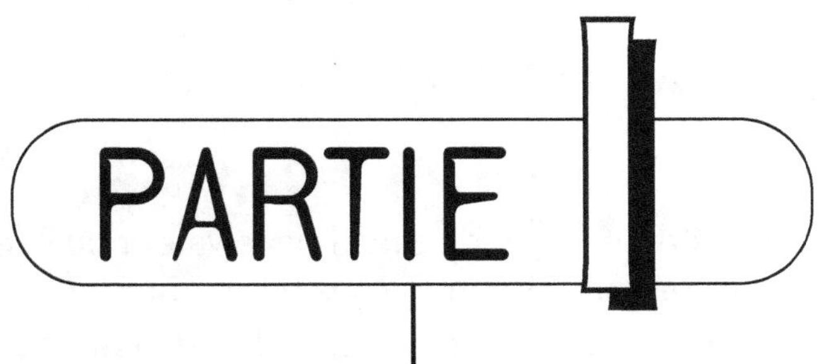

Définition et périmètre du CRM

Cette première partie présente la genèse, les enjeux et la couverture fonctionnelle de la gestion de la relation client. Elle s'articule autour de six chapitres.

Le chapitre 1 retrace les évolutions de la gestion de la relation client sur les trente dernières années. Il souligne la disparité et le côté hétéroclite de la gestion de la relation avec le client dans la plupart des entreprises. Il présente les principaux défis qui doivent être relevés par les entreprises pour rester compétitives et faire face aux exigences de plus en plus fortes des clients.

Le chapitre 2 donne une définition du CRM (Customer Relationship Management), présente les perspectives et propose une délimitation du périmètre de ce marché. Il présente, exemples à l'appui, les bénéfices constatés suite à la mise en œuvre d'une solution de gestion de la relation client. Il fournit un inventaire des différentes technologies et composants qui se retrouvent en tant qu'élément central ou périphérique dans le CRM.

Le chapitre 3 présente le concept d'entrepôt de données. Il donne une définition des termes *data warehouse* et *datamart*. Il montre les avantages des entrepôts de données et propose une méthodologie de mise en œuvre, ainsi qu'une *check-list* des données à recenser pour alimenter les data warehouses.

Le chapitre 4 expose les principales techniques utilisées par les hommes de marketing pour mieux connaître le client. Il explique les apports et les utilisations des techniques de segmentation, de *scoring* et de *data mining*. Il propose une méthodologie de calcul de la valeur du client et montre son utilisation dans la mise en œuvre des programmes de fidélisation.

Le chapitre 5 présente les techniques utilisées pour la mise en place d'un marketing relationnel. Il développe les problématiques spécifiques de gestion de l'adresse et ses connexions avec le géomarketing. Il décrit le mode traditionnel d'organisation des campagnes marketing avant de présenter les nouvelles contraintes liées à la gestion événementielle et les besoins de construire une interactivité de plus en plus forte.

Le chapitre 6 retrace les évolutions dans les modes de contact avec les clients. Il expose la problématique d'une approche globale des canaux de distribution et les avantages d'une gestion stratégique de l'informatisation des forces de vente, du développement des centres d'appels et des solutions Internet.

Chapitre 1

La relation client : développement et enjeux

« Ce sont les clients qui paient nos salaires. »

Jack Welch, ex-CEO de General Electric

À force de se consacrer à l'amélioration de leurs produits et de leur fonctionnement interne, les entreprises avaient fini par perdre de vue la composante primordiale de leur fonds de commerce : leurs clients. On assiste depuis près d'une décennie à un retour de balancier ; les entreprises se tournent aujourd'hui avec passion et ferveur vers leurs clients.

Dans cette ruée vers l'or, certaines en ont pourtant oublié les principes élémentaires de maîtrise des coûts. Expertes dans la mesure de la qualité des produits, elles ont été incapables de transposer leurs méthodes de mesure à la gestion de leur clientèle. En oubliant ces principes de mesure et de qualification des enjeux, la gestion de la relation client a connu ses premières déceptions. Trop d'espoirs ont parfois été placés dans les technologies, au détriment d'une réflexion sur l'organisation, les processus ou les compétences des hommes.

Ce chapitre introductif présente dans un premier temps l'historique de ce virage du produit au client, évolution délicate, récente et somme toute peu maîtrisée tant par les entreprises que par leurs clients. Nous verrons comment et pourquoi cette évolution a entraîné des modifications du comportement du client et les impacts sur la stratégie des entreprises. Ensuite, nous mettrons en évidence les nouveaux enjeux de la relation client pour la mise en place de cette stratégie.

Histoire tourmentée de la relation client

L'émergence du concept de gestion de la relation client est le résultat d'une lente évolution de la mentalité des entreprises. Il est toujours difficile de construire une approche simplificatrice des concepts marketing, mais un historique rapide montre qu'un nouveau concept est apparu tous les dix ans pour modeler les orientations stratégiques.

D'une orientation produit à une orientation client

L'ère préindustrielle : relation de proximité

L'ère préindustrielle s'est terminée plus ou moins récemment selon les secteurs. Pour prendre l'exemple du commerce, l'apparition des grandes surfaces, les concentrations des centrales d'achat et les pressions concurrentielles sur les petits commerces ont débuté il y a quelques dizaines d'années.

Auparavant, le commerce à destination du grand public était avant tout bâti sur un modèle de valeurs de proximité, de fonds de commerce à taille humaine et de relations personnelles, pour ne pas dire de voisinage.

Les fifties et sixties : reconstruction et push marketing

Les années 1950 et 1960 furent les années de la production de masse. Il fallait proposer des produits aux consommateurs pour répondre à une demande explosive. La demande était simple, l'offre devait l'être également. Pendant cette période, les entreprises se sont essentiellement concentrées sur la création de nouveaux produits et l'élargissement de l'offre.

Les seventies : segmentation de marchés et mass markets

Les années 1970 furent les années de la rationalisation. L'optimisation de la production visait à baisser les coûts de fabrication. Il fallait, par la combinaison d'une baisse des coûts, d'une amélioration des processus de vente et de la création de nouveaux moyens de toucher la clientèle, élargir la taille de leurs marchés potentiels. Les entreprises ont commencé à segmenter leurs clientèles et ont élargi leurs gammes de produits.

Les eighties : « consommacteur » et one to many

Les années 1980 furent les années de la qualité. Les exigences des consommateurs commençaient à se faire sentir. Il fallait, pour satisfaire ceux-ci, améliorer la qualité des produits. Les entreprises se sont lancées dans la mesure de la qualité des produits et dans le développement des services aux clients.

Pendant plus de trente ans, les entreprises ont perfectionné leurs techniques de production et de gestion pour mieux connaître et maîtriser les produits. Dans la même période, elles ont évidemment développé des approches du client, mais celles-ci sont restées épisodiques et peu industrielles.

Les nineties : l'orientation client et le one to some

Depuis le début des années 1990, le marché connaît une profonde modification avec l'inversion du paradigme marketing : passage d'une orientation produit à une orientation client.

Les années 1990 marquent le début de l'ère du client. Les bases de données client se multiplient. L'essor du marketing direct permet de mettre en avant les avantages de la relation directe. Les canaux d'accès et d'information prolifèrent.

Début 2000 : l'inversion des relations client-fournisseur et le one to one

Sans aucun doute, les années 2000 marquent l'intensification de cette tendance client avec l'émergence du concept de marketing one to one : une offre spécifique pour chaque client, possible essentiellement grâce à l'avènement de l'Internet. Les entreprises, quels que soient leurs secteurs d'activité, concentrent leurs efforts sur le service et la gestion de la relation client.

En parallèle, les nouveaux horizons ouverts par les technologies de communication et de l'information dessinent également une inversion des rôles : le consommateur joue un rôle de plus en plus actif jusqu'à se substituer aux distributeurs, à s'autoconseiller et à assurer lui-même son propre service client.

L'explosion de la bulle Internet : l'heure des bilans et de la raison

Après avoir cédé à l'euphorie générale et lancé sans compter des projets parfois pharaoniques, les entreprises marquent une pause dans leurs investissements technologiques et notamment dans le CRM. Cette pause est l'occasion de tirer un premier bilan des retours sur investissements, bilan parfois mitigé avec de réels succès mais aussi de véritables flops, certains allant jusqu'à l'abandon pur et simple du projet. À la lumière de ce bilan, les entreprises reconfigurent leurs attentes en matière de CRM, ce qui a conduit à une évolution dans la nature de la demande et donc des solutions proposées par le marché. Après une période de déraison, les projets sont évalués sur leurs perspectives de retour sur investissement à court terme.

Banalisation à tous les étages

Mais, au fait, pourquoi l'orientation client devrait-elle s'imposer de manière inéluctable ? Car, finalement, le modèle orienté, produit des quarante dernières années, a largement fait ses preuves : plus de biens et de confort pour un nombre plus grand d'individus, à des prix plus accessibles et pour une qualité meilleure.

La focalisation sur le produit s'est traduite par un éloignement progressif entre l'entreprise et le client. Aujourd'hui, le fossé qui s'est construit se révèle problématique pour faire face à trois tendances de fond : ralentissement de la croissance, banalisation des produits et exigences toujours plus fortes des consommateurs.

Ralentissement de la croissance

Force est de constater que la qualité des produits est aujourd'hui sans commune mesure avec ce qu'elle était il y a quelques décennies. Parallèlement, les consommateurs ont amélioré leurs compétences et sont globalement mieux formés à l'utilisation des produits. Ces deux facteurs influent directement sur la durée de vie des produits et, partant, le taux de renouvellement.

Par ailleurs, le vieillissement de la population et une démographie stagnante dans les pays les plus développés ralentissent le rythme de croissance. Ainsi, certains marchés arrivent naturellement à une quasi-saturation. Les entreprises doivent donc trouver des solutions de diversification pour continuer à croître. Il s'agit d'une véritable révolution par rapport à la situation de l'après-guerre, quand le simple fait de proposer des produits et d'en améliorer la qualité suffisait à garantir une forte croissance des ventes.

La banalisation de l'offre

Jusqu'au début des années 1990, les entreprises se focalisaient sur leur optimisation interne, à savoir l'automatisation de la production et la rationalisation de la gestion. Il s'agissait d'une course à la productivité pour produire plus et moins cher. La mode de l'époque était au re-engineering des processus et à la gestion de la qualité totale. Ces optimisations des processus furent probablement bénéfiques sur la productivité. Elles eurent, en revanche, des effets déplorables sur l'offre en contribuant à gommer les différences entre les produits.

Exigence accrue des clients

Avant la révolution industrielle, les biens étaient fabriqués à l'unité. L'offre était de facto sur mesure. La relation client-fournisseur était personnalisée. L'artisan ou le commerçant connaissait les goûts, la structure de la famille, l'utilisation prévisible du produit, etc. Il était capable de faire des recommandations en tenant compte des goûts de chaque personne. Son fonds de commerce étant de taille raisonnable, il pouvait facilement en mémoriser les caractéristiques.

La production de masse et le rôle grandissant des distributeurs ont progressivement confiné cette relation directe et la qualité de la communication à des secteurs à très forte valeur ajoutée, comme le luxe ou la gestion de fortunes.

Sous les effets de la mondialisation, les clients sont submergés par les offres de toutes parts. L'augmentation de l'offre s'accompagne d'une baisse logique de la fidélité des clients. Pour en conquérir de nouveaux, les entreprises se battent à coup d'offres promotionnelles et… habituent le client à changer de plus en plus souvent de produits et de fournisseurs. La valeur de certains produits finit même par s'attacher à un mode éphémère de consommation.

Ainsi, après plus de trente ans de marketing orienté produit, les clients sont devenus plus volatiles et plus exigeants. Ce n'est plus le produit qui est rare, mais le client. Quand on en tient un, il faut le conserver !

Dans ce contexte difficile, les méthodes traditionnelles pour atteindre et conserver un client se révèlent rapidement insuffisantes. Les entreprises développent des stratégies de différenciation. Mais, comme le client achète de moins en moins le produit pour lui-même et qu'il souhaite de plus en plus obtenir des services en complément, la tâche se complexifie. Il attend une prestation globale pour satisfaire ses besoins. Les entreprises doivent se montrer désormais attentives aux besoins des clients. Elles vont adresser un premier message au client par une multiplication des options.

La course à la différenciation

La course à la différenciation se matérialise pour le client par des produits plus personnalisés et un service sans cesse amélioré.

Faciliter la vie du client

En leur facilitant la vie par la multiplication des moyens d'accès, les entreprises se rapprochent de leurs clients. L'accessibilité, qu'elle soit géographique, temporelle, en termes de canal ou autre, est devenue un élément important dans le choix d'un produit. Le concept est simple : plus l'acte d'achat est facile pour le client, plus les probabilités de cet achat sont élevées. Il faut donc démultiplier les canaux de prise de commande et élargir les horaires d'accès.

Raccourcir le temps

Le temps devient ainsi progressivement un facteur essentiel dans les choix des consommateurs. La compétition se joue de plus en plus dans la rapidité à répondre aux attentes du consommateur, tendance exacerbée par la percée du commerce électronique qui met à la portée d'un simple clic une multitude de services et de produits. Les fournisseurs doivent donc en permanence chercher des moyens pour repousser les limites de l'espace et du temps. Évolution qui va d'ailleurs parfois à l'encontre d'une véritable relation personnalisée et qui tend globalement à favoriser le comportement de zapping.

Multiplier les tentations

Les fournisseurs revoient leurs processus marketing pour démultiplier les propositions en des multitudes de variations (prix, offres, etc.). Le nombre de campagnes est multiplié par dix, voire par cent. Elles ne sont plus seulement lancées par la direction centrale ; mais elles peuvent être déclenchées par les évolutions de comportement de chaque client. Cette explosion des sollicitations doit être dosée et coordonnée afin d'éviter de perdre le client dans une masse de messages parfois incohérents entre eux.

Proposer du sur-mesure

Les nouveaux modes de production contribuent à plus de souplesse dans la composition des produits. Les fabricants peuvent plus facilement démultiplier leur offre, jusqu'à s'approcher du sur-mesure. Il devient possible de personnaliser sa chemise avec ses initiales, de composer soi-même sa configuration de micro-ordinateur ou de se concocter un véhicule unique par la combinaison des options.

Affiner la personnalisation

La démultiplication de segments de clients toujours plus fins facilite la compréhension des attentes et des comportements individuels. Il n'est plus rare aujourd'hui de voir des entreprises créer plusieurs centaines de segments et les suivre de manière quasiment quotidienne.

Trop de complexité

En suivant ces cinq directions, certaines entreprises innovatrices ont pu véritablement distancer leurs concurrents directs. Mais, en multipliant les options, elles ont créé une complexité qui ne fait pas nécessairement bon ménage avec les résultats financiers. Les hommes de marketing ont développé des offres, multiplié les options, mais ils ont souvent oublié de mesurer. Ils n'ont pas cherché à industrialiser. Ils voulaient mieux satisfaire le client. Mais la satisfaction du client a un prix, et la part des coûts du service aux clients représente un montant de plus en plus significatif des dépenses de commercialisation.

Le virage d'une culture produit vers une culture client s'est opéré dans un contexte de développement technologique et culturel. Face à cette complexité galopante des systèmes et à leur manque de compréhension de la technologie, les hommes de marketing estiment, dans leur majorité, ne pas disposer d'outils pour assumer leurs responsabilités. On ne sait pas où on va, mais on y va !

L'homme de marketing n'est pas le seul à être emporté par ce « malstrom ». Nous présenterons quelques effets de cette complexité sur le client et l'ensemble de l'entreprise.

Un client de plus en plus acteur

Dans le même temps que le système se complexifie, le client évolue. Il n'est plus le consommateur passif des débuts de la société de consommation ; il s'implique davantage dans le processus d'achat.

La rationalité du client

Les clients sont de moins en moins naïfs ; ils ne se laissent plus prendre aussi facilement aux offres « exceptionnelles » que leur promettent les hommes de marketing. Plus opportunistes, ils ont appris à décoder les mécaniques promotionnelles des entreprises. Ils ont compris leur puissance avec les techniques de ciblage et les bases de données, qui ont mis à nu les processus de relances systématiques en cas de non-réponse. De plus en plus habitués à avoir des offres de plus en plus attractives sur des produits qui les intéressent, certains clients modifient leur comportement :

- Il est inutile de répondre à une offre de remise à moins 20 % si dans trois semaines, le client sait qu'il recevra une offre à moins 40 % en restant inactif.
- Il est préférable d'indiquer dans son questionnaire sur les produits ménagers l'utilisation des marques non consommées... pour augmenter sa probabilité de recevoir des offres sur ses marques préférées : j'aime et j'utilise Ariel, alors je déclare utiliser Omo pour recevoir un bon de réduction Ariel !

L'analyse des bases de données et les études de fidélisation montrent que 20 à 30 % des clients développent ce comportement opportuniste.

Le développement du self-service

Le client souhaite avoir des renseignements non seulement sur le prix et les produits, mais aussi sur les disponibilités des produits et sur les informations consommateur.

Les entreprises mettent en place de nouvelles méthodes pour que les clients puissent s'exprimer. Ceux-ci disposent aujourd'hui de numéros verts, de service Minitel, de clubs de consommateurs, voire de communautés virtuelles Internet pour faire part de leurs remarques, transmettre leurs questions ou leurs commandes.

L'abolition du temps de réponse devient alors un facteur de croissance des besoins d'interaction des clients. La capacité à répondre dans un délai court devient un élément différenciant. Ce rapport au temps est un élément clé dans le développement du self-service (distributeurs automatiques de billets, stations-service ouvertes 24 heures sur 24, automates SNCF). Son acceptation très large a permis le développement de services additionnels à des coûts toujours plus bas.

Les entreprises doivent tirer un avantage de cette préférence de plus en plus marquée des clients à faire eux-mêmes certaines opérations. Il leur faut pour cela diffuser toujours plus d'informations à leurs clients.

La perte de contrôle du client

Pour rendre le marché accessible aux consommateurs, les entreprises augmentent leurs communications mais, paradoxalement, l'augmentation des messages se traduit par une difficulté de plus en plus grande à obtenir l'attention du client. En effet, le client est soumis à un véritable brouhaha vantant les mérites de produits de plus en plus nombreux. La démultiplication des messages tend à en affaiblir la force sur le consommateur.

Alors que le marketing de masse avait réussi à créer une demande forte par des campagnes de masse (TV, affichage, presse), le marketing différencié se proposait d'identifier et de satisfaire des besoins sur des segments de clients. Toutefois, ces deux approches supposaient qu'il était possible d'avoir le contrôle de l'attention des clients. Or, ils deviennent de plus en plus difficiles à orienter dans leur choix et rejettent les contraintes.

La multiplication des nouveaux canaux fait s'effondrer les barrières d'accès aux informations. Aujourd'hui, pour identifier une offre concurrente ou changer de fournisseur, il suffit simplement de taper quelques mots-clés sur un moteur de recherches... et de recevoir une liste de 1 000 fournisseurs potentiels.

Cette tendance extrême est illustrée par l'émergence de « bots », agents « intelligents » sur le Net, programmés pour vous aider à acheter (price-bots pour la recherche du meilleur prix, shopbots pour l'assistance à la recherche des produits...). De plus en plus, c'est le client qui contrôle les méthodes d'approche de l'entreprise. Dans ce contexte totalement inversé, les entreprises devront inventer de nouveaux leviers pour capter l'attention du client.

Cette tendance lourde à l'inversion des rapports est bien illustrée par les estimations du META Group en matière d'ouverture des systèmes d'information.

Entre 1999 et 2003, la proportion de temps passé par les salariés à collecter et saisir des données est passé de 70 % à 30 % : le client est de plus en plus acteur dans le processus de collecte de données – par exemple, en saisissant lui-même les données de sa commande. Sur la même période, l'utilisation des données de l'entreprise par des acteurs externes à l'entreprise est passée de 30 à 70 % de l'utilisation totale des données de l'entreprise. Les informations, auparavant à usage interne, sont de plus en plus ouvertes aux acteurs externes et notamment aux clients. Ainsi, le catalogue produits ou la liste de prix sont, notamment sur Internet, fréquemment fournis aux clients, ce qui était loin d'être une évidence il y a dix ou vingt ans.

Les entreprises sont contraintes de prendre en considération cette évolution inéluctable dans leurs stratégies. Le maître du jeu n'est plus le producteur mais le client, qui exerce de mieux en mieux sa liberté de choix, sur un marché dont il a appris à faire jouer les lois de la concurrence.

Le client est à nouveau roi. Il retrouve en fait une place qu'il n'aurait jamais dû perdre. Il prend de plus en plus la main, et c'est l'entreprise qui rencontre le client, qui le guide, qui répond à ses questions. Le pouvoir est en train de s'inverser. L'entreprise avait la connaissance, maintenant le client ou les clients ont le pouvoir !

L'exposé de cette inversion ne serait pas complet sans terminer par une présentation des conséquences sur la rentabilité des entreprises.

La baisse de la rentabilité

La spirale du « toujours plus pour le client » a des conséquences qui agissent négativement sur la rentabilité des entreprises : complexité croissante des produits, allongement des cycles de vente et complexification du processus de vente.

La complexité des produits

Tout le monde s'accorde à dire que la technologie améliore notre vie. Ainsi dans l'imprimerie, de ses débuts jusqu'à l'impression à la demande ou au format HTML qui permet de gérer des liens hypertexte, chaque innovation a apporté son lot d'améliorations. Cependant, beaucoup de nouveaux produits contiennent des possibilités qui les éloignent de plus en plus des fonctions principales. Les nouveaux produits deviennent parfois des « gouffres de complexité ».

Ce choix toujours plus large ne contribue pas nécessairement à la satisfaction du client. Quand la complexité d'un produit dépasse l'entendement du consommateur moyen, un climat d'insécurité et de besoin d'assistance se développe. Les entreprises se doivent d'y répondre en ouvrant des cellules spécifiques pour apporter des conseils sur l'utilisation du produit.

L'allongement du cycle de vente

Face à la profusion des options, les clients rationalisent de plus en plus leurs décisions : études des offres concurrentes, analyses des possibilités techniques… Cette tendance est accompagnée par la presse, qui multiplie les études comparatives entre les produits ou les marques. La conséquence directe de cette rationalisation du consommateur est l'allongement du délai moyen de décision et donc du cycle de vente.

Cet allongement induit une augmentation des coûts commerciaux. Ainsi, une étude de McGraw-Hill de 1999 montre que le coût moyen d'acquisition d'une affaire a crû de 300 % sur une période de vingt ans, en passant d'un prix moyen de 65 euros à près de 230 euros. La même étude confirme que ces coûts continuent à augmenter.

La complexité des opérations

En parallèle, les clients demandent toujours plus de personnalisation. Celle-ci rend plus complexe le cycle de vente et de production. Le processus devient plus long et plus coûteux. Les nombreux allers-retours entre les vendeurs et la production pour vérifier les possibilités techniques des produits, les délais et les prix de vente se traduisent par plus de risques d'erreurs de commande ou de facturation.

Le renchérissement du service client

La sophistication des offres de produits crée un besoin d'assistance plus important pour certaines catégories de clients. Afin de développer la boucle vertueuse de la satisfaction-fidélité, les entreprises ont donc été contraintes de mettre en place des centres de services pour les clients (centres d'appels, serveurs vocaux, sites Internet). Ces centres de service client représentent un poste de coût important (investissement en matériel et logiciels, frais de personnel, innovation), qui viennent alourdir la facture au niveau de l'après-vente.

Des produits complexes, des cycles qui s'allongent, des besoins de service après-vente et des clients exigeants, tous ces éléments contribuent à complexifier la nature de la relation. La gestion de cette complexité dépasse de plus en plus les seules capacités humaines. Elle nécessite de plus en plus la mise en place de systèmes de production flexibles et… coûteux. Les entreprises mettent en œuvre des méthodes robustes de conception des produits sur mesure pour atteindre des coûts standards, mais la gestion de cette complexité devient rapidement contradictoire avec les impératifs de rentabilité si elle n'est pas maîtrisée.

Figure 1-1 : Le développement de la complexité pèse sur la rentabilité

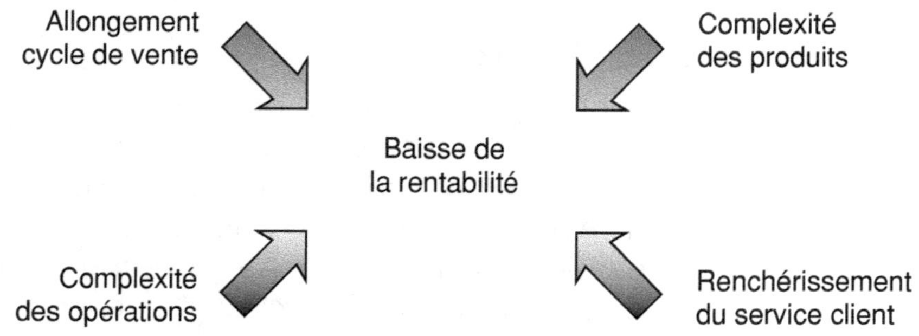

Il est de plus en plus évident à la lecture de cette introduction qu'il est nécessaire de repositionner les systèmes d'information comme un moyen de maîtriser cette complexité. La tendance est au développement de produits et de services de masse, mais adaptés au besoin individuel du client et livrés à des conditions profitables : la « customisation » (personnalisation) de masse ou le sur-mesure à des prix standards.

Pour supporter ce défi, les systèmes d'information doivent assurer des fonctions transversales depuis la conception de l'offre jusqu'à l'après-vente. Les enjeux de la gestion de la relation client dépassent largement le simple périmètre de la captation de données. Il s'agit tout simplement d'assurer la pérennité de l'entreprise : produire le bon produit pour le bon client au juste prix. Ne pas céder à la mode des systèmes de gestion de la relation client, c'est risquer de perdre la maîtrise des coûts liés à la généralisation du sur-mesure de masse.

Nous allons maintenant présenter les principaux défis de la gestion de la relation client dans ce contexte de gestion de la complexité.

De nouveaux défis à relever

La mise en place de processus et d'outils de gestion de la relation client nécessite tout d'abord un travail important de sensibilisation des entreprises. Il faut changer les mentalités pour dépasser les déclarations d'intention et entreprendre une véritable réflexion sur les techniques nécessaires pour mieux gérer la relation client.

Nous ferons dans un premier temps un état des lieux sur la fonction marketing dans l'entreprise : un écart à combler entre des attentes importantes de la part des directions des entreprises et des moyens alloués trop faibles.

Nous présenterons ensuite les deux défis principaux posés au marketing : faire plus vite et faire mieux. Nous verrons comment l'outillage informatique est un élément de réponse clé pour trouver les sources d'efficacité et d'efficience nécessaires pour relever ces défis.

Un état des lieux préoccupant

Les entreprises se sont, pendant de nombreuses années, contentées du « minimum acceptable » en matière de satisfaction client. Elles privilégiaient l'acquisition de nouveaux clients et le lancement de nouveaux produits. Face à ce dédain généralisé, les consommateurs ont su récompenser les entreprises qui s'intéressaient un peu plus à eux. Une étude de McGraw-Hill de 1999 montre que :

- 68 % des clients abandonnent une marque par désaffection, manque de contact et d'information.
- 14 % ne sont pas satisfaits du produit ou du service.

Pourtant, les responsables marketing clament à l'unanimité les bienfaits de l'exploitation du capital information comme une des actions prioritaires à engager pour mieux faire face à l'environnement concurrentiel turbulent. Mais la réalité reste préoccupante.

En effet, même si les entreprises déclarent qu'elles considèrent de plus en plus leur capital client au même titre que leur capital financier, leur capital marque et leur capital humain, les efforts qu'elles font sont encore loin d'être perçus par les clients. D'après l'enquête de l'Association des agences conseils en communication (AACC) de 2000 sur le capital client, 45 à 50 % des clients, selon les secteurs d'activité, sont incapables de déterminer si oui ou non les enseignes les considèrent comme de bons clients. La même étude AACC montre que 60 à 90 % des consommateurs ne sont pas interrogés sur leur satisfaction, alors qu'ils sont 50 à 70 % à désirer l'être. Une indifférence lourde de menace lorsqu'on apprend que 27 % des clients sont insatisfaits des services au point de stopper la relation (pour seulement 4 % qui se manifesteront par une réclamation).

Une autre étude réalisée sur l'initiative de Business Objects en 1999 auprès de grandes organisations britanniques, intitulée *Customer Relationship Management – The marketing function at a technological crossroad*, a mis en évidence le fait que la fonction marketing est particulièrement mal lotie en termes de capacité d'accès aux données de l'organisation. Par voie de conséquence, elle se trouve bridée dans sa capacité à exploiter efficacement le capital d'information. Seulement 1,5 % des responsables marketing interrogés pensent que leur organisation procède à une excellente exploitation des informations disponibles. À l'inverse, près de 80 % des personnes sondées considèrent que ces actifs sont l'objet d'une mauvaise exploitation, voire d'une absence totale d'exploitation.

À la lumière de ces résultats, il apparaît que les responsables marketing sont conscients des faiblesses de leur système d'information et qu'ils le considèrent comme leur handicap majeur. Ce constat est d'autant plus préoccupant que la même étude souligne que deux des trois premières priorités des dirigeants d'entreprise sont liées au marketing, à savoir la conquête de nouveaux clients et la fidélisation des clients existants.

Toutefois, il ne suffit pas de créer une base de données et des moyens d'accès à cette base, puis d'y appliquer des analyses de données pour réussir la gestion de la relation client. Il est nécessaire d'apporter un bénéfice ou, plus exactement, de la valeur au client et à l'entreprise, c'est-à-dire du profit. Il ne doit pas y avoir d'équivoque sur ce point : la gestion de la relation client est un moyen de construire une relation profitable. Or la mesure même de la « profitabilité » reste déficiente : l'étude susmentionnée souligne que 66 % des responsables marketing éprouvent des difficultés à accéder aux données descriptives de la rentabilité client.

Dans la pratique, cela signifie qu'en majorité les responsables marketing ne peuvent pas appréhender correctement la performance sur laquelle ils seront jugés et ignorent parfois des informations clés comme la rentabilité de leur portefeuille de clientèle (*customer profitability*) ou les facteurs influant sur les taux de fidélisation ou de changement de marque (*rétention versus attrition* ou *churn*) de leurs clients.

Cette lacune est d'autant plus grave que la fidélisation est aujourd'hui essentielle dans les stratégies marketing : le coût de la fidélisation est cinq fois inférieur au coût d'acquisition. Les travaux de Reichheld, expert

Figure 1-2 : Les priorités du marketing

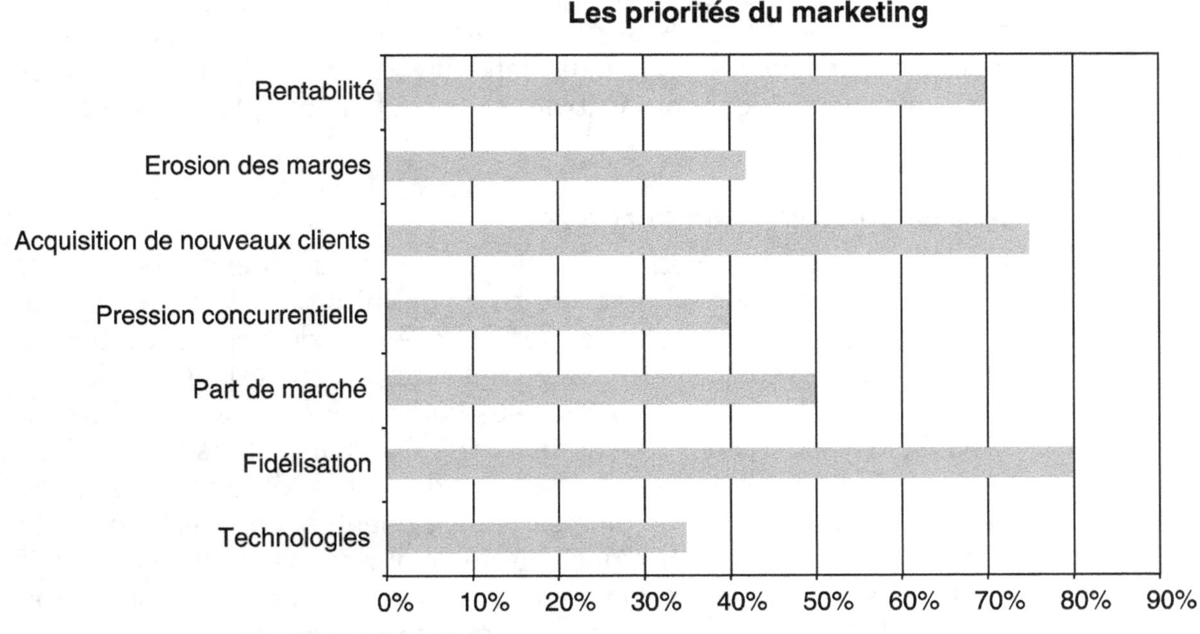

reconnu en fidélité client et auteur notamment des livres *The Loyalty Effect* et *Loyalty Rules!*, montrent les effets dramatiques de la perte de clients sur le résultat d'exploitation. Le fait de réduire le taux d'attrition de 5 % se traduit par une croissance des revenus de 75 % dans certains secteurs d'activité. Cependant, malgré ces certitudes affichées dans les colloques :

- Le marketing continue à dépenser dix fois plus pour conquérir des clients que pour valoriser les clients existants.

- Le service client reste encore peu informatisé : une entreprise sur deux ne possède pas de progiciel pour la gestion des relations après-vente avec le client. Et, pourtant, si un client satisfait en vaut deux, un client mécontent en fait fuir jusqu'à dix !

Il y a dans ce paradoxe une des causes d'échec de la gestion de la relation client. L'absence d'indicateurs financiers pour évaluer le client ne permet pas de mesurer les bénéfices d'une politique de fidélisation. À l'inverse, les gains financiers d'un nouveau processus de production sont souvent estimables. Les indicateurs de succès sont encore trop basiques (nombre de clients) et peu reliés aux critères financiers.

Les avantages de la gestion de données

Le développement des technologies de l'information dans le marketing apparaît comme un nouveau paradigme. La transformation des données en information joue un rôle crucial dans l'élaboration de stratégies marketing et la mise en œuvre du marketing opérationnel. Les ventes et le marketing brassent et partagent de plus en plus d'informations. L'avantage concurrentiel se construit de plus en plus sur la collecte, la compilation, le traitement et la diffusion de données. Les technologies de l'information doivent contribuer pour le marketing, le service client et les ventes à obtenir une meilleure productivité et des outils pour plus de personnalisation.

Une personnalisation plus forte

L'utilisation de l'information modifie la façon d'appréhender le client et remet en cause l'idée qu'il achète ce qu'on lui propose. Une meilleure connaissance des données permet de créer et de vendre ce que le consommateur veut acheter, ce à quoi il accorde de la valeur (utilisation, prestige, etc.). Auparavant, ces précieuses informations sur les attentes et les préférences du client étaient perdues. Désormais, elles sont de mieux en mieux exploitées. Elles ont un impact direct sur l'offre de produits ou de services, qui devient de plus en plus segmentée. En moins de trente ans, nous sommes passés d'une culture de masse avec le même produit pour l'ensemble des consommateurs (le « one to many ») à la conception d'un produit adapté à chaque consommateur (le « one to one »).

Ce glissement est illustré par le tableau ci-dessous, qui montre que cette transition influe sur l'ensemble de la chaîne de valeur du client avec la production, la communication et le service après-vente.

Figure 1-3 : Du broadcasting
au narrowcasting

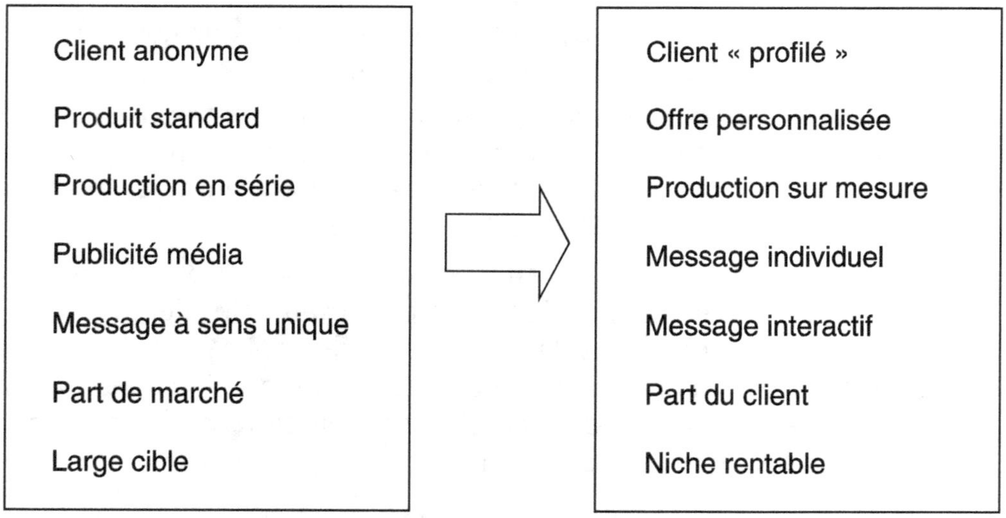

Client anonyme	Client « profilé »
Produit standard	Offre personnalisée
Production en série	Production sur mesure
Publicité média	Message individuel
Message à sens unique	Message interactif
Part de marché	Part du client
Large cible	Niche rentable

Les clients veulent plus de conseils sur des produits plus personnalisés ; ils attendent qu'on les aide, qu'on leur facilite la vie pour accéder aux produits et les choisir. Ils attendent qu'on leur fasse des propositions vraiment adaptées à leurs habitudes pour leur faire gagner du temps en comparaison et en sélection de produits. Cette tendance à la personnalisation est connue comme la stratégie marketing du one to one. Le marketing one to one correspond à une évolution du marketing vers plus de personnalisation et plus d'interactivité.

Figure 1-4 : *Du marketing direct au marketing one to one*

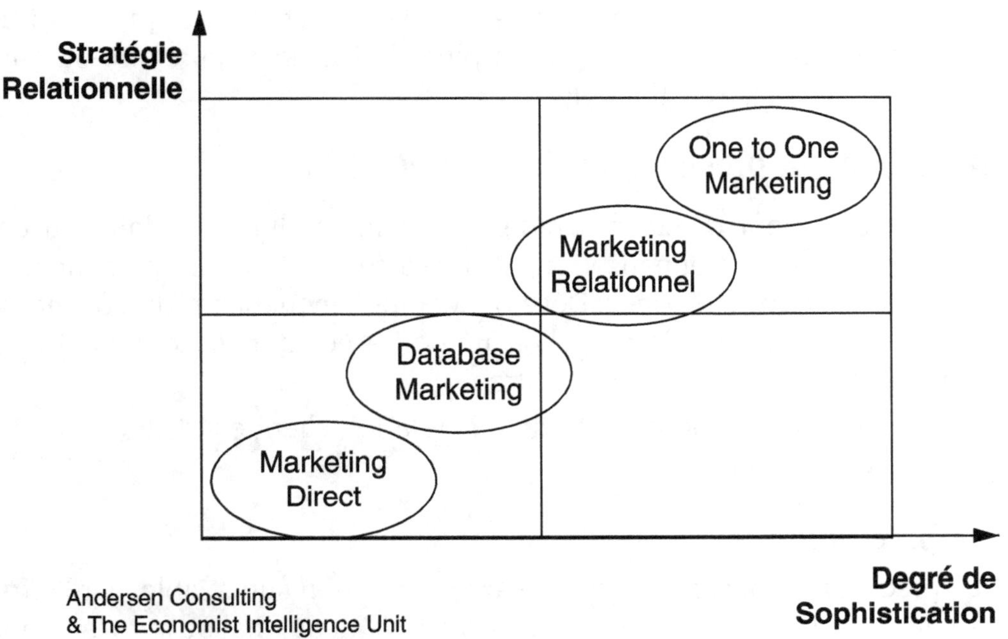

Le one to one s'appuie sur les jeux d'interaction entre le client et la firme pour construire une offre différenciée. Une mise en œuvre d'un marketing one to one efficace s'appuie sur un mode de relation dans lequel le client est traité comme un partenaire.

Plus de productivité

Les gains de productivité s'obtiennent par l'approche traditionnelle d'amélioration des processus, par une meilleure gestion des interfaces entre les services de l'entreprise et par une approche plus innovante d'anticipation des besoins.

La première approche consiste essentiellement à automatiser les fonctions du marketing opérationnel, c'est-à-dire la gestion des cycles d'actions/réactions entre le client et l'entreprise en apportant les informations indispensables sur le client aux différents points de contacts.

La seconde approche consiste à urbaniser et fluidifier la communication entre les différents systèmes d'information de l'entreprise, afin d'améliorer les délais de traitement et raccourcir les délais de migration des applications.

La troisième approche consiste à mettre en œuvre des techniques d'analyse de plus en plus sophistiquées pour prédire ou classifier les comportements des clients. Ces prévisions permettent d'adapter l'offre pour mieux anticiper sur ses besoins.

Aujourd'hui, ces approches sont insuffisamment coordonnées et sont parfois divergentes : une entreprise devra parfois choisir entre faire vite (au mieux de ses processus ou de ses applications) ou faire bien (au mieux des besoins du client, entre rapidité d'exécution et précision de définition). Demain, elle ne pourra plus choisir entre faire vite ou faire bien. Elle devra faire vite et bien.

L'alliance de la précision et de la rapidité

Auparavant, pour disposer rapidement d'un produit, il fallait souvent renoncer à la personnalisation. À l'inverse, un produit personnalisé nécessitait souvent du délai. Développer rapidement un produit de masse ou prendre le temps de concevoir une offre personnalisée, tels étaient généralement les termes de l'arbitrage.

Aujourd'hui, le défi de la gestion de la relation client est d'allier rapidité et précision dans la conception.

La précision

La précision se décline sur quatre axes : précision sur la cible, sur l'offre, sur le timing et sur le mode de diffusion. Il s'agit au final de faire la bonne proposition au bon client au bon moment et par le média approprié.

La précision du ciblage : elle est construite sur la possibilité de rassembler le maximum d'informations sur un client et de prédire ses besoins et attentes. Elle passe par l'utilisation des techniques statistiques pour modéliser la probabilité de réponse, pour identifier les acheteurs répétitifs, les clients rentables et les facteurs de défection. Un des points essentiels est d'identifier les 20 % de clients qui apportent 80 % des bénéfices et d'en dégager les caractéristiques dominantes. Il devient plus facile, par extension, d'attirer les clients qui présentent des caractéristiques proches.

Capital One Financial Corporation

La banque Capital One Financial Corporation, aux États-Unis, a créé une offre autour de 3 000 combinaisons de taux et de formules pour s'ajuster aux besoins individuels des clients. Cette entreprise a compris la valeur de l'information accumulée : « [...] La valeur réelle d'une carte de crédit réside dans les informations qu'elle apporte au niveau des clients, qui peuvent être analysées et utilisées pour tester l'intérêt pour des nouveaux produits financiers. » (Extrait de l'article *On the cutting edge*, paru dans *Business Week*.)

La précision de l'offre : elle signifie le classement des offres de produits pour chaque client en s'appuyant sur ses préférences et/ou la rentabilité. Ce classement des offres prioritaires nécessite de multiplier les capacités d'interaction au travers des différents points de contact, en combinant les données historiques accumulées sur un client avec les nouvelles informations afin de construire une offre attractive. Par exemple, une téléconseillère dans une entreprise de correspondance doit pouvoir indiquer dans son système d'information qu'une cliente a été interrompue par les ouvriers qui venaient installer ses appareils électroménagers, et ensuite enclencher des actions de communication sur la décoration. Sur ce point, les entreprises doivent apprendre à ne plus considérer les clients que comme de simples cibles. Elles doivent apprendre à inverser le processus. La construction d'une relation pérenne et l'amélioration de l'offre passent par une meilleure observation des usages des clients.

Harley Davidson

L'entreprise Harley Davidson participe à l'ensemble des concentrations Harley qui regroupent les fans de la marque venus des quatre coins du pays ou du continent pour le plaisir de se retrouver dans leur communauté. Lors de ces événements, elle étudie les comportements de ses clients et les transformations effectuées sur leurs machines. À partir de ces informations, elle adapte son marketing client, mais aussi ses produits, en proposant des adaptations sous forme d'options ou d'accessoires.

Le moment propice : il faut adopter une lecture longitudinale du client et de ses besoins en oubliant la logique rigide des opérations commerciales à périodes fixes. Cela revient à passer d'une logique de camelot qui attire le chaland, à une logique de gestion de l'ensemble des événements qui ont construit le profil spécifique du client. La sélection du moment s'inscrit autant dans la logique personnelle du client que dans la logique de gestion des temps forts de l'entreprise. Pourquoi devrais-je fêter les trente ans d'une enseigne plus que les miens ! Il faut éventuellement mettre en place des alertes, les coordonner avec le plan global de communication, afin de prédire des fenêtres d'achat ou des risques de défection avec suffisamment d'anticipation pour agir. Il s'agit de passer d'un mode réactif à un mode proactif fondé sur l'anticipation.

Le « comment » : il faut identifier le canal adéquat pour présenter l'offre en s'appuyant sur les préférences du client, l'historique de la relation et la profitabilité du canal. La question du mode de distribution est de plus en plus liée à la question de la rentabilité. Il est évident que la maîtrise des coûts de distribution passe par un transfert de certaines actions vers les canaux les plus rentables : du vendeur représentant vers le message Internet. Les stratégies de rétention et de fidélisation client mobilisent des ressources financières importantes, qu'il convient d'allouer aux clients les plus stratégiques et par les canaux les plus adaptés. Sur ce point, il faut être clair : la gestion de la relation client doit construire la profitabilité. Lorsqu'on choisit aujourd'hui de construire un programme de fidélité, il est plus important de définir qui retenir et pourquoi le retenir que de définir le contenu du programme.

Compte tenu de l'instabilité du comportement du client, cette approche de précision est difficile à construire et les modèles sont éphémères. Il faut intégrer les événements de la vie du client et mettre fréquemment à jour les modèles d'anticipation. Il faut apprendre à combiner puissance mathématique, bon sens commun… et humilité, pour accepter d'être vrai à 65 %, ce qui est toujours mieux que d'être dans l'imprécision la plus complète.

La rapidité

La rapidité se décline selon trois axes : rapidité d'action, de transmission et d'évaluation.

La rapidité d'action : le temps est un facteur primordial en marketing opérationnel et en service client, car les besoins et les attentes d'un client peuvent changer de manière très rapide. Trop souvent, les décisions s'appuient sur des données passées, qui ont changé de manière significative entre le moment de la collecte et le moment de la campagne ou du contact. Les résultats d'un tel décalage peuvent se traduire par une offre inadaptée et réduire l'efficacité de l'action. Il est bien révolu, le temps où une entreprise pouvait prendre plus de six semaines pour construire et exécuter une campagne marketing, laisser le client choisir parmi un ensemble de produits et services faiblement documentés, et en plus lui demander d'attendre plus de vingt-quatre heures pour une information complémentaire. Aujourd'hui, les affaires nécessitent de réagir de plus en plus rapidement, à la fois parce que les conditions concurrentielles changent plus rapidement, mais aussi et surtout parce que les clients ont développé une nouvelle vision de leur temps. Pour supporter cette rapidité, les entreprises doivent se doter d'outils pour mieux définir, exécuter et mesurer les campagnes (courriers, appels sortants, e-mails ou SMS) et les points de réception des contacts (nombre d'appels/heure, taux de décroché, taux de concrétisation, temps moyen d'un appel, etc.).

La rapidité de transmission : la gestion de la relation client devient le cœur du métier de l'entreprise. De simple acheteur en bout de chaîne de la valeur ajoutée, le client devient l'élément central qui concentre l'organisation. Fonctionnellement, cela signifie que tous les métiers qui « touchent » le client doivent être « réinventés » pour faire face directement au client. Il n'est plus envisageable d'éclater l'image du client entre les départements de l'entreprise. Le client ne doit pas reconstruire l'historique de ses contacts avec chacun des interlocuteurs. Il est indispensable d'améliorer la communication entre les différents services avec lesquels il est en contact : le commercial, le SAV, le marketing direct, etc. La masse de données collectées est considérable, mais il faut que la bonne information soit transmise au bon interlocuteur au bon moment.

La rapidité d'évaluation : les outils de *reporting* et d'analyse mesurent la réaction des clients et l'efficacité économique des actions. Ils améliorent ainsi la coordination de l'ensemble des activités de promotion. Les entreprises ne peuvent plus survivre avec des systèmes qui mettent des mois ou des semaines pour évaluer l'efficacité des campagnes marketing. Le marché change rapidement et les fenêtres d'opportunités sont de plus en plus étroites. Il est primordial, dans un marketing en temps réel, de raccourcir les délais de retour des informations pour permettre d'évaluer rapidement le résultat d'une campagne et mettre en place les mesures correctives si les résultats sont insuffisants. La rapidité de réaction conditionne non seulement la rentabilité de l'opération, mais aussi la crédibilité de l'entreprise. L'alliance de la précision et de la rapidité permet le développement d'une boucle vertueuse d'efficacité.

Figure 1-5 : La boucle vertueuse

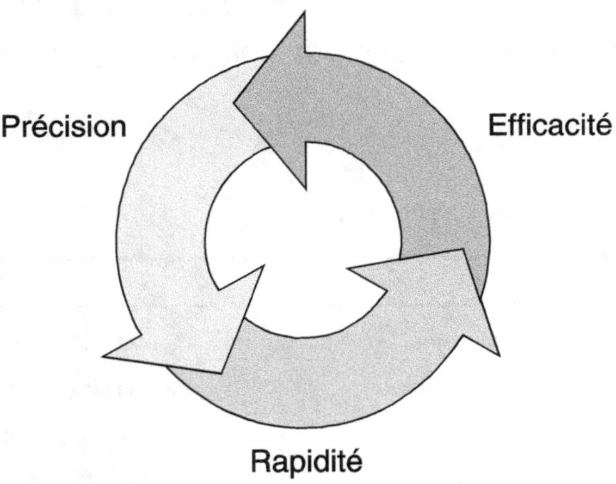

Il ne suffit plus de stocker des données. Il faut construire et livrer de l'information pertinente, immédiate et de manière appropriée. Cette nouvelle approche nécessite une intégration forte des logiciels de marketing avec l'ensemble du système d'information pour apporter des réponses immédiates aux besoins du client. Il faut accepter une dose d'automatisation du marketing pour allier la précision et la rapidité.

Cette industrialisation est un défi pour les hommes de marketing. Elle correspond à un virage culturel important pour des équipes plus habituées à travailler au *feeling*.

L'automatisation du cycle de vente

L'offre du marché pour automatiser les fonctions marketing et commerciale est de plus en plus importante. Elle répond à une attente forte des dirigeants de mieux contrôler l'efficacité de l'activité commerciale. Dans un environnement hyper compétitif, il n'est plus concevable de laisser la vente avec des processus sous-optimisés. Nous avons tous connu la frustration de téléphoner à une entreprise pour recevoir une documentation ou demander que quelqu'un rappelle pour un rendez-vous… et constater que nous avons été oubliés.

Le concept de CRM naît de la convergence des nouvelles technologies, des nouvelles méthodes de marketing et du besoin d'optimiser les processus marketing et commerciaux.

L'automatisation couvre les besoins suivants :

- multiplication des campagnes ;
- multiplication des méthodes de ciblage ;
- focalisation à moyen terme sur des cibles déterminées ;
- connexion plus forte entre les canaux d'interaction avec le client.

Cette multiplication des contraintes s'effectuera dans un contexte global d'évaluation des performances sur des critères financiers.

La figure ci-dessous illustre les principaux changements dans le marketing opérationnel.

Figure 1-6 :
Les changements dans le marketing opérationnel

	Avant		Après
Campagnes	Massives, peu fréquentes		Micro ciblées et très fréquentes
Segmentation	Simple, RFM, démographique		Complexe, risque, Comportementale
Focalisation	Campagnes et réponses		Valeur du client, fidélisation et attrition
Canaux	Limités et déconnectés		Multiples et interconnectés

Un meilleur suivi

Cette industrialisation traduit une profonde évolution dans la complexité de la gestion commerciale. Il faut faire plus, plus vite, de manière plus variée et en maîtrisant les coûts et les délais. Une nouvelle culture de résultat pour un domaine qui a pu longtemps dépenser sans pouvoir réellement mesurer. Un fameux publicitaire n'a-t-il pas dit : « Dans la publicité, la moitié des dépenses ne sert à rien, mais malheureusement on ne sait jamais laquelle ! » Un langage qui passera de moins en moins au niveau des directions générales : il faudra apprendre à savoir quelle est la partie utile.

Une coordination du tactique et du stratégique

Le marketing automatisé, vaine tentative de traduction du terme *automated marketing*, utilise les résultats d'une campagne précédente pour affiner la cible suivante ou améliorer les produits ou l'offre. Il y a constitution d'une mémoire des actions et des réactions ; il y a également une meilleure coordination du tactique et du stratégique : les campagnes marketing ne sont plus conçues comme des éléments séparés ; elles s'intègrent dans un processus global de communication avec le client. Les éléments tactiques comme les événements, les propositions s'insèrent de manière automatique dans un processus global de communication avec le client. Ce dernier appartient à un segment sur lequel des objectifs stratégiques ont été mis en place. Le CRM permet cette alliance du local (lié à la zone géographique, à la situation du client) et du global (la stratégie à court et à moyen termes de l'entreprise).

Par exemple, lors d'un appel du client à un centre d'appels, un événement est déclenché automatiquement (tel un score de vente croisée) pour vérifier si une offre ne peut pas être effectuée. Il mesure la cohérence entre les objectifs assignés au profil du client et les données historiques sur ce client. Le client peut accepter ou refuser cette proposition, et le système d'information conserve les traces de cette interaction.

Les gains

L'automatisation du marketing contribue à la productivité, mais elle apporte surtout des gains en termes d'efficacité :

- Les recommandations marketing sont reprises par tous les canaux d'interaction.
- La rétention des clients est améliorée grâce à un meilleur ajustement des propositions dans le temps.
- Les campagnes marketing sont globalement plus efficaces donc plus rentables.
- La relation aux clients est mieux individualisée.
- Les délais de mise en œuvre et d'optimisation des campagnes commerciales sont réduits.

Un meilleur partage des informations

La mise en place de cette mémoire partagée impose de formaliser les processus marketing et service client. L'aspect le plus révolutionnaire consiste à mettre la connaissance au centre de la réflexion. Il ne faut plus imaginer le CRM comme un simple moyen de traiter et de stocker des informations. Il faut dépasser cette vision réductrice pour développer une culture transversale orientée vers le client :

- Il faut rapprocher de la clientèle le personnel des départements de l'entreprise ayant peu de contacts avec elle : avant d'envoyer une relance de paiement, l'employé de la comptabilité peut vérifier les propositions commerciales en attente de décision.

- Il faut donner aux agents sur le terrain un accès aux informations d'ordre administratif : l'agent d'assistance peut vérifier le compte du client avant d'accéder à sa demande.

- Il faut avoir une idée globale des modes d'interaction des clients avec l'entreprise : le responsable marketing peut mettre au point un nouveau produit ciblant un segment de clientèle repéré par des demandes d'amélioration identiques.

- Il faut développer des interactions avec la clientèle suivie par le système comme des « cas » et non comme des transactions isolées.

- Il faut coordonner les départements et autoriser une intégration des partenaires commerciaux, tels que les fournisseurs.

- Il faut ouvrir des bases de connaissances, accessibles aux employés de divers niveaux de compétence, apportant des précisions sur les clients, les produits, les suggestions d'amélioration, les opportunités commerciales, la résolution des problèmes clients.

- Il faut permettre une utilisation du système par les clients, les employés, les partenaires commerciaux et les prospects, leur permettant d'avoir un accès dynamique aux informations, de commander et de communiquer de manière interactive par différents canaux.

Il s'agit d'exploiter le savoir explicite existant sous forme de données, de manuels ou de procédures, mais aussi et surtout le savoir implicite qui échappe à toute codification. Ce savoir implicite est relatif au « savoir comment » alors que le savoir explicite fait référence au savoir-faire. Le partage de la connaissance est certes impossible sans une infrastructure technique de communication… mais il nécessite surtout une volonté de partage.

Nous traiterons d'abord les aspects techniques, avant d'aborder les aspects politiques. Mais, dans un premier temps, nous présenterons de manière plus détaillée le CRM.

Chapitre 2

La gestion de la relation client

« L'homme n'est rien d'autre que la série de ses actes. »

Hegel

L'arrivée d'un nouveau sigle pose toujours problème : s'agit-il de quelque chose de totalement nouveau, ou encore d'un habillage marketing d'un problème ancien. Ni tout à fait l'un, ni tout à fait l'autre, répondrons-nous. Non, le CRM n'est pas un nouveau concept, car les entreprises ont toujours cherché à satisfaire le client. Non, le CRM est plus qu'une création marketing des cabinets de consultants, car il propose une vision totalement nouvelle de la gestion de la relation client.

Il faut constater que la technologie permet de traiter, dans une approche unifiée et décloisonnée, des problématiques qui ont été séparées pendant de nombreuses années : stratégie marketing, gestion de la force de vente, service client, réingénierie des processus, rentabilité des clients, conception assistée des produits par les clients, etc. Le CRM est un terme fédérateur pour définir un objectif commun à des fonctions encore trop souvent cloisonnées. Afin d'établir la vision fédératrice du concept CRM, il nous a semblé important de faire un travail préliminaire d'inventaire des théories et des composants du CRM.

Ce chapitre se propose tout d'abord d'expliciter le contenu de ces trois lettres et la convergence des huit leviers du CRM. Nous présenterons ensuite les avantages escomptés et quelques résultats observés lors de la mise en œuvre de la gestion de la relation client. Enfin, nous proposerons une décomposition des solutions de CRM en blocs fonctionnels.

Le CRM : qu'est-ce que c'est ?

La guerre des acronymes

En quelques années, les acteurs ont multiplié les acronymes pour tenter de se différencier. Chaque mois apporte sa nouvelle dénomination. Suivre cette évolution devient un véritable casse-tête. Mais au risque de passer pour des hérétiques, nous avons choisi de classer dans la grande famille du CRM les dénominations suivantes qui mettent en avant une spécificité de l'application.

Le florilège des acronymes :

- CMS : Customer Management Software met en avant l'aspect informatisation et progicielisation.

- CIS : Customer Interaction System insiste sur la croissance de l'interactivité entre les entreprises et leurs clients.

- CCM : Continuous Customer Management donne la dimension temporelle comme facteur de différenciation.

- EMA : Enterprise Marketing Application met la dimension marketing au centre du métier de l'entreprise et introduit une notion de formalisation du marketing opérationnel.

- ERM : Enterprise Relationship Management repousse les frontières de l'entreprise aux partenaires pour donner naissance au concept d'Extraprise de Siebel.

- ERM : Employee Relationship Management transpose aux salariés des grandes entreprises les principes de fidélisation appliqués par le CRM aux clients. Le principe général est d'offrir des services personnalisés aux salariés dans l'optique de les fidéliser.

- CRM : Citizen Relationship Management applique aux administrations les préceptes de la gestion de la relation client. Nous avons vu la Direction des Impôts lancer en France un projet de GRU (Gestion de la relation usagers).

- PRM : Partner Relationship Management décline sur la population des partenaires, les techniques de gestion de la relation développées initialement pour les clients.

- e-CRM : la déclinaison sur Internet des principes de personnalisation et de fidélisation sous-tendant le CRM.

Pour compliquer la visibilité du marché, il reste à signaler que derrière les trois lettres CRM se cachent plusieurs définitions : Continuous Relationship Marketing, Continuous Relationship Management ou Customer Relationship Management, définition la plus classique, que nous retiendrons dans la suite de cet ouvrage. Cette guerre des dénominations met en évidence différents aspects de la gestion de la relation client :

- la mise en œuvre d'une méthodologie fondée sur les nouvelles technologies de l'information pour aider les entreprises à atteindre le « Saint-Graal » des années 2000 : l'amélioration de la satisfaction des clients ;
- une approche marketing pour construire des relations de proximité avec ses clients et ses prospects, afin de les encourager à concentrer une forte part de leurs achats, en les travaillant différemment selon leur cycle de vie, leur potentiel et leurs attentes ;
- une vision globale qui dépasse les frontières naturelles de l'entreprise pour associer les fournisseurs, les partenaires, les collaborateurs et les clients dans un dispositif global d'amélioration du service au client.

Un essai de définition

Toutes les acceptions s'accordent, malgré ces nuances, pour dire que le CRM permet de développer et d'améliorer les relations avec les clients. Il existe une autre dimension commune qui n'est pas aussi évidente au premier abord : la rentabilité.

Le CRM *est une démarche qui doit permettre d'identifier, d'attirer et de fidéliser les meilleurs clients, en générant plus de chiffre d'affaires et de bénéfices.*

Cette définition, qui allie simplicité et compacité met en avant le souhait de construire une relation choisie, et non subie, et souligne le souci de rentabilité.

Sous-tendant cette définition, trois dimensions sont implicites dans le CRM :

- une dimension temporelle avec la nécessaire construction d'une relation profitable sur le long terme ;
- une dimension relationnelle avec le souhait d'être le plus proche possible du client, quels que soient le point de contact et le moment choisis par ce dernier ;
- une dimension opérationnelle avec le besoin de gérer la complexité de la combinaison clients-offres-canaux avec des outils dédiés.

Pour tenir compte de toutes ces dimensions, nous proposons de définir le CRM de la façon suivante :

Le CRM *est la capacité à bâtir une relation profitable sur le long terme avec les meilleurs clients en capitalisant sur l'ensemble des points de contacts par une allocation optimale des ressources.*

La construction de la profitabilité de la relation impose de s'appuyer sur le temps pour construire le CRM. Mais les clients profitables, au contraire des bons vins, ne se bonifient pas par le simple repos. Il faut utiliser les technologies analytiques des systèmes d'information pour raccourcir ce temps. Elles doivent identifier au plus tôt les bons clients, c'est-à-dire ceux avec qui il est possible de construire une relation profitable et de long terme. Ensuite, elles doivent augmenter et préserver la relation avec ce cœur de clients par une meilleure gestion des propositions. Pour cela, le marketing doit recourir à des techniques spécifiques :

- la sélection du cœur de cible par la mise en œuvre de techniques de segmentation à partir de données socio-démographiques ou de comportement d'achat ;
- la mise en place d'alertes sur des variations significatives du comportement ou d'outils prédictifs du comportement futur ;
- l'activation des cibles prioritaires pour attirer une part plus importante de leurs dépenses au profit de l'entreprise ;
- la mise en œuvre de politiques de communication permettant d'améliorer le recrutement des cibles prioritaires ;
- la fidélisation par la mise en œuvre d'un programme de fidélité, mesuré par un taux de rétention élevé et un allongement de la durée de la relation ;
- l'orientation client avec une approche active, orientée vers le client plutôt que par la seule organisation de campagnes produit.

Le CRM doit permettre de construire une relation significative, à long terme, individualisée avec les clients qui généreront les revenus de demain, tout en assurant à moindre coût la relation avec des clients plus opportunistes. L'objectif du CRM est devenu plus complexe : il ne s'agit

Figure 2-1 :
Le client au centre du processus

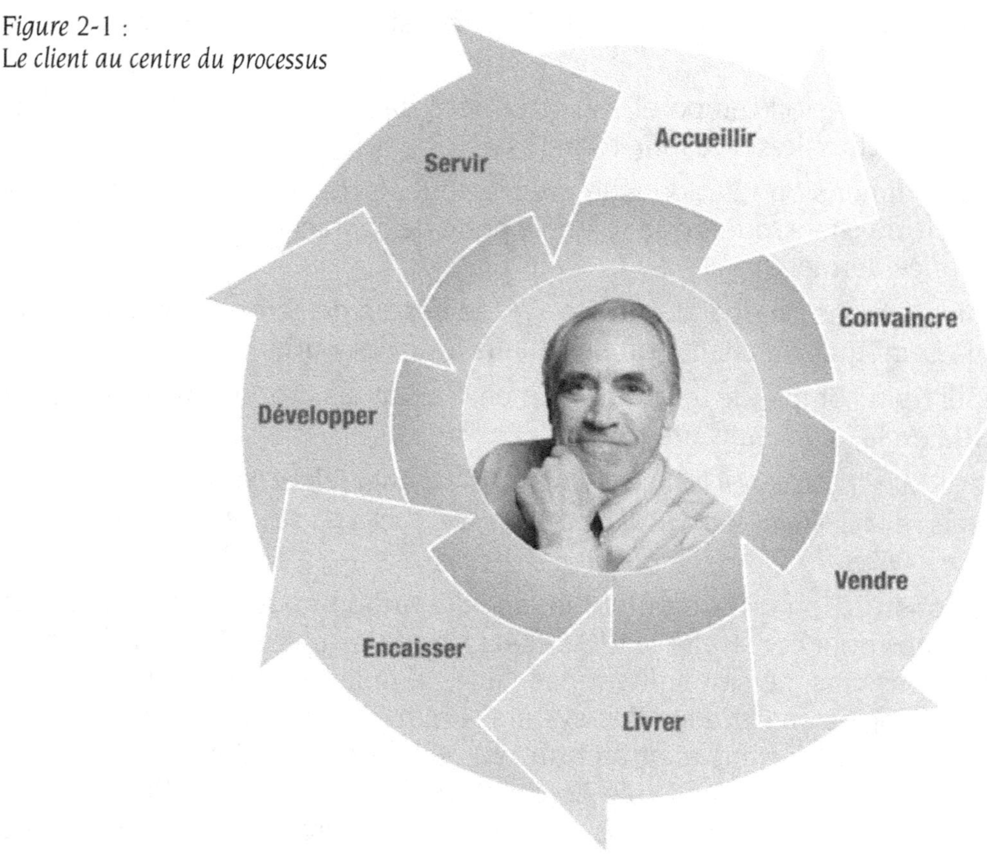

pas seulement de passer d'un marketing de masse à un marketing capable de traiter chaque client de manière individuelle, mais de savoir multiplier les approches commerciales pour assurer le juste mode de relation, tant du point de vue de l'entreprise que du client. Cela implique d'apprendre et de comprendre les habitudes et les usages de chaque client, d'anticiper sur ses besoins, de modifier les processus internes et de trouver de nouvelles opportunités d'ajouter de la valeur à la relation. Cette démarche permet de positionner le client au cœur du processus de création de valeur.

Le CRM vise à développer une proximité et une relation continue avec les clients. Pour cela, l'entreprise cherche en permanence à mieux comprendre les besoins présents et futurs de chacun d'eux. Grâce à cette connaissance, elle peut ensuite ajuster, de la manière la plus économique possible, les canaux de distribution, de contact, les options sur les produits, les conditions de livraison et la communication de son offre aux besoins.

Le CRM est le moyen d'assurer une cohérence globale entre :

- des clients aux enjeux et aux attentes très différents ;
- des offres de plus en plus personnalisées ;
- des canaux de contacts de plus en plus nombreux.

Les huit leviers du CRM

Le CRM place le client au centre de la stratégie de l'entreprise. À ce titre, il représente une opportunité importante de reconnaissance de la fonction marketing.

La convergence des nouvelles technologies, des nouvelles méthodes de marketing, des canaux d'interaction, des outils permettant de rassembler, d'analyser et d'exploiter les données représente une opportunité pour les fonctions marketing, service client et commerciale. En effet, l'apport des technologies de l'information permet de diriger, de structurer, d'automatiser et d'optimiser les investissements marketing. Les dirigeants souhaitent avoir, à l'égal de ce qu'ils observent en finance ou en production, une meilleure visibilité sur l'utilisation des dépenses marketing.

Dans l'environnement hypercompétitif actuel, il n'est plus concevable de laisser le processus de vente ou de service client sans moyens de contrôler son efficacité. Les hommes de marketing doivent prouver davantage l'efficacité et l'efficience de leurs dépenses. Il n'est plus suffisant de bien dépenser, il faut dépenser au mieux.

Cette pression pousse à une refonte profonde des processus actuels, qui ne peut être ignorée par les hommes de marketing. Elle impose de mieux intégrer la fonction marketing en amont avec les fonctions de production et vers l'aval avec les fonctions de support client, en s'appuyant sur les systèmes d'information.

Cette mutation du marketing s'appuie sur l'intégration des huit tendances suivantes :

- *La réingénierie des processus* : les entreprises sont conduites à revoir l'organisation de leurs processus. Elles doivent déterminer comment les simplifier, les recomposer et les optimiser pour faciliter la fabrication et la fourniture de produits et services au client, comme le décrivent Michael Hammer et James Champy dans *Reengineering the Corporation*. Ainsi, la mise en place d'outils de type *workflow* dans la gestion des sinistres de certaines compagnies d'assurances préfigure cette recomposition de certains processus. Le dossier de sinistre est complètement numérisé à sa création. Il suit un circuit électronique de diffusion dans l'organisation avec des contrôles de délais pour certaines étapes. Ce nouveau mode de traitement diminue les coûts et offre une meilleure qualité de service aux clients. Les logiciels de CRM permettent le partage de l'information entre l'ensemble des canaux de distribution ou de traitement.

- *La réactivité* : cette nouvelle tendance est mise en avant par Michael Porter. Après le management stratégique des années 1970, le management de la qualité en 1980, le *speed management* s'impose. Le management de la vitesse signifie que les entreprises compressent le temps de conception des produits. Il faut savoir affronter les évolutions de plus en plus rapides des comportements, ainsi que les ruptures technologiques introduites par les concurrents. Par exemple, Dell construit un ordinateur en moins de vingt-quatre heures après avoir reçu une commande. La gestion réactive implique un marketing qui collabore avec les différents interlocuteurs (ingénieurs, fournisseurs, clients, commerciaux) pour guider les activités de recherche-développement. L'objectif est de concevoir des produits et des services avec le meilleur taux d'acceptation sur le marché, mais respectant un cahier des charges assurant une simplicité de conception. Les logiciels de CRM permettent l'intégration des besoins, des idées des clients et des fournisseurs, en maintenant la complexité aux contraintes des systèmes de production.

- *La personnalisation de masse* : cette tendance est décrite par Joseph Pine dans son ouvrage *Mass Customization : The New Frontier in Business Competition*. La personnalisation de masse combine les économies d'échelles par une organisation optimale des processus et la personnalisation du produit et du service au goût du client : la combinaison du sur-mesure et du prix standard. Les logiciels de CRM assemblent et collectent les informations sur les goûts et préférences du client pour permettre aux équipes de production l'organisation des processus. Le site Internet Ford offre au client la possibilité de configurer et de commander sa voiture avec l'ensemble des options. Cette action lui a permis d'identifier les 2 000 modèles les plus demandés et de passer ainsi de millions de variantes pour un modèle à quelques milliers. Avec ces résultats, il a revu son processus de production pour abaisser les coûts de la personnalisation. Cet exemple préfigure les liens croissants entre le marketing et la production.

- *Le marketing relationnel* : il s'agit certainement de la révolution la plus importante pour le marketing. Le marketing relationnel nécessite de créer des relations au travers de l'ensemble des canaux de distribution, au niveau des partenaires, des fournisseurs, de l'utilisateur de produits et services. Ainsi DaimlerChrysler et PPG ont construit une usine en commun pour peindre les véhicules. Désormais, PPG est payé sur le prix d'une voiture peinte et non plus sur la fourniture de peinture. Il apporte sa connaissance technique dans les activités de projection et de séchage. Il contribue à améliorer la qualité des véhicules tout en faisant diminuer les coûts. Les logiciels de CRM permettent de créer une relation efficace entre l'ensemble des acteurs, du producteur au client. Ils facilitent l'échange d'informations entre les acteurs. Ils ouvrent la perspective d'un monde plus coopératif.

- *L'amélioration de la satisfaction client* : un nombre croissant d'entreprises se tournent vers la satisfaction et le service client pour conserver leurs clients et se différencier des concurrents. Le développement des serveurs vocaux, des centres d'appels et des sites Internet informatifs a permis aux clients de contacter directement les entreprises. La réception des réclamations clients offre des possibilités importantes d'améliorer les produits et permet d'apporter une compensation aux clients insatisfaits. De nombreuses études montrent qu'un litige traité rapidement et de manière efficace est un élément important de fidélisation. Les logiciels de CRM jouent un rôle clé dans les programmes de satisfaction. Ils permettent à l'entreprise de collecter des informations de manière permanente sur le niveau de satisfaction des clients. Ces informations croisées avec les données de gestion mettent en avant les pistes d'amélioration. Ils permettent la construction d'un reporting régulier sur le niveau de satisfaction des clients.

- *Le one to one marketing* : ce concept, développé par Don Peppers et Martha Rogers, notamment dans leur ouvrage *Le Marketing one to one*, suggère que les entreprises peuvent segmenter leur marché de manière individuelle. Cette approche intellectuellement séduisante a connu des difficultés de mise en œuvre. La rupture qu'implique le passage d'une optique « produit » à une optique « client individuel » est certainement trop difficile à réaliser. Il semble plus honnête aujourd'hui d'utiliser la notion de *one to few* pour exprimer les enjeux de la différenciation clients. La mise en œuvre de quelques processus différenciés de traitement représente des enjeux quantifiables, mesurables et rentables, ce qui est plus difficile avec le one to one. Les logiciels de CRM favorisent l'approche différenciatrice en fournissant un moyen de collecter et de redistribuer des informations sur le comportement du client, tant au niveau des forces commerciales que des centres de back office administratifs. L'enrichissement par des données externes complète l'interpré-

1 Le mix marketing est l'ensemble des variables dont l'entreprise dispose pour influencer le comportement de l'acheteur.

2 4 P : Produit, Place, Promotion, Prix.

tation du comportement client pour évaluer le potentiel du client et mesurer la part de ses achats.

- *La modification du mix marketing*[1] : les éléments traditionnels du mix marketing, les 4 P[2], connaissent une évolution profonde :
  - une augmentation des services périphériques au produit (le pack auto Groupama ou MAAF enveloppe l'assurance automobile dans un ensemble de produits complémentaires comme le crédit automobile, par exemple) ;
  - une segmentation de plus en plus fine de la clientèle avec des notions de potentiel, de cycle de vie, de vitesse de développement, de potentiel d'innovation, etc. ;
  - une stratégie de distribution multicanal permettant d'allier des canaux réactifs comme le SMS ou l'e-mail, des canaux plus conviviaux comme le téléphone ou la force de vente, et des canaux informatifs comme le mailing ou les sites Internet ;
  - une politique de prix basée sur la valeur du client, en complément de la valeur intrinsèque de la transaction.

Ils imposeront une flexibilité, tant dans la mise en œuvre que dans le paramétrage, des logiciels de CRM. Ces derniers devront être ouverts et modulaires pour s'intégrer et se compléter comme les éléments d'un Lego. Il est évident que l'urbanisation des applications et des échanges de flux s'impose aux architectes des systèmes d'information.

- *L'intelligence des clients et du personnel* : un accès de plus en plus large à l'information est la caractéristique du monde actuel. Des clients et des collaborateurs toujours mieux formés et informés sont la contrepartie d'un client qui exige plus de professionnalisme et plus de conseils de ses fournisseurs. Cette tendance signifie que le personnel de vente n'attend plus les directives du management, mais qu'il est prêt à utiliser cette connaissance accumulée, de manière à s'adapter parfaitement au marché. La sophistication des outils et l'amélioration du niveau de formation sont des leviers importants pour l'ajustement au marché. Les logiciels de CRM doivent tenir compte de cette sophistication croissante et redistribuer cette information à l'ensemble des acteurs au service du client. Le succès des communautés d'intérêt et des FAQ (réponses aux interrogations les plus fréquentes) sur Internet en est la meilleure preuve. Cette contrainte d'accessibilité et de partage nécessite une intégration forte des outils dans les différentes fonctions, mais elle doit être accompagnée par une politique de formation et une refonte des interfaces homme-machine afin de dépasser le stade du concept pour être véritablement utilisée. Le CRM permet de passer du monde de l'instruction à celui de l'information. Ainsi, plutôt que d'apprendre à un commercial comment vendre tel ou tel produit, les sociétés en pointe équipent les commerciaux avec des bases de données internes et externes (prix concurrents) qui donnent le pouvoir à la force de vente de gérer le client en toute connaissance de cause.

Nous espérons avoir pu mettre en évidence que le CRM ne saurait être réduit à la simple sélection d'une offre de logiciels intégrés. Les enjeux et les impacts potentiels sont beaucoup plus larges. Malgré les déboires de certaines mises en œuvre, il nous semble évident que le CRM est et reste une source importante de différenciation pour une entreprise qui sait en interpréter tous les enjeux et les difficultés. Il ne faut pas occulter les multiples impacts de ce type de projet, sous peine de ne comptabiliser que les dépenses, sans perspectives de retour sur investissement.

Le positionnement du CRM

Les objectifs

Les moteurs de l'investissement dans le CRM, selon le *Baromètre du* CRM 2003 (disponible sur www.planeteclient.com), sont les suivants :

- 43 % pour fidéliser les clients existants,
- 26 % pour acquérir de nouveaux clients,
- 20 % pour capitaliser sur les clients les plus profitables,
- 11 % pour réduire les coûts.

Selon ce baromètre, l'évolution la plus notable sur quelques années est l'augmentation de la part de l'objectif d'amélioration de la productivité et de réduction des coûts dans l'ensemble des raisons qui motivent le lancement d'un projet de gestion de la relation client.

Les objectifs du CRM ne sont pas nouveaux : gérer la relation dans une perspective de conserver le client et d'augmenter les revenus a toujours été une priorité des forces de vente, mais le retour d'expériences des entreprises les a conduites vers le tangible plus immédiat de la réduction des coûts. Les nouvelles technologies offrent de nouvelles opportunités pour atteindre ces objectifs.

Le baromètre du CRM établi depuis 1993 par le cabinet Insight Technology Group montre une évolution intéressante sur les dix dernières années. Auparavant, les entreprises étaient essentiellement intéressées par une amélioration de la productivité des vendeurs (augmentation du temps passé à la vente, diminution des tâches administratives et du papier). Aujourd'hui les entreprises réalisent que l'augmentation de l'efficacité des vendeurs n'est plus suffisante. Il ne s'agit plus seulement d'améliorer leur productivité moyenne. Il faut également donner plus de latitude aux personnes au contact du client ou au personnel administratif dans l'optique d'améliorer la qualité du service au client.

L'objectif visé est la satisfaction et la profitabilité des clients. Les entreprises réalisent qu'un produit ne peut pas leur assurer un avantage concurrentiel durable. En revanche, elles sont conscientes que la façon dont elles le vendent peut leur permettre de construire une relation à long terme profitable avec les clients. Elles insistent davantage sur les apports du CRM comme un moyen d'améliorer la relation entre le vendeur et le client, ainsi qu'un moyen de contrôler les coûts commerciaux.

Le développement des services client et des canaux alternatifs de communication s'inscrit dans ce contexte. Il faut à la fois assurer une proximité avec le client, tout en assurant un contrôle des coûts de service. Le service, certes, mais pas à m'importe quel coût et sans condition. Le bilan des premiers projets CRM a été celui de l'humilité : il ne faut pas croire que vouloir satisfaire tout le monde se traduit par la rentabilité. Loin de cette utopie, les entreprises ont compris qu'il existe un pas important à franchir pour passer d'un système simple, qui couvre une fonction de la chaîne de la relation client, à un système intégré, multifonction et multicanal. Les budgets et les impacts organisationnels sont importants. L'approche unifiée du client intègre dans un tout cohérent :

- le marketing stratégique, qui doit être plus terre à terre ;

- le marketing études et le marketing opérationnel, qui doivent savoir assurer une meilleure liaison entre concept et mise en œuvre ;

- le service après-vente, qui doit concilier respect des normes de productivité et reconnaissance des meilleurs clients ;

- la gestion de la force de vente qui doit accepter de vivre avec l'évidence qu'elle ne maîtrise plus l'ensemble de la relation client. Le partage est nécessaire… et profitable pour tous.

Figure 2-2 : Les fonctions cibles du CRM

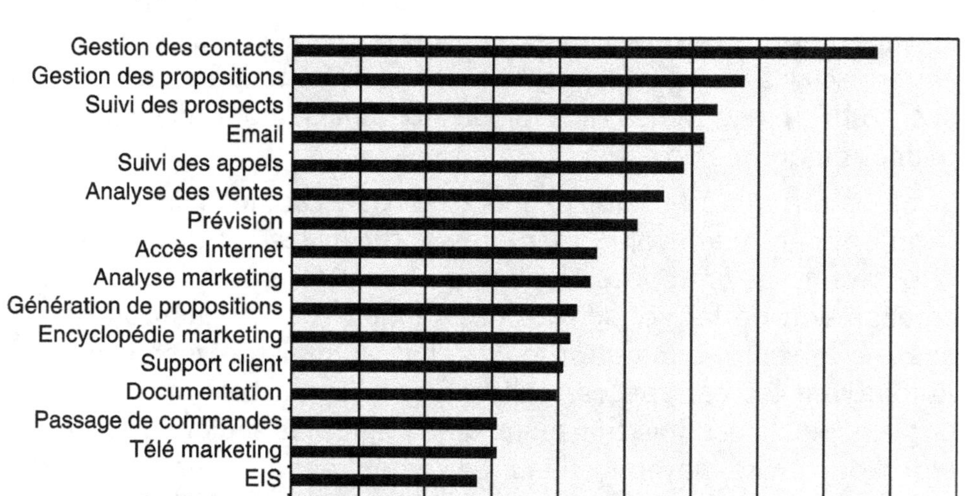

Les résultats constatés

Afin de mieux comprendre le marché du CRM, le cabinet ITG a effectué une étude sur 295 projets CRM entre septembre 1997 et janvier 1998. Elle avait pour objectif de découvrir les facteurs clés de succès dans la mise en œuvre d'un projet de CRM.

Sur les 295 projets, soixante-dix entreprises avouent avoir finalement abandonné le leur après s'être attaquées à la réorganisation du processus de vente et de support au client. Ce taux d'abandon important est probablement révélateur de la difficulté de ces projets. Force est de constater que certains projets CRM ont été mis en place intensivement en croyant naïvement que l'organisation s'adapterait. Dans un projet CRM, le choix d'outils représente moins de 10 % des facteurs clés du succès. La préparation et l'accompagnement au changement en représentent plus de 50 %. Parmi les autres facteurs à prendre en compte : le contexte concurrentiel, le type et la structure des clients, l'innovation technologique, le positionnement de la marque, la culture de la marque, les pratiques managériales, le type de recrutement, etc.

Les résultats de l'enquête sur les 225 entreprises qui ont mis en œuvre la démarche d'implémentation du CRM sont très intéressants. Ces entreprises se répartissent en deux groupes de taille égale :

- Celles qui sont en cours de mise en œuvre : elles étudient les processus, les technologies ou implémentent des prototypes.

- Celles qui ont déployé une solution opérationnelle.

Parmi ces dernières, les entreprises qui obtiennent les meilleurs résultats sont celles qui ont mis en place des processus de mesure. Elles considèrent la satisfaction et la conservation des clients comme les indicateurs essentiels de leur développement, mais évaluent sur des indicateurs financiers les impacts de cette amélioration de la satisfaction et de la fidélité. En moyenne, les éléments de retour constatés se répartissent comme suit :

- une augmentation de 42 % des ventes ;

- une diminution de 35 % des coûts commerciaux ;

- une diminution de 25 % du cycle de vente ;

- une amélioration de 2 % de la marge ;

- une amélioration de 20 % de la satisfaction client.

Une autre analyse, menée par NCR, avec une procédure de contrôle sur un groupe témoin donne les résultats suivants :

- une augmentation de 30 % des clients qui commandent ;

- une augmentation de 28 % du montant des commandes ;

- une augmentation globale de 81 % du CA.

Le retour sur investissement après six mois est de 6,2 avec 50 000 dollars d'investissement pour 2 565 000 dollars d'augmentation des revenus.

Les estimations chiffrées sur des cas précis sont difficiles à obtenir, et n'apportent pas d'information. En effet, seules les entreprises qui réussissent acceptent de communiquer, souvent sous la pression de leurs fournisseurs soucieux d'améliorer l'image de marque du CRM. Il faut donc prendre avec une certaine suspicion ces résultats. Voici néanmoins quelques éléments chiffrés qui démontrent le potentiel de retour sur investissement d'un projet CRM bien géré.

Retour sur investissement constaté à la Banque de Montréal

La mise en œuvre du CRM à la Banque de Montréal à la division carte de crédit a permis la mise en œuvre d'analyses sophistiquées de manière à obtenir une vision complète des préférences du client, de son risque potentiel et de sa profitabilité. Grâce à cette information, la Banque de Montréal développe des approches spécifiques pour retenir les meilleurs segments et maximise leur valeur par un service client amélioré et une offre de produits sur mesure. La Banque de Montréal peut conduire des campagnes de marketing sur la partie de sa base de données qui génère la plus grande partie des profits. Elle peut aussi mieux gérer le risque en adoptant des stratégies différenciées de recouvrement. Les « impacts métiers » ont été importants. La Banque a observé une croissance de 59 % du nombre de ses porteurs, de 129 % de ses encours. Le retour sur investissement du projet est inférieur à deux ans.

Fidélisation de 98 % dans l'assurance : USAA

La compagnie d'assurance USAA, spécialisée dans les retraités de l'armée américaine, a établi un programme de fidélisation de sa clientèle qui lui permet aujourd'hui de se développer auprès des enfants de ses clients en profitant du pouvoir de recommandation. Cette stratégie s'appuie sur une base de données centralisée et un centre de service auquel on peut accéder à toute heure. Ce système permet d'assurer une continuité dans la relation avec le client et de suivre facilement les militaires malgré les modifications de localisation. Le taux de fidélisation est de 98 %.

30 millions d'euros en gain de productivité commerciale dans les télécommunications

Une compagnie de télécommunication en Europe confrontée à la montée de la compétition donne les résultats suivants. La compagnie était structurée avec 500 représentants et 1 500 personnes en après-vente pour aider à la conception des propositions et à la réponse aux questions. La mise en place d'une solution de CRM a permis de réduire le temps de création d'une proposition de trois jours à trois heures. Par l'automatisation avec le système de gestion des stocks et la facturation, l'entreprise a gagné 30 millions d'euros la première année, tout en augmentant la satisfaction globale de ses clients.

Les auteurs peuvent confirmer, sur la base de leurs expériences, que certains projets CRM apportent des résultats probants, mais doivent constater que les échecs sont plus nombreux que les succès. Il semble y avoir une certaine forme d'alchimie dans la gestion d'un projet CRM : un doigt de techniques, une bonne dose de psychologie, un peu de mesure, un soupçon de volonté, complétée d'une vision claire… et d'une certaine ténacité, voilà le cocktail du succès.

Les avantages

Au-delà des retours chiffrés, la mise en place d'une solution de CRM impacte la force de vente, le client et par conséquent l'entreprise.

Pour la force de vente

Aider à la vente

Aujourd'hui, les forces de vente, qu'elles soient itinérantes ou fixes, en face à face ou par téléphone, proposent des solutions qui dépassent souvent leurs capacités techniques (complexité des produits et manque de formation). La mise en place d'un outil de CRM leur permet d'accéder à des aides pour les grilles tarifaires, la lecture des stocks et la configuration de produits. Cette assistance leur permet de construire une offre cohérente et de minimiser les risques d'erreurs (factures, conception). Les réclamations sur les factures sont encore une des causes majeures d'insatisfaction des clients en B to B (*Business to Business*) : pouvoir assurer que les prix facturés seront bien ceux énoncés fait partie du respect des fondamentaux. Plus sophistiquées, les bases documentaires en ligne facilitent la diffusion d'informations sur les produits de l'entreprise et sur ceux de la concurrence ; elles contribuent également à améliorer la performance commerciale. Toutefois, le recul montre que la volonté de corriger les défauts courants dans les livraisons et la facturation est un levier important dans la réussite du projet.

Accélérer l'intégration des nouveaux vendeurs

Le deuxième objectif dans la mise en place de logiciels de CRM est d'accélérer les processus de vente. Les logiciels de CRM apportent une aide méthodologique pour l'application des méthodes de vente éprouvées, comme la fameuse méthode Xerox. Ils guident les nouveaux commerciaux à travers le cycle de vente (proposition, relance, etc.). Ils réduisent les coûts de formation et d'information, et permettent d'identifier le comportement purement opportuniste de certains clients qui recherchent l'avantage immédiat.

Beaucoup de ventes résident sur la connaissance qui est dans la tête des vendeurs, ce qui limite la profondeur des offres et services proposés. La capacité d'accéder à une connaissance globale par des interfaces conviviales améliore considérablement l'efficacité du vendeur. Le CRM permet une meilleure capitalisation du fichier client car la perte d'information est plus faible en cas de départ d'un employé.

Accélérer les cycles de vente

La troisième fonction des logiciels de CRM est d'améliorer la productivité et, partant, d'accélérer la vente. Ils assurent pour cela un support informatique pour les fonctions administratives ou répétitives dans la vente : élaboration des devis et propositions, aide à la configuration de produits, accès on-line aux grilles tarifaires, suivi des coûts de vente. Ces outils diminuent donc les tâches administratives en automatisant certains processus manuels et récurrents pour les commerciaux. Ceux-ci passent ainsi plus de temps à la vente, et les éléments de reporting nécessaires au contrôle de gestion sont fiabilisés (clés de répartition des coûts).

Augmenter les taux de transformation

Le but majeur du CRM est d'augmenter l'efficacité commerciale, c'est-à-dire le rapport entre le temps et les moyens investis sur un client et la marge générée par celui-ci. Le principe général consiste à centraliser un maximum d'informations structurées sur le client pour mieux anticiper des événements et trouver le bon moment, le canal optimal et le bon prétexte pour le prochain contact ou la prochaine action. Cette approche générale, appliquée au prospect, mais aussi au client, doit développer les offres complémentaires et donc le chiffre d'affaires unitaire par client.

Le CRM oriente les efforts commerciaux vers les bons clients. Il a un impact sur la mise en portefeuille, l'organisation des visites par les VRP ou le cycle de relance par téléphone. Il rassemble les informations pertinentes pour créer des offres et des suivis personnalisés. Au final, il améliore la part des achats effectués par ce client, tout en optimisant la pression commerciale.

Quelques indicateurs de mesure

Ces avantages intangibles peuvent se décliner en indicateurs de mesure dont voici quelques exemples :

- l'augmentation du temps passé à la vente avec les clients existants, mesurée par le nombre d'appels par jour ;
- l'augmentation du nombre de prospects visités, mesurée par le ratio de nouveaux clients sur le nombre de clients par mois ou semaine ;
- le temps passé par les responsables de vente avec les clients et la force de vente ;
- l'amélioration de la satisfaction du personnel par la baisse du taux de turn over du personnel dédié à la vente ;
- l'amélioration du niveau de compétences des vendeurs par la facilité de diffusion des nouveaux produits ou des procédures ;
- le temps passé pour convertir un prospect en un client avec le suivi des contacts dans le temps ;

- la répartition des rendez-vous entre les différentes cibles de clients pour évaluer l'adéquation entre les ressources commerciales et les enjeux des segments de clients ;
- l'aide au changement avec la réduction du temps de formation pour les nouveaux vendeurs.

Pour l'entreprise

Réduire les coûts

L'affectation des investissements marketing sur des segments plus petits, le *narrow casting*, entraîne une diminution des coûts de marketing direct, sous réserve d'une industrialisation des coûts de conception. L'efficacité des propositions se traduit par une amélioration du taux de transformation des propositions en vente et de la fidélité du client (je le connais mieux et il prend conscience qu'il n'est plus un anonyme). Cette capacité de mieux le cibler se traduit immédiatement par une amélioration des rendements de la fonction commerciale.

La mise en œuvre d'instruments de mesure et d'évaluation des actions facilite la prolifération de tests et l'optimisation des actions sur la base d'un apprentissage progressif. L'entreprise redécouvre une certaine forme de créativité au moyen des tests et acquiert une courbe d'expériences.

L'analyse de l'efficacité des ventes par canaux permet de mieux allouer les dépenses par canal, segment ou client. La multiplication des critères pour évaluer les impacts nécessite de réviser les méthodes traditionnelles de test car il devient difficile de tester toutes les combinaisons. La mise en œuvre de nouveaux plans d'expériences, limitant les combinaisons est obligatoire. Les stratégies se multiplient pour optimiser les combinaisons (plan-média-cible), mais les méthodes d'évaluation évoluent en conséquence (trade-off adaptatifs).

La mise à disposition de bases de données documentaires en ligne réduit les frais d'édition des documents commerciaux et facilite le travail de mise à jour des tarifs. La limitation des volumes de papiers est le premier gain, mais la réduction des erreurs de facturation est aussi un gain appréciable. Elle améliore la qualité de la relation et limite les frictions non productives.

La possibilité offerte aux clients de contrôler certaines opérations et de trouver par eux-mêmes la réponse à leur problème baisse les coûts. La mise en ligne de FAQ, voire la possibilité de poser des questions sur un groupe de discussion, permet à l'entreprise de s'informer et de faciliter le délai de traitement des incidents. De nombreuses entreprises sponsorisent, de manière plus ou moins directe, des sites communautaires sur leurs produits, car ils apportent une réponse aux problèmes des clients d'une manière plus souple et plus rapide que les services internes !

Certaines fonctions typiquement « centres de coûts » comme le service client sont partiellement transformées en « centres de profit » dès lors que, grâce aux outils de CRM, un appel au service client peut se transformer en occasion de ventes additionnelles. Ainsi, les opérateurs de téléphonie mobile et les organismes financiers ont tous, à des degrés différents, inséré des opérations de rattrapage sur les appels entrants des clients identifiés comme fragiles ou à fort potentiel. Les processus de traitement de certains incidents deviennent des opportunités de rebond commercial, en fonction du profil du client ou de l'événement détecté.

Augmenter le résultat

L'orchestration efficace des différents canaux de recrutement et leur optimisation permanente génèrent plus de prospects et moins de perte de clients. Ces prospects mieux renseignés dès l'amont sont plus rapidement et plus efficacement transformés en clients. Les clients, qui présentent certains signes prédictifs d'attrition, se voient allouer des efforts spécifiques (offres spéciales, prise de contact, entretien découverte, etc.) afin d'essayer de modifier leurs comportements.

Une meilleure connaissance de la valeur économique des clients permet d'attribuer les ressources financières en priorité aux clients ou prospects ayant le plus fort potentiel. Les politiques de communication ou de promotion peuvent être modifiées pour attirer les meilleurs profils de clients et éviter de développer des tendances opportunistes, axées sur les prix ou les remises, chez les clients. Les techniques de segmentation offrent la possibilité de construire des offres plus adaptées avec un meilleur mix des offres et des canaux. Elles améliorent la part de marché par client (« share of customer ») et elles diminuent l'attrition.

La possibilité de mettre en place des processus de traitement des informations se traduit par un raccourcissement des délais de mise sur le marché et le lancement de nouveaux produits. L'entreprise peut plus rapidement identifier les tendances émergentes dans le comportement des clients, suivre la croissance du chiffre d'affaires et mettre en œuvre des politiques commerciales dédiées. Le phénomène du Home Cinéma s'est d'abord révélé dans une étude des associations entre les produits. Cette étude a permis de constater l'ingéniosité dont faisaient preuve certains clients pour connecter leurs téléviseurs et leurs chaînes hi-fi, et elle a mis en évidence les besoins de créer une offre plus simple pour répondre à cette attente inscrite dans le contexte du « cocooning ».

La connexion des outils CRM avec les systèmes des fournisseurs dans une logique de flux tendus diminue les coûts d'approvisionnement, qui sont à 70 % imputables à la gestion des ruptures et des surstocks. La livraison d'un bloc opératoire dans une clinique ou un hôpital nécessite de collecter et d'organiser les plannings de multiples fournisseurs. L'accès au stock, au planning et au tarif est absolument nécessaire pour construire le devis ou finaliser la date de livraison.

Réduire l'attrition

L'attrition, aussi dénommée *churn* (pour *change and turn*) dans le secteur des télécommunications, exprime la désaffection des clients. Elle se mesure en taux, en prenant sur une cohorte de clients arrivés dans la même période, le ratio des clients partis ou perdus sur la population totale recrutée dans la période. Un taux d'attrition de 20 % exprime qu'une clientèle change totalement en cinq ans (ce qui est faux car le noyau de gens très fidèles est stable). Les études sur la profitabilité montrent qu'une amélioration de cinq points d'un taux d'attrition entraîne dans certains secteurs une croissance des profits de 75 %.

Le fait de disposer d'informations riches et nombreuses sur les clients peut contribuer à réduire ce taux d'attrition : par une plus grande personnalisation des offres, par l'anticipation des tendances au churn grâce à des analyses statistiques, par un partage des informations et des clignotants entre tous les canaux et les acteurs en relation avec le client.

La détection de l'attrition n'est toutefois que le dernier élément de la chaîne. Un score d'attrition ne fait qu'évaluer les facteurs prédictifs. Il est souvent difficile de rattraper un client qui a décidé de vous quitter. Il est par contre important d'identifier les causes. Le bon sens d'un consultant en restauration illustre bien ce problème : la personne la plus importante dans un restaurant n'est ni le cuisinier, ni le serveur, mais le plongeur… lequel est capable de vous dire ce qui n'est pas consommé !

Améliorer la qualité de l'information

Le partage des informations entre un nombre important d'utilisateurs, bien encadré par des procédures organisationnelles, assure une meilleure intégrité des données. Un fichier client subit chaque année une obsolescence minimale et naturelle de 5 %. Il y a donc potentiellement 5 % des budgets marketing et commerciaux qui peuvent être gagnés par une meilleure gestion de la qualité des fichiers (en particulier les adresses). Les incohérences de données ou les informations obsolètes ont plus de chances d'être détectées et corrigées avec un système partagé et unifié.

L'objectif même du CRM est le partage de l'information entre les canaux d'interactions : le mailing, le télémarketing, les centres de réception d'appels, la force de vente, les services administratifs, le service après-vente, le Minitel, le serveur vocal interactif ou Internet. Cette homogénéité par les systèmes améliore globalement la perception du client et permet à l'entreprise d'être plus efficace dans sa gestion de la relation lorsqu'elle choisit de favoriser l'interactivité avec le client.

Augmenter la valeur de l'entreprise

Le CRM a un impact important sur l'augmentation de la valeur à vie des clients, ce que les Anglo-Saxons appellent *Lifetime Value* ou LTV, en capitalisant sur les informations acquises lors de chaque interaction. En améliorant les taux de transformation lors de l'acquisition, les ventes croisées et la rétention des clients fidèles, une entreprise accroît de facto sa capitalisation boursière. Le CRM contribue à créer de la valeur sur chaque client de l'entreprise et par conséquent sur l'entreprise elle-même (notion de « capital client »). Ce potentiel de différenciation est bien perçu par les analystes financiers, qui considèrent que les entreprises équipées de logiciels de CRM ont plus de facilités de communication avec des partenaires et sont donc plus faciles à fusionner. Cette capacité de communication est tant dirigée vers l'amont (architecture en flux tendus avec des systèmes d'EAI) que vers l'aval. Le CRM est un actif immatériel reconnu par le marché boursier pour estimer le *goodwill* d'une entreprise.

Quelques indicateurs de mesure

Ces avantages intangibles peuvent se décliner en indicateurs de mesure dont voici quelques exemples :

- L'amélioration des ventes qui résulte de l'automatisation du marketing et des ventes. Le temps épargné doit permettre de vendre plus (amélioration du ratio CA/RDV). Il faut suivre l'augmentation de la performance des vendeurs.

- L'amélioration de la notoriété de l'entreprise par le nombre d'interactions avec les clients et prospects, et le taux de fidélisation par génération de clients.

- L'amélioration des communications dans l'entreprise, mesurée par la fréquence des informations échangées entre l'avant-vente et l'après-vente.

- La meilleure maîtrise des dépenses liées à l'activité commerciale, par le ratio frais/CA.

- La diminution du taux d'attrition avec la réduction du nombre de clients perdus et l'amélioration des concrétisations (propositions transformées en commande).

- L'amélioration du fonctionnement de l'entreprise par le ratio du temps passé à traiter de l'information sur le temps passé à rechercher cette information, ou le temps administratif sur le temps total.

- La diminution du nombre de réclamations et de litiges, accompagnée par une croissance des recommandations et des témoignages de satisfaction.

- L'amélioration de l'utilisation des outils par leur taux d'utilisation.

- La pertinence et l'accès facilité aux données par le nombre d'accès ou le nombre de requêtes.

- L'amélioration de la position par rapport aux concurrents avec la comparaison du ratio de churn, ou l'amélioration de la note de l'entreprise par rapport à ses concurrents dans les enquêtes qualitatives.

Pour le client

Améliorer la qualité des contacts

Grâce aux outils de CRM, le client est globalement mieux accueilli, orienté et conseillé lorsqu'il entre en relation avec l'entreprise.

À l'accueil, il est reconnu par son nom, et les informations sur les relations précédentes peuvent être mises à profit pour orienter et personnaliser le dialogue.

En cas d'orientation entre différents départements, l'intégration de l'informatique et du téléphone permet de transmettre l'appel au bon interlocuteur en même temps que le dossier informatique suit : le client n'a pas à raconter son histoire encore et encore à chaque nouvel interlocuteur.

Améliorer la fidélisation

Grâce aux fonctions de conseil et d'aide à la vente qu'offrent les outils de CRM, le client se voit proposer des offres sur-mesure en fonction de son profil ou de son comportement lors de l'entretien. Cette personnalisation, si elle est correctement paramétrée par l'entreprise, se traduit naturellement par une intensification de la relation avec les clients, et un développement du taux de multiventes (ventes de plusieurs produits sur un contact).

Faire du client un ambassadeur

La confiance développée doit se traduire par des recommandations auprès de prospects. La recommandation reste le stade ultime de la satisfaction : le client se transforme en ambassadeur de l'entreprise. Cette reconnaissance peut se traduire de différentes façons : obligations de passer par un fournisseur en B to B, communication de coordonnées clients ou parrainage en B to C (Business to Consumer). Ce mode de recrutement par le bouche à oreille ou par des formes plus structurées de parrainage reste de loin le mode d'acquisition le moins coûteux, le plus efficace et le plus fidélisant.

Quelques indicateurs de mesure

Ces avantages intangibles peuvent se décliner en indicateurs de mesure dont voici quelques exemples :

- l'amélioration du service client avec la réduction du nombre d'erreurs de commandes ou du temps passé en service ;
- l'amélioration des délais de réponse aux clients par la réduction du nombre de jours entre l'acte de prospection et le suivi de la relance ;
- l'amélioration de la satisfaction et de la fidélité client mesurée par une étude spécifique ;
- l'amélioration de la réactivité aux demandes des clients par le temps moyen de réponse à une demande ;
- l'amélioration de l'image de l'entreprise.

Et dans votre cas ?

Quantifier les retours

Nous avons listé dans la section précédente tous les avantages potentiels que peut apporter une solution de CRM à l'entreprise et à ses clients.

Dans un contexte donné, seuls quelques-uns des avantages cités ressortent effectivement de la réflexion préalable à la mise en place d'une solution de CRM.

Ces avantages attendus doivent être transcrits en indicateurs de mesure de la performance et mesurés avant et après le projet. C'est à cette condition qu'il est possible de chiffrer les résultats réels de l'implémentation d'un logiciel de CRM. Cette phase de quantification des objectifs permet de mesurer les gains potentiels du projet CRM. Elle a également pour intérêt de faciliter le découpage du projet en étapes :

- en permettant de choisir les projets qui obtiennent le meilleur ratio avantages/coûts/délais ;
- en facilitant, pour chaque lot, la mesure des gains obtenus par rapport aux gains escomptés, de manière à inscrire le projet global CRM dans une logique d'efficacité.

Avez-vous réellement besoin du CRM ?

Vous faites peut-être partie des 15 % d'entreprises chanceuses qui sont satisfaites par leur système d'information :

- pas d'information manquante ou dispersée ;
- cohérence et fiabilité des données ;
- valorisation satisfaisante des données ;
- outils adaptés aux profils des utilisateurs ;
- peu de litiges ou réclamations client ;
- connaissance parfaite des attentes des clients ;
- délais satisfaisants de réactivité face aux incidents ;
- sémantique commune entre tous les départements de l'entreprise ;
- accord et partage sur les indicateurs de pilotage de l'entreprise.

Dans le cas contraire, vous pensez qu'il est possible d'améliorer votre efficacité en améliorant vos systèmes d'information. Mais, pour autant, le CRM vous concerne-t-il ? Voici quelques questions pour vous aider dans votre autodiagnostic :

Question	Oui	Non
Avez-vous perdu des clients suite à une réactivité plus forte de vos concurrents ?		
Avez-vous des difficultés à déterminer vos investissements marketing par cible et par canaux ?		
Avez-vous des difficultés à identifier les clients qui présentent la plus forte valeur ?		
Avez-vous des processus commerciaux qui ne sont pas homogènes selon les canaux ?		

Avez-vous des difficultés à coordonner les actions entre les différents canaux de distribution ?		
Avez-vous une augmentation des réclamations client ?		
Avez-vous le sentiment de ne pas être capable d'anticiper et de réagir à des modifications de comportement de votre client ?		
Avez-vous des problèmes pour traiter les problèmes client en un temps aux points de contact ?		
Avez-vous des difficultés pour accéder à l'ensemble de l'historique des relations entre votre entreprise et un client ?		
Avez-vous des difficultés pour coordonner les campagnes, la gestion événementielle du client, les séquences d'actions et la communication institutionnelle ?		
Avez-vous la perception que vos investissements commerciaux pourraient être optimisés ?		
Aimeriez-vous avoir une méthode d'évaluation de votre capital client ?		
Pensez-vous pouvoir améliorer l'efficacité de vos campagnes ?		
Pensez-vous qu'il est de plus en plus difficile de coordonner les acteurs de votre entreprise ?		
Pensez-vous que votre processus commercial est une usine à gaz ?		

Si vous avez répondu au moins sept fois positivement, vous avez des chances d'être concerné par la suite de ce livre.

Les composants de l'offre CRM

Acheter et intégrer ou développer ?

La plupart des entreprises ont déjà, et souvent depuis longtemps, initialisé, ne serait-ce que de manière parcellaire, une démarche de gestion de la relation client. La tendance actuelle est de s'appuyer davantage sur des progiciels. Ils présentent, par opposition aux développements spécifiques purs, de multiples avantages :

- l'accumulation d'une multitude d'expériences d'utilisateurs dans des domaines où les processus sont encore peu normalisés, comme le déroulement des programmes de marketing spécifiques par client et de la gestion des campagnes ;
- une cohérence de tous les outils servant à la relation client et donc un partage des informations, depuis le ciblage marketing jusqu'au service après-vente ;
- une meilleure capacité d'intégration avec des environnements existants ou à venir tant en termes de technologies (par exemple, la migration progressive sur XML ou Java, l'intégration des plates-formes EAI pour assurer les liens entre le back et le front office) qu'en termes de systèmes fonctionnels comme les interfaces avec les serveurs de commerce électronique ou avec les progiciels générateurs de portails ;
- des charges de tests et de maintenance notoirement inférieures à celles nécessaires dans le cas de développements internes.

Suite monofournisseur ou progiciels dédiés

L'entreprise, décidée pour l'intégration de progiciels plutôt que des développements spécifiques, doit encore choisir : entre l'achat de briques à intégrer ou de véritables progiciels et entre l'acquisition d'une suite intégrée ou celle de progiciels fonctionnellement dédiés à chaque grande fonction, essentiellement le marketing, les ventes et le service client.

Les suites complètes sont peu nombreuses : Siebel, Peoplesoft, SAP ou Oracle commencent seulement à proposer des suites crédibles sur tous les volets fonctionnels. La complétude fonctionnelle est souvent le résultat du rachat de sociétés, et un travail important d'urbanisation reste à accomplir. Les suites complètes présentent l'avantage de réduire les coûts d'intégration en limitant les interfaces à l'intérieur même des domaines du CRM. Elles permettent également à l'entreprise cliente d'avoir un seul et même interlocuteur pour tout ce qui concerne ses fonctions applicatives de CRM.

Pour autant, aucune suite n'est la meilleure sur tous les domaines fonctionnels, ni dans l'absolu ni dans le contexte de telle ou telle expression de besoin. Les entreprises peuvent donc choisir des progiciels qui correspondent à leurs spécificités dans chaque domaine fonctionnel du CRM plutôt que des suites intégrées. Cette démarche d'intégration est d'ailleurs recommandée par le META Group, qui conseille effectivement d'acquérir, pour chaque domaine fonctionnel, la solution la mieux adaptée tout en portant une attention particulière aux critères d'ouverture et de facilité d'intégration. Il faut toutefois vérifier la diffusion de la solution choisie car la mise à jour d'un produit américain fera souvent peu de cas d'un produit confidentiel, trop peu diffusé pour mériter des connecteurs dans la première mise à jour, même et surtout s'il est innovant.

Pour la sélection d'un progiciel spécifique ou d'une suite complète, il est primordial de définir le périmètre des applications souhaitées. Il existe une grande distinction selon que l'entreprise travaille dans le B to B ou le B to C. En effet, l'intégration avec les processus *back office*, les tarifs, les délais de livraison et les modes de paiement est nécessairement plus complexe dans le B to B. Les moteurs de configuration et les outils d'assistance seront souvent nécessaires pour tirer le maximum de profits.

Les pièges à éviter

La clé du succès commence par la compréhension de la problématique du métier. Il faut faire un état des lieux du système actuel et se définir une cible. Le projet CRM doit réduire le gap entre les besoins (souvent importants) et l'existant (souvent préoccupant), en sachant distinguer la part du rêve (ce que l'on voudrait faire), de ce qu'il est souhaitable de faire (ce qu'attendent les clients). Il est naturel de se détourner des difficultés actuelles, depuis longtemps dénoncées, mais non traitées, comme les erreurs de facturation, pour imaginer un monde idéal mais non réalisable. L'utopie ne fait pas bon ménage avec la gestion d'un projet CRM ! Il faut faire preuve de beaucoup de réalisme pour contourner les obstacles classiques :

- Complexité des processus : les données doivent être capturées à partir d'une multitude de systèmes opérationnels internes et externes. Il faut les intégrer, les vérifier, les corriger, les modéliser et les restituer dans un mode qui reflète les préoccupations de métier de l'utilisateur.

- Changement de point de vue : les systèmes opérationnels actuels sont construits pour suivre des produits et des services et non pour gérer le client. Pour construire un système de CRM, les informations dispersées dans une multitude de systèmes opérationnels, dans et au-dehors de l'entreprise, doivent être intégrées dans une vision unifiée du client.

- Désynchronisation : les systèmes opérationnels sont maintenus de façon séparée ; il faut harmoniser les termes et les définitions de manière à unifier la sémantique du contenu informationnel de l'entreprise.

- Évolutivité : les systèmes de CRM manipulent un volume important de données et de processus. Les technologies doivent être flexibles pour supporter les multiples composants d'un CRM et permettre les évolutions. Les remises à niveau fréquentes des éditeurs ajoutent à ce besoin d'évolutivité.

- Émergence d'une nouvelle vision client : les études sur le comportement des clients mettent en évidence une certaine irrationalité dans les pratiques commerciales. Il faut d'abord accepter le constat, avant d'accepter le changement. Un travail de préparation et d'éducation est souvent nécessaire en amont pour faire prendre conscience du besoin de changer l'existant.

- Résistance au changement : la mise en évidence des problèmes n'est pas suffisante pour espérer une évolution du comportement de l'entreprise. Une politique de formation est nécessaire pour préparer et accompagner le changement.
- Conduite du changement : les solutions de CRM imposent, d'une part, un décloisonnement de certains départements, voire quelques réorganisations et, d'autre part, la réingénierie de certains processus. Or, tout changement d'organisation ou de méthode nécessite un minimum de préparation pour obtenir l'adhésion des futurs utilisateurs. Il est donc vital pour la réussite d'un projet CRM d'anticiper ces risques et de mettre en place une approche spécifique sur la conduite du changement.
- Gestion de projets : sur un domaine traditionnellement peu enclin à préciser ses spécifications, les projets de CRM sont généralement très difficiles à maîtriser sur le plan des budgets et des délais.

Les composants

Une solution de CRM se construit autour des éléments suivants :

- les systèmes et les données de back office : *supply-chain*, ressources humaines, comptabilité, finance…
- des bases de données client qui capturent l'ensemble des informations reliées aux clients, éventuellement unifiées sous la forme d'un data warehouse ;
- des canaux de relation qui permettent d'interagir avec les clients ou les fournisseurs ;
- des accès à des bases de données externes pour enrichir le système d'information ;
- des outils de gestion des données qui permettent d'assurer les fonctions stratégiques de pilotage et les fonctions tactiques pour réaliser les actions commerciales ;
- des outils de gestion de la connaissance pour transformer la donnée en information.

Nous allons détailler ci-après chacun des composants.

Les systèmes et les données de back office

Le CRM intègre notamment les fonctions de gestion des propositions et d'élaboration de devis et de passation des bons de commande. Ces fonctions nécessitent de partager des données et de déclencher des traitements traditionnellement dans le périmètre des ERP que nous qualifierons ici de back office. Par exemple, lors d'un appel entrant sur un centre d'appel, le dossier client est affiché sur le poste du conseiller tandis que son téléphone sonne, grâce à l'identification du numéro de téléphone. Cet écran reprend l'état de la dernière demande de support émise auprès du support après-vente et l'état de la dernière commande en cours. Cette dernière information est en réalité issue d'un logiciel de gestion de la production interfacé avec le CRM.

Les outils de CRM intègrent des outils de gestion des offres tels que des configurateurs ou des encyclopédies marketing. Les configurateurs vérifient la compatibilité entre les composants d'une offre. Les encyclopédies fournissent des informations détaillées sur le produit, les produits concurrents et le marché. Ces solutions s'appuient sur des données partagées avec les outils de back office de gestion des stocks et de documentations techniques.

L'intégration du CRM et du back office est un facteur déterminant tant pour la réussite même du projet de CRM que pour obtenir un véritable avantage concurrentiel grâce au CRM. Cette intégration n'est pas une tâche facile. En plus de l'installation et de l'adaptation des logiciels aux spécificités de l'entreprise (paramétrages), il est nécessaire d'élaborer des interfaces entre des processus et des outils tels que les stocks, la facturation, la prise de commande ou la planification de la production, mais aussi avec les agendas et les systèmes de *fulfilment* pour l'envoi des documentations, des fax ou les relances téléphoniques.

Ainsi, les liens entre les bases de données, les documents utilisés, les messageries et les agendas sont des briques constitutives du système de gestion de la relation client. La gestion de l'agenda se révèle souvent une tâche plus politique que technique !

L'entrepôt de données

La connaissance des clients dépend directement de la qualité et de la richesse des informations les concernant. La constitution de bases de données commerciales et marketing, axées sur la clientèle, requiert une collaboration étroite entre les équipes marketing et commerciales. La base de données, complétée ou non par des fichiers de production ou par des fichiers externes, permet non seulement d'assurer le stockage de cette masse d'informations, mais aussi de segmenter les clients et de définir des actions ciblées qui pourront être ensuite dirigées vers les vendeurs.

La conception d'une vision unifiée du client vise à connaître son histoire, son chiffre d'affaires, ses goûts, son potentiel d'achat. Un outil de CRM capture, dans une base unifiée, l'ensemble des données « comptables » mais aussi l'ensemble des interactions effectuées avec les clients et les prospects. Il est dès lors plus facile de suivre l'évolution de ces affaires en cours. L'outil de CRM offre une vision globale et historique du client. Les bénéfices de cette unification sont très importants. Elle permet au personnel d'être plus réactif aux demandes d'information du client en accédant à l'historique des propositions ou des achats, les refus et les acceptations, les incidents, etc. Cette unification de la vision client est l'élément essentiel dans la mise en œuvre d'une stratégie de marketing relationnel.

La mise en forme pour des utilisateurs de l'entrepôt de données passe par la conception de datamarts qui simplifient la structure des données.

Les bases de données externes

Les données les plus facilement intégrables sont les données sur l'environnement géographique, telles que le nombre d'habitants, le type de logement en B to C ou les données sur les bilans et les secteurs d'activités en B to B. Elles permettent de développer des approches « géomarketing » (dis-moi où tu habites, je te dirai qui tu es), ou de déterminer le potentiel du client et donc de déterminer la part du « business » confiée par l'entreprise (part du business confié sur le business total estimé). Elles visent à enrichir le profil client pour mettre en œuvre des politiques d'investissement volontaristes sur certaines cibles de clients, jugées plus porteuses.

Les bases de données des produits de consommation peuvent être enrichies par les croisements avec des « mégabases », commercialisées, par exemple, en France par la société ConsoData pour le B to C ; cette dernière gère des données sur les consommations détaillées et les intentions d'achats (volume, type, marque) de plusieurs millions de foyers. Dans le domaine du B to B, les bases de données permettant de connaître et décomposer le chiffre d'affaires des entreprises sont plus nombreuses.

Les questionnaires *in pack*, les études qualitatives et/ou de satisfaction, les panels, les enquêtes « mystères » complètent ce processus d'enrichissement. À partir de ces données collectées sur une partie de la clientèle, les techniques statistiques permettent d'enrichir l'ensemble des personnes qui n'ont pas été sondées. Ainsi, les grands VPCistes croisent leurs bases avec des données consommateur pour identifier les détenteurs de micro-ordinateurs. Elles construisent des modèles qui à partir des données internes au VPCiste permettent d'affecter une probabilité d'avoir un ordinateur sur l'ensemble des 15 à 20 millions de clients.

Les canaux de relation pour la vente et l'après-vente

Les clients sont servis au travers de multiples canaux : les points de vente, la force de vente, les centres d'appels, les mailings et les moyens électroniques tels qu'Internet, les Serveurs vocaux interactifs (SVI) ou le Minitel. Le succès d'une stratégie multicanal nécessite une solide architecture technique et fonctionnelle. Toutes les informations disponibles sur le client doivent pouvoir être partagées entre les différents canaux pour permettre de donner une image cohérente de l'entreprise au client dans toutes les occasions de relation. Le résultat des différents contacts, tels que l'acceptation, le refus, la proposition, doit être intégré dans les processus de relance des clients.

Le point d'interaction, centre d'appels, représentant, vendeur, technicien de SAV, SVI, Web, Minitel, etc., est le porteur de l'identité de l'entreprise au moment du contact. Le CRM s'applique sur l'ensemble des points de contacts, du e-commerce au point de vente, et intervient en support à tous les niveaux de la vente. Il ne faut pas relancer commercialement un client à qui on vient de refuser une commande ! Cette action est nocive pour tout le monde : un mailing inutile, une espérance gâchée pour le client attentif, une insatisfaction grandissante pour le client aigri, une perte de temps pour les services en accueil.

Par exemple, lorsque le client visite un site Web et s'identifie par son numéro client, les pages présentent des informations et des propositions adaptées aux centres d'intérêt du client. Cette possibilité de personnaliser le contact se traduit par un haut niveau de service, élément clé pour bâtir la loyauté du client.

Cette connaissance des besoins, la maîtrise des risques et de la rentabilité augmentent la qualité du service au client et optimisent les revenus. Le

Figure 2-3 : La personnalisation des propositions sur www.eyrolles.com

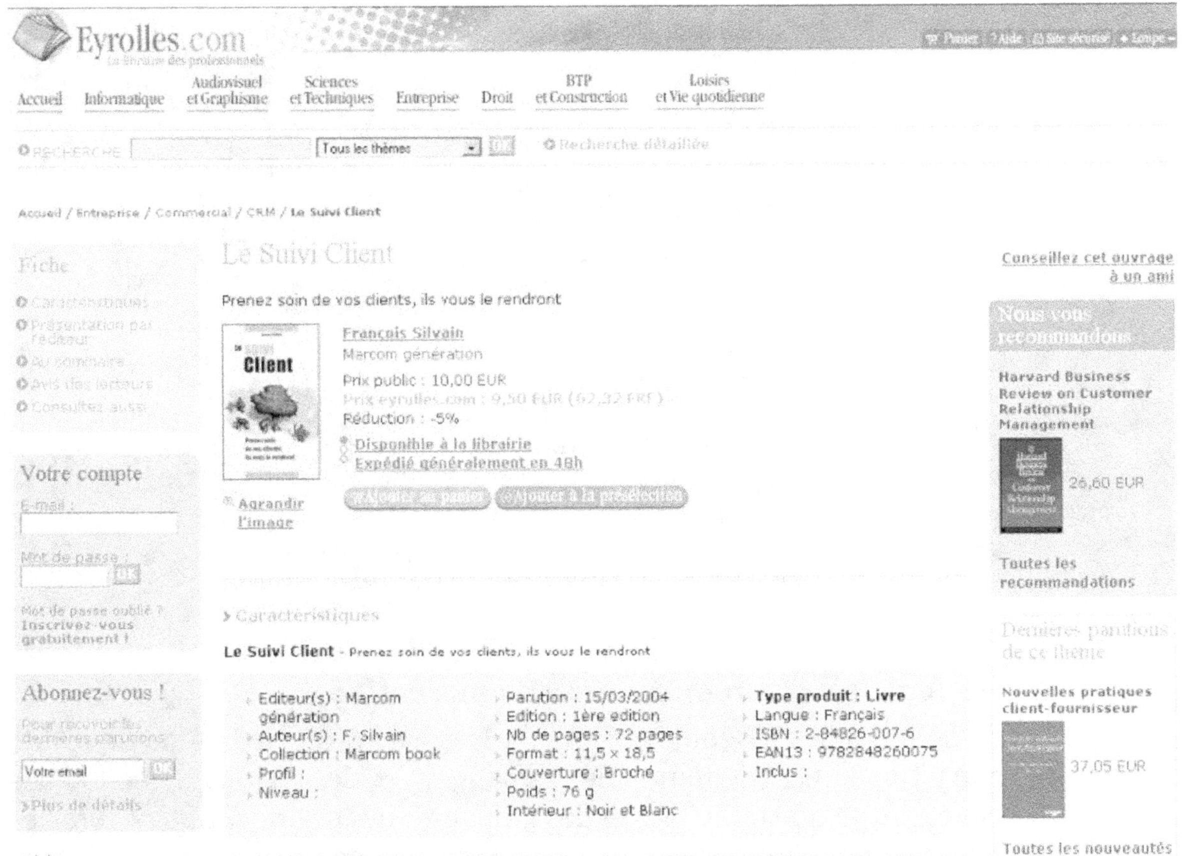

recalcul en temps réel du segment du client, l'élaboration de propositions et des argumentaires associés, à partir des informations déclarées par le client (volume des achats chez le concurrent, conditions tarifaires, etc.), assurent une réactivité face aux besoins des clients. Un partage rapide de ces informations entre les canaux est la seule garantie contre des messages décalés et pour assurer une efficacité des campagnes.

Le CRM construit l'enchaînement des tâches, le workflow, le suivi des relances, lors d'un appel au service après-vente. Par exemple, lorsqu'un client appelle pour un problème technique sur un équipement, il est important de connaître son installation, de savoir si le problème s'est déjà présenté (chez lui ou ailleurs), quel diagnostic est le plus probable, où se trouve son technicien afin de lui apporter une solution le plus rapidement possible. Si le service assistance n'est pas capable de traiter rapidement le problème du client, c'est la crédibilité de l'entreprise qui est en jeu !

Figure 2-4 : Aide au diagnostic de panne avec l'outil ReCall d'ISoft

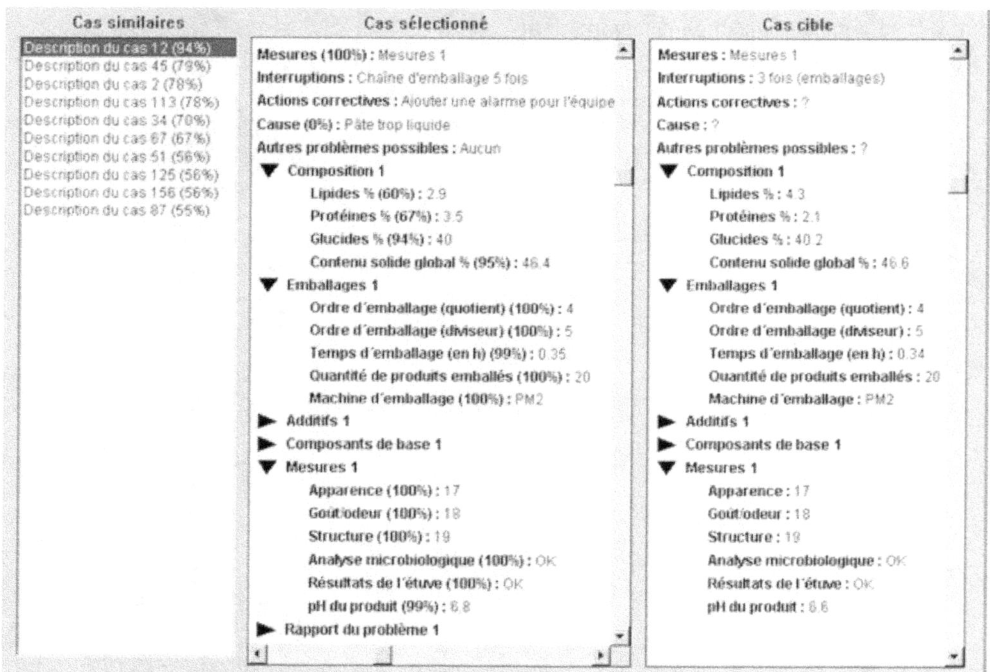

Les logiciels d'automatisation du marketing

Ils permettent de définir et de gérer la mise en œuvre des tactiques de marketing direct : définition des campagnes et des actions, sélection des cibles, extraction des cibles et des groupes témoins, topage et mesure des remontées… Généralement, ces outils permettent de planifier des actions conditionnelles soit en fonction des événements propres au client, par exemple, pour une relance quelques mois avant l'échéance d'une garantie, soit en fonction de la campagne, par exemple, la sélection pour un appel de relance en cas de non-réponse dans les quinze jours suivant l'envoi d'un mailing. Les outils d'automatisation du marketing sont essentiels pour donner aux départements marketing le niveau de productivité nécessaire pour entrer dans l'ère du marketing one to few. Ils donnent également des moyens de mesurer systématiquement les actions et donc de les améliorer progressivement au fil des tests et de l'expérience. Ils permettent aussi de déterminer le volume des ressources nécessaires pour faire face aux demandes des clients (nombre de commandes ou de contacts prévisionnels).

Le CRM peut se comprendre comme l'unificateur de tous les composants figurant sur le schéma de la figure 2-5.

Figure 2-5 : La cartographie globale du CRM

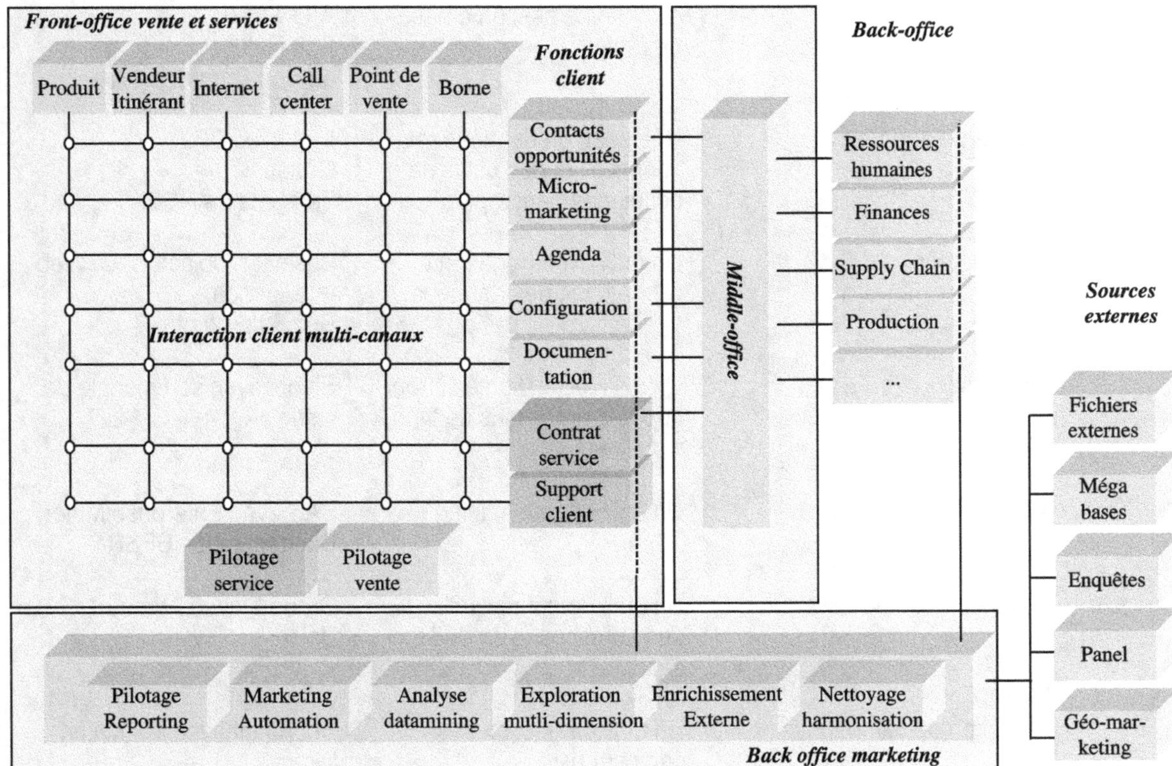

Le kit du CRM

L'architecture fonctionnelle étant précisée, préparez-vous à affronter une gamme pléthorique d'outils dans le cadre d'une offre très fragmentée. Vous trouverez ainsi sur le chemin de votre quête des éditeurs présentant des offres très différentes les unes des autres.

Classe	Description	Exemple de fournisseur
Extracteur	Produit pour uniformiser les sources de données hétérogènes	Ascential avec Data Stage, Sunopsis
Interfaces ERP	Produit pour interfacer les ERP et le CRM	Webmethod avec ses connecteurs Oracle Application, BVTeller de Business Vision
Structure d'entrepôt de données	Structure de référence pour stocker les informations sur les produits et les clients	SAP avec BIW, DW Ready de Soft Computing
EAI	Outil de gestion des échanges de données entre applications	Microsoft avec Biztalk, WebMethod
Gestionnaire de règles	Un outil pour mettre en œuvre une gestion à base de règles	Computer Associates avec AION, Soft Rules de Soft Computing
Base de données	Une base de données relationnelles et des outils de développement rapide	IBM avec DB2, Oracle, Teradata de NCR
Requêteur	Un outil d'interrogation et d'extraction des données	Business Objects avec Web Intelligence, Brio, Impromptu
Workflow	Un outil de gestion électronique des processus de type workflow	Siebel avec son module de workflow
Data mining	Un outil de data mining	SAS avec Enterprise Miner, Clémentine de SPSS
Traitement d'adresses	Un outil de normalisation des adresses et de déduplication	Group 1 avec Adress 1, Uniserv
Gestion de campagnes	Un outil de gestion des campagnes	Chordiant avec Marketing Director, Neolane en gestion des e-mails
Automatisation des forces de vente	Un outil de gestion des contacts et d'organisation commerciale	Siebel Cohéris, Microsoft CRM

Encyclopédie de l'offre	Une base de données documentaires	Microsoft avec SharePoint
Configurateur	Un outil de gestion des configurations pour les produits industriels à forte technologie	Trilogy, Caméléon
Agenda partagé	Un outil de gestion des agendas partagés et de messageries	Lotus Domino, Microsoft Exchange
Script	Un outil pour la gestion de scripts de dialogue avec les clients	Point avec e-Point
One to one sur le Web	Un outil de personnalisation dynamique du Web	BroadVision, Blue Martini
Intelligence économique	Un outil de surveillance des concurrents sur Internet	Search Témis

Les lecteurs attentifs auront compris que la sélection des fournisseurs et le benchmark des deux ou trois produits pertinents dans chaque domaine est une tâche longue et complexe, d'autant plus que l'offre est en pleine effervescence et évolue à la vitesse des technologies Internet. La mise en œuvre d'un CRM nécessite un effort important de coordination entre les différents départements (techniques ou fonctionnels) et une collaboration forte avec l'éditeur du ou des produits sélectionnés et surtout avec l'intégrateur responsable de son implémentation.

Un peu de sentiment

Jusqu'à maintenant, la présentation du CRM a été essentiellement technique : des outils, des fonctions élargies et des processus optimisés. Il serait pourtant dangereux de croire que le CRM se limite à la sélection et à la mise en œuvre des bons outils. Les chapitres 4 à 6 s'attachent à développer une connaissance des fonctions principales.

Il faut aussi positionner le CRM en termes d'avantages pour le client. En ce sens, la définition des gourous du one to one Peppers et Rogers a le mérite de repositionner le client au cœur du CRM : « Le CRM est une stratégie qui vise à améliorer le taux de rétention des clients en rendant pour un client la fidélité plus avantageuse que l'infidélité. »

Cette valeur ne peut pas être estimée qu'en euros ; il faut aussi recréer un sentiment de proximité, d'affinité, de connivence avec le client, qui existe dans la relation face à face. Il faut créer des émotions, du vécu, du sentiment pour différencier l'entreprise. Le CRM n'est pas qu'un moyen de produire mieux du service de meilleure qualité et à moindre coût.

Cette maîtrise des coûts de la relation client est également vitale : les entreprises qui ne les maîtriseront pas disparaîtront. Les travaux de Porter sur l'analyse concurrentielle des entreprises ont mis en évidence qu'un leader se doit de produire moins cher, mais aussi de construire de la différenciation. Le CRM permet de baisser les coûts, mais ses outils sont publics. Toutes les entreprises peuvent les acquérir. La différenciation ne peut se construire durablement sur les prix du service. Il faut donner au CRM une dimension sociale pour insuffler dans l'entreprise une dynamique de culture client.

Les informaticiens seront surpris par ce sentimentalisme déplacé. Mais nous sommes convaincus que le CRM doit générer une image chaleureuse de l'entreprise et de ses produits. Il s'agit de développer une qualité relationnelle comme barrière d'entrée pour les concurrents.

Fil directeur des chapitres suivants

La structure des chapitres de cet ouvrage s'inspire de la méthodologie IDIC développée par Peppers et Rogers :

22. Identifier : il faut d'abord identifier les clients avec le niveau de détail le plus fin possible. Il ne faut pas se contenter des noms et des adresses ou d'agrégats sur le CA et les visites, mais il s'agit de repérer les habitudes, les préférences, etc. Il faut nécessairement connaître ses clients les plus profitables avant d'envisager une démarche de one to one.

23. Différencier : les clients sont différents sur deux axes, leur valeur pour l'entreprise et leurs attentes. Les degrés et les types de différenciation doivent permettre de décider quelle stratégie de one to one est la plus appropriée.

24. Interagir : il faut interagir et faciliter cette interaction avec les clients. Il faut parallèlement veiller à l'efficience de cette interaction en orientant les clients vers les canaux les moins coûteux, dans le respect de la valeur de chaque client. La logique économique pousse aux glissements de la force de vente vers le centre d'appels et de celui-ci vers le Web. Pour améliorer la qualité de l'interaction, il faut rassembler et traiter l'information pour identifier la valeur et les besoins du client.

25. Customiser : vous devez personnaliser la relation en fonction des besoins et de la valeur du client. Pour inscrire le client dans une relation de fidélité, l'entreprise doit adapter son comportement pour éviter de tomber dans une relation anonyme fondée, soit sur les produits, soit sur des logiques de campagnes massives. Elle doit s'adapter pour produire des biens personnalisés et mieux adaptés à des coûts standards (personnalisation de masse), mais aussi changer des éléments de la chaîne de valeur du client : facture, emballage, manuel de prise en main, etc.

Figure 2-6 : *Le développement d'une stratégie client*
(*d'après Peppers et Rogers*)

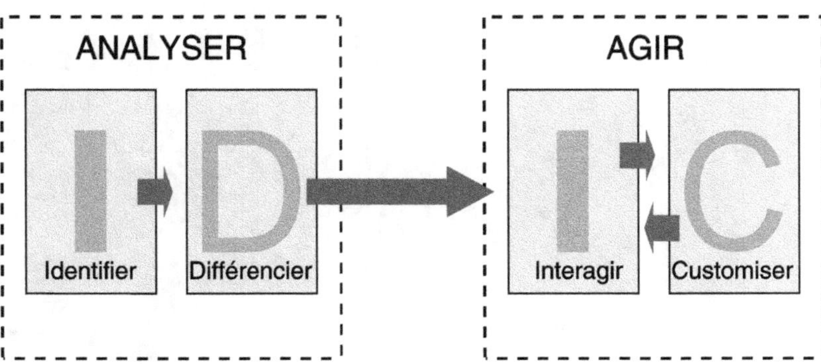

Il y a donc trois visions concomitantes du CRM. L'une, technique, met l'accent sur la capture et le partage d'informations dans une optique d'optimisation des processus. La deuxième, plus qualitative, voit dans les outils de CRM de simples moyens pour améliorer la qualité globale de la relation client en la rendant moins anonyme. La dernière, plus pragmatique, est focalisée sur les résultats tangibles et le retour sur investissement du CRM.

Dans cette optique, le CRM doit apporter un support à chaque étape du cycle d'achat : dans la formation d'opinion, lors de la considération d'achat et de l'acquisition, pendant la possession et lors de la reconsidération. Cette proximité sur toute la ligne est le gage de la fidélité.

Ce marketing relationnel délivre de la valeur maximale aux relations client par l'exploitation de la connaissance du client afin de dégager des opportunités de vente de produits. La vente n'est plus une activité limitée aux seuls hommes de marketing ou aux forces de vente traditionnelles. Elle est intégrée dans l'ensemble des processus et des systèmes qui délivrent des services aux clients.

La création de la relation n'est cependant justifiée que si elle se traduit par une amélioration de la position concurrentielle et de la profitabilité de l'entreprise… sinon le risque de surqualité relationnelle est évident.

Chapitre 3

Collecte et traitement des données : le data warehouse

« Une somme de connaissances en constante accumulation est aujourd'hui éparpillée de par le monde. Elle suffirait probablement à résoudre toutes les grandes difficultés de notre temps, si elle n'était dispersée et inorganisée. »

H.G Wells, 1940

On l'a vu, pour fidéliser son client, il faut le connaître. Pour maîtriser les coûts, il faut identifier les postes de dépenses. Cette connaissance passe par la compilation des informations internes et externes disponibles sur le client et sur les niveaux d'utilisation des canaux et des offres de l'entreprise. Plus d'informations, c'est plus de connaissance et donc plus d'efficacité dans la relation.

Il est donc essentiel d'accéder dans des conditions correctes à toutes les données disponibles dans l'entreprise et qui se rapportent au client.

Or, force est de constater que les données relatives aux clients sont généralement éparpillées dans les bases de données de différents systèmes opérationnels. Dans les banques, il n'est pas rare de devoir compiler plus de deux cents sources d'information pour obtenir une vision complète de la relation. Dans la distribution, on aura à compiler des informations depuis les systèmes de gestion de la fidélité, du service après-vente, du service commandes, de l'activité d'agence de voyage, de l'activité de financement…

Donc, plutôt que de remettre à plat l'ensemble de ces systèmes d'information pour les centrer sur le client, projet titanesque s'il en est, la plupart des entreprises décident de faire du neuf avec du vieux : elles interfacent leurs différents systèmes opérationnels pour en compiler le contenu dans une base de données à part, l'entrepôt de données. Cette base de données n'ayant pas de vocation opérationnelle particulière, elle dispose d'une structure mieux adaptée pour effectuer des traitements lourds et transversaux. Elle dispose également le plus souvent d'un historique bien supérieur à ce que les systèmes opérationnels gèrent. De ce fait, elle est d'une taille souvent très largement au-delà des bases de données opérationnelles, taille que seules les récentes innovations technologiques permettent d'absorber correctement.

Ce chapitre présentera dans un premier temps cette évolution de l'info-centre vers les entrepôts de données, en mettant en évidence les avantages recherchés au moyen des data warehouses. Ensuite, nous aborderons la méthodologie de mise en œuvre de ces entrepôts de données et le choix des informations utiles pour l'installation d'un projet CRM. Enfin, nous terminerons par une mise en perspective des rapprochements de plus en plus évidents entre l'informatique transactionnelle et décisionnelle dans la gestion de la relation client.

Explosion du data warehouse

Aujourd'hui, l'informatique a la possibilité de créer une véritable synergie entre les différentes approches marketing. En effet, l'augmentation de la puissance de traitement, les nouvelles capacités de communication et la baisse des coûts ouvrent de nouvelles perspectives de stocker et de gérer les informations pour connaître le client. Moore, le cofondateur d'Intel, leader mondial des microprocesseurs, prédisait, il y a près de vingt ans, que la puissance informatique augmenterait d'un facteur 2, tous les deux ans, d'ici à 2002. Nous avons passé le cap et force est de constater que la croissance exponentielle perdure. Pour illustrer ce point, la puissance de calcul du superordinateur de 1970 qui coûtait près d'une dizaine de millions d'euros est aujourd'hui disponible sur une console de jeu Sony Playstation pour moins de 100 euros. Grâce à cette baisse des coûts, sans équivalent dans d'autres secteurs économiques, la technologie n'est plus un obstacle. Toutes les entreprises, grandes ou petites, peuvent accéder à des outils très sophistiqués. La technologie s'est introduite dans la vie courante : un véhicule standard contient aujourd'hui plus d'informatique que la première capsule qui est allée sur la Lune !

La baisse de 20 % par an des coûts de stockage a engendré une croissance exponentielle des données disponibles. Elle a ouvert la voie à une nouvelle logique de gestion des informations. Il nous arrive fréquemment de travailler sur des fichiers conçus dans les années 1970. Ils sont optimisés pour prendre le moins de place possible. Les programmeurs ont eu recours à des artifices de stockage pour maximiser la signification du moindre octet. Les fichiers sont très compacts, mais parfaitement inexploitables autrement que par l'application qui les gère ou pour des objectifs décisionnels. Aujourd'hui, le stockage en base de données revient à moins de 100 euros le gigaoctet. Or, le volume représenté par un client et le détail de toutes ses transactions en VPC représentent quelques milliers d'octets. Les frais de stockage pour un mégaoctet sont de l'ordre de quelques centimes. À ce prix, à quoi bon se priver ? Fini l'époque des choix des informations à conserver et des purges, il est possible (financièrement) de conserver l'ensemble des données détaillées sur des horizons très longs, à condition de savoir bien structurer les données.

L'accès aux données était auparavant limité au niveau des fonctionnalités disponibles et des postes autorisés. L'ergonomie et l'intégration de la bureautique ont permis de développer une maîtrise des interfaces graphiques par des interlocuteurs qui n'avaient connu auparavant que des grands systèmes (le joli vert jade des écrans 3270). Aujourd'hui, le développement de l'informatique dans les entreprises est tel que les ordinateurs sont souvent plus nombreux que les salariés. Les postes de travail ont des possibilités de récupération et de traitement des données très évoluées. Le développement d'Internet et l'augmentation de la puissance des réseaux de communication offrent des capacités d'accès par des canaux de plus en plus nombreux. Le développement des postes nomades a conduit à décentraliser les données et les traitements sur des postes de plus en plus portatifs avec synchronisation régulière par rapport au site central. Le besoin de connectivité a conduit les directions de l'information dans le développement des projets d'EDI, de solutions de mobilité, de groupware et de workflow pour améliorer et accélérer les flux liés aux transactions vers les clients, ou la remontée des informations au plus prêt de l'intervention. Les premières formes d'accès par Minitel sont progressivement remplacées par des ordinateurs portables reliés par ligne fixe, des assistants personnels utilisant les technologies WiFi ou des Webphones, qui permettent aux itinérants d'être en lien perpétuel avec les informations de l'entreprise. Les possibilités d'être en contact n'auront bientôt plus de limites.

Info-déluge et info-famine

Ces perspectives de toujours plus, toujours plus vite pour moins cher sont relayées par l'ensemble des acteurs du monde informatique. Elles apparaissent comme le Saint-Graal de la compétitivité : les nouveaux leaders sont ceux qui développent cette culture de mouvement, de flexibilité, de portabilité et d'ouverture. Sur ces préceptes, l'informatique draine la moitié des investissements américains. Mais, dans le même temps, les études menées auprès de managers montrent que l'information dont ils disposent n'est guère meilleure qu'auparavant. La technologie informatique a permis d'accumuler et de stocker une quantité incroyable de données. Mais la priorité des entreprises n'est plus seulement de collecter des données, elle est surtout de permettre aux membres de l'entreprise d'utiliser ces données. Ces entrepôts de données sont souvent des systèmes isolés accessibles seulement par une partie du personnel de l'entreprise. Ces barrières entre les sources d'informations sont frustrantes pour les utilisateurs métier et concourent à une vision parcellaire du client. L'info-famine coexiste avec l'info-déluge.

Il existe une inégalité de plus en plus forte entre ceux qui savent retrouver et travailler les données et ceux qui en dépendent pour prendre des décisions. Il faut synthétiser l'information et la rendre plus exploitable dans le cadre de la prise de décision. Il est nécessaire d'organiser cet info-déluge.

Les entreprises reconnaissent de plus en plus la nécessité de fournir une interface cohérente aux clients. Pendant de nombreuses années, elles ont construit des systèmes disparates afin de satisfaire les besoins spécifiques des différents départements. Les départements au contact des clients ont développé ou acquis des systèmes pour gérer la force de vente, le service client, les demandes d'information, les commandes ou les actions commerciales. Chaque système a été optimisé pour les besoins propres d'un département, et le partage entre les applications est difficile ou impossible. Du fait de ce cloisonnement, l'information client est très fragmentée. L'entreprise qui souhaite être cohérente face au client doit commencer par construire une vision unifiée de ces systèmes hétérogènes. Il est nécessaire de créer une architecture technique qui utilise les multiples sources d'information.

Entrepôt de données

Les premiers infocentres : libérer l'utilisateur

Dans les années 1970, IBM a lancé le concept d'infocentre. Il s'agissait d'extraire des données des systèmes de production et de les rendre accessibles à l'utilisateur final autrement que par des langages de programmation destinés à des spécialistes. Véritable révolution si l'on se rappelle cette époque ; l'informatique était encore une technique ésotérique, citadelle totalement hermétique à la compréhension des utilisateurs. L'infocentre comprenait des fichiers destinés à l'utilisateur final et un langage de requête évolué et convivial.

Les systèmes d'infocentre présentaient les caractéristiques suivantes :

- *Administration*. Elle était la plupart du temps mise entre les mains des utilisateurs afin de respecter à la lettre la logique d'autonomie qui avait guidé la création de ce concept.
- *Alimentation*. L'infocentre était souvent chargé par des mécanismes d'annule et remplace, par opposition à des mises à jour incrémentales, où seules les modifications sont chargées à chaque vacation.

- *Contenu.* L'infocentre regroupait en général deux types de données : une photo instantanée d'un sous-ensemble jugé pertinent des données de production et, pour justifier l'investissement consenti, des agrégats de gestion, c'est-à-dire des données synthétiques précalculées pour constituer les tableaux de bord des différentes directions.
- *Structure.* Les premières bases de données relationnelles n'existaient pas encore, et la faible puissance de calcul alors disponible ne permettait pas d'exploiter les structures alternatives de l'époque de manière efficace. L'infocentre était la plupart du temps basé sur des fichiers indexés ou des formats spécifiques aux outils utilisés.

Pour ce qui est des outils d'interrogation, leur convivialité et leur caractère évolué nous laisseraient rêveurs aujourd'hui, à l'heure du tout Windows, de l'intranet, et de Business Objects, Brio ou Impromptu. Quoi qu'il en soit, pour l'époque, ils apportaient effectivement une amélioration indéniable par rapport au langage Cobol, outil principal, pour ne pas dire unique, dont disposait toute personne désireuse d'accéder à une donnée. L'offre était relativement pléthorique, et la plupart des fournisseurs proposaient un langage d'interrogation en mode commande comparable aujourd'hui à du SQL1 panaché avec du Basic. Un doux mélange qui conduisait souvent l'utilisateur final à devenir d'abord un spécialiste de ce langage, puis, souvent, l'expert en programmation de requêtes pour les autres utilisateurs n'ayant pas acquis une maîtrise suffisante du langage.

En d'autres termes, l'infocentre, qui aurait dû libérer l'utilisateur de sa dépendance vis-à-vis des professionnels de l'informatique, a en fait simplement déplacé le problème. Il a créé une nouvelle caste de professionnels de l'infocentre, pas tout à fait informaticiens et plus totalement utilisateurs non plus.

Plus d'un quart de siècle s'est écoulé depuis l'apparition du concept d'infocentre ; bien sûr, les lacunes du passé ont été progressivement comblées. Les fournisseurs d'infocentre, pour conserver leur parc de clients, ont cherché à faciliter l'utilisation de leurs outils en intégrant tant bien que mal de nouvelles technologies telles que le client-serveur, le tout Windows, le stockage en base de données relationnelle, Internet…

Aujourd'hui encore, de nombreuses entreprises s'appuient totalement sur un infocentre pour leur pilotage, ce qui prouve que, quoi qu'on en dise, il apporte un premier niveau de solution pour désengorger le service informatique de demandes de requêtes ponctuelles et pour apporter un peu plus d'autonomie aux utilisateurs.

> **1 SQL** (*Structured Query Language*) est un langage de requête de base de données relationnelle. Adopté, avec quelques variantes, par tous les éditeurs de bases de données, il est plus simple que la moyenne des langages de programmation, mais reste complexe pour l'utilisateur final.

Industrialiser l'infocentre : les entrepôts de données

La décennie 1990 s'est caractérisée par l'émergence du concept d'entrepôt de données le data warehouse pour nos amis anglophones. De quoi s'agit-il ? Le pape du data warehouse, Bill Inmon, a proposé une définition qui, quinze ans après, fait toujours référence[1] : « L'entrepôt de données est une collection de données orientées sujet, intégrées, non volatiles et historiques, organisées pour le support du processus d'aide à la décision. » (Bill Inmon, *Using the Data Warehouse.*)

Il s'agit en d'autres termes de faire du neuf avec du vieux. Les systèmes de production ont été développés au fil du temps. Ils sont donc nécessairement stratifiés et peu cohérents entre eux ; or, une refonte globale qui permettrait d'atteindre cette cohérence est généralement infaisable sur le plan économique. Il faut donc atteindre cette nécessaire cohérence en laissant les systèmes de production évoluer à leur rythme. L'entrepôt de données apporte une solution à cette problématique en proposant de mettre en place une base de données (l'entrepôt) dans laquelle sont déversées, après nettoyage et homogénéisation, les informations en provenance des différents systèmes opérationnels. Il s'agit donc de construire une vue d'ensemble cohérente des données de l'entreprise pour pallier la stratification et l'hétérogénéité historique des systèmes de production, sans pour autant remettre à plat ces derniers.

Le data warehouse se positionne ainsi comme la nouvelle solution à un problème vieux comme l'informatique : comment sortir des informations d'un système optimisé pour l'entrée de données ?

Faciliter l'utilisation de l'entrepôt de données : les datamarts

Les entrepôts de données contiennent des données pléthoriques tant en termes de profondeur (l'historique) qu'en termes de largeur (la richesse des informations stockées). Par construction, leur structure est orientée stockage et non-traitement, puisque les utilisations qui en seront faites ne sont pas totalement prédéterminées lors de leur conception. Structuré de manière à pouvoir stocker des éléments de détail historisés, l'entrepôt de données est souvent complexe dans sa structure et difficilement exploitable par des utilisateurs finaux. De plus, le volume et les traitements de chargement sont souvent techniquement incompatibles avec des requêtes utilisateurs non déterministes, par exemple, des requêtes libres dont la charge de traitement ne peut pas être précisée a priori. Pour pallier ces limites fonctionnelles et techniques, il n'est pas rare que des datamarts soient créés en aval de l'entrepôt, voire parfois en parallèle à l'entrepôt. Ces datamarts contiennent un sous-ensemble de données pertinentes pour une activité particulière :

- Sous-ensemble des instances : par exemple, seuls les clients actifs sont repris dans le datamart, voire un échantillon aléatoire représentatif pour faciliter les comptages.

- Sous-ensemble des attributs : seules les données élémentaires et les agrégats pertinents pour l'activité concernée sont transférés ou calculés au chargement du datamart depuis le data warehouse.

Par expérience, les datamarts suivants sont fréquemment présents dans les entreprises :

- *Gestion de campagnes* : le datamart « gestion de campagnes » a pour objectif de simplifier l'utilisation des données à des fins de marketing opérationnel : comptage, ciblage, topage et mesure des remontées d'opérations marketing adressées. Il contient la plupart du temps une vision simplifiée du client, des données de personnalisation, comme le nom, l'adresse, le nom du commercial affecté... et des agrégats permettant d'effectuer les ciblages les plus courants, par exemple, le chiffre d'affaires annuel, le fait que le client détient ou non tel produit ou service, la récence, la fréquence d'achat, l'utilisation du SAV...

- *Études et data mining* : les entreprises matures dans le domaine du datamining constatent la plupart du temps une certaine récurrence dans les types d'études qu'elles mènent, et donc des données généralement nécessaires pour ces études. La vocation du « datamart étude » est d'offrir un accès direct à des données précalculées fréquemment utilisées pour des études répétitives.

- *Pilotage* : la plupart des entreprises constituent non pas un, mais plusieurs « datamarts pilotage » ; par exemple, un datamart concernera le pilotage des forces ou des réseaux de ventes, un autre celui des achats ou du contrôle de gestion. Tous ces datamarts pilotage auront comme caractéristique commune de précalculer des indicateurs, tels que le chiffre d'affaires et le nombre de contacts, et de les associer à des dimensions comme des périodes temporelles, des régions, des segments de clients ou des magasins. Les datamarts pilotage sont généralement structurés en étoiles, c'est-à-dire qu'une entité regroupe les indicateurs et que les différentes dimensions sont autant d'entités reliées aux indicateurs. Cette modélisation en étoile permet de proposer une navigation multidimensionnelle dans les données.

D'autres datamarts spécifiques peuvent exister pour couvrir des besoins métier spécifiques, comme le risque de crédit dans le domaine bancaire. Quelle qu'en soit la finalité, ces datamarts ont comme caractéristique commune de stocker des valeurs agrégées et précalculées afin d'en simplifier l'utilisation quotidienne.

Entrepôt de données et CRM

L'entrepôt de données est souvent associé à une architecture de CRM. Cela étant, et avant de présenter plus en détail son rôle potentiel dans le CRM, il faut souligner deux points essentiels :

- L'entrepôt de données et ses dérivés, les datamarts, ont par définition une couverture plus large que le CRM.

- L'entrepôt de données n'est pas systématiquement nécessaire pour mettre en œuvre une architecture de CRM.

L'entrepôt de données couvre d'autres domaines métier que le CRM

Le CRM est centré client. L'entrepôt de données se veut « orienté sujet », c'est-à-dire qu'il est structuré pour faciliter la manipulation d'entités métier telles que les clients ou les commandes. En ce sens, il est généralement le pivot d'une vision globale du client, et l'une des entités métier essentielles de l'entrepôt de données est effectivement le client.

Pourtant, dans son rôle de hangar à données, l'entrepôt manipule d'autres entités métier fondamentales pour l'entreprise et qui ne relèvent pas directement du CRM (voir figure 3-1) : la représentation des structures de l'entreprise, d'une part et la représentation des produits et de leur vie, d'autre part.

Figure 3-1 : Le data warehouse couvre un champ plus large que le CRM

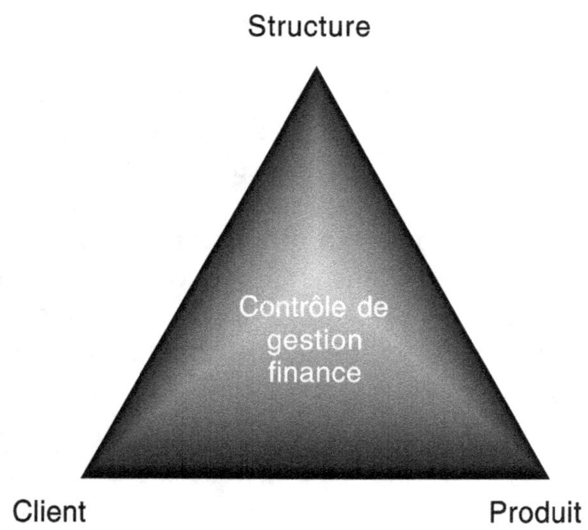

Nous verrons plus en détail l'axe client ; l'axe produit comprend une profondeur historique et des attributs produit utiles pour la logistique ou les stocks, mais sans intérêt du point de vue du client : encombrement du produit, fournisseurs, historique des commandes fournisseurs, historique des prix d'achat… De même, l'axe structure intègre une description détaillée de l'organisation et des moyens ainsi que leur évolution dans le temps : par exemple, les horaires d'ouverture/fermeture des caisses, les remplacements de personnes, les niveaux de délégation dans la banque…

Pour illustrer ce propos, voici trois exemples d'utilisation de l'entrepôt de données :

- *Axe client.* Quels sont les clients ayant acheté un micro-ordinateur entre janvier et février de l'année dernière, ayant ensuite acheté des cartouches d'encre couleur et n'ayant pas dans les douze mois précédant l'achat de leur micro-ordinateur acheté une imprimante ?

- *Axe structure*. Quelle est l'évolution du chiffre d'affaires quotidien rapporté au nombre d'heures de présence des caissières depuis un mois ?
- *Axe produit*. Quel est le délai de livraison moyen des salades fraîches par mes différents fournisseurs depuis un mois sur mes magasins de la région parisienne ?

Des données, telles que les horaires historiques des caissières ou le fournisseur de la salade acquise par un client donné la semaine précédente, n'ont en définitive que peu d'importance pour améliorer la relation avec le client. En ce sens, l'entrepôt de données comprend généralement un surensemble des données effectivement utiles pour le CRM.

Une solution de CRM sans entrepôt de données

Nous avons insisté précédemment sur la nécessité de constituer une vision globale des informations disponibles sur chaque client ; nous en avons déduit l'importance d'un entrepôt de données en tant que colonne vertébrale d'une architecture de CRM. Cet entrepôt de données n'est finalement qu'un palliatif à la stratification des systèmes d'information opérationnels.

Dans les cas particuliers d'entreprises pour lesquelles la relation client est le cœur du métier, il est possible de considérer les bases de données des outils de CRM comme une alternative à la mise en place d'un entrepôt de données. En effet, dans cette situation, la très grande majorité des informations sur le client est en fait détenue par les outils de CRM. Ces outils proposent généralement une structuration des données orientée sur le client. Ainsi, la base de données des outils de CRM fait office d'entrepôt de données client ; parmi les entreprises qui ont ou pourraient prendre ce raccourci, citons notamment les sociétés d'assistance, les VPCistes ou les sociétés de commerce électronique.

Dans ce cas particulier, on aboutit donc à une structure de base de données opérationnelle pour le CRM qui peut être directement utilisée pour le décisionnel. Pourtant, si la structure peut être reprise, il n'est néanmoins pas rare de voir les entreprises opter pour une duplication technique des bases opérationnelles. En effet, les traitements marketing sont transversaux et non déterministes. De ce fait, ils cohabitent habituellement très difficilement avec des applications transactionnelles optimisées.

Qu'attendre d'un entrepôt de données ?

On peut approcher l'architecture d'un système de CRM par la métaphore de la tête et des jambes :

- D'un côté les jambes, des outils opérationnels pour gérer l'interaction en temps réel avec le client, l'automatisation des forces de vente et le service client, le tout dans une déclinaison par canal.

- De l'autre la tête, des outils analytiques pour connaître et orchestrer en back office les mouvements assurés par les jambes. L'entrepôt de données est le support de ces activités analytiques, qu'on peut regrouper sous le terme générique de marketing de base de données : « Le marketing de bases de données est défini comme le fait de gérer un système informatisé de bases de données relationnelles qui collecte des données pertinentes sur nos clients et nos prospects pour délivrer de meilleurs services et établir une relation à long terme avec eux. Une utilisation efficace de la base de données a pour effet de fidéliser, de réduire les pertes de clientèle et d'accroître la satisfaction des clients et les ventes. La base de données est utilisée pour cibler les offres sur les clients ou prospects, pour envoyer le bon message au bon moment et à la bonne personne – augmentant le taux de réponse par dollar attribué au marketing, diminuant les coûts par commande, fondant notre entreprise et augmentant nos profits. » (extrait du site du National Center for Database Marketing).

Plus précisément, les principaux besoins des entreprises qui se lancent dans un projet d'entrepôt de données à vocation marketing sont traditionnellement :

- Piloter les opérations de marketing : ciblage, mailing, promotions, etc.
- Analyser les ventes.
- Définir la typologie client pour affiner l'offre.
- Suivre les évolutions des segments de clients.
- Étudier l'impact des promotions.
- Étudier la satisfaction des clients/produit/réseau de distribution.
- Étudier la concurrence.
- Suivre la performance des commerciaux (budget/réalisé).
- Établir un report des activités des filiales.
- Piloter les événements.
- Mesurer l'efficacité des canaux de distribution (ratio ventes/contacts).
- Évaluer les principaux postes de coûts liés à la vente.

Sur le plan fonctionnel, ces attentes peuvent se résumer en trois grands ensembles d'activités :

- le marketing opérationnel ;
- l'analyse ;
- le pilotage.

La base de données s'inscrit donc dans le CRM comme un centre de profit par sa dimension opérationnelle. Une étude du cabinet IDC a mesuré les retours sur investissement de soixante-deux projets d'entrepôts de données. L'étude donne un taux de retour sur investissement moyen de vingt-huit mois, avec plus de 90 % des entreprises bénéficiant d'un retour de 40 % après trois ans. Certaines entreprises indiquent un retour sur investissement négatif, qu'elles attribuent à des coûts trop élevés ou à une trop faible utilisation. Une étude de la société SAS a mis en évidence que la détermination des retours sur investissement des projets d'entrepôts de données est difficile du fait de l'absence d'indicateurs précis de mesure. Il est nécessaire de piloter, avec des indicateurs tangibles et financiers, ce type de projet qui représente des budgets importants et un cycle long de retour sur investissement. Dans une époque difficile, les entreprises souhaitent raccourcir ce cycle, ce qui explique la tendance actuelle au développement des datamarts moins complexe et dont le retour sur investissement est plus facile à évaluer (focus sur un métier).

Plus qualitativement, l'entrepôt de données est finalement la seule source d'informations de l'entreprise sur le client, les produits et les services qui a une chance d'être exhaustive. Il s'agit donc généralement d'une pierre angulaire du CRM qui joue le rôle de plaque tournante vis-à-vis de l'ensemble des acteurs de l'entreprise qui peuvent être en relation avec le client.

L'architecture générale d'un entrepôt de données

L'entrepôt de données, on l'a vu, est plus large que ce que justifient les besoins du CRM. Nous allons maintenant nous focaliser sur les natures de données, les flux et les traitements usuellement dans le champ de la partie marketing d'un entrepôt de données.

Les fonctions

L'entrepôt de données doit, soit directement, soit par le biais de bases de données dérivées, supporter quatre grands ensembles de fonctions pour les utilisateurs du marketing :

- Le pilotage des ventes, des forces commerciales et des actions marketing.
- Le contrôle de gestion avec le suivi des différents postes de coûts de commercialisation, de service après-vente permettant d'évaluer la rentabilité globale des produits, des clients ou des activités de l'entreprise.
- L'analyse statistique des facteurs explicatifs de tel ou tel comportement, ou la recherche de segmentation pertinente de clientèles.
- Le marketing opérationnel avec la gestion de campagnes depuis le ciblage jusqu'au suivi des remontées.

Ces deux dernières fonctions sont respectivement détaillées dans les chapitres 4 et 5.

Cependant, au-delà de ces fonctions intrinsèques, l'entrepôt de données doit supporter également des fonctions plus techniques pour répondre complètement à la problématique du CRM :

- L'alimentation, qui englobe toute la gestion des flux depuis et vers les systèmes opérationnels de CRM.

- La production, qui recouvre la production par des calculs plus ou moins sophistiqués de nouvelles informations à partir des données.

- La gestion transactionnelle, qui consiste à servir directement en données les canaux d'interactions.

Figure 3-2 : Les fonctions du data warehouse
vis-à-vis du CRM

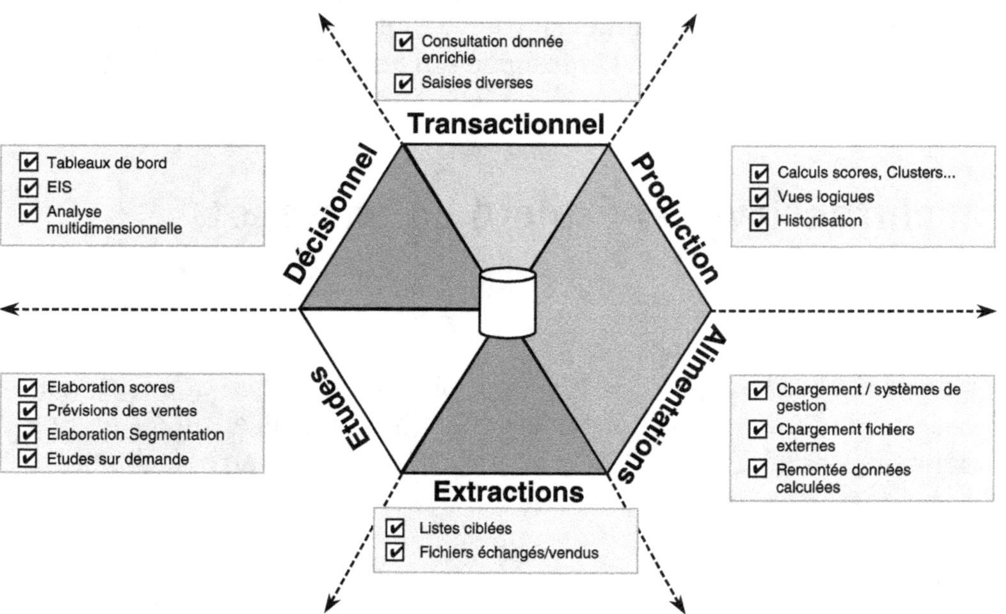

Les alimentations

Il s'agit des processus et des programmes qui vont, d'une part, transformer les informations des systèmes opérationnels avant de les intégrer dans l'entrepôt de données et, d'autre part, assurer l'envoi des informations pertinentes vers les différents systèmes opérationnels que recouvre le CRM.

Pour le chargement des données, la complexité est très largement fonction du nombre de sources à intégrer dans l'entrepôt de données.

Le nettoyage consiste à éliminer les données aberrantes et à harmoniser des codifications qui peuvent varier d'un système opérationnel à l'autre ; par exemple, les codes décrivant la fin d'un appel téléphonique peuvent avoir des significations différentes selon qu'ils proviennent du système de gestion du service consommateur ou du plateau de gestion des appels dans le cadre du programme de fidélité.

L'appareillage et la hiérarchisation des sources sont des tâches relativement spécifiques à la gestion des clients. Il s'agit de définir et d'appliquer des règles de gestion permettant d'identifier que deux personnes décrites dans deux systèmes différents sont en fait une seule et même personne et, lorsque ces deux systèmes disposent d'une même information avec des valeurs différentes, d'arbitrer entre ces valeurs.

Dans le sens inverse, l'entrepôt de données est la seule source exhaustive concernant le client. C'est donc le seul endroit où il est possible de calculer certains indicateurs agrégés : qu'il s'agisse de simples agrégats, comme le nombre total de contacts entrants et sortants pour chaque client, ou de calculs plus sophistiqués, comme la probabilité d'attrition de chaque client dans le prochain mois.

Ces informations nouvelles sont bien entendu utiles pour la gestion de campagnes (ciblage des clients ayant une probabilité élevée d'attrition), le pilotage (répartition des ventes par tranche de nombre de contacts), le contrôle de gestion (valorisation des coûts de service au client) ou les études (corrélation des contacts passés et des ventes futures). Elles ont également une valeur inestimable dans le cadre des outils de gestion de l'interaction avec le client et doivent donc être poussées par des interfaces vers les bases de données des différents canaux pour personnaliser la relation. Par exemple, un opérateur de télécommunication calcule systématiquement un score d'attrition pour tous les clients sur son entrepôt de données et interface celui-ci avec son logiciel de service client pour adapter les argumentaires commerciaux. Ainsi, lorsqu'un client appelle pour obtenir un renseignement ou tout autre service, l'opérateur dispose d'une probabilité d'attrition à l'écran et se voit proposer un script de rétention qu'il peut dérouler pendant que le client est en ligne.

Ces fonctions d'échange peuvent sembler purement techniques. Elles contiennent en réalité une forte dose d'intelligence métier. Par exemple, entre plusieurs adresses différentes, laquelle choisir : celle de la livraison de la dernière commande à distance, celle donnée lors de l'achat d'une télé pour la garantie et la redevance ou celle du chèque fourni comme justificatif pour la mise en place du crédit *revolving* associé à la carte de fidélité ?

La production

L'entrepôt de données se veut statique, du moins est-ce ce que nous en disent les gourous du domaine. Force est de constater que l'entrepôt de données, vu du marketing, a une dimension de plus en plus orientée production, en ce sens qu'il est le centre où sont produites de nouvelles informations, nécessaires pour l'exécution de nombreux processus.

Les études présentées plus en détail dans le chapitre 4 aboutissent souvent à des formules de classification ou de score. Il s'agit de fonctions permettant de calculer une nouvelle variable en fonction des valeurs d'autres variables sur le client ; la figure 3-3 illustre une formule de score.

Figure 3-3 :
Exemple de score

Caractéristiques du compte	
Titulaire du compte	**1.454**
Non titulaire de compte	**0.000**
Le compte a été ouvert avant la création de la carte	**0.336**
Le compte a été ouvert après la création de la carte	**0.000**
Code option paiement de la carte	
Libre	**0.320**
Total	**0.198**
Minimum	**0.000**
Plafond inférieur à 10000 francs	**0.467**
Plafond compris entre 10000 et 15000 francs	**0.000**
Plafond supérieur à 15000 francs	**-0.212**
Caractéristiques du porteur le jour de la création de la carte	
Age supérieur à 60 ans	**-0.435**
Autres âges	**0.000**
Distance nulle	**0.260**
Distance non nulle et inférieure à 10 kilomètres	**0.000**
Distance supérieure à 10 kilomètres	**-0.295**
Monsieur	**-0.619**
Madame	**0.197**
Mademoiselle	**0.000**

Ces formules doivent être programmées sur l'entrepôt, qui est la plupart du temps la seule source disposant de l'ensemble des données nécessaires pour ce calcul. Il devient ainsi possible de calculer cette probabilité de manière systématique et sur l'ensemble des clients. De plus, stockée dans l'entrepôt, elle devient une clé possible pour effectuer des tableaux de bord, des ciblages, des tests de performance ou d'autres études, qui viennent ainsi s'ajouter à des agrégats plus simples mais tout aussi, voire plus prolifiques : des indicateurs de moyennes, de sommes ou de comptages directement calculés au niveau du client, dans l'optique d'éviter de les calculer à la volée, pour améliorer les temps de réponse et simplifier la vie de l'utilisateur.

Le marketing opérationnel s'entend traditionnellement comme un moyen de gérer des campagnes que nous qualifierons de *batch*. L'informatisation aidant, il est aujourd'hui possible de passer à une gestion événementielle du client : à partir de la définition de règles comme l'envoi d'un *welcome pack* trois semaines après l'abonnement sauf si le client a appelé entre-temps le service réclamation. Les outils d'automatisation du marketing

Figure 3-4 : Exemple de définition d'un événement avec Chordiant (a, b) et AIMS (c)

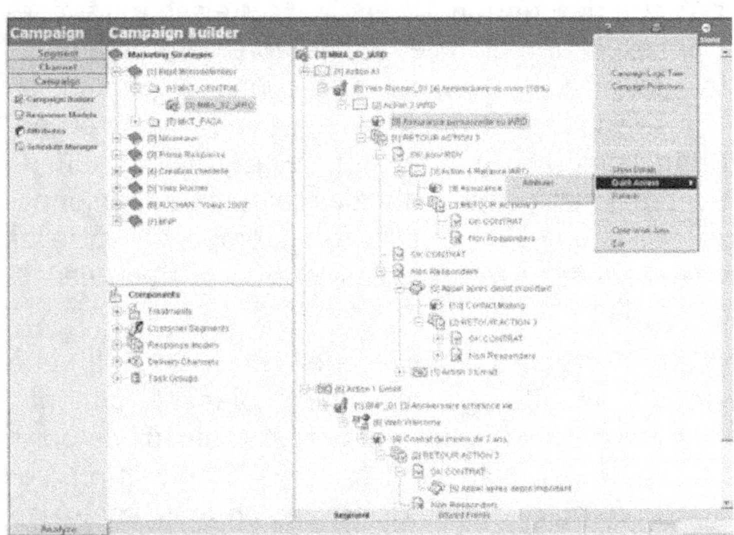

a. Définition des règles de traitement

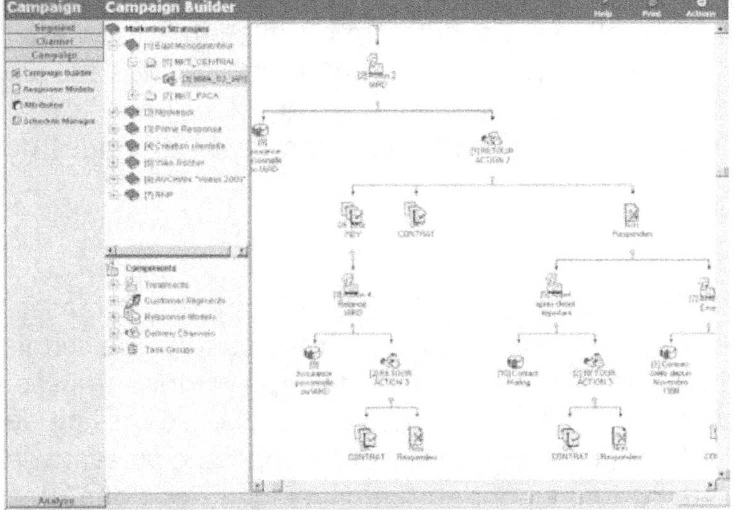

b. Définition des séquences d'enchaînement des traitements

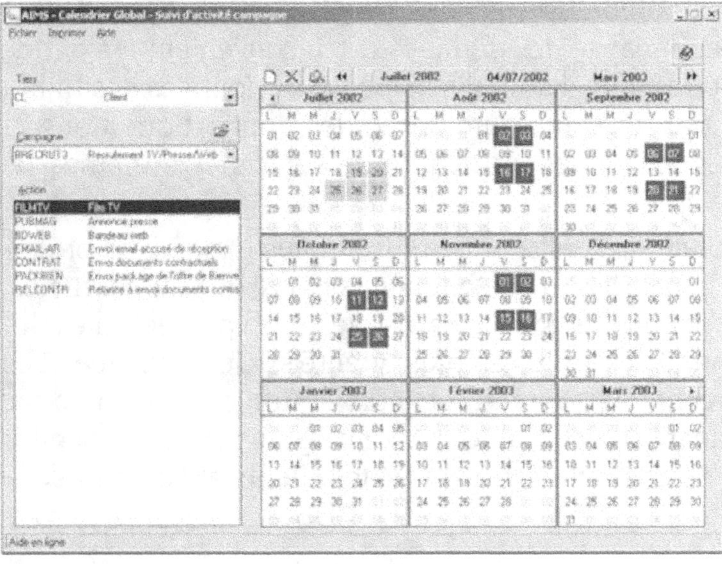

c. Planification des agendas

appliquent systématiquement ces règles pour extraire dans le temps les cibles correspondant à cette description. Là encore, cette gestion événementielle se traduit par l'exécution d'un certain nombre de programmes de production sur les données des clients. Les copies d'écran de la figure 3-4 illustrent la mise en place de quelques règles de gestion événementielle du client. Enfin, l'émergence d'Internet a exacerbé le besoin de pouvoir gérer des « e-campaigns », c'est-à-dire des campagnes personnalisées sur Internet qui nécessitent des interactions en temps réel entre les outils de gestion de campagnes et les données fournies et restituées à l'utilisateur sur le site Internet.

Le pilotage évolue lui aussi vers plus de production. En effet, au fur et à mesure que les systèmes de pilotage deviennent plus performants, l'entreprise tend à se noyer sous les indicateurs et les tableaux de bord. Donc, à ce stade, la tendance est soit de favoriser la consultation à la publication, soit de mettre en place des diffusions sur critères. Par exemple, l'évolution du nombre de clients d'un mois sur l'autre ne sera diffusée qu'à partir du moment où elle sera supérieure ou inférieure à un seuil donné. Ce seuil aura été défini comme une limite au-delà de laquelle l'évolution en question nécessite une analyse particulière pour action. Ces mécanismes nécessitent également l'exécution de programmes de production.

Les transactions

Les cas où l'entrepôt de données sert également de support au transactionnel sont extrêmement rares. Néanmoins, il arrive parfois que certaines entreprises décident de faire fonctionner des applications transactionnelles de CRM comme les outils de services client ou de mesure de risque directement sur l'entrepôt de données. Cette approche présente de nombreux avantages : fonctionnement en temps réel sur des données à jour, interfaces moins nombreuses et plus simples, économies de stockage liées à la non-redondance des données… L'inconvénient majeur de cette architecture est de mêler sur une même base de données des traitements décisionnels transversaux lourds avec des applications transactionnelles, exigeantes en termes de qualité de service et de temps de réponse.

Les technologies évoluent ; elles sont de plus en plus à même de proposer des solutions de cohabitation : architectures massivement parallèles, *clustering* et redondance pure des systèmes disques… En parallèle, l'explosion d'Internet rend le CRM de plus en plus orienté sur le temps réel. Les besoins de réactivité et les progrès technologiques convergent donc progressivement pour apporter des informations de plus en plus actuelles et fiables aux points de communication entre les clients et l'entreprise.

Les données manipulées

La première étape de constitution d'une base de données orientée client consiste à rassembler les informations disponibles sur les clients et les prospects. Les entreprises n'ont pas totalement conscience de la masse d'informations dont elles disposent tant en interne qu'en externe.

Globalement, les informations pertinentes s'articulent autour de quelques concepts de base, comme l'illustre la figure 3-5 pour le cas d'une banque de détail.

Figure 3-5 : Les liens entre les domaines

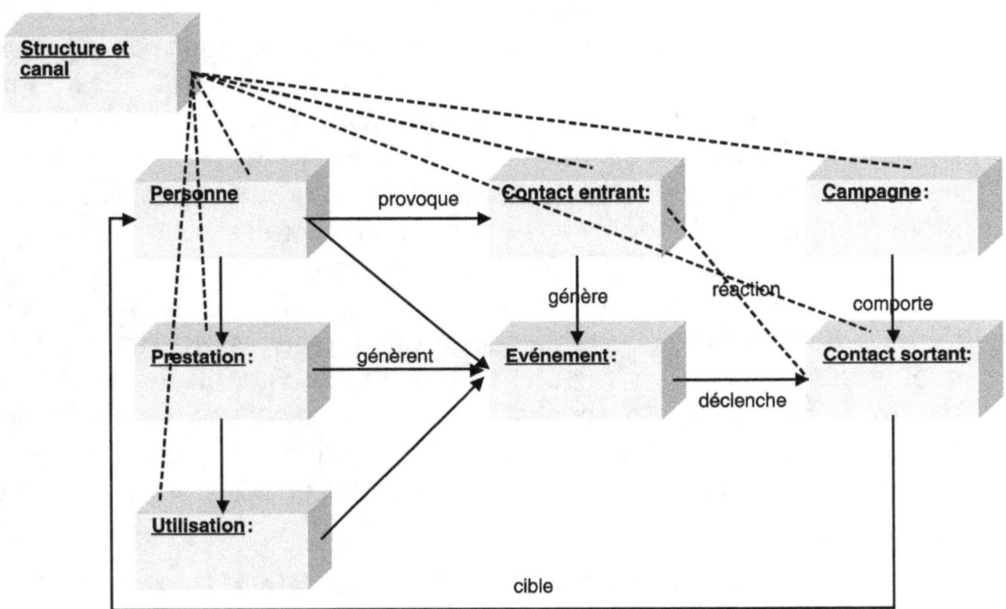

Domaine Personne

Ce domaine permet la recomposition de la personne et la préparation de regroupements foyers ou de tout autre regroupement : parrain, rôle dans une affaire… Idéalement, ce domaine englobe à la fois les clients et les prospects pour permettre une gestion des personnes dans le temps.

Un élément critique dans le domaine Personne est la gestion des coordonnées :

- fiabilité des adresses au niveau de la forme (respect des normes postales),
- gestion des adresses invalides (NPAI, retour des e-mails),
- enrichissement des numéros de téléphone.

Une base qui présente une obsolescence de 5 % par an se révèle rapidement inexploitable. Il est important de prévoir des procédures pour contrôler la qualité des saisies, gérer les retours, maintenir la base des référentiels adresses.

Avantages

- *Efficacité* : communication différenciée par foyer et/ou par personne.
- *Économie* : réduction des coûts de communication, diminution des coûts de non-qualité des adresses.
- *Qualité* : communication foyer homogène, par exemple, cartes de fidélité.

Principaux sous-domaines

- Personnes, foyers, rôles, liens clients-guichets et rôle/prestations, caractéristiques socio-démographiques, adresses.

Domaine Données externes

Ce domaine gère le rattachement d'informations individuelles (mégabases sur clients et/ou prospects), et socio-démographiques par le biais du géo-codage des adresses des clients et des points de vente. Les informations externes en B to C doivent être rattachées aux clients en utilisant soit un rapprochement à partir des clés bâties sur les Noms – Prénoms – Adresse (notion de matchcode décrite plus loin) ou sur des clés plus ou moins composites (Code Insee de la commune, croisement de l'âge et de la CSP, etc.) lorsqu'il n'y a pas de données externes nominatives. Le domaine du B to B présente plus de possibilités d'enrichissement avec la fourniture de nombreuses sources de qualification (structure du bilan, qualité des paiements, structure de direction, etc.) et des possibilités de rapprochement avec les données internes par les codes Siret ou Siren. La base doit centraliser toutes les données externes à caractère marketing qui pourraient actuellement être connues dans tel ou tel autre système.

Avantages

- *Marketing opérationnel* : critères complémentaires pour les sélections.
- *Marketing stratégique* : caractéristiques socio-démographiques rattachées à des ventes individuelles pour une approche client différenciée.
- *Connaissance client* : intégrer, à chaque client ou segment, des dimensions telles que la distance au point de vente en complément de la dimension mode de consommation.
- *Potentiel* : déterminer un potentiel de consommation au client et évaluer la part des produits vendus (notion de part de client).

Principaux sous-domaines

- Données de cadrage, concurrence, données de bilan, potentiel de consommation, événements, pression concurrentielle.

Domaine Prestations

Ce domaine gère les caractéristiques des prestations (contrats) en termes de données administratives et financières et est rattaché aux personnes par l'intermédiaire de rôles (souscripteur, bénéficiaire, cosignataire, caution…). Il intègre des regroupements de prestations par famille de prestations pertinents du point de vue marketing. Par analogie, dans la distribution, on trouverait ici les tickets, les lignes de tickets étant à comparer aux utilisations des prestations.

Le domaine des Prestations doit être structuré autour d'un référentiel organisant les catégories de prestations, ainsi que les conditions des offres dans le temps. Ce référentiel permet de rattacher les prestations de l'entreprise aux prestations offertes par les concurrents.

Avantages

- *Vue globale* : identifier les liens entre les personnes et constituer une notion de foyer et/ou partenaires.

- *Univers de besoin* : permettre un regroupement des produits dans un univers cohérent pour le client.

- *Réactivité* : associer un événement à une prestation pour tomber au bon moment.

- *Argumentation* : fournir des argumentaires associés aux produits de l'entreprise et aux offres des concurrents.

Principaux sous-domaines

- Rôle-personne-prestation, familles de prestations, catalogue commercial, liens prestations-contacts entrant, liens prestations-événements, liens prestations-canaux d'accès.

Domaine Utilisations des prestations

Ce domaine recense les opérations de gestion sur les prestations et gère les cumuls périodiques, les évolutions par nature d'opérations et par canal de distribution. La modélisation des séries d'opérations dans le temps permet de déterminer un comportement prévisible et d'associer des alertes en cas d'écart entre les prévisions et la réalité. Force est de constater que ce domaine est souvent moins couvert que le domaine Prestation alors que les conditions d'utilisation des prestations peuvent avoir un impact important sur la rentabilité et la fidélité du compte client. La nature du canal (vendeurs, mailing, téléphone, Internet, SMS, etc.) est indispensable pour déterminer le coût des contacts. De même, la distinction des éléments précis de facturation (remise, rabais, échange, etc.) est indispensable pour calculer la marge d'une transaction et évaluer le potentiel de fidélisation du client : vient-il chercher du prix ou de la qualité ?

Avantages

- *Anticipation* : une dimension « opération » pour capter des événements de gestion exceptionnels.

- *Rentabilité* : savoir évaluer les marges et les coûts par client ou par opération.

- *Prédiction* : détecter et utiliser le trend des opérations pour des ciblages ou des prévisions sur les évolutions temporelles représentatives.

Principaux sous-domaines

- Canal, rentabilité client, coût des opérations et des canaux, tarification, modèles de prévision.

Domaines Contacts et Actions commerciales

Ces domaines recouvrent l'ensemble des contacts et des actions commerciales passés, quel que soit le canal. Il s'agit à la fois des contacts sur l'initiative du client, des contacts entrants et des actions commerciales à l'initiative de l'entreprise, des contacts sortants. Il est souvent difficile d'identifier et de qualifier un contact : comment distinguer un contact fructueux d'un contact non fructueux. La saisie des comptes rendus d'entretien client est assez difficile à obtenir des vendeurs qui craignent une forme de contrôle de leur activité. Il est souvent nécessaire de croiser l'agenda du vendeur avec des ventes observées sur une période pour déterminer les rendez-vous fructueux et rattacher des contacts à une campagne.

Avantages

- *Mesure* : les opérations peuvent être mesurées sur des critères autres que la vente de produits.
- *Efficacité* : les résultats des actions de mesure précédentes peuvent être pris en compte dans les ciblages.
- *Management* : le suivi des contacts, des rendez-vous, des ventes permet de dégager des ratios de productivité et d'efficacité.
- *Vue globale* : les contacts des différents canaux sont concentrés et harmonisés, ce qui en facilite la redistribution croisée vers les canaux.
- *Vision temporelle* : capacité à extraire des séquences de contacts efficaces en marketing direct.

Principaux sous-domaines

Compte rendu d'entretien, agenda commercial, résultat contact (structuré), lien canal, lien opération, lien prestation, lien événements.

Domaine Calculé

Il s'agit de la zone de stockage des informations construites dans la base marketing : scores prédictifs, segments de clientèle, potentiel par client, durée inter-achat, rentabilité par client, canal de prédilection, qualifications, stock prévisionnel...

Cette zone a tendance à croître avec la maturité de l'entrepôt (qualité et exhaustivité des données) et la maturité des équipes en charge de la vie de l'entrepôt. On constate que les retours sur investissement des entrepôts se concrétisent avec l'arrivée de ces données à valeur ajoutée. En effet, la simple réplication des données élémentaires ne crée pas de différenciation de l'entrepôt par rapport à un existant, alors que les modèles prédictifs apportent une dimension complémentaire importante pour les utilisateurs.

Avantages
- *Moins de traitements* : informations précalculées pour faciliter les travaux de ciblage.
- *Réactivité* : fourniture d'informations au point de contact afin de faciliter le travail commercial ou d'orienter le message marketing.

Principaux sous-domaines
- Valeur client, score d'attrition, potentiel client, score de propension à consommer, urba-types, segmentation comportementale, séquences et associations.

Domaine Déclaratif

Il s'agit de la zone de stockage structurée des informations qualitatives collectées par les différents canaux. Ce domaine permet de rapprocher des données collectées soit par des questionnaires auprès d'un échantillon de clients, soit par des qualifications client liées à des jeux ou des navigations sur Internet.

Avantages
- *Enrichissement* : prendre en compte le déclaratif pour les actions et actes commerciaux.
- *Extrapolation* : déterminer les niveaux de satisfaction, de fidélité sur l'ensemble de la base à partir de modèles construits sur l'échantillon.
- *Stratégique* : identifier les impacts de la satisfaction, de la fidélité sur le chiffre d'affaires ou la marge.

Principaux sous-domaines
- Questionnaire, réclamations, navigation, concurrence, projets client, simulation client.

Domaine Éléments de structure

Ce domaine couvre la description des structures de l'entreprise en relation avec le client dans une optique multicanal. La décomposition de la structure peut avoir des liens avec les fichiers de ressources humaines pour enrichir le profil des collaborateurs avec des notions d'ancienneté, de compétences, d'habilitation permettant de comprendre l'impact d'une formation sur l'amélioration de la formation. Dans le domaine du B to B, on peut introduire les liens de dépendance entre les entreprises pour reconstituer le client global.

Cette description des éléments de structure est importante pour évaluer la contribution des différents services ou acteurs dans l'exécution des différents processus.

Avantages

- *Lisibilité* : la structure organisationnelle peut être représentée avec les différents niveaux.
- *Rattachement* : les personnes peuvent être positionnées facilement par rapport à des compétences et des profils.
- *Productivité* : les contacts entrants peuvent être dirigés de manière plus efficace vers les bons profils.

Principaux sous-domaines

- Base des compétences, gestion des habilitations, moyens généraux, base de données des ressources humaines, base des immobilisations.

Domaine Événements

Il s'agit de l'ensemble des actions futures à entreprendre, déduites à partir des contacts et/ou des prestations et de leur utilisation. Il est possible de distinguer deux types d'événements : ceux dont l'apparition est certaine comme un anniversaire, une date de fin de contrat, et ceux dont l'apparition est probabilisée comme la date du prochain achat, l'apparition d'un impayé ou la fin de la relation. La gestion événementielle complète la gestion de campagnes pour alimenter une base d'opportunités de contacts. La gestion des événements nécessite une activité de coordination beaucoup plus importante pour éviter de déverser trop d'événements sur un même canal, un même interlocuteur ou un même client.

Avantages

- Traitement événementiel du client et règles de gestion pour le choix du timing, du message et du canal en fonction des caractéristiques personnelles du client.
- Planification de l'activité commerciale en fonction des événements clients ou produits identifiés.
- Anticipation du comportement futur par une mise en relation d'éléments prédictifs.

Principaux sous-domaines

- Liens client-événement, liens scores-événement, liens produit-événement, scores, moteurs de règles.

Quelques principes pour la collecte des informations

Les sources internes qui parlent du client sont multiples, comme l'illustre l'exemple de la figure 3-6.

Ces informations internes doivent être captées via les processus d'alimentation en respectant autant que faire se peut quelques règles élémentaires.

Historique des consommations : il est important de conserver l'historique des produits et services achetés. Il est en effet possible d'en déduire les

Figure 3-6 : Les sources internes possibles

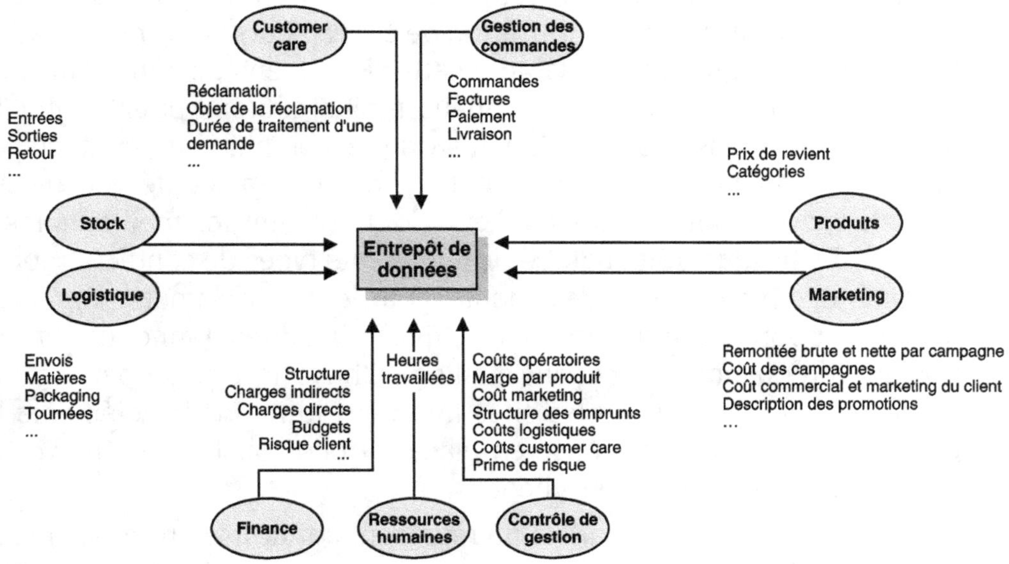

centres d'intérêt des clients et surtout d'éviter de leur proposer des offres qu'ils auraient pu résilier ou décliner. De même, la conservation du mode d'entrée en relation permet souvent d'interpréter les motivations du client lors de l'entrée en relation.

Collecte auprès de tiers : une prestation peut englober des composantes gérées par des tiers, par exemple, une assistance dépannage dans le cadre d'une carte de crédit. Les événements intervenant chez ces tiers ont une importance qui justifie de récupérer et de stocker ces informations client externes. La gestion de la relation client doit être mise en œuvre dans une logique globale.

Intérêt marketing : les systèmes de gestion n'ont besoin de la trace d'une commande qu'à partir du moment où elle est effective ; en marketing, il est primordial de conserver la trace des demandes d'informations ou des devis, ainsi que l'ensemble des sollicitations qui ont dû être mises en œuvre pour déclencher l'acte d'achat. Ils représentent la marque d'un centre d'intérêt du client qui doit être traité de manière prioritaire.

Caractéristiques des produits achetés : il n'est pas rare que les systèmes de gestion soient faits de telle sorte que les caractéristiques volatiles des produits disparaissent des bases de données une fois qu'elles sont devenues obsolètes. Ainsi, le fait qu'un article ait été en promotion pendant quinze jours disparaîtra des bases de données après ces quinze jours. Il est important d'associer à l'achat de ce produit pendant la période, un indicateur permettant de repérer qu'il y a effectivement eu promotion. En effet, le comportement d'achat d'articles en promotion peut se révéler important pour l'animation marketing d'un client ou d'un groupe de clients.

Historique de tous les contacts : l'historique des actions présente l'ensemble des moyens utilisés pour délivrer un message à un client. Il est utile de suivre les coûts associés à l'utilisation de ces vecteurs de communication. Les entreprises qui ont une large palette de moyens de communication pourront choisir d'agir sur des canaux moins coûteux pour limiter les dépenses. La conservation d'un historique complet des contacts est primordiale pour déterminer la réceptivité du client aux différents messages, et repérer les méthodes marketing qui donnent les meilleurs résultats. Cet historique doit englober les différents types de contacts : appels entrants des prospects et des clients, courriers et réclamations, remontées de coupons ou autres remontées marketing direct (annonces presse, numéro vert ou indigo, fax et bus mailing). L'historisation de la navigation sur les serveurs vocaux ou les sites Internet (du moins les éléments les plus signifiants) doit être mise en place car elle constitue un moyen de comprendre les attentes des clients.

Chaque fois qu'un client parle à un représentant, utilise un canal électronique, remplit un formulaire, participe à un concours, il entre en relation avec l'entreprise. La base de données doit enregistrer, suivre et évaluer tous les contacts intervenus entre une société et ses clients, ses prospects, quels que soient les supports envisagés. La gestion de l'historique des données accordera plus d'importance à certains événements et oubliera progressivement des données. Une gestion spécifique des historiques en fonction des événements doit être envisagée. Il est crucial de savoir qu'un client est devenu propriétaire par un crédit immobilier, même lorsque ce dernier est terminé ; par contre, savoir qu'il a consulté cinq fois la page des annonces immobilières n'est utile que pour activer une action à court terme. Il faut couvrir l'ensemble des moyens par lesquels le client entre en relation pour mesurer l'intensité et les coûts associés à chaque client.

Cette approche extensive du stockage des informations apparaît souvent comme un élément inutile chez certains chefs de projet, soucieux de la gestion du stockage. Notre expérience nous a souvent montré qu'une politique volontariste de réduction des volumes de données sans analyse préalable des impacts fonctionnels se traduit par une perte d'opportunités, par un délai important de réaction et des coûts importants de reprise. Il est plus difficile de reconstruire des données passées enfouies dans les archivages que de stocker ces données dans des tables, même peu parfaites.

Le bon choix des données est difficile. Les stressés préconiseront de tout garder, ce qui est difficile. Les censeurs choisiront les données à conserver, en fonction de critères parfois non optimaux. Les prudents effectueront des analyses des données en amont des choix, pour identifier les dépendances et les impacts entre les données et les modalités (data mining en amont du projet entrepôt).

Cette stratégie prudente permet de s'assurer que l'on conserve la donnée et la méthode la plus adaptée à chaque situation. À cette condition, il est possible d'identifier quels processus peuvent être améliorés pour dégager de la rentabilité, ce qui est l'enjeu principal d'un projet de CRM.

La check-list des données

Nous avons voulu présenter deux listes génériques d'information pertinentes pour le marketing client, l'une pour le Business to Consumer et l'autre pour le Business to Business.

En B to C

Sur le client
Nom
Prénom
Titre
Type de client : prospect, client
Date de naissance
Sexe
Situation familiale
Enfant
Statut d'habitation : locataire, accédant à la propriété, propriétaire
Type d'habitat
Adresse
Ville
Code postal
Téléphone, fax, e-mail
Profession : codification Insee ou texte libre
Code segmentation
Employeur
Coordonnées professionnelles
Niveau de revenus
Ancienneté de la relation

Sur les achats

Produits achetés (type, fréquence, montant)

Date des achats : mois, année

Retours

Lieu d'achat

Remises et ristournes

Scores d'appétence aux offres

Mode de paiement

Impayés

Recouvrement

Mode de livraison : normal, rapide

Premier achat (type, date, remise)

Sur les produits

Nomenclature : gamme, famille, rayon, sous-rayon

Élément descriptif du produit : poids, couleur, taille

Produits les plus associés

Produits concurrents

Fournisseurs

Prix

Marge brute

Coûts associés (emballage plus cher car volumineux)

Sur les contacts entrants

Type de contact : information, réclamation

Mode de contact : téléphone, call center, Web, coupon

Résultat du contact : ventes, qualification du fichier

Durée et fréquence des contacts

Heure de contacts : pour les médias électroniques

Sur les contacts sortants

Type de campagne : mailing, téléphone, coupon

Produits ou services proposés

Compte rendu d'activité du vendeur

Médias

Sur la rentabilité

Profit brut sur les x derniers mois

Investissement marketing sur les x derniers mois

Score de durée de vie ou de rétention

Externes

Données géographiques : taille et type de commune ou d'îlot

Distance au point de vente

Présence de points de vente concurrents

Données sur les produits concurrents

Données de mégabases ou de panels

Études de satisfaction

En B to B

Les données suivantes sont non exhaustives ; elles viennent compléter des informations énumérées ci-dessus pour le B to C et également utiles en B to B.

Sur l'entreprise

Nom de l'entreprise

Secteur d'activité code NAF

Type d'entreprise

Date de création

Taille de l'entreprise : nombre de salariés par catégorie, chiffre d'affaires, nombre de points de vente

Chiffre d'affaires et résultat

Conditions tarifaires

Mode de paiement

Banque

Régularité des paiements

Cotation Banque de France
Coordonnées professionnelles
Sur les interlocuteurs
Nom du contact
Prénom
Titre
Fonction
Domaine de responsabilité
Budget annuel
Niveau de délégation ou d'engagement
Sur les contacts sortants
Date de dernière visite du VRP
Statut des propositions : en cours d'acceptation, probablement refusée…
Dénouement des propositions : réussite ou échec
Type de contact
Données financières
Bilan
Incidents identifiés (BDF)

À ce jour, la plupart des grandes organisations en France ont déjà mis en œuvre – ou à défaut sont en train de mettre en œuvre – des systèmes de type entrepôt de données. Pourtant, dans bien des cas, les dirigeants continuent de se plaindre de l'impossibilité d'accéder aux informations qu'ils désirent. Pareil constat paradoxal laisse à penser que certains entrepôts de données sont mis sur pied sans qu'une attention suffisante soit portée à l'expression des besoins des utilisateurs fonctionnels. Les responsables fonctionnels doivent libérer du temps pour collaborer étroitement avec leurs homologues des directions informatiques, afin de spécifier aussi clairement que possible la nature de leurs besoins. C'est à ce prix que le fossé d'incompréhension mutuelle qui semble ternir la relation entre ces deux entités se réduira. Qui plus est, il est de l'intérêt même des responsables fonctionnels qu'ils reconnaissent la complexité inhérente à la gestion des systèmes d'information.

Sans cette analyse critique, les entreprises tomberont dans le piège inévitable des exercices d'informatisation de la force de vente, qui se traduira par 50 % d'échecs ! Il faut développer une vision claire des fonctions de support aux clients afin d'entreprendre la mutation psychologique des acteurs et la refonte des processus existants. Une fois que cette vision stratégique est comprise, il devient plus facile de construire le programme, de sélectionner les données et les projets qui auront le plus d'impacts sur l'entreprise.

La construction d'un data warehouse

La procédure idéale

La majorité des entrepôts de données aujourd'hui en exploitation ont accouché dans la douleur : retards importants de livraison, couverture fonctionnelle inférieure aux attentes d'origine, explosion des budgets initiaux, insatisfaction des utilisateurs, mauvaise qualité des informations...

Le coût d'implémentation d'un entrepôt de données, véritablement transversal et fédérateur de l'ensemble des systèmes d'une entreprise, dépasse la plupart du temps tout réalisme budgétaire. Il est donc souvent nécessaire de construire un plan d'urbanisation d'ensemble, une cible qui donne un fil directeur pour assurer une possibilité de convergence à terme, tout en développant l'entrepôt de données progressivement et par appartement. Il s'agit ici de respecter une maxime de bon sens : penser grand, mais commencer petit. La démarche standard se présente sous forme d'un processus répétitif ; chaque itération enrichit la solution tout en respectant plus ou moins six étapes principales (voir figure 3-7).

La première étape commence par la création d'un nouveau mode de compréhension des données avec l'objectif de mieux servir le client. Transformer un système qui sait bien faire des transactions en un système orienté vers le client nécessite un travail de coordination important entre les différents départements impactés. Il est souvent indispensable de commencer le projet par des réunions de sensibilisation des acteurs pour clarifier les enjeux et préciser la cible. Un audit de l'existant permet d'établir une situation claire de la position actuelle de l'entreprise, afin d'apprécier ce qui doit changer dans les processus existants et les impacts sur l'organisation. L'objectif est de répertorier les besoins d'alignement fonctionnels et techniques par rapport aux objectifs stratégiques fixés. Pour cela, il faut cerner les besoins d'évolution de l'existant, identifier les projets d'évolution en cours et les domaines d'évolution prioritaires en fonction des objectifs métier. Il faut que les acteurs du projet soient conscients des opportunités et des menaces qui pèsent sur chacun des métiers.

Figure 3-7 : Étapes du projet

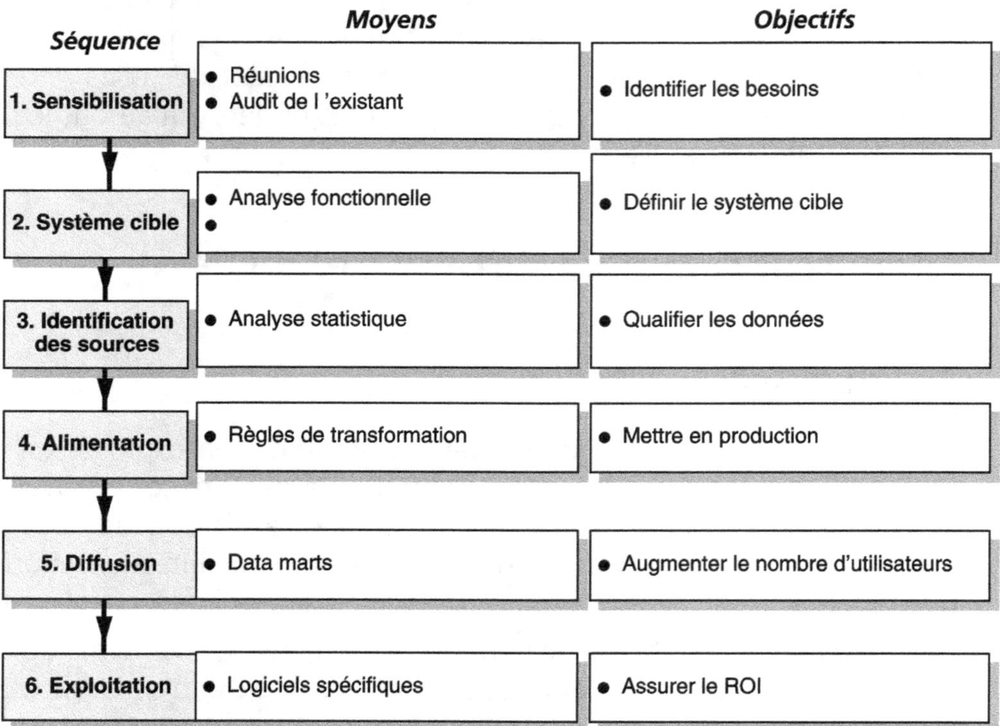

La deuxième étape s'attache à identifier les pistes d'amélioration, et à préciser les contours du système cible. Elle s'appuie sur l'audit de l'existant pour évaluer les forces et les faiblesses. Le principe consiste à partir des problématiques métier actuellement insolubles pour en déduire les fonctions et les données, qui permettraient à l'entrepôt de données d'apporter une réponse. Cette phase d'analyse fonctionnelle s'appuie sur des entretiens avec les utilisateurs métier. Elle permet au groupe de projet de construire une vision et un consensus sur la cible. Elle doit aboutir à la mise en évidence du plan d'action et à la définition d'un lotissement dans le temps. Cette tâche de lotissement est particulièrement importante. Les lots doivent être cohérents et définis selon des critères de couverture : géographique, de sources de données considérées, fonctionnelle, organisationnelle, etc. Chaque lot doit correspondre à un projet comprenant des victoires rapides, une phase pilote et une phase de généralisation. C'est à ce stade que les enveloppes budgétaires doivent être estimées et engagées. Il est essentiel de faire preuve de réalisme économique lors de cette étape en identifiant des indicateurs de mesure de succès de chaque projet identifié : un projet sans indicateur ne peut être piloté et donc géré.

Au cœur de cette étape, il est nécessaire de construire un dictionnaire commun des informations, qui contiene les termes qui définissent le client, les produits, les contacts ou les canaux. Cette deuxième étape aboutit à la construction d'un modèle de données (MCD : Modèle conceptuel de données), cartographie théorique de l'organisation des données.

La troisième étape s'attache à identifier les sources et la disponibilité des données pour remplir le système cible. Il faut remonter aux sources des systèmes opérationnels. Il s'agit d'une tâche importante et laborieuse qui consiste à déterminer les processus de nettoyage nécessaires ainsi que les règles de transformation des données source vers la structure cible de l'entrepôt de données. À ce stade, il faut choisir la donnée de référence parmi de multiples origines possibles : un client ne doit avoir qu'une seule adresse postale, et il faudra choisir laquelle. Chaque système présente ses propres règles ou définitions pour décrire un client, une offre, un produit ou un marché. Ainsi, dans une banque, un client sera considéré comme actif, par un responsable de marché, s'il effectue plus de 15 % de ses mouvements financiers avec la banque, alors que le marketing le considérera comme actif à partir du moment où il aura fait au moins un mouvement sur les douze derniers mois ! Si vous projetez cet écart de définition sur l'ensemble des données qui devront être intégrées, vous imaginez la difficulté à organiser un entrepôt unifié de données. Il est également souvent nécessaire d'analyser et de valider les données : identification des valeurs aberrantes, des données manquantes, etc. L'expérience montre qu'il est illusoire de vouloir atteindre une fiabilité à 100 % au premier chargement. La définition et l'exécution de la recette se révèle trop coûteuse et complexe, elle alourdit les coûts de développement par une complexification des règles de chargement, elle ralentit la livraison des données aux utilisateurs… in fine les seuls à pouvoir véritablement analyser la qualité des données. Il faut savoir se contenter d'être juste sur 98 % des données de départ, en n'alimentant pas les données non conformes aux référentiels, ce qui permet de laisser le temps de corriger au fur et à mesure. Les utilisateurs doivent être impliqués pour définir comment ils veulent voir les données mises en forme et représentées. La manière d'intégrer une dimension historique doit également être précisée à ce stade. L'objectif de cette troisième étape est de définir précisément comment transformer des données source éparpillées et hétéroclites, pour les restituer dans le cadre d'une structure de données orientée métier, structurée et historique. La plupart du temps, il est nécessaire, pour les évolutions ultérieures, de disposer d'un dictionnaire centralisé qui précise la signification des données, leurs origines, les changements effectués et les règles de constitution à partir des données source. Ces informations sont communément appelées les métadonnées. Ce dictionnaire est très utile pour l'utilisateur, qui sait ainsi quelles sont les données disponibles, et pour l'administrateur, qui bénéficie d'une vision centralisée et unifiée de l'entreprise ou du métier. Celui-ci peut par la suite compléter, modifier cette représentation en veillant à préserver la cohérence du système.

La quatrième phase est l'alimentation du data warehouse. Il s'agit de développer ou de paramétrer les règles de transformation qui constituent le processus de chargement de l'entrepôt de données. Cette phase est de plus en plus souvent effectuée avec des outils d'ETL (Extract Transform Loading) du type Data Stage ou Sunopsis. Ils offrent une richesse d'interface qui facilite la création du code et la maintenance des procédures des chargements. Il est cependant souvent indispensable d'adjoindre des programmes en SQL pour traiter certaines données ou optimiser certains traitements. Certains outils permettent de créer de manière automatique le méta-dictionnaire. Pour la phase de chargement, il faut souvent avoir une approche modeste au démarrage, avec un chargement initial simple, pour tenir compte des problèmes de volume et des temps de mise à jour des informations. La productivité de l'utilisateur final n'est pas seulement régie par la richesse fonctionnelle des données qui lui sont proposées ; elle est également conditionnée par le confort d'utilisation et donc par les temps de réponse et de service. Le bon calibrage des investissements en termes de puissance machine, notamment, est à ce stade un facteur clé pour que la solution soit acceptée par les utilisateurs.

La cinquième phase est celle de l'ouverture des accès aux utilisateurs. Jusqu'ici, les investissements ont été pour l'essentiel consacrés à stocker l'information sous une forme restructurée. Cette information se déprécie vite si elle n'est pas partagée. Pour gagner de la valeur, elle doit être distribuée et transformée. Il faut déployer des outils conviviaux et rapides chez les utilisateurs. Cette étape passe généralement par la création de datamarts, qui sont des visions des données limitées au métier de l'utilisateur (voir figure 3-8). Le responsable du ciblage des clients n'aura pas les mêmes besoins ni, donc, les mêmes données accessibles que le responsable de la plate-forme téléphonique. Ces datamarts sont en fait des informations précalculées qui ont pour objectif de faciliter les travaux d'agrégation, de totalisation et de jointure pour l'utilisateur. Ils ont souvent pour objectif de garantir des temps de traitement ou de préparer des données sémantiquement correctes pour l'utilisateur. Cette phase d'ouverture doit être accompagnée d'une politique d'information sur les données et de formation aux outils. Une des causes d'échec dans l'utilisation des entrepôts se trouve dans le manque de formation des équipes techniques. La modification de l'univers des données et des langages, représentée par le passage d'un infocentre à un entrepôt de données, se traduit pour les utilisateurs par la crainte de ne pas maîtriser le nouveau système et par une perte de productivité due à la maîtrise du nouveau langage. Dans ce contexte, il est difficile de changer et utopique de croire que la migration se fera car l'entrepôt est plus riche. L'entrepôt dans sa première version est un problème pour les utilisateurs !

La sixième étape consiste à exploiter les données, point qui est largement détaillé dans les deux chapitres suivants.

Figure 3-8 : Les datamarts

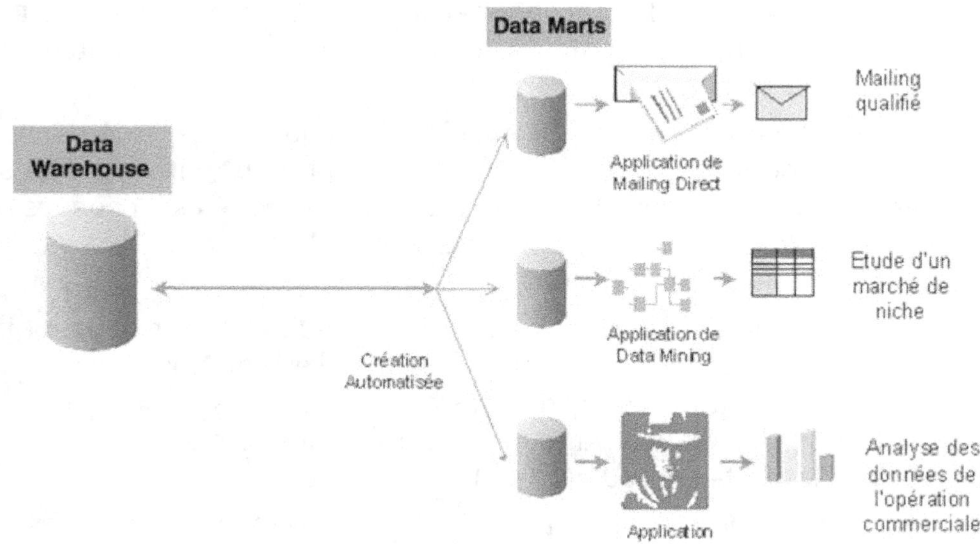

Les approches pragmatiques

La méthode ci-dessous sort tout droit d'un cas d'école. Il s'agit de construire un entrepôt pour le décliner ensuite en datamarts, approche du conceptuel vers le réel qui n'est pas sans avantages :

- une méthode rigoureuse pour modéliser et agréger les données ;
- un système global qui modélise l'entreprise ;
- une approche qui minimise les problèmes futurs d'intégration ;
- une approche qui respecte la transversalité de la sémantique, en catalysant toutes les données dans l'entrepôt avant de les disséminer dans les différents datamarts.

Elle est en revanche souvent peu réaliste, car elle impose une réflexion transversale longue et coûteuse tant en moyens financiers qu'en délais.

Elle s'oppose à une approche beaucoup plus pragmatique, qui vise à répondre de manière rapide aux besoins des utilisateurs… et à la pression des concurrents : l'approche *Bottom-Up*. Elle consiste à construire des datamarts indépendants et à les fédérer progressivement dans un data warehouse. Parmi les inconvénients de cette approche, on peut souligner les risques de redondances et de déviations sémantiques ainsi qu'une stratification des datamarts qui rendent complexe, voire impossible, leur convergence future.

Les facteurs de risque

Les systèmes décisionnels présentent certaines caractéristiques spécifiques qui induisent des risques particuliers tant dans la mise en œuvre que dans l'exploitation. Ces spécificités sont les suivantes :

- *Orientés données* : les traitements ne sont pas nécessairement parfaitement définis lors de la conception d'un entrepôt de données ; dès lors, il est nécessaire de structurer certaines données sans pour autant être sûr qu'elles soient utiles.

- *Traitements non déterministes* : la manière d'attaquer la base de données dépendra de la créativité des utilisateurs, qui pourront s'appuyer sur des « requêteurs » ouverts. Dès lors, face à des requêtes inconnues par avance, il est très délicat d'optimiser a priori la structure de la base de données.

- *Spécifications initiales faibles* : dans la continuité du premier point, l'entrepôt de données est avant tout un lieu d'exploration. Ces explorations aboutissent à des conclusions qui elles-mêmes justifient l'industrialisation de certains traitements. En d'autres termes, les spécifications sont très faibles au départ et évoluent sans cesse.

- *Sous-estimation de la non-qualité des données* : de nombreuses données ont été entrées dans les systèmes opérationnels sans contrôle. L'absence d'un audit préalable des données ne permet pas d'avoir une vision exhaustive des modalités et conduisent à de l'écriture de scripts de chargement au fur et à mesure de la découverte des problèmes. La phase de recette est sous-estimée, ce qui se traduit par la livraison de données fausses au démarrage. Il est alors très difficile de reconstruire la confiance des utilisateurs.

- *Projet récurrent* : corollaire des points précédents, un entrepôt de données est un projet récurrent avec des évolutions permanentes. La surconsommation budgétaire pour le chargement des données se traduit par une réduction des budgets de maintenance. Les erreurs sont identifiées par les utilisateurs, mais les équipes techniques n'ont plus les moyens de faire évoluer, voire de corriger les défauts les plus flagrants. L'entrepôt passe du statut de huitième merveille du monde à celui de ruine inutile !

- *Critères de réactivité* : la plupart des systèmes sont jugés sur leur stabilité et leur précision. Dans le cas d'un entrepôt de données, il n'est pas rare de préférer obtenir des informations partiellement justes mais dans un temps record, plutôt que d'attendre trop longtemps l'information parfaite. La limitation des espaces de stockage ou des réseaux se traduit pour les utilisateurs par des procédures répétitives pour calculer des agrégats, des temps d'exécution des traitements et une perte de productivité évidente. En 2003, nous avons eu l'occasion de rencontrer des utilisateurs de données d'entrepôt avec une place disque de 10 Mo (vous avez bien lu !).

- *Qualité dépendant des autres systèmes* : une caractéristique essentielle de l'entrepôt de données est la totale dépendance de celles-ci vis-à-vis des systèmes source pour ce qui concerne leur qualité. L'absence de procédure de contrôle des données en entrée, mais aussi de contrôle des chargements, peut avoir des effets fâcheux : annonce d'une progression du chiffre d'affaires de 5 % à la Direction générale, invalidée quelques jours plus tard, après le constat que les chiffres du dernier week-end ont été chargés deux fois ! Il faut mettre en place des procédures de contrôle et des alertes (sur des données stables) pour identifier ce type de problème au plus tôt.

- *Technologies très spécifiques* : lorsque l'entrepôt de données attend certains volumes, ou que l'utilisateur recherche une liberté toujours plus grande dans sa navigation dans les données, il est nécessaire de considérer des technologies assez particulières telles que les machines massivement parallèles ou les bases de données multidimensionnelles. Les tâches d'optimisation des entrepôts nécessitent des expertises encore rares. L'intervention d'un expert en optimisation a permis de faire passer un traitement de 2 heures à 2 minutes !

- *Besoin d'un administrateur fonctionnel* : la définition même des termes et des concepts manipulés dans l'entrepôt requiert une attention spécifique ; dès lors, il est de plus en plus fréquent de voir apparaître une fonction d'administrateur fonctionnel de l'entrepôt, dont la vocation est de gérer la sémantique des données manipulées. L'administrateur fonctionnel doit être capable de comprendre les procédures de transformation et de chargement pour valider la donnée, mais être suffisamment pédagogue pour concevoir une documentation intelligible par les utilisateurs.

- *Risques d'hétérogénéité liés à l'ouverture* : le fait de permettre une attaque par des outils de requête rend l'entrepôt de données plus vulnérable qu'une application traditionnelle. En effet, il existera sur l'entrepôt de données différents outils ou procédures, par exemple pour charger des données qui constituent autant de risques sur leur intégrité.

Ces caractéristiques particulières induisent plusieurs risques, certains liés au projet lui-même, d'autres qui peuvent se révéler lors de l'exploitation de la solution, et dont les principaux sont évoqués ci-après.

Le syndrome data warehouse

Certaines entreprises abordent le problème sous un angle radical : « Je ne connais pas les besoins en traitement, donc je stocke tout et je verrai plus tard. » Il s'agit la plupart du temps de projets poussés par les directions techniques et qui prennent la forme d'une prouesse technologique. Ceci risque de se matérialiser ainsi :

- La solution ne sera pas structurée et les données seront difficilement accessibles.

- La quantité de sources de données étant la variable la plus calibrante, le fait d'être exhaustif peut faire exploser les coûts indépendamment de la valeur des sources considérées.

Exemple : un opérateur de télécom mobile a voulu stocker de manière exhaustive toutes les données client et notamment les appels sur une très longue période ; à la limite des possibilités technologiques, les processus de chargement quotidien se terminent souvent après midi. Face à cette indisponibilité quasi permanente, les utilisateurs se sont créé des bases parallèles.

Pour éviter cela, les mesures essentielles sont :

- différencier les sources par leur contribution ;
- établir une structure de données globale et la remplir progressivement par des lots successifs.

L'inadéquation des moyens face aux objectifs

Les moyens affectés à la base marketing sont réduits pour des objectifs fonctionnels inchangés ou bien, les ressources affectées au-delà de la première version sont insuffisantes pour assurer les évolutions nécessaires. Dès lors, la solution est limitée en puissance et en évolutivité et ne suit pas l'incontournable évolution des besoins fonctionnels.

Exemple : un constructeur d'automobiles a dépassé les budgets prévus initialement ; il a dès lors entamé les budgets d'entretien de son entrepôt, ce qui ne permet pas d'assurer les évolutions demandées par la direction marketing. Des solutions artisanales commencent à fleurir localement : dans les pays, dans chaque segment de véhicule, voire pour chaque véhicule.

La contre-mesure est évidente : s'accorder une marge de manœuvre budgétaire dès le départ, et planifier très en amont les besoins en ressources complémentaires comme les expertises externes, mais aussi les ressources maîtrisant les systèmes source.

L'amalgame entre CRM et marketing automation

Certaines entreprises décident d'amalgamer dans un seul projet global les problématiques de relation client et les problématiques de marketing. Le projet devient alors gigantesque, lorsqu'on sait que les objectifs entre relation client et marketing peuvent être parfois antinomiques, et nécessiter des arbitrages longs et douloureux.

Exemple : un constructeur d'automobiles a voulu mettre en place un projet global intégrant l'automatisation des ventes (SFA) et la gestion de campagnes (EMA). Après plusieurs années, il a constaté des dérapages énormes en termes de délais et de coûts et la nécessité de refondre entièrement certains blocs fonctionnels.

La confusion entre conception et réalisation

Par nature, les besoins marketing sont difficiles à spécifier ; le risque est double : revoir les spécifications au cours de la réalisation et prendre des risques sur les coûts, ou figer les spécifications et prendre des risques sur l'adéquation de la solution.

> Exemple : une grande banque prenait deux mois de retard tous les mois sur son projet de base marketing, car le périmètre était si large au départ que les spécifications évoluaient nécessairement pendant la mise en œuvre.

Pour éviter ce genre de situation, plusieurs mesures peuvent être prises :

- trouver un équilibre entre refus global ou laxisme quant à l'ajout de spécifications ;
- planifier un effort permanent au-delà du lancement du projet ;
- planifier certaines tâches, par exemple, les agrégats, l'historique… en *time-framed*, c'est-à-dire en fixant a priori le temps imparti et en ne réalisant que ce qu'il est possible de réaliser dans le respect de ce temps.

L'effet tunnel

Le cycle de créativité marketing est beaucoup plus rapide que d'autres fonctions d'une entreprise. Le risque est donc, sur un projet long, de décaler la solution par rapport à des attentes en constante évolution.

> Exemple : une banque a mis quatre ans à sortir sa base marketing. Entre-temps, les centres d'appels étaient devenus des outils de vente à part entière, et la fonction distribution était totalement distinguée de la fonction production, ce que la base marketing n'avait pas prévu.

Pour éviter ces situations gênantes, quelques précautions élémentaires peuvent suffire :

- trouver des lots réalistes sur six à neuf mois ;
- paralléliser la conception de l'étape suivante avec la réalisation de l'étape en cours.

L'hétérogénéité entre pays et l'anarchie

Dans des contextes internationaux ou décentralisés, les utilisateurs ne sont pas satisfaits de la solution et développent leurs propres fichiers/outils parallèles. Dans ces conditions, les données deviennent hétéroclites, par exemple, plusieurs notions de client, de CA… et la solution globale n'est que partiellement remplie et utilisée.

> Exemple : les responsables du canal Internet d'une enseigne de distribution ont développé leur propre marketing de base de données. Ils se retrouvent aujourd'hui incapables de prendre en considération les achats des clients en magasin dans leurs ciblages.

La qualité des données

Le contenu de la base marketing est inexploitable, soit parce qu'il est insuffisamment renseigné, soit parce que les données sont sales. Dans ce cas, il y a tout à parier que la base marketing devienne marginale et que le processus marketing retourne à l'état artisanal.

> Exemple : un club de fidélité voulait lancer des actions de vente croisée et s'est alors aperçu que les âges et les CSP étaient renseignés à moins de 30 %.

Pour éviter ces situations désagréables, il est souhaitable de mener, parallèlement à la conception, une analyse de la qualité des données, et de lancer une sensibilisation des canaux de collecte d'informations sur la nécessité de recueillir des données de qualité.

L'articulation avec les front offices

La base de données marketing doit s'articuler aux canaux de contact avec le client, faute de quoi les superbes résultats obtenus centralement ne peuvent être relayés en local. On aboutit alors à un manque de cohérence entre le marketing et le commercial, voire à une décrédibilisation du marketing.

> Exemple : un laboratoire pharmaceutique organisait son marketing direct sur une segmentation, alors que ses visiteurs médicaux en exploitaient une seconde pour préparer leurs visites. Cette incohérence a mis le marketing en situation délicate.

L'articulation avec les back offices

La base de données diverge progressivement des systèmes de gestion de l'entreprise, les ERP, car la transformation des entités de gestion en entités marketing est complexe et n'est pas maintenue au gré des évolutions des ERP. Les notions d'entreprise deviennent incohérentes, avec une incapacité à réconcilier les données du contrôle de gestion et celles du marketing.

> Exemple : une société de VPC constate un écart de 10 % entre le CA comptable et le CA marketing issu de la base marketing. Une personne est dédiée à plein temps pour réconcilier les deux notions afin de fournir des rapports cohérents au contrôle de gestion.

Cette erreur peut être contournée en gardant, dans la base marketing, les indicateurs primaires et les données transformées.

L'implication des acteurs dans la collecte

La collecte des informations ne fait pas l'objet de contreparties suffisantes, notamment auprès des forces de vente. Dès lors, le taux de renseignement baisse, ainsi que la fiabilité des données.

> Exemple : une société de crédit revolving met en place une solution de centre d'appels très évoluée pour qualifier les appels. La formation est déployée avec force au démarrage, puis abandonnée sans structure de hot line dédiée. Compte tenu du taux de turn over important dans ce métier, les nouveaux salariés apprennent le produit sur le tas et la transmission devient orale. L'application n'est pas utilisée en conformité avec les objectifs initiaux.

Pour éviter cela, il faut trouver des moyens pour former, assister et motiver les acteurs impliqués sur la collecte, dater les données et trouver des moyens d'offrir des contreparties au renseignement des informations de la base de données.

Le manque de perspective

La base de données est conçue dans une optique à court terme sans ouverture sur les évolutions probables. Dès lors, la prise en compte de changements tels que des nouveaux produits, canaux, marchés ne peut pas se faire dans la base marketing sans une refonte profonde.

Exemple : la vente par téléphone pour une grande banque n'avait pas été prévue initialement dans la base marketing ; dans ces conditions, il a été nécessaire de lancer des évolutions lourdes pour intégrer ces nouvelles conditions.

Ce biais peut être limité en adoptant une conception générale visionnaire et un macromodèle conceptuel de données ambitieux.

Le manque de réactivité

La base de données dans sa première version est figée et les demandes d'évolution ne sont pas ou sont peu prises en compte. Dès lors, se créent des divergences entre la solution et les besoins.

Exemple : une société de VPC entre sur le marché d'Internet et a donc besoin d'une vision internationale de ses clients. Les budgets ne le permettant pas, la division Internet développe sa propre base marketing, au détriment de la vision globale du client nécessaire à l'entreprise. Les offres reçues par un même client, notamment en termes de prix, deviennent incohérentes, ce qui dégrade la qualité perçue par le client.

Ce problème peut être anticipé et contré par une allocation budgétaire préalable pour les évolutions probables et par la nomination d'un administrateur fonctionnel de la base. Enfin, le projet d'entrepôt doit être vu dans une logique d'étapes rapides et rapprochées.

Le sous-dimensionnement technique

Les requêtes étant non déterministes, il est difficile d'estimer a priori le calibrage technique de l'entrepôt de données. Or, le sous-dimensionnement impacte les temps de réponse et la satisfaction des utilisateurs, qui peuvent se lasser si ces délais deviennent inacceptables.

Exemple : une société de VPC ayant des contraintes budgétaires trop serrées impose à ses utilisateurs des délais de requête de deux ou trois jours entre chaque comptage complexe. Ceux-ci utilisent de moins en moins la solution et élaborent de manière artisanale différents datamarts plus performants.

Afin d'éviter cette situation pénible, il est nécessaire de prévoir une marge de manœuvre pour améliorer la solution en fonction des besoins, de nommer un administrateur technique en charge de l'optimisation de la solution et de créer, au fur et à mesure de l'utilisation, des vues métier fondées essentiellement sur des agrégats.

L'absence d'indicateurs de performance

La phase de déploiement d'un entrepôt est une tâche complexe. Les équipes techniques sont souvent soulagées de livrer le projet aux utilisateurs pour sortir de la pression exercée par la direction. La livraison est devenue au fur et à mesure du temps la priorité.

Exemple : une société de distribution spécialisée doit faire face à des retards répétitifs dans la fourniture d'une application de force de vente. La livraison aux utilisateurs sans une phase sérieuse de tests et de recettes se traduit par un rejet global des utilisateurs. L'absence d'indicateurs sur le niveau d'utilisation ne permet pas de suivre la prise en main du produit par les commerciaux. Par ailleurs l'absence d'indicateurs sur la relation entre les rendez-vous et les ventes ne permet pas d'apprécier les gains de performance obtenus par les utilisateurs plus impliqués. L'entreprise continue avec les deux systèmes pour satisfaire les revendications contradictoires.

Afin d'éviter cette catastrophe, il faut se définir un plan de qualité et ne pas chercher à rattraper les retards de développement sur le plan du déploiement. La détermination de baromètres de succès du déploiement de l'entrepôt, par exemple, le nombre de rendez-vous par vendeur, le taux d'efficacité, etc. doit être incontournable. Le projet ne peut démarrer sans une mesure régulière de ces indicateurs. Leur transcription en revenus ou marges est fortement recommandée pour affronter les questions légitimes sur le retour sur investissement. Un projet CRM n'échappe pas à la règle, il se pilote.

Le one man show

Il arrive souvent qu'un projet d'entrepôt de données soit porté par un seul utilisateur. Dans ce cas, la solution est soutenue à bout de bras par un sponsor charismatique sans relais, et le départ ou la mutation de celui-ci sonne le glas de la solution, qui devient alors rapidement obsolète et dénigrée.

Exemple : une banque régionale se dote d'une base marketing pour près d'un million d'euros ; le directeur marketing, seul sponsor de la solution, quitte la société ; la solution est immédiatement abandonnée.

Il est donc important de favoriser le développement transversal des utilisations, par exemple, vers la force commerciale ou le contrôle de gestion, et de communiquer en interne sur les possibilités de la base afin de susciter des vocations d'utilisateurs.

Face à ces écueils potentiels, il n'existe pas de solution miracle, mais quelques conseils de bon sens peuvent être donnés :

- Think big and start small.
- Définir les indicateurs de succès et les convertir en euros.
- Intégrer une logique de processus plutôt qu'une logique de projet.
- S'appuyer sur des experts du domaine.
- Affecter les moyens en conséquence des objectifs et des ambitions.
- Déployer en releases rapides par une hiérarchisation des sources.
- Définir un MCD le plus large et pérenne possible, et accepter une logique où les données ne sous-tendent pas forcément des processus, mais des objectifs stratégiques.
- Prévoir une structure commune et internationale indépendamment des choix d'implantation.
- Intégrer la maîtrise d'ouvrage en continu dans toutes les étapes.
- Faire des audits de la qualité des données.
- Prévoir une sensibilisation particulière des forces de vente.
- Former et prévoir un support significatif.
- Démultiplier les utilisateurs centraux.
- Intégrer la résistance naturelle face au changement.
- Assurer une administration technique et fonctionnelle.
- Accompagner les nouveaux métiers dans la reconnaissance de leurs fonctions.

Le développement en interne ou externalisation

Devant la complexité de la tâche de conception et de réalisation de ces data warehouses, de plus en plus d'entreprises se posent la question de l'externalisation. Celle-ci ne peut se concevoir pour des secteurs d'activité dans lesquels la confidentialité des données est primordiale. Mais certaines entreprises ont appris à dépasser cette barrière en s'alliant à des partenaires qui leur garantissent la confidentialité en installant les bases dans les locaux des clients. De plus en plus de responsables marketing sont séduits à l'idée de déléguer la gestion de la base de contacts et de clients à des sociétés tierces. Cette solution présente de nombreux avantages :

- garantie de qualité de service dans le domaine informatique avec des machines bien dimensionnées et des équipes dédiées à la maintenance de la base ;
- possibilité d'amortir les investissements matériels avec un autre partenaire (en téléphonie par exemple) ;

- proposition d'horaires étendus ou de services 7/7 pour certaines applications du support client ;
- meilleure organisation des opérations en petites séries liées à la gestion événementielle ;
- apport d'équipes spécialisées dans la conception de la modélisation du comportement client.

L'hébergement des bases de données marketing, voire du processus de marketing relationnel lui-même, est donc probablement appelé à un avenir radieux. Pour autant, avant d'aller dans cette direction, l'entreprise devra s'entourer d'un maximum de précautions dans le transfert vers un tiers d'une fonction et de données qui constituent une part non négligeable de sa valeur.

La convergence des systèmes opérationnels et décisionnels

Les applications de l'informatique peuvent grossièrement être déclinées en deux grandes catégories : l'informatique opérationnelle de production et l'informatique décisionnelle stratégique.

Les systèmes opérationnels

Dans la catégorie des systèmes opérationnels, on retrouve l'ensemble des applications traditionnelles de gestion. Elles constituent généralement les composantes vitales d'un système d'information : gestion des stocks et des réapprovisionnements dans la distribution, informatisation des dossiers des administrés dans le service public, gestion de la comptabilité client dans les banques, gestion des positions des books dans les salles de marché… La plupart du temps, il s'agit d'automatiser des processus essentiellement administratifs, afin d'améliorer la productivité de tâches répétitives. Cette automatisation est vitale dans la mesure où elle permet à l'entreprise de rester sur son marché. Il s'agit donc avant tout d'un ticket à payer et non d'un véritable avantage sur la concurrence.

En effet, quelle différenciation une entreprise tirera-t-elle de l'informatisation de sa comptabilité ? A contrario, quelle entreprise peut conserver une structure de coût acceptable, et donc survivre, en gérant manuellement ses stocks, alors que tous ses concurrents ont informatisé ce processus ?

Pour illustrer ce concept d'informatique vitale, arrêtons-nous sur le succès de progiciels de gestion tels que SAP ou PeopleSoft. La plupart des entreprises qui revoient aujourd'hui leurs systèmes de gestion optent plutôt pour des solutions clés en main comme ces progiciels, malgré de nombreux paramétrages spécifiques, et se retrouvent finalement avec le même système. L'informatisation de ces processus n'est donc pas un facteur majeur de différenciation des entreprises. Pourquoi ? L'explication vient probablement du fait que ces processus sont facilement copiables ; par exemple, l'avantage d'un bon système de gestion de stocks ou de réservation aérienne dépasse rarement un an, avant que les concurrents ne rattrapent ou ne dépassent celui qui a le premier innové.

Les systèmes décisionnels

L'informatique stratégique, pour sa part, englobe toutes les applications apportant une réelle différenciation à l'entreprise. Dans cette catégorie, on retrouve des technologies telles que le *groupware*, mais aussi toutes les technologies comprises sous le terme générique d'informatique décisionnelle. L'informatique décisionnelle englobe tous les systèmes d'aide à la décision et au pilotage. Il s'agit donc de systèmes distincts de l'informatique de production, mais connectés à celle-ci par des interfaces.

Les principaux domaines de l'informatique décisionnelle (voir figure 3-9, page suivante) peuvent être classés comme suit :

- les moteurs de base de données pour le stockage et la structuration de celles-ci : Oracle, IBM DB2, Teradata, Microsoft SQL Server... ;
- les outils de requête, encore appelés requêteurs pour le reporting et l'interrogation des données : Business Objects, Cognos Impromptu, Crystal Report... ;
- les outils OLAP pour l'analyse multidimensionnelle : MicroStrategy, Cognos Powerplay, Essbase... ;
- les outils de gestion de campagnes pour l'industrialisation des actions commerciales dans une logique multicanal : AIMS, Unica, Neolane ;
- les outils de contacts client pour gérer les demandes d'informations et l'assistance aux utilisateurs : Siebel, E.piphany, Conso+, Selligent ;
- les outils de data mining pour la découverte de connaissances cachées dans les données : SAS Enterprise Miner, SPSS Clementine, Spad de DECISIA, Alice d'ISoft...

L'alliance des deux environnements

Il faut bien comprendre, qu'au-delà de la différence d'objectifs poursuivis par l'informatique décisionnelle et l'informatique opérationnelle, il existe également une différence fondamentale en termes de contraintes techniques, et donc de technologie. Les systèmes opérationnels travaillent essentiellement au niveau d'une ligne donnée d'un fichier et demandent une optimisation de l'accès à cette ligne. De plus, les accès aux données sont prévisibles. Ceux des systèmes décisionnels sont, pour leur part, beaucoup plus aléatoires, mais adressent généralement des quantités d'enregistrements. À ces différences de contraintes répondent des solu-

Figure 3-9 : *Les domaines de l'analyse décisionnelle*

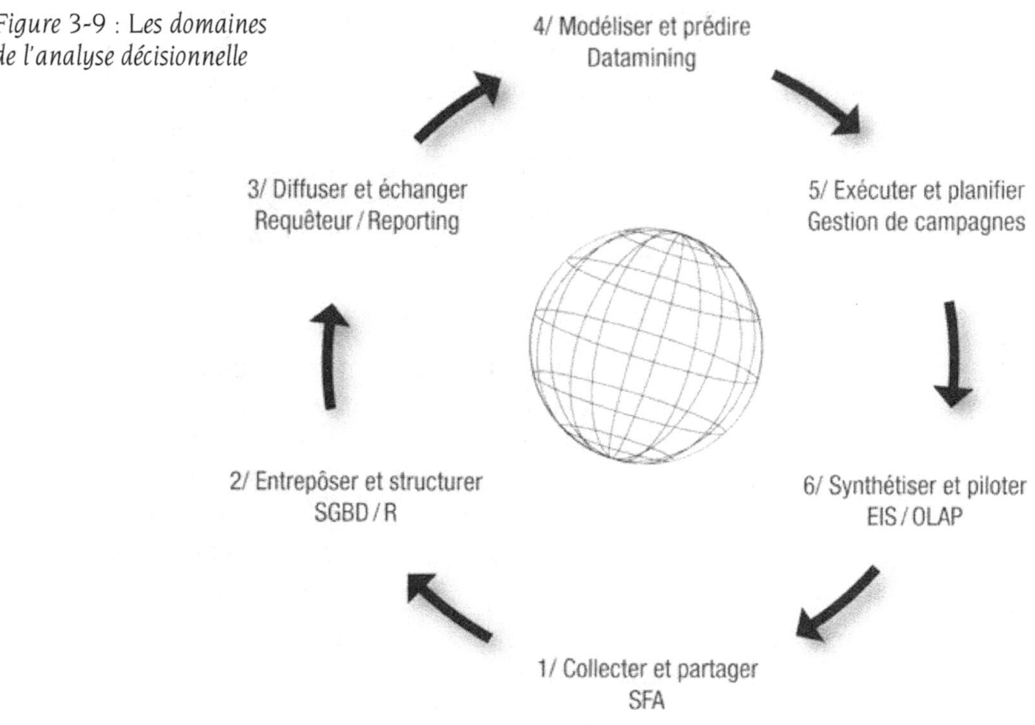

Figure 3-10 : *La convergence de l'opérationnel et du décisionnel*

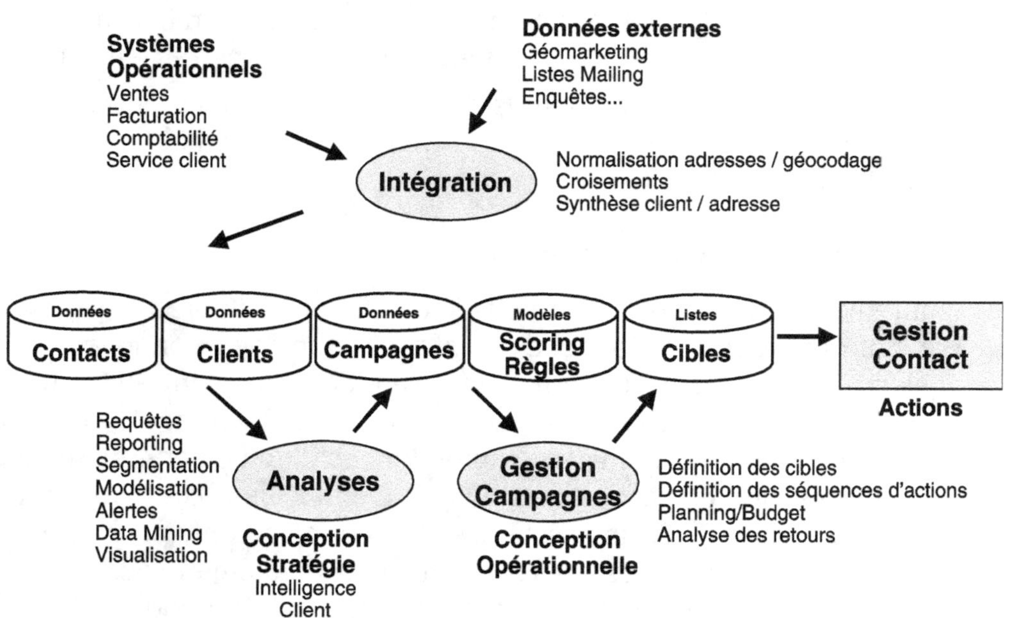

tions différentes sur le plan du matériel et du logiciel, mais il est de plus en plus évident qu'il faut aujourd'hui construire une architecture qui permette d'exploiter correctement le même ordinateur et les mêmes bases de données à des fins opérationnelles et décisionnelles.

Il est nécessaire dans un projet de CRM de chaîner les applications opérationnelles, de *front office* à celles du *back office*, avec les applications décisionnelles. Il faut relier le système décisionnel avec le système opérationnel (voir figure 3-10) et rendre possible le partage des informations entre les différents points de contact client, tels que le service client, le centre d'appels, le Web ou la force de vente. Ainsi, un interlocuteur du service après-vente peut utiliser les informations collectées par le VRP lors de sa dernière visite pour apporter une réponse spécifique au problème technique soulevé par le client. Par cette connaissance, il contribue à construire une relation plus forte avec ce client et ouvre de nouvelles perspectives de croissance de revenus à l'entreprise. De même, le service marketing utilisera les données collectées dans cet entretien pour évaluer l'opportunité de faire une campagne de marketing direct sur une offre d'un contrat de garantie.

La gestion des connaissances

La difficile conception de l'entrepôt de données est réalisée. Il est maintenant nécessaire de construire une capitalisation du savoir de l'entreprise à partir de cet entrepôt de données. Cette capitalisation est rendue nécessaire par :

- L'accélération de la pression concurrentielle : il y a encore quelques années, la compétence pouvait s'acquérir par l'observation du talent et du savoir d'un expert. Aujourd'hui, l'entreprise ne peut attendre que le temps et les années forgent la compétence de ses hommes face à la compétition économique.
- La mobilité du personnel : l'individu ne gravit plus les échelons de l'entreprise, mais progresse de l'une à l'autre. Son savoir et son savoir-faire deviennent sa valeur ajoutée et par déduction sa valeur commerciale.

Il est donc crucial pour une entreprise de conserver à côté des données une trace de cette connaissance. Ainsi la capitalisation de la connaissance devient une fonction clé pour les directions des systèmes d'information. Une tâche complexe, qui repose sur la transformation d'un savoir implicite dans un format explicite, pour être accessible et transmissible. Tel est l'objet des deux chapitres suivants.

Chapitre 4

La connaissance du client

« Au lieu de se concentrer sur un produit à la fois, en essayant de le vendre au plus grand nombre possible, concentrez-vous sur un client à la fois et essayez de lui vendre autant de produits que possible. »

Peppers et Rogers

La mise en œuvre d'une base de données marketing, voire d'un entrepôt de données, représente généralement une tâche complexe, lourde et coûteuse pour l'entreprise. Mais les avantages et les promesses de retour sur investissement, effleurées dans le chapitre précédent, dépendent en fait essentiellement du traitement intelligent des informations ainsi stockées et de la capacité à le décliner en actions concrètes. Cette transformation des kilo-octets en information et l'exploitation de cette information représentent un véritable défi pour les hommes de marketing. En effet, après plusieurs années de connaissance qualitative de leurs clients, le marketing doit soudain apprendre à travailler sur des bases de données qui contiennent les informations détaillées sur plusieurs millions de clients, et modifier les processus de masse en des actions de plus en plus personnalisées. Cette évolution implique pour les équipes marketing le développement d'une culture informatique et statistique plus importante et une modification du mode d'appréhension et de traitement des données.

L'un des facteurs essentiels de la réussite ou de l'échec d'une entreprise est sa capacité à exploiter l'information. Il faut être attentif à ce qu'il convient d'appeler aujourd'hui la voix du client. Il faut aussi traiter d'une manière plus efficace les informations qu'il communique sur l'ensemble des canaux d'interaction qui lui sont offerts.

Un data warehouse orienté client est une formidable opportunité de poser de nouvelles questions et d'apporter de nouvelles réponses aux attentes et besoins des clients. La clé du succès réside dès lors dans la capacité à poser les questions pertinentes et à transformer les réponses en stratégies et en actions.

Malheureusement, la construction d'une base de données ne garantit en rien une amélioration de la connaissance client. En effet, dans la mise en œuvre d'un data warehouse, les entreprises accordent une importance trop grande aux aspects techniques et, pour respecter des délais de mise en service, négligent ou omettent certaines demandes fonctionnelles, comme les possibilités d'analyse et de pilotage. Cette prééminence des aspects techniques sur le contenu informationnel des données est une des principales causes du relatif échec de certains projets CRM. Il est assez fréquent que le premier lot d'un data warehouse se transforme en des téra octets de données inertes ; les moyens d'accès aux données de traitement des informations et d'implantation des modèles ont été sacrifiés au nom du respect du planning. Dès lors, le data warehouse se révèle peu adapté pour construire des modèles de comportement du client ou identifier les clients les plus intéressants. L'entrepôt est ingérable par les utilisateurs. Les hommes de marketing ne peuvent pas déterminer les meilleurs moyens d'action et/ou sont incapables de mesurer rapidement l'efficacité de leurs actions. Le data warehouse ne permet pas de transformer l'information en action. Les retours sur investissement se font attendre et il n'est pas possible de développer un nouveau mode de traitement des clients et des offres. La transition d'une logique de masse à une logique de customisation de masse ne reste qu'une utopie !

Ce chapitre se propose de présenter les différents types d'études qui peuvent être mises en œuvre.

Les types d'études

Les analyses clients ou produits

L'analyse de la base de données est un élément essentiel dans la construction d'une stratégie de gestion de la relation client ; il s'agit véritablement du cerveau qui permet aux jambes, les canaux de la relation, de s'exprimer au plein de leur puissance. Il s'agit cependant surtout d'un chemin sans fin ! En effet, la mise en place d'une politique de CRM réside dans la mise en œuvre d'une boucle perpétuelle de connaissance des clients. La découverte de possibilités de nouvelles offres ou de nouvelles stratégies commerciales nécessite une série de tests avant déploiement, puis un pilotage des résultats pour éviter l'obsolescence du concept.

Selon la culture de l'entreprise, on constate que les thématiques des études sont orientées produits ou clients. S'agit-il d'identifier ce que les clients veulent acheter ou d'identifier les clients les plus intéressants pour l'offre de l'entreprise ? Cette dualité est sous-jacente dans les études de segmentation ou de scoring que nous présentons dans ce chapitre. Dois-je prédire quels sont mes meilleurs clients ou comment améliorer mes offres ? La réponse est simple : les deux ! Les deux approches sont nécessaires : les deux analyses représentent en fait les faces opposées d'une même pièce. Ce n'est que par l'évolution de la connaissance de ses clients et de ses produits qu'une entreprise construit sa différenciation et améliore sa compétitivité.

Les analyses client, d'une façon ou d'une autre, répondent toujours à ces quatre questions de base :

Objectif	Question
Acquérir des clients	Où trouver le nouveau client ?
Équiper les clients	Comment vendre plus au même client ?
Satisfaire les clients	Comment intensifier l'utilisation des produits ou services ?
Fidéliser les clients	Comment conserver la relation ?

Ces quatre questions traduisent des priorités différentes. L'ordre de préférence dépend du secteur d'activité et de la position concurrentielle de l'entreprise. Il diffère selon la position de la firme (leader ou *start-up*) et le coût d'acquisition des clients.

Une entreprise qui est leader, et dont le coût d'acquisition des clients est élevé, aura intérêt à construire une stratégie de fidélisation pour construire une barrière concurrentielle forte. En revanche, si les coûts d'acquisition des clients sont faibles, elle aura plutôt intérêt à développer une logique d'intensification de la relation par la mise en évidence de son offre.

Les analyses produit cherchent à répondre à des questions complémentaires :

Objectif	Question
Identifier les attentes	Quelles sont les fonctions qui déclenchent la décision d'achat ?
Positionner le produit	Comment se comporte mon produit par rapport à ses concurrents ?
Améliorer le produit	Comment identifier les facteurs de différenciation ?

Une entreprise qui cherche à différencier son produit devra construire une mesure régulière des indicateurs de valeur pour le client (image, usage, etc.).

Quand les valeurs des consommateurs changent avec les évolutions de l'environnement, alors les études permettent d'identifier les points forts et faibles du produit. Elles conduisent à la mise en œuvre de politiques d'amélioration ou de réduction des coûts. Ainsi, l'amélioration des produits et services par une refonte des modes de livraison peut se traduire par un avantage concurrentiel.

Les autres applications du data mining client

La première utilisation des analyses des données client vise généralement une meilleure compréhension du comportement du client. Cependant, une meilleure connaissance des clients peut aussi avoir des utilisations sur des domaines connexes dont voici quelques exemples :

- Optimisation des linéaires dans la distribution : à partir de l'analyse des tickets de caisse, il est possible de reconstituer le parcours du client dans un magasin. Sur cette base, les merchandisers peuvent améliorer la répartition des produits pour améliorer le confort client ou mieux coller à ses comportements d'achats.

- Différenciation des points de vente selon les segments de clients prépondérants : toute entreprise disposant de points de vente se pose tôt ou tard la question de les segmenter en groupes homogènes et comparables, à la fois dans un souci de pilotage et dans un souci d'aide à la décision dans le merchandising et l'organisation des différents points de vente. Pour cela, la démarche la plus classique consiste à regrouper ces points de vente sur des critères quantitatifs de surface, de mix-produit ou de chiffre d'affaires. Afin d'améliorer leur utilité pour les clients, une autre approche consiste à regrouper ces points de vente sur des critères de type de clientèle.

- Amélioration de l'efficacité des campagnes marketing institutionnelles : une analyse fine des comportements d'achat des clients exposés à plusieurs campagnes marketing institutionnelles (c'est-à-dire des campagnes non adressées de publicité radio, télé, affichage ou presse, par exemple) peut mettre en évidence des combinaisons de campagnes particulièrement efficaces ou, a contrario, des mix totalement redondants. Le croisement des informations sur les campagnes et sur les comportements d'achat contribue ainsi à l'optimisation des budgets de communication.

La présentation des concepts

La connaissance des clients se construit autour de quatre concepts majeurs :

- la segmentation ;
- les techniques de scoring ;
- les outils de data mining ;
- la valeur client.

Ces analyses s'appuient sur des techniques plus ou moins complexes d'analyses statistiques. Les études de segmentation, de scoring, d'anticipation de comportement ont une place importante dans la construction d'indicateurs quantitatifs pour la compréhension du comportement client.

La compréhension de la valeur individuelle de chaque client commence nécessairement par la construction d'une segmentation. Ce découpage de la clientèle permet de discerner les facteurs de différenciation les plus importants pour le client, et de décider quels sont les clients sur lesquels mettre plus de moyens.

La deuxième phase consiste à anticiper le comportement des clients par l'utilisation des techniques de scoring : scoring de rétention, d'appétences… Il s'agit de passer d'un mode de gestion réactif (dans lequel un incident conduit à un traitement spécifique) à un mode de gestion proactif (on traite l'événement avant son apparition). L'émergence de nouveaux modes de traitement des données, tels que les réseaux de neurones ou les arbres de décision, facilite la manipulation et la mise en œuvre des modèles. Ces technologies, classées sous le terme de data mining, permettent de faire face à la croissance exponentielle du volume d'information et d'offrir à des utilisateurs métier des moyens d'accès faciles aux informations.

La dernière étape de la réflexion, mais pas la moindre, s'attache à construire une mesure de la profitabilité du client pour déterminer quels sont les clients éligibles au one to one marketing. La mesure de cette profitabilité mêle une vision actuelle et passée (quelle est la contribution du client au profit de l'entreprise), une vision future avec l'anticipation de la durée de vie et des revenus futurs, et une vision compétitive avec la perception des avantages concurrentiels de l'entreprise.

Une bonne estimation de la valeur future individuelle des clients et une utilisation à bon escient de ces outils constituent aujourd'hui une véritable arme concurrentielle.

Ce chapitre propose une démarche générale d'approche de la connaissance des clients. La première étape consiste à identifier les différents types de clients et à sélectionner les segments cibles que l'entreprise souhaite mieux connaître et servir. La deuxième étape consiste à tracer l'utilisation, l'acquisition ou la défection de produits ou services, l'utilisation des canaux en termes de fréquence ou de type d'usage, plus un ensemble d'indicateurs nécessaires pour mettre en œuvre une approche anticipatoire. La troisième étape vise à identifier les clients qui présentent l'espérance de profit la plus forte afin de concevoir les programmes d'avantages pour augmenter la valeur des offres de l'entreprise. Dans tout ce processus, l'information est vitale. L'information guide les décisions de l'entreprise et donne un avantage concurrentiel en permettant de retenir les bons clients.

La segmentation

La segmentation est la division des clients en des groupes homogènes d'individus aux comportements identiques face aux variables du marketing-mix. Les similarités dans les groupes doivent être plus importantes que les différences entre les individus à l'intérieur d'un même groupe. Chaque segment correspond à des individus homogènes dans leurs comportements et donc, probablement, dans leurs besoins et leurs motivations.

Traditionnellement, beaucoup d'entreprises orientées client évaluent leurs clients à partir de données socio-démographiques (âge, sexe, revenu), géographiques (urbain, rural, proximité au point de vente), socio-culturelles (personnalité, activités et opinions), comportementales (occasion d'usage, fidélité à la marque, etc.). Il est pratique, par exemple, de définir des segments homogènes tels que les couples de cadres moyens propriétaires avec enfants pour effectuer une proposition d'abonnement au câble.

L'apparition des entrepôts de données et l'augmentation du spectre des données accessibles sur le client, les produits et les transactions ont entraîné une augmentation des critères de segmentation comportementale. Les nouvelles techniques utilisent un nombre très large de données relatives au comportement pour construire un nombre de moins en moins limité de segments. Avec les bases de données, les contraintes traditionnelles d'accessibilité, de substantialité et de mesure, qui constituaient autant de limites dans le début des années 1990, sont maintenant dépassées. En effet, avec l'explosion des moyens de contacts et la baisse des coûts de personnalisation, il devient de plus en plus évident que le nombre de segments maîtrisables au niveau opérationnel augmente très fortement ; certaines entreprises françaises ont déjà plus de 500 segments distincts.

Les modes traditionnels de segmentation sont généralement basés sur le chiffre d'affaires, des critères de récence, de fréquence et de montants, le cycle de vie du client ou des critères comportementaux.

Le chiffre d'affaires

Cette méthode est la plus simple. Elle consiste à positionner les clients en fonction du chiffre d'affaires réalisé par ordre décroissant. Retenez les premiers 5 % pour en faire la catégorie des bons clients, puis rangez les 15 % suivants dans la catégorie des clients standards, les 80 % restants constituant vos petits clients. Ce mode de segmentation s'inspire de la loi des 20/80 de Pareto (voir figure 4-1).

Dans la majorité des cas, les 20 % des meilleurs clients peuvent représenter environ 80 % du chiffre d'affaires. Ce mode de segmentation aboutit à une pyramide des clients permettant une différenciation des modes de

Figure 4-1 : *La loi des 20/80*

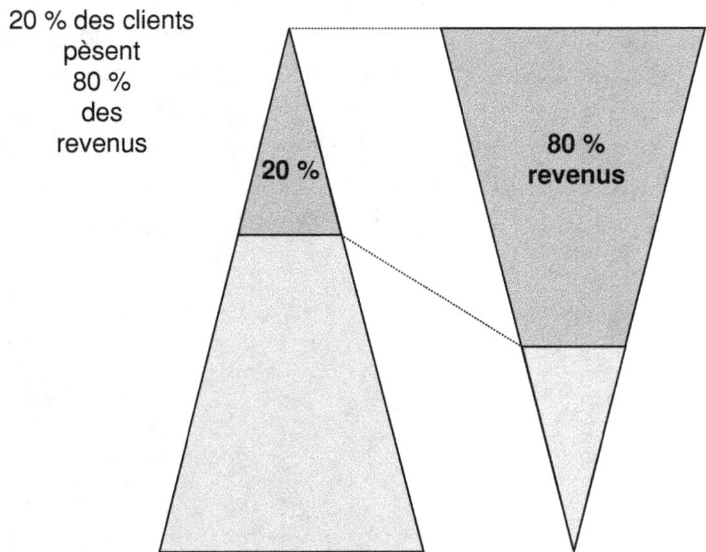

relation. La pyramide se traduit au niveau opérationnel par des politiques différenciées :

- fidélisation du haut de la pyramide,
- développement du milieu de la pyramide,
- rentabilisation ou rationalisation du bas de la pyramide.

La pyramide est plus particulièrement utilisée pour définir le mode de traitement à adopter en fonction des clients et des canaux de distribution : les clients en haut de la pyramide bénéficient d'un mode de traitement plus intense soit en fréquence soit en présence du commercial.

La segmentation RFM

La segmentation RFM (« Recency, Frequency, Monetary value » ou, en français, « récence, fréquence, montant ») a été développée dans la vente par correspondance. Elle reste le pivot du fonctionnement de la plupart des VPCistes compte tenu de ses vertus opérationnelles pour prévoir les rendements des opérations commerciales. Elle s'appuie sur trois variables :

- récence, ou date du dernier achat ;
- fréquence, ou nombre de fois où le client a effectué des achats lors des douze derniers mois, par exemple ;
- montant, ou montant accumulé des dépenses.

Pour chacune des variables, une analyse par tranche est effectuée. Ainsi les clients qui ont le plus fort chiffre d'affaires ont le code 1, ensuite 2, etc. Cette approche est déclinée sur chacune des trois variables. Les clients qui présentent les plus forts chiffres d'affaires, la plus faible récence d'achat et la plus forte fréquence ont le code 111. Une segmentation RFM construite sur trois critères avec trois valeurs donne vingt-sept segments, avec sept critères… deux mille segments. Il est plus traditionnel de se limiter à un découpage entre trois et cinq classes, et de procéder ensuite à des regroupements des catégories RFM les plus proches. Plus récemment, le RFM s'est diversifié avec l'apparition du modèle FRAT (« Frequency, Recency, Amount of purchase, Type of purchase » ou, en français, « fréquence, récence, achat, type d'achat ») qui introduit une dimension « produit » en complément des trois premiers indicateurs.

Figure 4-2 : *La segmentation* RFM

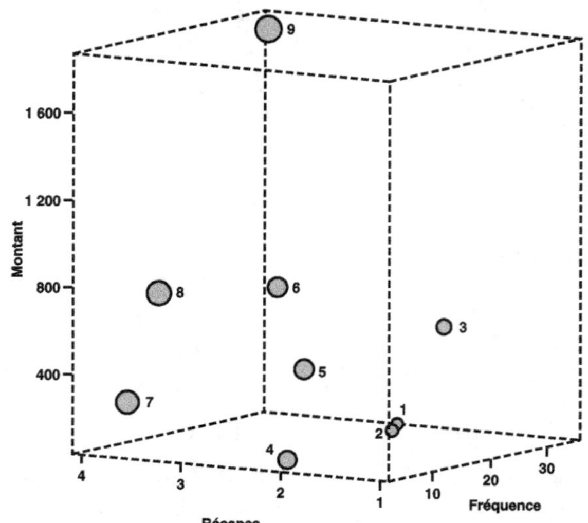

Segment	CA moyen par semestre (Montant)	Nb moyen de visites par semestre (Fréquence)	Récence
1	278 F	0.6	1
2	255 F	0.5	1
3	694 F	1.4	1
4	85 F	0.4	2
5	470 F	0.7	2
6	752 F	1.9	3
7	239 F	1.0	4
8	682 F	1.6	4
9	1 809 F	3.4	4

La segmentation RFM est particulièrement adaptée pour les entreprises présentant des articles à rotation rapide. Le FRAT s'impose lorsque l'entreprise a une très large gamme de produits.

Le stade de vie

La segmentation par stade de vie, le *lifestage marketing* comme le surnomment les Anglo-Saxons, consiste à associer aux clients une notion de cycle. Ce type de segmentation est assez utile dans les secteurs où les cycles d'équipement sont longs, comme l'automobile ou la banque. Ainsi, dans le domaine financier, l'âge du client permet de l'inscrire successivement dans une logique :

- de besoin de crédit d'équipement ;
- d'acquisition de la résidence principale ;
- de développement de la protection familiale ;
- de phase de préparation à la retraite ;
- de préparation de la succession.

Un cycle bien identifié se décline en termes de proposition produit. Il est possible de construire un cycle identique dans le bricolage avec la construction et le matériel de gros œuvre, puis l'installation de l'équipement et ensuite une phase de travaux légers avec une part importante de la décoration.

L'identification d'un cycle permet d'inscrire la communication client dans une cohérence. Il est primordial d'identifier des éléments dans le cycle de consommation du client. Ils permettent de le positionner dans un cycle standard, et éventuellement d'apprécier le décalage par rapport à la norme, ou de mesurer le potentiel du client par la vitesse de passage d'une phase à une autre.

Figure 4-3 : Le cycle patrimonial d'un client

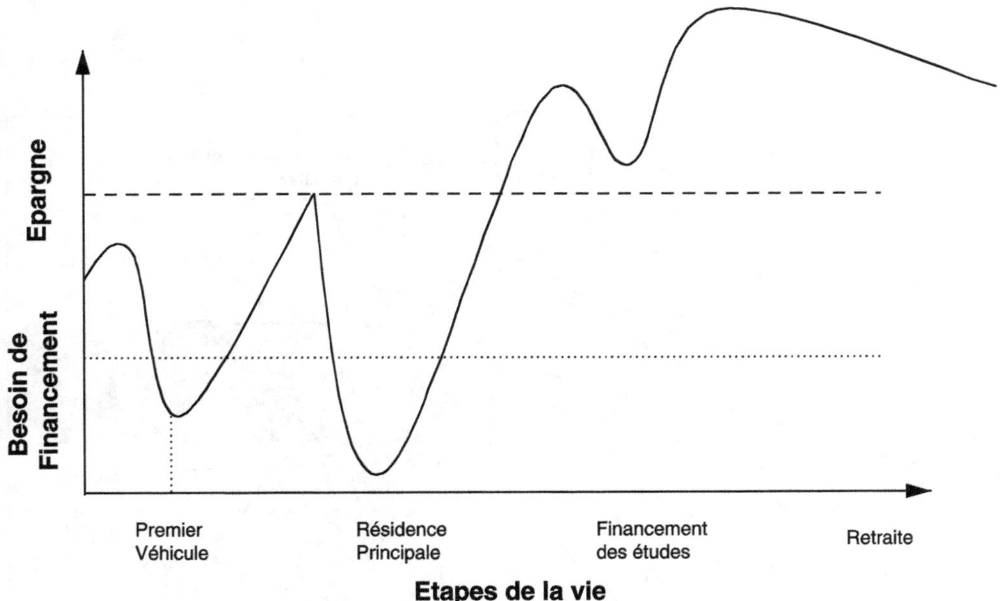

Il existe un cycle commun à toutes les entreprises : celui de la découverte de l'offre de l'entreprise par le client. Les nouveaux clients présentent un profil d'utilisation des produits et services de l'entreprise très spécifique. Ils ne connaissent pas la gamme de produits et ne maîtrisent pas les produits. L'entreprise doit les accompagner dans cette période d'évaluation pour faciliter le développement vers d'autres gammes. Des entreprises suivent la croissance du nombre de gammes de produits au fil de l'ancienneté comme un indicateur de développement.

Les comportements dans la relation

Ces méthodes de segmentation, plutôt classiques, sont de plus en plus remplacées ou complétées par des analyses minutieuses du comportement passé en termes de consommation ou, plus généralement, de relation. Ces segmentations comportementales se distinguent des précédentes par le fait qu'elles s'appuient sur un nombre important de variables, et que les individus qui composent un segment se regroupent sur une véritable notion de similarité.

Elles utilisent l'ensemble des données descriptives du client, de ses interactions et de ses achats pour construire des groupes homogènes avec des techniques statistiques multivariées comme l'analyse factorielle. Cette technique simplifie les variables qui sont corrélées en les regroupant sous des axes, dénommés facteurs. Les individus sont positionnés par rapport à ce système d'axes factoriels et regroupés en segments sur une notion de proximité. Les axes peuvent être au nombre de deux ou de trois, voire plus. Les résultats d'une segmentation par analyse factorielle s'expriment sous la forme d'un schéma.

Figure 4-4 : Schéma de segmentation

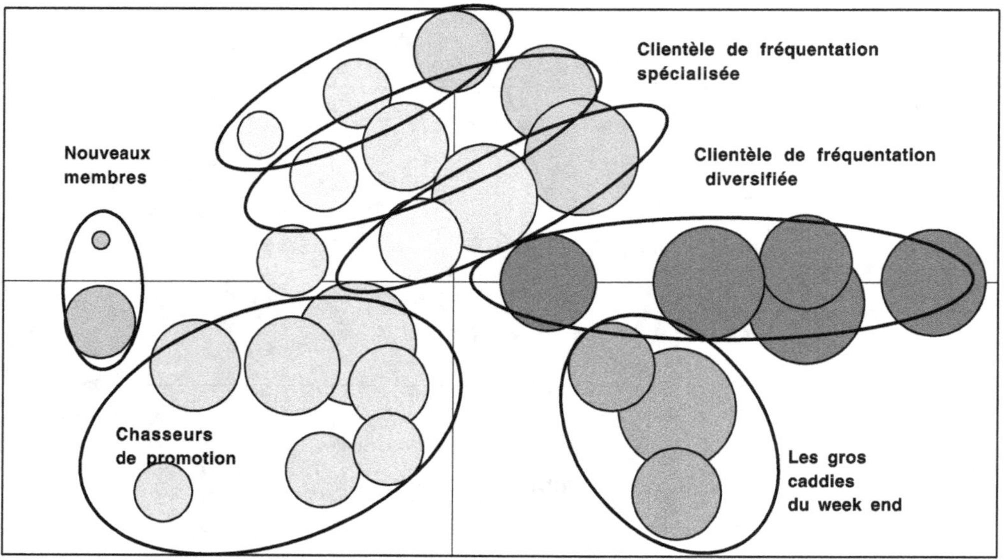

La segmentation comportementale est utile pour comprendre la variété des clients qui constituent le portefeuille de l'entreprise. Une segmentation bien faite permet de dégager des variétés de profils de clients et offre de nombreuses possibilités d'adaptation des politiques de communication.

La construction de la segmentation

Pour élaborer une segmentation, il faut d'abord construire un échantillon représentatif de la population, soit par tirage aléatoire, soit par quota, en veillant à obtenir des segments terminaux suffisamment représentatifs. Ainsi, pour avoir une stabilité du modèle, il faut veiller à ce qu'un segment soit au minimum constitué de trois cents individus. Une première tâche de l'analyse consiste en la sélection et la mise en forme des variables les plus pertinentes. La disposition d'un historique important a complexifié cette tâche de création des agrégats. La synthèse de cinq ans d'historique avec une seule variable nécessite de passer par des techniques de recodage (agrégats hexadécimaux, variance, tendance, etc.). La tâche de sélection s'effectue par l'analyse des variables une par une, et la recherche de corrélation. L'analyse factorielle impose de découper les variables continues en classes. Les nouveaux algorithmes de data mining effectuent des discrétisations automatiques et excluent les valeurs aberrantes. Toutefois, une validation fonctionnelle du contenu de certaines modalités avec les directions marketing ou commerciale est importante pour s'assurer du côté opérationnel de la segmentation.

La base de travail se présente donc sous la forme d'un tableau avec en lignes les individus et en colonnes les variables discrétisées, chaque colonne représentant une modalité ou un groupe de modalités de la variable sélectionnée. La factorisation réduit ces variables initiales en les regroupant selon des critères de corrélation. Elle aboutit à la mise en évidence des facteurs principaux de différenciation des clients.

La typologie regroupe ensuite les individus les plus proches dans ce nouveau mode de représentation construit à partir des axes factoriels. La phase de révélation des groupes se doit d'être construite avec les utilisateurs afin de s'assurer une adhésion et une « opérationalité » des groupes constitués. La machine ne fait pas tout !

L'étape ultime consiste à décrire les groupes au moyen des variables les plus significatives. La conception des portraits-robots met en évidence les points saillants de chacun des groupes par rapport au profil moyen. Ceci permet d'en dégager une connaissance conceptuelle. Par ailleurs, les techniques de discrimination permettent de développer des algorithmes d'affectation d'un individu à un segment sous forme de règles ou d'un ensemble de scores.

Compte tenu de ce contexte, une segmentation comportementale n'est jamais précise ni unique. La qualité d'une segmentation comportementale se mesure autant par sa qualité statistique, par exemple, la pureté et robustesse des modèles mis en œuvre, que par l'exploitation marketing de la solution. De ce fait, une forte collaboration entre les équipes qui sont chargées de construire les modèles et celles qui sont chargées de mettre en œuvre les stratégies est nécessaire.

La différenciation de l'entreprise commence avec l'utilisation de la segmentation. Une bonne segmentation présente trois avantages :

- une compréhension globale de la structure de la clientèle ;
- un cadre pour fixer des stratégies et des objectifs marketing ;
- un moyen de mesurer l'efficacité des investissements marketing.

L'utilisation d'une segmentation dans un établissement de crédit consommation

Un organisme de revolving a mis en évidence des profils différenciés de demandeurs de crédit à distance. La segmentation a souligné :

- des problèmes de recrutement qui nécessitaient de corriger la stratégie média et le questionnaire de qualification ;
- les besoins complémentaires d'analyse externe des conditions de vie des clients : projets, situation professionnelle, raison de la mobilité du domicile, besoins pressentis et attentes vis-à-vis de la banque, etc. ;
- la sous-exploitation de certains segments qui nécessitaient la mise en place de plusieurs grilles de scoring d'acceptation ;
- l'identification des variables prédictives d'apparition du contentieux en fonction des profils, la refonte des conditions d'acceptation et la création d'offres spécifiques ;
- le potentiel de certains segments avec le taux de ventes croisées, les encours gérés, le taux de demande d'augmentation de plafond, la mise en œuvre de conditions spécifiques sur les meilleurs clients avec l'amélioration du service client.

Cet exemple illustre en quoi la stratégie d'une entreprise peut varier en fonction des groupes de clients. C'est à ce premier niveau que commence la mise en place d'une stratégie de gestion de la relation client. Les schémas suivants montrent une carte de représentation des segments et la mise en œuvre de stratégies marketing différenciées.

Figure 4-5 : La mise en œuvre de stratégies différenciées par segment

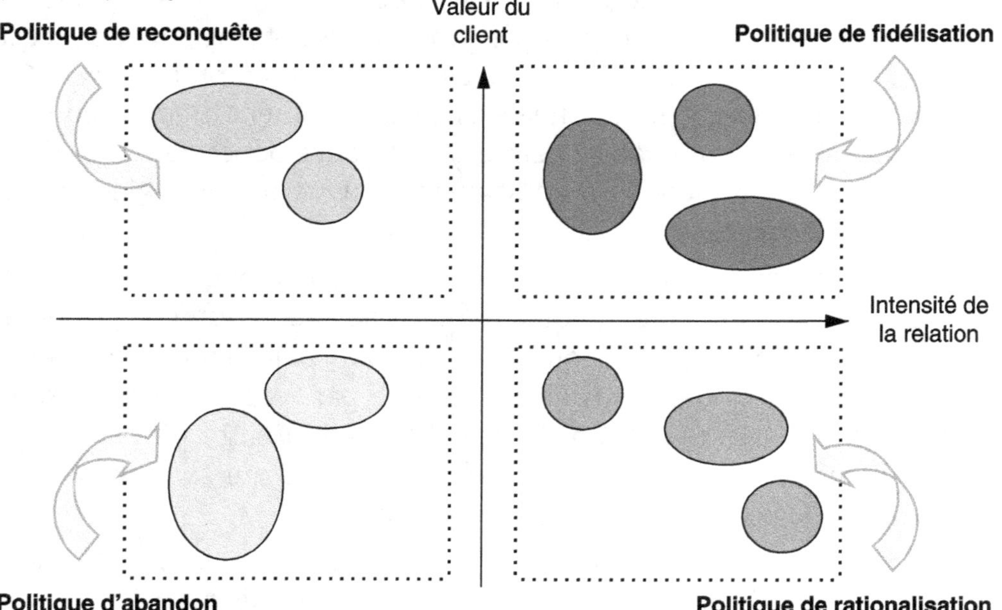

Les stratégies de fidélisation, de diversification, d'abandon ou de refonte des processus se déclinent en fonction de l'appartenance d'un client à un des segments.

L'ordre de priorité des développements du projet CRM dépend de cette première lecture. Les enjeux du projet CRM doivent-ils être la création de valeur supplémentaire pour le client ou la maîtrise des coûts de commercialisation ? Cette étape préliminaire de segmentation de la clientèle est un prérequis à la démarche de mise en œuvre d'une application CRM. Il est indispensable de comprendre les enjeux des différents segments pour identifier la façon dont l'entreprise doit conduire sa politique de constitution de la base de données, les produits et services à développer et le type de communication à mettre en place.

Au-delà des résultats intrinsèques, la segmentation aboutit généralement aussi à la mise en place d'outils de pilotage :

- tableaux de suivi de l'évolution des segments (matrice de transition entre les périodes T et T+1) ;
- mesure de la stabilité des segments sur l'historique pour suivre la robustesse du modèle et détecter l'émergence de nouveaux comportements ;
- tableaux de bord de suivi par segment des indicateurs clés : les effectifs, les chiffres d'affaires, les remises, les impayés, les budgets marketing, les achats, etc.

Le pilotage d'une segmentation est particulièrement important car il permet de vérifier que les investissements CRM se traduisent par une variation espérée de la structure de la clientèle. Une politique CRM conduisant à une diminution de la fidélité des clients est une réussite technique, mais un échec marketing.

Les modèles prédictifs

La modélisation consiste à utiliser des mathématiques et des statistiques pour analyser une base de données et déterminer des formules qui expliquent le comportement du client. Elle interprète donc ce dernier et construit une fonction qui « probabilise » la réponse du client ou du prospect à une offre.

Les objectifs des modèles prédictifs sont plus restrictifs que la segmentation comportementale. Comme l'énonce Andréa Michaux dans l'ouvrage *Marketing et bases de données* : « La segmentation prédictive divise une population en groupes homogènes par rapport à un comportement particulier. Par exemple, par rapport à leur propension à répondre à une action de marketing direct. Les méthodes de segmentation prédictive non seulement déterminent les caractéristiques des segments, mais leur donnent un rang. »

La prédiction fournie par un modèle est généralement appelée un score. Un score, souvent une variable numérique, est affecté à chaque individu dans la base de données. Il indique la probabilité qu'un client présente tel ou tel type de comportement.

Figure 4-6 : Sélection par un modèle prédictif

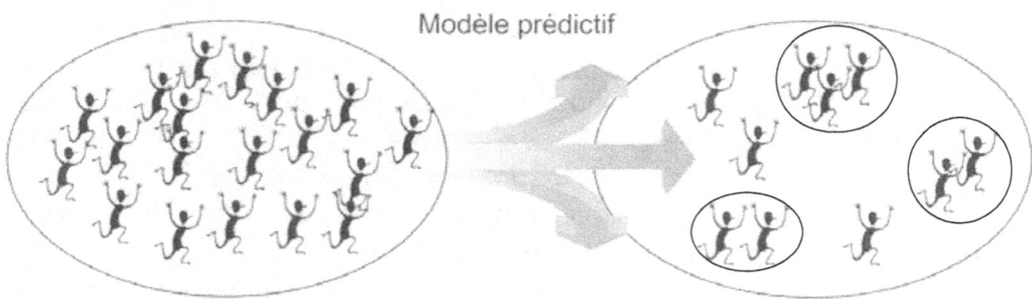

La modélisation permet d'identifier les variables les plus pertinentes pour anticiper le comportement du client. Elle regroupe des clients ou des prospects qui présentent des caractéristiques identiques par rapport à une offre. Dans beaucoup de cas, il est possible d'utiliser cette connaissance pour tester des stratégies alternatives d'offres. En améliorant successivement les offres, il est possible d'accroître la satisfaction du client avec un ajustement du message, du service, des produits.

Les modèles prédictifs traitent des questions telles que :

- Quels sont les clients qui souscrivent un produit ?
- Quels sont les clients qui utilisent un canal de distribution ?
- Quels sont les clients qui présentent un risque d'impayés ?
- Quels sont les clients qui présentent un potentiel important ?
- Quels sont les clients qui vont me quitter prochainement ?

Après des décennies d'ignorance ou de méconnaissance du comportement du consommateur, nous découvrons les nouvelles conséquences de la connaissance directe et immédiate du client : « Dis-moi ce que tu consommes, quand et comment tu le consommes, et je te dirai qui tu es ! ».

Les modèles prédictifs offrent la possibilité aux entreprises de construire des campagnes marketing mieux adaptées, ou des processus de gestion des contacts plus personnalisés. Ces prévisions, qui peuvent être déterminées par groupe de clients ou par client, sont des outils puissants pour multiplier les retours sur investissement des opérations commerciales, ou améliorer la rentabilité des centres de service. Ils réduisent les volumes des actions et/ou les argumentaires, limitent les coûts des stratégies différenciées et accroissent les taux de transformation (ventes/contacts).

Les différents types de modèles

L'idée de base de construction des modèles repose sur la prédiction du futur par l'analyse des données présentes et passées. On part donc du postulat que le moyen le plus fiable de prédire le comportement futur d'un client se trouve dans l'observation de son comportement passé. Ceci explique la volonté de conserver dans le data warehouse une profondeur historique assez importante. On s'intéresse à un phénomène déjà réalisé, comme la réponse à un mailing, dans un groupe test de clients. On recherche quelles sont les caractéristiques qui séparent ce groupe test, les répondants, du reste de la population qui a reçu le mailing, les non-répondants. L'analyse peut mettre en évidence les facteurs cités précédemment tels que le code RFM, le code segment ou la part des achats passés dans tel ou tel rayon, mais aussi certaines caractéristiques socio-démographiques comme l'âge, le revenu, le statut d'habitation ou la zone d'habitat. Certains outils combinent automatiquement les variables avec des opérateurs logiques (et, ou, non) ou des opérateurs mathématiques ($\times$, $\div$, $+$, $-$) pour faire émerger des agrégats encore plus significatifs. La lisibilité est parfois difficile, mais ces agrégats apportent un gain de performance de 20 % qui peut faire la différence.

Il est évident que le comportement des individus varie en fonction de certains critères. Ainsi, les auteurs de ce livre, qui sont de grands consommateurs (et nous espérons amateurs !) de disques et de livres, ne pouvaient totalement se laisser aller à leurs passions lorsqu'ils étaient étudiants. Toutefois, avec l'âge et l'augmentation des revenus, ils peuvent se livrer avec moins de retenue à la satisfaction de cette passion. Le travail du modèle est d'identifier cette relation, de le quantifier et d'appliquer sa prédiction pour l'identification de ventes futures.

Les modèles les plus courants aujourd'hui sont les régressions multiples et l'analyse CHAID (Chi 2 Automatic Interactive Detector).

La construction d'un modèle prédictif

La première étape consiste à identifier une population qui a été soumise à un même événement. S'il s'agit de mesurer la réactivité à un mailing, on prendra tous les clients ayant reçu ce mailing. Si on cherche à apprécier l'impact d'un programme de fidélité, on s'intéressera à l'ensemble des clients ayant ouvert la carte dans une même période (notion de cohorte). La définition de la population est très importante pour construire un score pertinent.

La seconde étape consiste à identifier la variable, à expliquer, par exemple la réponse à un mailing ou le chiffre d'affaires annuel sur la carte. Cette donnée est appelée la variable dépendante. On mesure la dépendance de cette variable en fonction des autres variables dont on dispose. Ces données s'appellent les variables explicatives, appelées variables indépendantes.

La richesse de compréhension du comportement client dépend pour beaucoup du nombre de variables considérées et de la préparation de ces données. Les données descriptives doivent intégrer l'ensemble des sources d'alimentation internes et externes. Une validation de la liste des données par un expert permet d'éviter certaines tautologies (produit ne pouvant pas être vendu à certaines catégories de clients) ou au contraire de signaler un oubli.

Figure 4-7 : La régression logistique sous SPSS

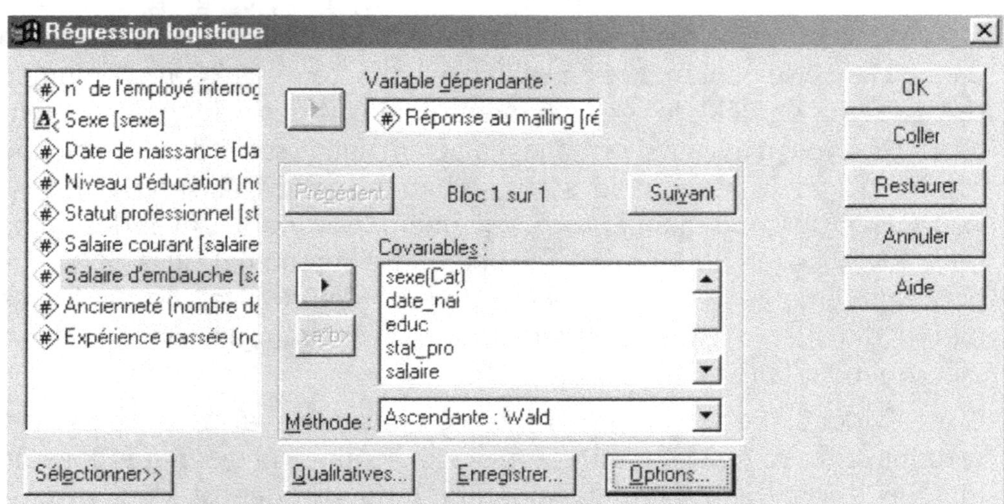

Les techniques de régression

Les techniques les plus anciennes sont la régression linéaire et l'analyse discriminante. Elles sont encore relativement utilisées compte tenu de leur simplicité. Elles cherchent à construire un modèle du type $y = f(x)$, où y est le comportement que l'on veut prédire, et $f(x)$ la formule mathématique linéaire qui intègre un sous-ensemble des variables analysées en fonction de leur contribution au phénomène à expliquer.

La formule s'exprime par exemple de la manière suivante avec :

$$\text{Montant des achats} = 1{,}89 \times \text{Revenus} + 0{,}5 \times \text{Nombre d'enfants} - 3{,}4 \times \hat{A}\text{ge} + \ldots$$

Cette expression permet par le signe des coefficients de comprendre que les achats augmentent avec les revenus et le nombre d'enfants, mais diminuent avec l'âge du client. Cette formule peut être appliquée sur l'ensemble de la base de données pour prédire le montant des achats, et ainsi guider la politique commerciale sur les clients avec la prévision d'achats la plus importante.

Les techniques de régression présentent quelques limites car elles n'acceptent que des données quantitatives et s'appliquent assez mal au cas où la variable à expliquer est binaire. Or, dans le domaine du marketing, de nombreuses variables sont qualitatives, par exemple, le sexe, le statut marital, la CSP, etc. Ce qui a conduit au développement de techniques alternatives comme la régression logistique et les arbres de segmentation.

La régression logistique

La régression logistique appartient à la famille des modèles « log-linéaires ». Elle permet l'étude des relations entre des variables qualitatives.

La variable à expliquer est souvent une variable binaire : le client a acheté (1) ou n'a pas acheté (0).

La régression logistique permet de trouver une probabilité que l'événement, par exemple l'achat du produit, survienne. Comme dans les techniques de régression, elle fait l'hypothèse que la variable à prédire dépend de n variables indépendantes. Toutefois, la régression logistique est une méthode de probabilité non linéaire qui se base sur la fonction de distribution des seuils critiques de réaction.

La formule d'une régression logistique s'exprime de la façon suivante :

$$\text{Probabilité d'achat} = e^{xB} / (1 + e^{xB})$$

$$\text{avec } xB = B_0 + B_1 X^1$$

où la valeur des coefficients B_0 et B_1 exprime l'importance des critères qui maximise la probabilité jointe que l'événement à prédire survienne, Xi étant les variables qui entrent dans le modèle. La lecture des coefficients est identique à la régression linéaire. Les outils de data mining comme SAS Enterprise Miner facilitent la compréhension du modèle grâce à des histogrammes qui présentent les variables contributives par ordre décroissant , ainsi que le sens de chaque variable en fonction d'un code de couleur.

Les techniques de modélisation définissent quel client achètera quel type de produit. Il est ainsi possible de différencier les offres en fonction des profils des clients.

750 cartes de crédit à la First USA Bank

Un exemple extrait de la *Harvard Business Review* sur la banque First USA illustre ce point. La First USA Bank possède un modèle de segmentation qui comprend plusieurs centaines de types de clients. Elle a presque une approche de one to one en offrant plus de 750 offres de cartes de crédit par la combinaison des taux d'intérêt, des coûts d'acquisition, des plafonds, des assurances et des divers services associés.

Les entreprises qui maîtrisent ce type de modélisation augmentent de manière significative les taux de retour des opérations. Les coûts d'acquisition des clients et de commercialisation des produits sont réduits de manière considérable. L'amélioration de la qualité des cibles fournies joue aussi sur le moral des commerciaux et des personnes responsables de l'accueil client car les taux de concrétisation sont plus élevés.

Ces techniques identifient l'apparition de certains événements tels que le risque qu'un client donné arrête de consommer les produits de l'entreprise. En effet, les études démontrent que les clients décident plusieurs mois avant leur départ effectif de stopper leur relation. Il est donc important de comprendre leurs comportements et de mesurer leur fidélité lorsqu'ils sont encore actifs, plutôt qu'après leur départ effectif de l'entreprise. Il est par exemple possible d'anticiper la perte d'un client quand apparaît un phénomène tel que le changement d'adresse du client, une baisse de son chiffre d'affaires ou une réclamation et de mettre en œuvre une action préventive.

Toutefois, de telles techniques requièrent des compétences techniques dans la manipulation des données et dans la modélisation. De plus, il faut que les services études et les services opérationnels communiquent suffisamment pour s'assurer que les modèles développés sont utiles et utilisables. Compte tenu de la rareté de ces compétences, et de la véritable nécessité d'améliorer la réactivité au point de contact client, un ensemble d'outils plus simples d'emploi s'est développé récemment. Ces outils sont regroupés sous le terme de data mining.

Le data mining

Le terme data mining a pris son essor vers 1995 ; mais les techniques sous-jacentes ont, pour certaines, plusieurs décennies. Les outils de data mining utilisent les mêmes fondements théoriques que les techniques statistiques traditionnelles. Ils s'appuient sur des principes relativement similaires avec un zeste d'intelligence artificielle et d'apprentissage automatique. Ils correspondent à une avancée technologique, qui doit permettre de faire face au volume croissant des données. L'émergence de ces outils vient de l'évolution conjuguée des techniques statistiques, des capacités des logiciels de gestion de bases de données et des algorithmes d'apprentissage automatique.

Les outils de data mining construisent des modèles de manière plus ou moins interactive avec l'utilisateur. Cette notion de processus et d'interactivité est bien illustrée par la définition de Michel Jambu dans son ouvrage *Introduction au Data Mining* : « Le data mining est un processus d'analyse fine et intelligente des données détaillées, interactif et itératif, permettant aux managers d'activités utilisant ce processus de prendre des décisions et de mettre en place des actions sur-mesure dans l'intérêt de l'activité dont ils ont la charge et de l'entreprise pour laquelle ils travaillent. »

Les automatismes des outils de data mining s'appuient sur l'intégration de tests statistiques et d'algorithmes de choix des meilleures techniques de modélisation en fonction des caractéristiques du cas. L'expertise statistique et le processus sont ainsi codifiés dans le produit. Le logiciel de data mining prend en charge de manière transparente certains choix intermédiaires, notamment en ce qui concerne la discrétisation des variables, la technique de modélisation ou son paramétrage. Il autorise ainsi les utilisateurs des départements fonctionnels de l'entreprise, comme les chargés d'études, les contrôleurs de gestion, les responsables commerciaux, les ingénieurs, etc., à mieux connaître leurs données, sans pour autant devenir des experts en statistiques. Grâce à l'interactivité dans la construction des modèles, il permet aux utilisateurs métier d'orienter les recherches pendant le processus d'analyse.

Les outils de data mining apportent également un gain important de productivité et de réactivité dans l'analyse. En effet, ils offrent la possibilité aux utilisateurs métier de réaliser de manière autonome leurs propres modèles sans passer par des tiers.

Les techniques de data mining sont relativement nombreuses :

- raisonnement à base de cas ;
- agents intelligents ;
- arbre de décision ;
- moteur d'association ;
- algorithmes génétiques ;
- réseaux bayésiens ;
- réseaux de neurones.

Nous limiterons notre présentation à celles qui s'appliquent le plus souvent dans la gestion de la relation client. Il faut seulement retenir que ces différentes techniques se distinguent selon la lisibilité du modèle et la puissance de prédiction. Plus un modèle prend une forme simple, plus il sera facile à comprendre mais moins il sera capable de prendre en compte des dépendances subtiles ou trop variées (non linéaires). Le schéma ci-dessous illustre ce compromis.

Figure 4-8 : Carte de positionnement des techniques de data mining

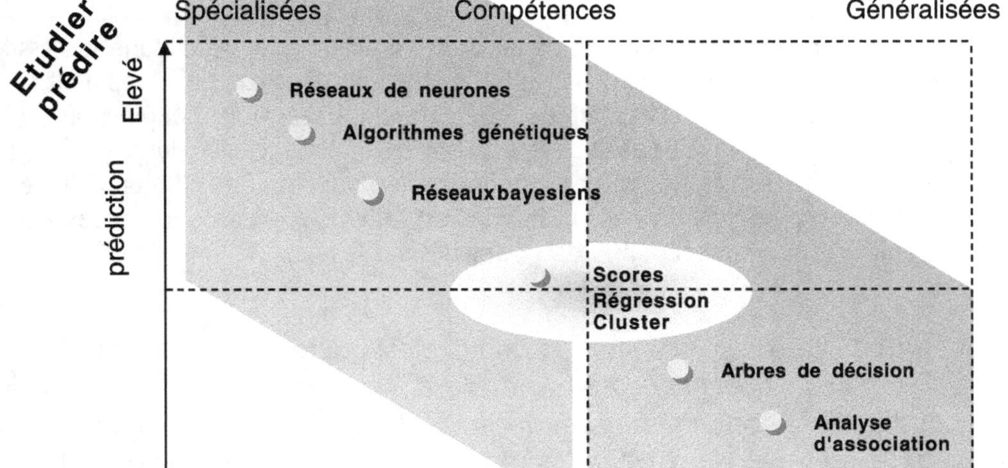

Les arbres de décision et les bases de règles sont très faciles à interpréter, mais ils ne reconnaissent que des frontières nettes de discrimination. Les grilles de score et, plus spécifiquement, les régressions logistiques sont un peu plus fines, mais perdent un peu en lisibilité. Les réseaux de neurones et les réseaux bayésiens présentent souvent un pouvoir prédictif élevé. Néanmoins, ce progrès entraîne une perte de lisibilité, compte tenu de la complexité du modèle mathématique sous-jacent.

Cette relative antinomie entre lisibilité et puissance a un impact fort sur le type d'utilisateur. Ainsi, les arbres de décision, de par leur forte lisibilité, s'adressent davantage à des utilisateurs métier. Au contraire, les réseaux bayésiens ou de neurones nécessitent des experts de la modélisation, et s'appliquent dans des domaines où la lisibilité est moins importante, comme l'analyse du profil sur Internet.

Nous allons brièvement illustrer les apports des techniques à base d'arbre de décision. Les lecteurs intéressés pourront approfondir ce premier survol dans l'ouvrage *Le Data Mining* des mêmes auteurs chez le même éditeur.

Les arbres de décision

Un arbre de décision est un enchaînement hiérarchique de règles logiques construites de manière automatique à partir de la base de données. Comme dans les modèles de régression développés précédemment, il s'agit d'associer une variable cible, quantitative ou qualitative, et de rechercher quelles sont celles qui contribuent à l'apparition de la variable cible. Pour simplifier, le principe de construction d'un arbre de décision consiste à utiliser les variables et leurs modalités pour subdiviser progressivement l'ensemble de la base de données en des sous-ensembles de plus en plus fins.

La forme arborescente des arbres de décision s'obtient par le découpage successif de la base en sous-ensembles par une séquence de décisions qui s'appuient sur l'identification du meilleur critère de segmentation. L'ensemble d'origine, où sont présents tous les individus de la base, est appelé le nœud racine. Celui-ci est découpé de manière successive, en des sous-ensembles, appelés nœuds intermédiaires. Sur chaque nœud, une nouvelle évaluation est faite pour le découper en des sous-ensembles. Les nœuds terminaux sont appelés des feuilles.

À partir de l'arbre de décision obtenu, il n'est guère difficile de déduire des règles. Elles décrivent, sous la forme d'un système logique, le ou les chemins du raisonnement pour optimiser l'apparition de la variable cible. La liaison entre deux niveaux peut se comparer à un ET logique et donc se lire de la façon suivante :

```
Si le client réside dans la région NORTHEAST
Et son ancienneté est inférieure ou égale à 7 mois
Alors la probabilité de clôture est de 95 %
```

Le formalisme très explicite des arbres de décision met en évidence les variables les plus importantes, ici la région. Il est facile de constater que la région Northeast a un problème de fidélisation et que, pour les autres

Figure 4-9 : Arbre d'induction sous Alice d'ISoft

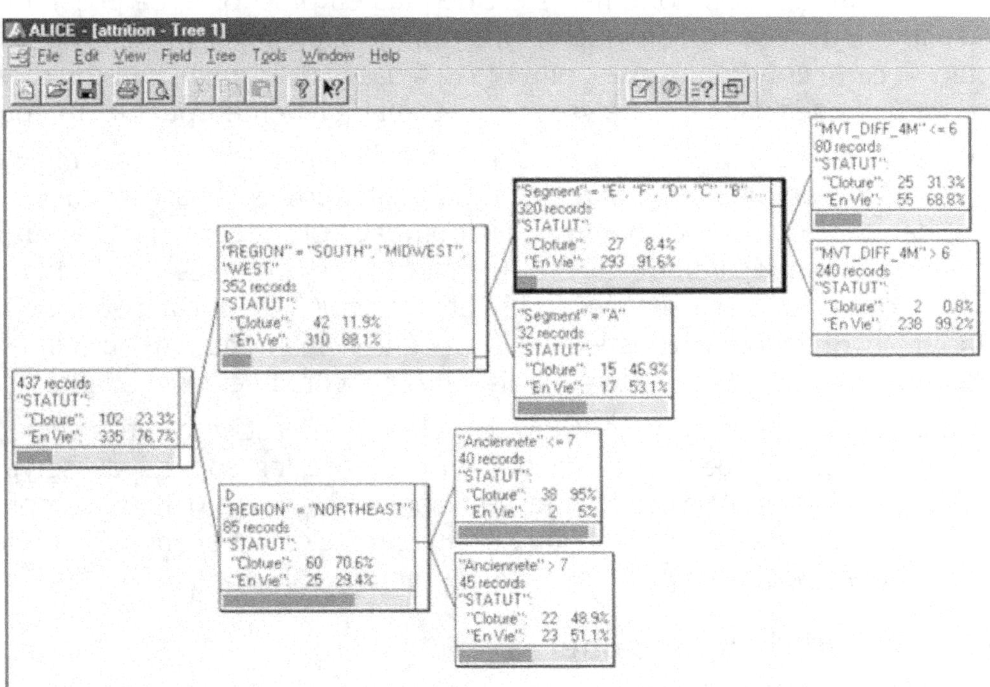

régions, le code segmentation permet d'anticiper la clôture. La construction des liens logiques entre les variables structure la réflexion sur le phénomène à étudier.

L'avantage principal des systèmes à base d'arbres de décision est sans conteste la lisibilité du modèle construit. Tout le monde comprend une règle de type : Si... *Alors*. Cette formulation sous forme de règles facilite le travail de validation et de communication du modèle.

Comme l'illustre le graphique ci-dessus, les arbres de décision ont un formalisme de restitution simple et facile à lire. Il est par ailleurs possible à chaque niveau de l'arbre de construire une démarche de découverte par un simple clic de souris pour apprécier les impacts des autres variables. Les produits à base d'arbres de décision sont simples d'utilisation. Ils sont souvent très visuels et offrent une prise en main de manière très intuitive. Après une formation d'une demi-journée à une journée, il est possible de confier un logiciel à base d'arbres de décision à un utilisateur métier.

En synthèse, on peut dire que les techniques de data mining, de par leurs caractéristiques spécifiques, à savoir leur universalité, leur auto-organisation, leur facilité, leur puissance et leur volume, apportent une aide aux hommes de marketing et de service client pour comprendre le comportement des clients. Ils sont un moyen d'augmenter rapidement le capital information de l'entreprise.

L'analyse d'un téra octet nécessiterait plusieurs années de travail d'un statisticien. Même si les travaux de modélisation sont généralement effectués sur une partie de la base de données, la croissance des données et l'instabilité des comportements est de plus en plus forte. La possibilité d'extraire des règles de manière automatique est l'un des moyens de faire face à cette croissance exponentielle des bases de données. De plus, les automatismes dans les analyses permettent d'en démultiplier le nombre.

Le développement du data mining est souvent freiné par la difficulté d'accès aux données, la charge de travail pour préparer la base d'analyse et la mauvaise qualité des données. De nouveaux outils sont apparus sur le marché pour préparer, qualifier et transformer ces données. Ces outils de *data morphing* automatisent ces tâches amont de préparation avec des outils pour suivre de manière visuelle les étapes de transformation, ou utilisent des algorithmes spécifiques pour discrétiser et combiner les modalités.

Dans la réussite d'un projet CRM, le data mining est souvent le vecteur d'innovation qui permet de mettre en évidence les apports du service client dans la fidélisation, ou de l'entrepôt de données dans la compréhension du comportement client. Le data mining est un élément essentiel pour développer les retours sur investissement.

Le point mort du one to one

Les données doivent être accessibles, de la connaissance doit en être extraite, mais il faut rester concentré sur l'objectif d'un projet CRM : assurer la création de valeur pour l'entreprise et pour les clients. La clé d'une croissance profitable réside dans la capacité à construire et à améliorer une stratégie marketing en se concentrant sur les opportunités les plus profitables : pas seulement par la promotion des produits les plus rentables, mais par la compréhension des combinaisons les plus avantageuses d'offres, de segments et de canaux. L'utilisation d'un budget marketing, ou d'une politique de services sur des cibles non rentables ou marginales se révèle toujours catastrophique. Le développement des offres spécifiques sur les clients les plus intéressants se traduit toujours par des remontées plus importantes, un meilleur retour sur investissement et un développement de la satisfaction client. Il faut donc associer la création de produits ou services à certains groupes de clients, et intégrer la dimension du canal de distribution de façon à maximiser les profits.

Malgré toutes les promesses de passage d'une vision produit à une vision client, il faut bien avouer que le one to one reste plus un concept qu'une réalité. Prudence donc avant de vous lancer dans l'aventure du CRM : la personnalisation des messages et des offres aux clients individuels est une pratique louable qui peut conduire à une meilleure fidélité et par conséquent à une meilleure profitabilité. Toutefois, cette stratégie n'est pas réalisable ni souhaitable, dans certains cas, car elle se révèle complexe dans sa mise en œuvre et très perturbante dans l'organisation des processus.

La personnalisation doit d'abord être validée sur le plan économique. Une entreprise doit avant tout évaluer si les clients lui procurent une profitabi-

Figure 4-10 : L'arrosage massif n'est plus possible

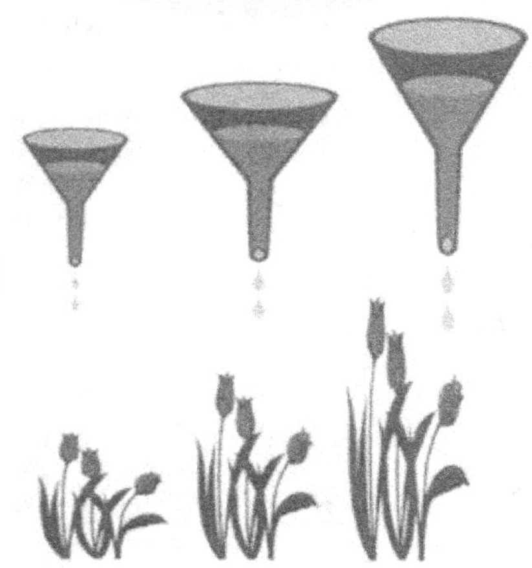

lité suffisante ou présentent une valeur potentielle pour justifier l'investissement en service et en personnalisation. Certes, avec le développement de la technologie, les coûts de communication avec les clients ne cesseront de décroître, élargissant le périmètre du one to one. Toutefois, il existe un juste équilibre à trouver entre le pur marketing de masse et ses économies d'échelle, et le pur one to one et ses coûts inabordables dans la plupart des cas. Les coûts organisationnels pour gérer la complexité du one to one doivent être intégrés dans la mesure du retour sur investissement. Les gains observés dans le taux de remontée des campagnes commerciales ne doivent pas être absorbés par les frais d'analyse des données !

La recherche du juste équilibre passe avant tout par une approche de la valeur du client, qui devient de plus en plus le point central d'une démarche de CRM. Au fur et à mesure du développement d'un projet CRM, les entreprises sont confrontées à des choix pour tenter de maîtriser les coûts liés au projet. L'approche la plus rationnelle consiste à allouer les investissements en priorité sur les cibles prioritaires.

La valeur du client

De l'espérance de profit au capital client

Il y a encore peu de temps, les entreprises ne cherchaient pas à savoir exactement ce que leur rapportaient ou coûtaient leurs clients, qu'ils soient fidèles ou ponctuels. Elles ne se souciaient pas non plus du coût de recrutement de nouveaux clients. Seule l'analyse de la rentabilité par produit ou ligne de produit et par centre de profit importait pour maîtriser la rentabilité globale. Du moment que la croissance était comparativement bonne, cela prouvait la force de l'entreprise sur son marché. Mais avec l'augmentation des budgets informatiques, des frais de conquête, des remises commerciales, des frais de services après-vente, des impayés, la part des activités de services et support aux produits est devenue de plus en plus importante dans les coûts globaux.

Figure 4-11 : *Part croissante des actifs immatériels*

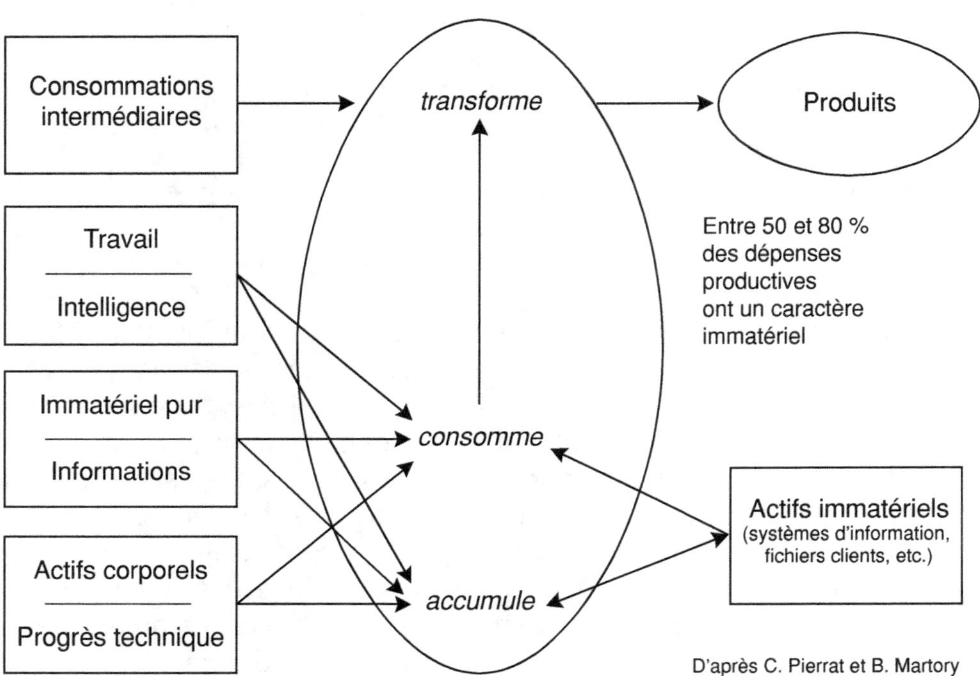

Un avantage concurrentiel réellement durable provient généralement de compétences, d'aptitudes, de capacité d'innovations, de savoir-faire que des concurrents ne peuvent copier ou dépasser. Comme le souligne Quinn : « Les activités intellectuelles représentent aujourd'hui les maillons décisifs des chaînes de valeur dans la plupart des entreprises ». Il évalue que 65 à 75 % des personnes travaillant dans les entreprises industrielles sont affectées à des activités de service (marketing, comptabilité, R&D, conception de produits, distribution) et que seulement 10 à 35 % de l'ensemble des activités d'une firme industrielle sont directement liés à la production.

Avec une part croissante des actifs immatériels (voir figure 4-11), les entreprises ne peuvent plus se contenter d'une lecture de la rentabilité par lignes de produits, elles doivent intégrer une lecture par activité pour intégrer le coût de l'avant-vente et de l'après-vente, et des systèmes d'information qui gèrent ces tâches.

Les premières études sur les coûts client montrent de profondes inégalités dans leur répartition. Il n'est pas rare de constater qu'un tiers des segments de clientèle ne dégage aucun bénéfice, et que 30 à 50 % des frais de commercialisation et de service à la clientèle sont gaspillés en efforts visant à acquérir, développer et conserver ces mêmes clients.

Figure 4-12 : Répartition de la rentabilité

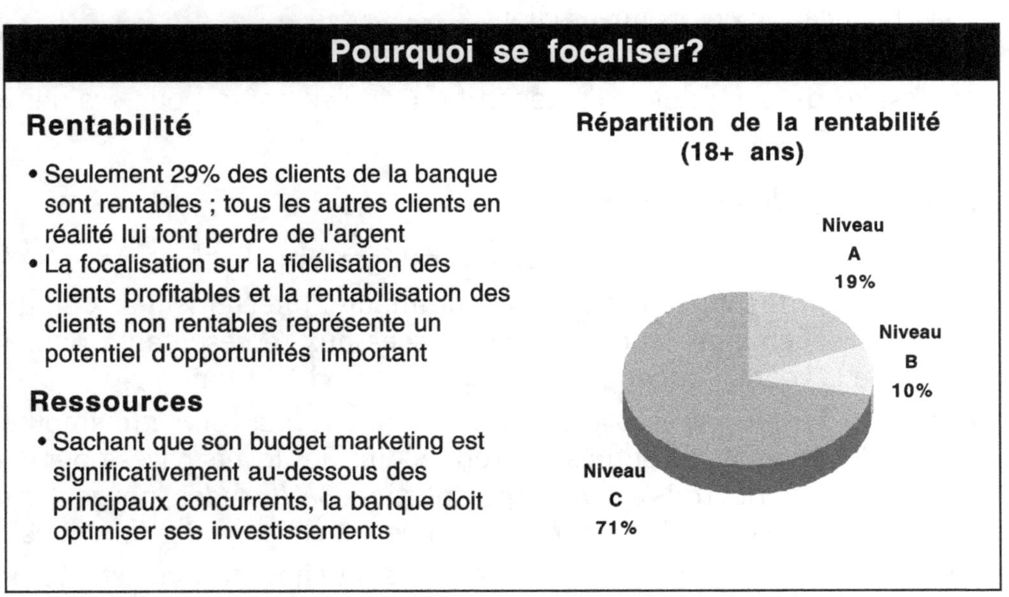

L'absence de données relatives à la rentabilité du portefeuille de clients signifie que, dans la majorité des cas, les responsables marketing se trouvent dans l'impossibilité d'identifier les clients qui contribuent le plus au résultat net. Cela revient à dire qu'ils sont dans l'incapacité de segmenter correctement le portefeuille de clients en fonction d'une rentabilité individuelle constatée et, a fortiori, en fonction d'un potentiel de rentabilité future. En conséquence, les actions engagées pour conquérir de nouveaux clients ou fidéliser les clients existants reposent essentiellement sur des critères subjectifs fondés sur l'expérience, l'habitude ou l'intuition. L'entreprise n'est pas capable de diriger ses investissements commerciaux vers les clients créateurs de valeur.

La mise en place d'un projet de gestion de la relation client doit s'accompagner d'une refonte d'une partie du système de contrôle de gestion pour mieux suivre les dépenses immatérielles :

• les outils de force de vente sont un moyen de suivre le coût des offres, les coûts de commercialisation d'un produit et ceux de transformation du prospect en client (coûts d'acquisition) ou de fidélisation (remises promotionnelles) ;

- les outils de gestion de campagnes sont un moyen de suivre le coût des actions commerciales et de comprendre les investissements effectués sur des cibles client (séquence des actions) ;
- les outils de centres d'appels sont un moyen de suivre les coûts de services aux clients ;
- les outils de gestion de données doivent permettre de suivre le coût des structures nécessaires pour préserver le capital informationnel de l'entreprise ;
- les outils de data mining doivent permettre de suivre le coût induit par la qualification des données client.

Un projet CRM modifie la structure des coûts d'une entreprise. Il est nécessaire de comprendre la répartition de ces coûts pour évaluer la rentabilité du projet.

La répartition des coûts

Les coûts peuvent être répartis en trois catégories :

- les *coûts directs* sont ceux que l'on peut imputer directement aux entités qui les engendrent (commissions versées aux représentants pour le coût de la vente, budget publicité pour un produit, salaire) ;
- les *coûts communs imputables* sont ceux qui ne peuvent être imputés qu'indirectement aux entités marketing. Ainsi les loyers payés pour une surface qui abrite trois activités (prospection, SAV, études) peuvent être affectés en fonction de la surface occupée par chacune des fonctions ;
- les *coûts communs non imputables* sont ceux dont l'imputation reste nécessairement arbitraire : les dépenses de communication institutionnelle. Il est difficile de les répartir par produit, canal ou client.

Personne ne discute la prise en charge des coûts directs dans l'analyse des coûts marketing. La contestation sur la prise en compte des coûts communs imputables est plus forte, car ils englobent à la fois des charges variables et des charges fixes, du moins à court terme. Ainsi, le fait d'abandonner un segment non rentable peut se traduire par une perte financière liée aux coûts fixes qui seront répercutés sur les autres segments.

La majorité des analystes est d'accord pour rejeter l'approche des coûts complets qui revient à intégrer les coûts communs non imputables.

La méthode des coûts complets présente 3 grandes faiblesses :

- la rentabilité relative des différentes entités marketing peut changer du tout au tout en substituant une imputation à une autre, ce qui réduit la confiance dans les chiffres ;
- l'arbitraire conduit à la contestation et à la démoralisation chez ceux qui ont le sentiment que leurs résultats sont mal jugés ;
- la prise en compte de charges non imputables risque d'affaiblir le contrôle des coûts réels. Les responsables d'exploitation sont plus efficaces lorsqu'il s'agit de contrôler les coûts directs et les coûts imputa-

bles. L'affectation arbitraire de charges non imputables risque de les décourager dans leur responsabilité de maîtrise des coûts.

Compte tenu de ces limites, de plus en plus d'entreprises s'intéressent à une nouvelle approche comptable fondée sur le coût des activités (Activity-Based Costing ou ABC). Selon ses adeptes, cette méthode donne aux managers une vision précise de la façon dont les produits, les marques, les clients, les actifs, les régions et les circuits de distribution engendrent des revenus et consomment des ressources.

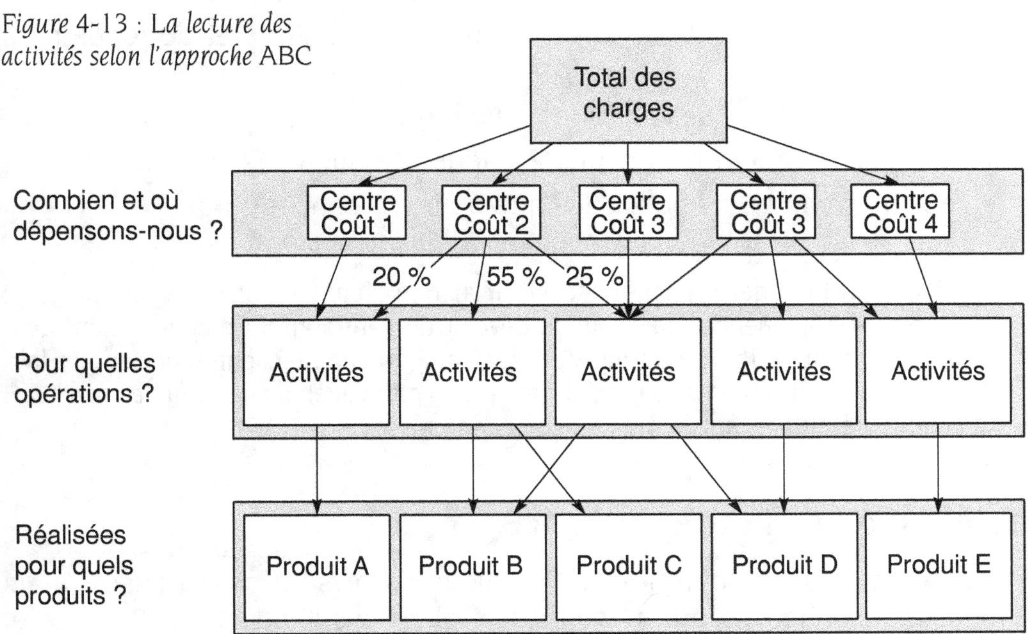

Figure 4-13 : La lecture des activités selon l'approche ABC

On peut chercher à accroître la productivité de chacune des activités correspondantes, par exemple, en réduisant les ressources qui leur sont allouées ou bien en cherchant à les acquérir à un moindre coût. On peut aussi accroître le prix des activités gourmandes en moyens.

Connolly et Ashworth soulignent que la méthode ABC n'a pas le même impact selon qu'on l'applique aux coûts produits ou aux coûts clients. Son utilisation pour comprendre les coûts des produits a eu des impacts moins importants que prévus : en effet de nombreux coûts, non directement reliés aux produits, ne peuvent pas évoluer ou être modifiés à court terme, et les modifications de prix sont impossibles, car beaucoup de ces coûts dépendent d'investissements passés. La détermination d'une approche ABC à partir des activités client est relativement différente. Les ressources comme le nombre de vendeurs, les dépenses marketing, les coûts de livraison, les centres d'appels, le suivi des clients et les processus administratifs présentent des capacités d'ajustement plus fortes, voire d'externalisation. Les dépenses relatives au client sont plus faciles à faire glisser entre des clients ou des segments de clients.

Cette capacité d'ajustement plus forte pose la problématique d'un nouveau mode de management global de la performance. Le développement des mesures des activités liées aux clients est un important facteur d'évolution. Il est reconnu comme un outil de mesure de la performance capable d'apporter des évolutions au niveau du management.

Reichheld[1] suggère que les entreprises se focalisent sur cinq types de clients :

- ceux qui sont les plus rentables et les plus loyaux ;
- ceux qui nécessitent le moins de service, d'où l'intérêt de repérer les experts ;
- ceux qui préfèrent des relations long terme ;
- ceux qui accordent beaucoup de valeur à ce que vous produisez ;
- ceux qui valent plus pour vous que pour vos concurrents.

■ Reichheld F. : *Loyalty-based management*, 1993, Harvard Business Review.

Aujourd'hui, nous devons nous pencher sur chaque client, examiner chaque compte client pour appréhender au mieux le devenir de l'entreprise. Ce changement de mentalité a introduit un nouveau concept, celui du capital client, représentant la somme de tous les clients de l'entreprise et, plus particulièrement, celui de la valeur client, représentant un client unique de l'entreprise.

La définition de la valeur client

Les tentatives de définition de la valeur client sont nombreuses, mais nous nous référons aux travaux de Robert Wayland et de Paul Cole, auteurs de *Customer Connections : News Strategies for Growth*, qui donnent une formule très précise sur une des façons de calculer le capital client : la somme, sur une période t, du CA et de la marge réalisée par le client, à laquelle on impute des coûts engendrés par ce même client sur cette période, ainsi que le coût d'acquisition en début de période. La formulation mathématique est la suivante :

$$VC = \sum_{i=1}^{n} Q_i \, \Pi_i \, d_i - \sum_{i=1}^{n} (D_i + R_i) \, d_i - A$$

VC : valeur du client

Q_i : volume d'achat sur la période t_i

Π_i : marge par unité d'achat après impôts sur la période t_i

D_i : coûts de développement sur la période t_i

R_i : coûts de rétention sur la période t_i

A : coûts d'acquisition du client

d_i : pourcentage de remise sur la période t_i avec $d = 1/(1+COC)$

COC : coûts par rapport au capital investi

$$t = \sum_{i=0}^{n} t_i = \text{durée de vie du client (en mois, années…)}$$

Cette formule, complexe au premier regard, met en évidence la nécessité de suivre le chiffre d'affaires et la marge du client dans le temps. Le suivi de la contribution individuelle du client au résultat global de l'entreprise explique les liens de plus en plus importants entre CRM et ERP.

Pour calculer une profitabilité du client, il faut en effet affecter la marge des produits au chiffre d'affaires des clients et plus généralement disposer :

- du chiffre d'affaires des ventes de biens ou de services (après déduction de toutes les commissions et des ristournes) ;
- de la marge brute (ventes moins le coût des produits) ;
- de la marge commerciale (marge brute moins les dépenses marketing et commerciales) ;
- de la marge nette par catégorie de clients (montant des bénéfices apportés par chaque catégorie de clients).

Il faut également prendre en compte l'ensemble des efforts commerciaux, marketing, financiers ou de services dont a profité ce client pour calculer le retour sur investissement par groupe de clients, c'est-à-dire la marge générée par les dépenses marketing et commerciales. Une logique de gestion individuelle du client doit s'intéresser aux avantages distribués au client, soit sous forme de rabais, remises, ristournes, gratuité, échanges, etc., mais aussi aux investissements marketing comme les voyages, les invitations à des événements, etc., pour parvenir à quantifier la réalité des investissements. Les différents postes comprennent les investissements :

- promotionnels (coût de la force de vente interne et externe) ;
- marketing (coût des supports semi-personnalisés ou de masse) ;
- de gestion (coût de gestion des informations) ;
- d'acquisition (coûts d'attraction d'un suspect ou prospect dans l'entreprise) ;
- de rétention (coût des démarches entreprises pour empêcher le départ d'un client) ;
- d'attrition (coût de rupture de la relation clientèle) ;
- et les frais de structure (tous les autres frais indirects).

Si la distinction entre les différents coûts est parfois difficile à établir, il est en revanche indispensable de suivre les coûts d'acquisition. À titre d'illustration, l'acquisition d'un client dans le domaine de la téléphonie mobile représente souvent un budget unitaire par client supérieur à 200 euros. Cette somme comprend les avantages sur le prix du mobile, les frais de mise en service, les avantages divers dans les premiers mois. La possibilité d'identifier au plus vite, si possible à la souscription, les facteurs qui contribuent à distinguer un utilisateur minimaliste (pas de consommation hors forfait) de « l'accro » du mobile, synonyme d'une facturation élevée, ou du « churner » invétéré (qui change d'opérateur tous les 12 mois) permet de faire varier le plus vite possible les avantages et les investissements de développement et de rétention.

Le calcul des coûts d'acquisition d'un client met en évidence qu'il est souvent moins coûteux de le retenir. Cette affirmation nécessiterait certainement d'être mieux évaluée et vérifiée. En effet, les normes comptables ne permettent pas de comparer les coûts d'acquisition, qui sont des investissements, et les coûts de fidélisation, qui sont des charges. Actuellement, la comptabilité n'autorise pas véritablement l'amortissement des frais d'acquisition, même si quelques entreprises s'y risquent, ce qui a pour effet de ne pas rendre comparables les dépenses d'acquisition et de fidélisation. Ce débat dépasse largement le cadre de cet ouvrage, mais montre que la comptabilité doit intégrer le développement des projets CRM dans la refonte de ses modes d'évaluation.

Au cœur de la problématique de la rentabilité des clients se trouve le paradigme de la satisfaction.

La satisfaction des clients

La relation entre la satisfaction et la rentabilité est largement véhiculée par les magazines managériaux : « Il est désormais naturel de considérer que la satisfaction client est une dimension incontournable de la relation avec les fournisseurs, que les clients fidèles dégagent un niveau de rentabilité supérieur aux autres » (*Marketing Magazine*, mai 2002).

La satisfaction est le résultat de la perception de la valeur obtenue dans une transaction ou une relation. La valeur est égale à la qualité de service reçue en relation avec le prix et le coût d'acquisition du client, relativement à la valeur attendue de transactions ou de relation avec des concurrents.

La fidélité crée une augmentation des profits au travers d'une augmentation des revenus, d'une réduction des coûts d'acquisition de nouveaux clients, d'une diminution de la sensibilité au prix et d'une diminution des coûts de service aux clients.

Figure 4-14 : La chaîne des équivalences (d'après Jokung-Nguena, et al.)

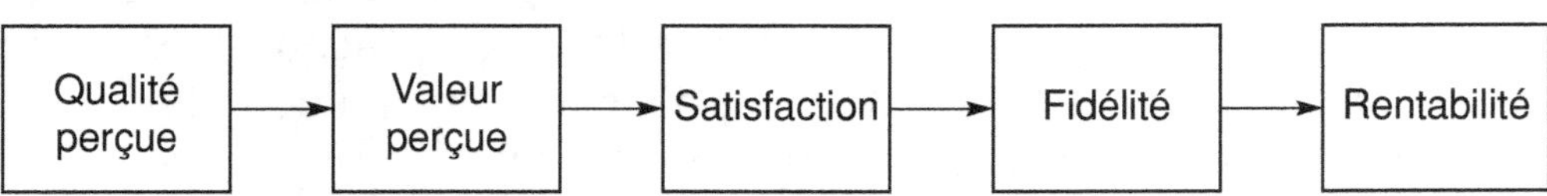

D'après Jokung-Nguena, *et al.*

Le développement de la satisfaction client peut être évalué financièrement. S'il est plus facile de vendre à un client satisfait, alors il est plus facile de faire comprendre l'intérêt de développer une relation avec ce client.

L'analyse de la valeur client doit distinguer la valeur potentielle des clients (espérance) de la valeur passée (constatée). La comparaison potentielle/constatée permet d'identifier les écarts et d'imaginer des stratégies de gestion de la valeur dans une perspective temporelle. La détermination de cette valeur potentielle est établie au moyen de fonctions de survie, de scores de ventes croisées, et grâce à l'utilisation de données internes, mais aussi de données externes.

La détermination d'une valeur potentielle s'enrichit avec les éléments suivants :

- des coefficients d'actualisation pour mettre en avant qu'un euro d'aujourd'hui vaut plus qu'un euro dans un an ;
- des coefficients d'incertitude, qui varient selon le secteur économique (l'informatique est plus incertaine que le ciment), la nature du bien ou la nature du client ;
- la détermination d'un écart par rapport à une norme de comportement identifié au niveau du marché global.

Ces éléments visent généralement à relativiser le calcul de la fonction de valeur à long terme par rapport aux gains espérés à court terme.

L'intégration des incertitudes permet d'enrichir la valeur client par une notion plus explicite d'*espérance de profitabilité client* (EPC). Ce dernier terme est moins chargé de contresens que le terme traditionnel de valeur client et met en avant l'incertitude de l'apparition de ce profit :

$$EPC = -R + VAN\left(\sum_{i=1}^{n}(M_i - C_i - PM_i - PP_i) - F\right) + \Delta M$$

R : coûts de recrutement d'un nouveau client

VAN : valeur actualisée des profits nets client

n : nombre d'années de la relation

M_i : marge brute générée par la relation sur la période t_i

C_i : coûts de gestion de la relation sur cette même période

PM_i : coûts des opérations marketing effectuées sur le client

PP_i : coûts des opérations promotionnelles effectuées sur le client

F : coût de rupture de la relation

ΔM : variation des marges sur les années estimées

Nos premiers travaux de détermination de cette espérance de profit client dans des entrepôts de données montrent que :

- Les techniques de statistiques ou data mining sont incontournables pour aider à la détermination de la durée de vie du client ou au potentiel de développement du client.
- Le taux de fidélisation naturel du secteur d'activités impacte le modèle de calcul à appliquer pour calculer la valeur future (choix entre des modèles de rétention et des modèles de migration).
- La problématique des données manquantes ou incomplètes milite pour une approche probabiliste de la détermination de cette EPC.
- Le nombre d'années considéré dépend du contexte concurrentiel du secteur d'activités et des taux de marge pratiqués. Ainsi, dans un secteur soumis à de fortes pressions concurrentielles, il est illusoire d'intégrer des revenus à plus de cinq ans dans le profit client !

Les enjeux du calcul de l'espérance de profit client sont nombreux et stratégiques. Une relation véritable entre une entreprise et un client ne peut véritablement commencer que lorsque les deux parties comprennent leurs intérêts mutuels d'inscrire la relation dans le long terme. Il s'agit de répondre à quelques questions évidentes, mais dont les réponses ne sont pas toujours si faciles à obtenir :

- Quel est le coût d'un prospect qualifié ?
- Quel est le coût de recrutement d'un client ?
- Quels sont les retours sur investissement d'un nouveau client? D'un ancien client ? D'un client recruté par tel moyen ou tel autre, etc. ?
- Quels sont les clients rentables ? Les clients non rentables peuvent-ils le devenir ?
- Quels sont les clients que je souhaite conserver ? Avec quelles offres ?
- Quels sont les clients dont la profitabilité baisse ?
- Quels sont les clients très importants pour le futur de l'entreprise ?
- Quels sont les clients sur lesquels je n'ai pas suffisamment investi ?
- Quel est le niveau maximal d'investissement pour les actions de rattrapage des clients ?
- Comment affecter au mieux mes investissements promotionnels et marketing ?

En un mot, l'entreprise doit choisir des cibles prioritaires. Elle doit pour cela développer une connaissance du comportement et anticiper les changements. Elle doit formuler des stratégies de gestion individuelle des clients et s'assurer qu'elle peut répondre, de manière rentable, aux attentes des clients. Les études montrent que peu d'entreprises sont capables de mesurer et d'exploiter tout le potentiel de leur clientèle existante.

La mesure de l'espérance de profit client est un élément central dans la mise en place d'une politique de CRM. En effet, sans une mesure, même approximative, de cette espérance, il n'est pas possible de piloter l'allocation des moyens humains et financiers considérables qu'impose la mise en œuvre d'une politique de CRM. L'objectif unique du CRM est la construction de la profitabilité du client et la mise en œuvre de moyens pour développer cette profitabilité. Très souvent, tous les clients reçoivent le même niveau de service, en dépit du fait que les clients très rentables justifieraient une qualité de service supérieure.

Une analyse de la base de données permet de donner une appréciation correcte des enjeux et des moyens à mettre en œuvre. Il peut apparaître que certains clients, qui contribuent beaucoup en chiffre d'affaires, coûtent aussi beaucoup à l'entreprise. En effet, les coûts de promotion et de services dépassent la marge sur le CA. Dans ce cas de figure, il est plus intéressant pour l'entreprise de ne pas chercher à retenir ce type de client, à moins qu'il n'y ait un moyen de redéfinir le prix ou le contenu de la prestation de service. La loi de Pareto se vérifie là aussi avec 20 % des clients qui génèrent plus de 80 % du CA. Les recherches montrent que ces 20 % de clients génèrent souvent plus de 150 % des profits, et moins de 10 % des clients détruisent 50 % des profits : savoir qui ils sont et ce qu'ils attendent est une des clés du succès.

L'analyse de la rentabilité par client souligne souvent des écarts. Elle permet ainsi de structurer le portefeuille de l'entreprise en groupes homogènes en termes d'allocations de ressources et d'orientations stratégiques : stratégies de défense pour protéger certains groupes ou, au contraire, stratégies plus offensives sur des clients qui présentent des potentiels sous-exploités.

La pyramide clients

La pyramide des clients (voir figure 4-15) est un des éléments clés dans le CRM. Elle matérialise l'évolution du client dans l'entreprise. Un simple classement sur le chiffre d'affaires des clients par ordre décroissant montre souvent que :

- Les 5 % de bons clients peuvent se scinder en deux catégories : les premiers 1 %, qui sont les très bons clients et les 4 % suivants, qui sont les bons clients qui vous font travailler.

- Les 15 % suivants sont les clients standards.

- Les petits clients représentent les 80 % restants. Ils n'achètent qu'une fois de temps en temps et/ou très peu. Ils englobent aussi de nouveaux clients susceptibles d'entrer ultérieurement dans la catégorie des bons clients.

La pyramide se complète avec les anciens clients, les prospects et les suspects, des consommateurs ou des sociétés avec lesquels des contacts ont eu lieu, mais qui ne sont pas encore des acheteurs. On peut les segmenter de la façon suivante :

- Prospects chauds : personnes prêtes à acheter et pour lesquelles vous faites partie des derniers fournisseurs potentiels retenus.

- Prospects tièdes : personnes qui achèteront probablement à court terme et avec qui vous avez un espoir raisonnable de faire affaire.
- Prospects froids : personnes avec lesquelles vous êtes en contact, mais qui ne sont pas prêtes à acheter ou qui ont montré peu d'enthousiasme à l'idée de traiter avec vous.
- Contacts : réponses à des opérations de marketing, qui n'ont pas encore été qualifiées et dont on ne sait pas à quel type de prospect elles correspondent.

On peut compléter la pyramide en incluant les suspects : des gens ou des sociétés susceptibles d'avoir besoin de vos produits ou services, mais avec lesquels vous n'avez pas encore été en relation.

Figure 4-15 : La pyramide clients

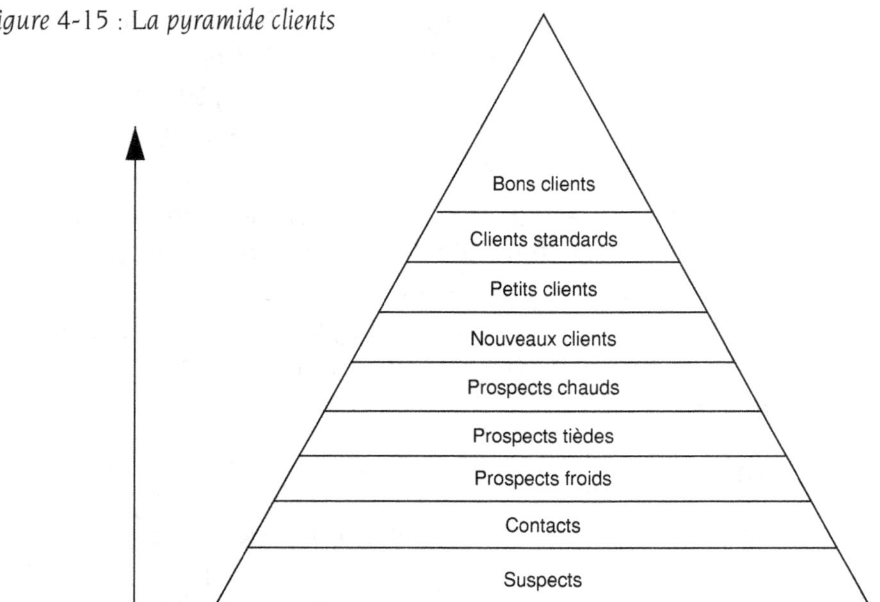

La représentation de la base de données sous cette forme est un moyen très simple de faire comprendre les enjeux du CRM et de le rendre compréhensible par l'ensemble des acteurs de l'entreprise. Les objectifs du CRM peuvent être décrits très simplement sur cette pyramide : comment faire entrer, puis faire monter, puis maintenir des individus dans cette pyramide. Les outils de gestion de la relation client visent à assurer la transition la plus facile entre les niveaux :

- faire entrer des suspects dans la pyramide client ;
- qualifier les prospects prometteurs ;
- les transformer en clients ;
- les faire monter en haut de la pyramide.

Toutefois, il est illusoire de chercher à appliquer cette trajectoire ascendante à l'ensemble des clients. À chaque passage se pose la question du choix : quels sont mes bons prospects ? Quels sont mes bons clients ? Malheureusement, les segmentations comportementales ne sont pas de bons indicateurs pour effectuer ces choix. Elles laissent une place trop importante à des critères subjectifs. Par exemple, il est commun d'entendre : « Il faut des clients jeunes, car c'est stratégique », même si les coûts d'acquisition sont supérieurs à une espérance de profit sur dix ans ! Seule la détermination préalable de l'EPC permet de fixer un indicateur réel de valeur client pour l'entreprise.

Il est indispensable de calculer cette espérance de profit pour déterminer la valeur client. Cette fameuse valeur client n'est que le ratio entre l'espérance de profit du client et les sacrifices qu'acceptera de faire l'entreprise pour l'obtenir :

Figure 4-16 : *Définition de la valeur client*

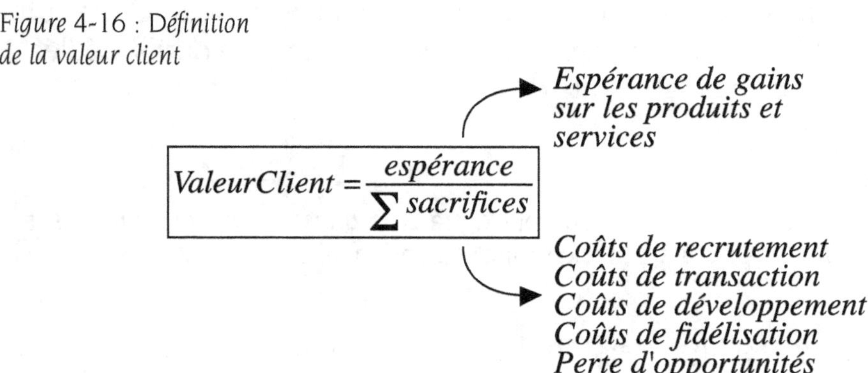

Un client ne présente de la valeur aux yeux de l'entreprise que si le ratio est supérieur à 1.

La forme de ce ratio illustre les deux enjeux du CRM. Il s'agit bien évidemment, par une meilleure connaissance des données et une transformation en information, de ne pas passer à côté de l'espérance d'un client. Mais les solutions de CRM visent aussi à diminuer les sacrifices de l'entreprise en permettant une diminution de l'ensemble des coûts par une industrialisation de la relation.

La détermination d'une valeur individuelle du client permet de mettre en œuvre, par agrégation des différents segments, la mise en place d'un véritable pilotage du capital client. Le croisement de la segmentation et de la valeur client permet ainsi de mesurer par segment les espérances de profit et les sacrifices de l'entreprise.

Le capital client est le stock de ressources virtuelles constitué de la somme des valeurs individuelles de chacun des clients d'une entreprise.

Cette vision financière est directement compréhensible par un gestionnaire ou un chef d'entreprise. Elle permet de définir une politique d'affectation et de pilotage des moyens. La mise en place d'une méthode de détermination du capital client permet de se définir des objectifs client mesurables. Elle est à ce titre un moyen de suivre sur des bases financières, les apports de la mise en œuvre d'un projet de CRM. L'entreprise est maintenant capable de mesurer la performance de sa politique client et de déterminer les retours sur investissement par segment.

Les indicateurs traditionnels de suivi par segment « capitalisé » sont :

- l'évolution du niveau de chiffre d'affaires ;
- l'amélioration de la satisfaction ;
- les hausses des ventes multiproduits/services ;
- l'augmentation de la fréquence d'achats ;
- le compte de résultats par segment ;
- l'augmentation de la durée de vie.

Ces calculs de valeurs deviennent une nécessité pour toutes les entreprises qui pratiquent le one to one marketing. La mise en place d'une solution de CRM doit s'accompagner du développement d'outils dédiés à l'évaluation de ce capital client.

Skandia

Cette banque scandinave cotée en bourse présente dans ses rapports annuels, à côté des traditionnels états financiers, une évaluation de son capital client.

Certains analystes financiers étudient les apports du calcul du capital client comme un moyen d'estimer la valeur boursière d'une entreprise. La possibilité de déterminer ce capital client devient un avantage important dans la gestion d'une entreprise pour lui permettre de lever des capitaux ou de rassurer les actionnaires sur la solidité de l'entreprise.

Comme le résume la brochure sur le CRM du cabinet Mercer : « Le capital client est le portefeuille de clients avec lesquels une société bénéficie d'une relation privilégiée et auxquels elle consacre ses efforts visant à créer et à distribuer de la valeur. ». La phase d'identification des clients les plus intéressants n'est que la première étape d'un processus qui passe par :

- la mise au point d'une proposition de valeur distinctive répondant aux besoins des clients mieux que les concurrents ;
- la concentration des moyens commerciaux sur l'acquisition, le développement et la fidélisation de ces clients rentables ;
- la création d'un système d'organisation et d'information qui permette d'abord d'initier une relation durable et ensuite de l'entretenir.

La mise en évidence des cibles prioritaires de clients permet de :

- quantifier et dimensionner les enjeux (nombre de clients, marge espérée, budget à consacrer par client) ;
- construire un programme d'actions (commerciales, de fidélisation) ;
- mettre en place un mode d'évaluation des attentes (études qualitatives, indicateurs de satisfaction).

Avant de développer un chapitre spécifique sur la gestion des campagnes, nous allons clôturer ce chapitre sur la connaissance des clients par deux points qui connaissent aujourd'hui un regain d'intérêt : le développement des programmes de fidélisation et les études de mesure de la satisfaction.

La reconnaissance du client

La fidélisation

Beaucoup d'entreprises entreprennent des démarches de gestion de la connaissance. L'aspect le plus important de cette démarche est le renforcement du lien avec les clients. L'efficacité ne se limite pas à des choix de techniques ou d'outils, mais passe par un préalable essentiel : la mesure de l'intensité de la relation et de la fidélité des clients.

Les études sur les pertes de clients ont mis en évidence la nouvelle règle des 90/10 : 90 % des défections sont le fait d'anciens clients et 10 %, celui de nouveaux. Les entreprises souffrent d'un problème d'infidélité de leurs anciens clients.

Et, malgré ce constat, beaucoup d'entreprises consacrent plus de 70 % de leurs ressources marketing à l'acquisition de clients, plutôt qu'à la fidélisation des clients anciens. Elles continuent à investir dans des processus coûteux de conquêtes de nouveaux clients pour compenser les départs. Cette illusion du nouveau client est troublante car les différents travaux montrent, d'une part, que plus le coût d'acquisition est élevé, plus l'impact de la fidélisation est important, et d'autre part, qu'une petite proportion des nouveaux clients pourront devenir un jour de très bons clients.

Les avantages de la fidélité en regard de la valeur

À première vue, fidélité et rentabilité peuvent paraître antinomiques. Chaque avantage apporté au client se traduisant par un coût pour l'entreprise. Mais les relations entreprises/clients ne sont pas un jeu à somme nulle. Il faut distinguer deux types de profits. Les profits vertueux, qui résultent de la création de valeur, du partage et de la croissance des actifs de l'entreprise. Les profits destructeurs de valeur, qui résultent de l'absence de création de valeur et d'une exploitation des actifs au rabais.

Selon cette classification, plus un client est ancien et plus il est source de profits vertueux :

- Plus de volume : les clients fidèles ont davantage tendance à acheter car ils deviennent familiers de l'offre.

- Moins de coûts de fonctionnement : les clients fidèles coûtent moins en service car ils connaissent mieux les produits et les circuits.

- Plus de marge : les clients fidèles accordent plus d'importance à la marque et aux services. Ils acceptent donc généralement un supplément de prix.

- Plus de résonance : un client satisfait recommande plus facilement votre entreprise ou vos produits auprès d'un autre client. Il devient un ambassadeur de la marque. Ce pouvoir de référence (taux de résonance) est très utile car il permet de recruter à moindre coût des clients globalement de meilleure qualité.

Compte tenu de ces facteurs, il est courant de dire que conserver un client coûte cinq fois moins cher qu'en acquérir un nouveau.

Figure 4-17 : *Les effets de la fidélisation sur le profit (d'après F. Reichheld, « The Loyalty Effect »)*

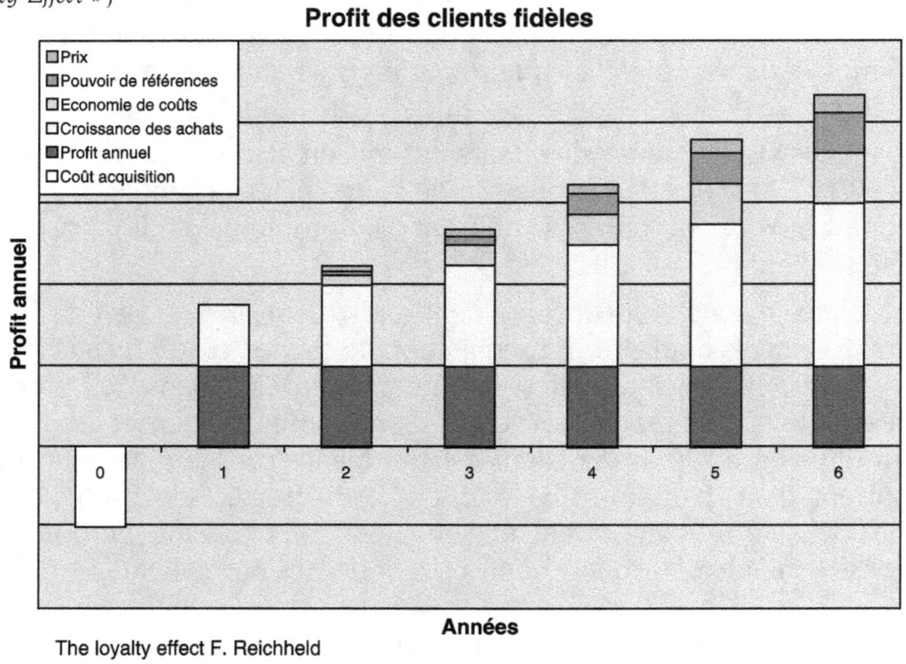

La fidélité offre aussi des avantages organisationnels. On constate souvent une corrélation entre la fidélité du personnel et celle des clients. En effet, les salariés trouvent une certaine gratification à dialoguer avec des clients satisfaits et fidèles. À l'inverse, la fidélité client ne peut se concevoir sans fidélité du personnel. En effet, des salariés mieux payés sont de meilleure humeur et donc plus agréables pour le client. La combinaison satisfaction-expérience-connaissance conduit à un meilleur service au client et donc à plus de fidélité. Donc, pour favoriser réellement la fidélisation, il faut centrer la stratégie sur la création de valeur, ce qui peut impacter les processus de ciblage, de rémunération et d'embauche.

Les avantages financiers

Ces bons clients sont tellement précieux que, dans certains secteurs, une baisse de 5 % du taux de départ permet de doubler les bénéfices. La perte d'un bon client est donc très lourde. Par ailleurs, si elle était mesurée en termes de valeur à vie plutôt qu'en termes de profits liés à une seule vente, alors le coût dépasserait largement l'investissement requis pour conserver ce client.

Figure 4-18 : Impact de 5 % de rétention sur la valeur client (d'après F. Reichheld, « The Loyalty Effect »)

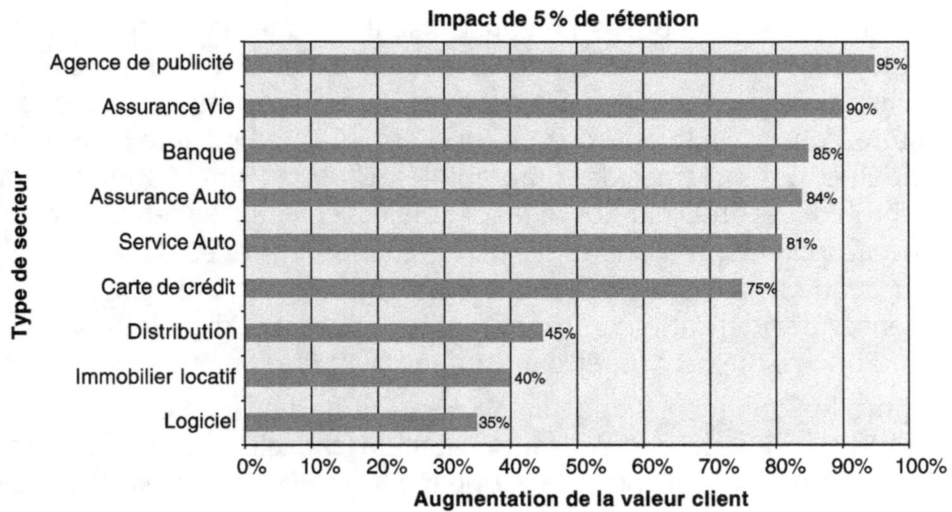

Ces chiffres démontrent l'importance de construire une relation dans la durée pour équilibrer les coûts d'acquisition.

Figure 4-19 : L'évolution des profits pour un contrat automobile

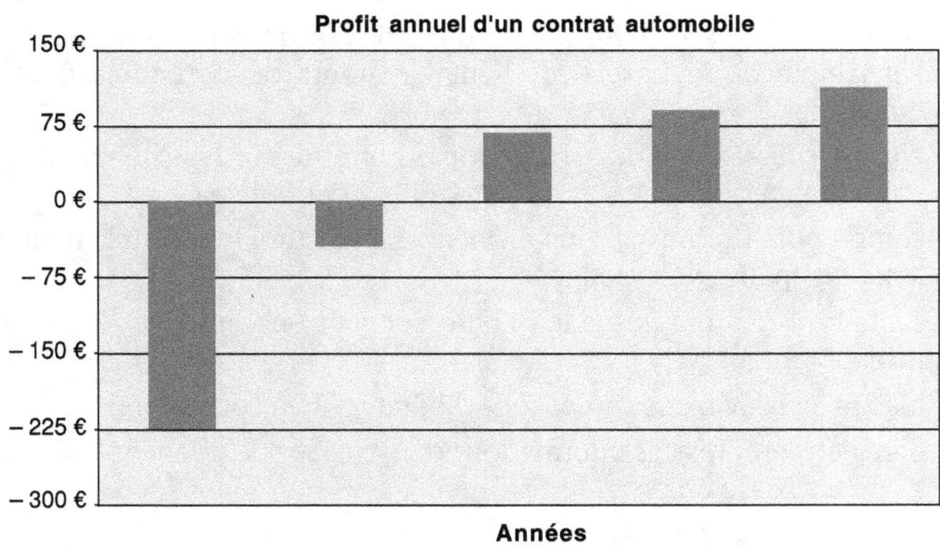

Il faut pour cela arrêter de considérer le client comme une charge, un mal nécessaire, pour voir en lui le véritable actif de l'entreprise. La fidélité est l'indicateur que l'entreprise crée de la valeur pour ses clients, elle est donc un indicateur précieux d'appréciation de la compétitivité de l'entreprise.

Si tout le monde s'accorde pour reconnaître que la fidélité du client a une incidence forte sur les résultats, comment, dès lors, expliquer que les taux de défection soient aussi élevés. Sans doute, avant tout, parce que la satisfaction client et le taux de défection ne sont tout simplement pas mesurés ; encore un tiers des entreprises françaises ne mesurent ou ne suivent pas la satisfaction de leurs clients !

Plus grave, les entreprises ne construisent aucune distinction entre les clients fidèles et les autres clients. Elles mettent en œuvre des techniques sophistiquées pour évaluer les actifs et leur dépréciation, mais elles ne s'intéressent pas à la valorisation du client, ni à une mesure des effets de sa fidélité. Les systèmes de comptabilité ne font aucune distinction entre les profits générés par les clients fidèles et ceux engendrés par les nouveaux clients. Il n'existe pas de distinction entre les dépenses faites pour acquérir des clients, qui ressemblent à un investissement, et les dépenses de fidélisation, qui sont plutôt des charges d'exploitation. Il est connu que ce qui ne peut être mesuré ne peut être amélioré.

Comme le soulignent Peppers et Rogers, il ne faut pas oublier que les ingrédients clés de la fidélisation sont la capacité d'apprendre et de comprendre les clients pour développer une *learning relationship*. Il faut pour cela :

- étudier les données pour comprendre quelles sont les meilleures combinaisons d'offres ;
- diriger les efforts de fidélisation vers les clients qui présentent la valeur la plus élevée et laisser les concurrents travailler les clients les moins rentables ;
- construire et appliquer les profils des segments prioritaires sur l'ensemble de la base des clients existants ou potentiels pour les qualifier ;
- effectuer les études de satisfaction en priorité sur les clients appartenant à ces profils cibles et qui ont quitté l'entreprise ;
- comprendre les causes d'insatisfaction et mesurer les écarts par rapport aux principaux concurrents ;
- évaluer si des progrès dans l'offre seraient susceptibles de les faire revenir ;
- mettre en œuvre des campagnes différentes des concurrents ;
- enregistrer toutes ces informations dans la base de données pour construire une base de test ;
- mesurer et évaluer les résultats.

Ces analyses permettent de sélectionner les projets qui donnent un avantage concurrentiel. Les coûts et les délais de réalisation de ces investigations qui allient du qualitatif et du quantitatif sont importants. Pourtant, les avantages retirés de cette connaissance du client sont largement supérieurs aux coûts.

L'absence d'identification claire des enjeux et des attentes des clients peut se révéler lourde de conséquences. Beaucoup de détaillants offrent, avec leurs cartes de fidélité, des remises, des cadeaux ou des produits si les clients présentent leurs cartes à chacun de leurs achats. Ils utilisent encore peu les informations collectées pour construire des avantages spécifiques aux goûts du client, au profil de ses achats ou à sa valeur pour l'enseigne. Au Royaume-Uni, la distribution s'est lancée dans la mise en place de programmes de fidélité avec le risque de réduire de 20 % la profitabilité ! La mise en place d'un programme de fidélité ne doit pas être seulement la création électronique de l'équivalent des timbres de couleur des magasins COOP dans les années 1970. Il est déraisonnable de distribuer des points de marge d'une façon copiable par n'importe quel concurrent. Il faut générer des profits véritables.

La mise en place d'une politique de gestion de la relation client impose de travailler sur l'ensemble des facteurs de fidélisation, pas exclusivement sur la fidélité promotionnelle. En effet, il existe plusieurs types de fidélité :

- la fidélité de satisfaction, qui repose sur une évaluation objective des qualités du produit ;
- la fidélité relationnelle, qui est liée à la manière dont on propose le produit ;
- la fidélité fonctionnelle, qui se construit autour de la proximité, de l'acte d'achat mené à son terme et de la simplicité ;
- la fidélité promotionnelle, qui intervient lorsque le bénéfice matériel constitue la valeur prépondérante ;
- la fidélité à la marque ;
- la fidélité routinière de la force de l'habitude.

Il faut positionner des actions à chaque phase d'acquisition ou de fidélisation du client :

- aider à la formation d'opinions favorables avec une introduction à la marque, aux produits par des informations personnalisées et/ou des invitations ;
- montrer de la considération par des informations sur les produits et services, des invitations aux points de vente et des essais ;
- valoriser les achats par des *Wellcome Packs* ;
- favoriser la possession par la mise en œuvre de garanties, de proposition de diagnostic du produit, de privilèges ou d'informations spécifiques ;
- développer un sentiment d'appartenance à un cercle de privilégiés par la notion de club ;
- valoriser le statut par les avant-premières pour les nouveaux produits.

L'écoute du client

Il est évident qu'un faible taux de satisfaction est la plupart du temps synonyme de faible fidélité. Mais il convient d'avoir une approche raisonnable des études de satisfaction et de les utiliser avec une certaine prudence lorsqu'il s'agit de construire une politique de fidélisation.

Il est possible d'augmenter la satisfaction des clients en améliorant les attributs qui encouragent l'achat. Mais il faut être conscient que cette amélioration est différente de la valeur du produit aux yeux du client. Un client peut être totalement satisfait, mais décider malgré tout de changer de produit ! Le client est-il totalement irrationnel ?

Non, mais la valeur aux yeux du client se matérialise dans son utilisation, qui peut être positive ou négative. Il ne s'agit pas simplement d'un ratio prix sur bénéfices retirés.

Premièrement, elle ne tient absolument pas compte des différences d'utilisation que le client peut faire du produit ou service. La valeur est quelque chose que le client construit par l'usage et l'expérience. Ainsi, l'entreprise qui utilise son traitement de texte pour faire des campagnes marketing et industrialiser ses relances attache une valeur différente au produit de celle des auteurs qui tapent maladroitement ce livre. La facilité d'utilisation des fonctions complexes jouera dans la construction de la valeur du traitement de texte pour l'entreprise, mais pas pour les auteurs.

En second lieu, ce ratio simpliste suppose que le client est totalement rationnel et qu'il sait évaluer l'ensemble de l'offre avant acquisition ; ceci est totalement irréaliste, même à l'heure d'Internet.

La valeur est une attente du client. Elle exprime un futur et existe d'ailleurs indépendamment des produits et des concurrents. Elle est abstraite. Comprendre cette attente, c'est pouvoir anticiper. Au contraire, la satisfaction mesure une réaction par rapport à ce qui a été fourni. Elle exprime une vision passée, forgée sur l'utilisation. Elle évalue la position d'un produit particulier ou d'un fournisseur. La satisfaction est un moyen de mesurer le travail effectué dans la conception du produit.

Il est donc illusoire de penser mesurer la valeur au travers des études de satisfaction. Pour toutes ces raisons, avoir des clients satisfaits ne constitue pas une garantie d'avoir des clients fidèles. Un client peut être satisfait du produit et n'avoir aucune intention de le racheter, car une autre offre peut présenter une valeur plus grande à ses yeux. Par contre, un client insatisfait ne présentera aucune valeur future ! Il est donc nécessaire de comprendre les racines de la satisfaction client pour espérer capter la valeur future ou potentielle du client. En ce sens, nous pensons que la mesure de la satisfaction apprécie la valeur compétitive. Élément indispensable dans la détermination de la valeur client, la satisfaction mesure ce qui est important aux yeux du client et permet d'identifier les actions prioritaires et d'assurer le futur de la relation : sans valeur compétitive une entreprise ne peut prétendre aux valeurs futures et potentielles, et donc se projeter dans le futur.

Il est important de compléter les baromètres de satisfaction, les questionnaires et toutes les démarches quantitatives par des études qualitatives permettant d'écouter le client. Il s'agira davantage d'analyser la richesse du contenu que de quantifier par des sources variées :

- l'analyse des réclamations ;
- l'analyse des remontées sur le Web, le Minitel ou le numéro Vert ;
- les enquêtes au téléphone ou en face-à-face ;
- l'observation des clients sur les points de vente ;
- les entretiens avec le personnel en front office ;
- les réunions de clients dans le cadre de clubs ou sur des forums.

Les analyses de recherche de contenu montrent que des entretiens approfondis auprès de vingt clients correctement ciblés (plutôt les précurseurs avec un mix de satisfaits et de mécontents) permettent de récupérer 90 % de la matière informationnelle. Des techniques spécifiques telles que le trade-off ou analyse conjointe adaptative permettent, en comparant les valeurs d'utilité, de valoriser les attentes des clients avec un minimum d'entretiens. La méthode du trade-off identifie les arbitrages que les clients effectuent intuitivement entre des avantages de natures très différentes. Elle permet de valider les hypothèses de récompenses et de trouver le meilleur équilibre entre avantages financiers et avantages relationnels.

La figure 4-20 montre l'application de la technique du trade-off au cas d'une carte de fidélité : le schéma représente les valeurs d'utilité perçues par les clients pour différents attributs (avantages financiers, services et coût de la carte). Chacune des modalités d'un attribut exprime une option de cet attribut : par exemple, la modalité mod4 de l'attribut Coût correspond à un coût de 30 euros pour la carte. La comparaison des utilités permet de conclure que l'option 1 (mod 1) de l'attribut Avantages financiers est celle qui dégage le plus d'utilité pour les clients.

Figure 4-20 : La conception
des utilités en trade-off

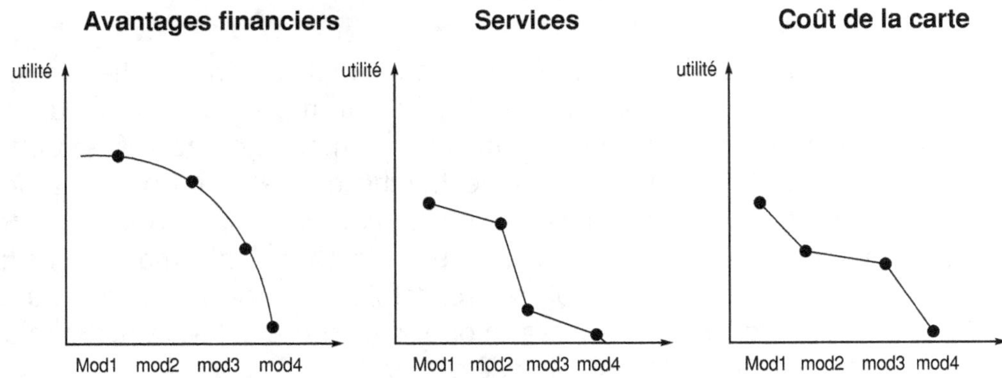

Une recherche menée par l'université du Texas a montré que les attentes du client pouvaient se classer en cinq grandes catégories résumées sous l'acronyme TERRA :

- *Tangibles* : l'apparence physique du point de vente, du produit ou du personnel.
- E*mpathy* : l'attention, les soins apportés par le personnel dans la compréhension du problème.
- *Reliability* : la capacité à fournir ce qui est attendu.
- *Responsiveness* : la faculté à réagir.
- *Assurance* : la confiance inspirée par le personnel.

L'identification de la position de l'entreprise sur chaque paramètre TERRA nécessite la mise en place d'études de satisfaction client au moyen de panels ou d'interviews de clients à période régulière.

Les études montrent que les défections des clients proviennent davantage d'une accumulation de petites insatisfactions et d'un effet de lassitude que d'une insatisfaction majeure : litige mal résolu, qualité des produits, problème relationnel avec le commercial. Or, ces petites insatisfactions sont ignorées des systèmes d'information. Compte tenu de leur caractère parfois anodin ou dérangeant, elles remontent peu au service réclamation. Il est donc nécessaire de mettre en place des modes complémentaires de collecte des opinions des clients. Internet constitue un moyen de collecter de l'information client efficace et peu coûteux. Même si les données présentent une fiabilité beaucoup plus faible que dans les enquêtes par face à face ou au téléphone, elles permettent de sentir l'opinion.

L'exemple de Ford

Ford souhaitait fondamentalement revoir le mode de conception des véhicules en utilisant Internet. Ses objectifs étaient de construire par cet intermédiaire une relation à long terme et de permettre une réduction des coûts de conception. Plutôt que de s'appuyer sur les seules remontées d'information du réseau traditionnel de distribution, Ford a mis en place un site qui permet de construire une voiture en combinant toutes les options. Ford envoie toutes ses informations à ses services marketing et production pour concevoir des nouveaux modèles et améliorer le processus de production des modèles les plus demandés.

Comme nous avons cherché à le mettre en évidence dans ce chapitre, la mise en place d'une gestion de la relation client impose d'abord de développer des moyens techniques pour le traitement des données. Cette technicité doit s'inscrire dans une recherche d'amélioration de l'espérance de profit du client. La mise en place d'outils d'évaluation de cette performance est nécessaire pour assurer un retour d'information sur la pertinence des choix mis en place. Toutefois, la mise en œuvre d'une réelle écoute du client est nécessaire pour construire un système de relation client qui anticipe les besoins de ce dernier.

Chapitre 5

Le marketing relationnel

« Le customer marketing est un processus planifié qui exploite une base de données client et un ensemble intégré de méthodes et de supports pour atteindre des objectifs de clientèle mesurables. »

Jay Curry et Ludovic Stora

Ce chapitre décrit les modifications profondes des techniques de diffusion (mode *push*) et de mise à disposition (mode *pull*) de l'information apportées par les solutions de CRM. La première partie met en avant les fondamentaux de la gestion des bases de données et des campagnes marketing. Avant de penser automatisation, il est en effet essentiel de comprendre et d'optimiser les processus et l'organisation du marketing opérationnel. La seconde partie présente, quant à elle, de nouvelles techniques au service de la customisation de profils, de l'interactivité et de la diffusion d'information.

Le marketing relationnel

Avec le développement de la connaissance du client, l'importance de la fonction marketing s'est accrue dans l'ensemble des secteurs d'activité. Comme souvent, les dénominations les plus diverses se bousculent pour qualifier ce marketing orienté client ou en mettre en avant telle ou telle caractéristique : du traditionnel marketing de bases de données au marketing one to one lancé dans les années 1990, en passant par le marketing situationnel. Ces différents qualificatifs s'appliquent tous à mettre en évidence la nécessité de construire et de maintenir la relation avec le client.

Ce marketing relationnel se définit comme l'utilisation d'un ensemble de médias pour interagir avec un client dont le profil est entré dans une banque de données. Cette définition englobe notamment celle du marketing direct : un marketing interactif qui utilise un ou plusieurs médias en vue d'obtenir une réponse ou une transaction[1]. Si le marketing direct met en avant le caractère mesurable de la réponse, le marketing relationnel met davantage l'accent sur la construction d'une relation à long terme. Tandis que le marketing traditionnel se concentre sur l'envoi de messages vers le client, le marketing relationnel vise à introduire un véritable dialogue.

[1] Définition donnée par The Direct Marketing Association (www.the-dma.org).

Dans cette perspective, l'obtention et le traitement de l'information sont aussi importants que l'envoi d'information. Ainsi, chaque canal devient un moyen de collecter et de distribuer de l'information. Qui plus est, par extension, l'ensemble de la chaîne de gestion de la relation client, avec les fonctions administratives ou de support, devient également un moyen de collecte et de distribution. Ainsi, les fonctions de back office, souvent déconsidérées des projets de modernisation informatique ces dernières années, comme la prise de commande, le service clientèle, la facturation, la gestion des incidents et des sinistres, deviennent autant d'outils potentiels au service du marketing relationnel.

Les objectifs du marketing relationnel

Cette extension de périmètre est fondamentale pour faire la différence entre un marketing direct, que l'on peut qualifier de pavlovien dans ses principes (je stimule et tu réponds), et un marketing relationnel, qui est plus freudien (j'écoute, j'analyse et je m'adapte). Le marketing direct reste, et restera encore longtemps, un formidable outil de conquête de clients et de nouvelles affaires. Le marketing relationnel cherche davantage à étendre le champ de la relation avec chaque client, et non à augmenter le nombre de clients touchés.

Si le marketing relationnel est davantage au service de la fidélisation, il a besoin, à l'instar du marketing direct, d'une approche de connaissance des clients très normative. Il nécessite, en premier lieu, une segmentation des clients en fonction de plusieurs critères tels que l'attente, l'usage, la valeur, la durée, etc. Mais cette segmentation doit pouvoir, pour un client donné, être recalculée de façon quasi instantanée pour interagir à bon escient sur des canaux variés et de plus en plus en temps réel (centres d'appels, site Internet). Cette capacité de réaction à l'instant t nécessite, bien évidemment, d'intégrer tout ce qui a été fait à t-1 ou t-n, et cela quel que soit le canal ! Les informaticiens auront immédiatement perçu la complexité de réalisation de cette simple évidence : pour savoir ce qu'il faut dire en t, j'ai besoin de savoir ce qui a été dit avant, et à tous les points d'entrée d'information !

Il est, par exemple, classique que le chargé de clientèle de votre banque ne soit pas au courant du litige sur le remboursement d'une prestation qui

Figure 5-1 : Le cycle du marketing relationnel

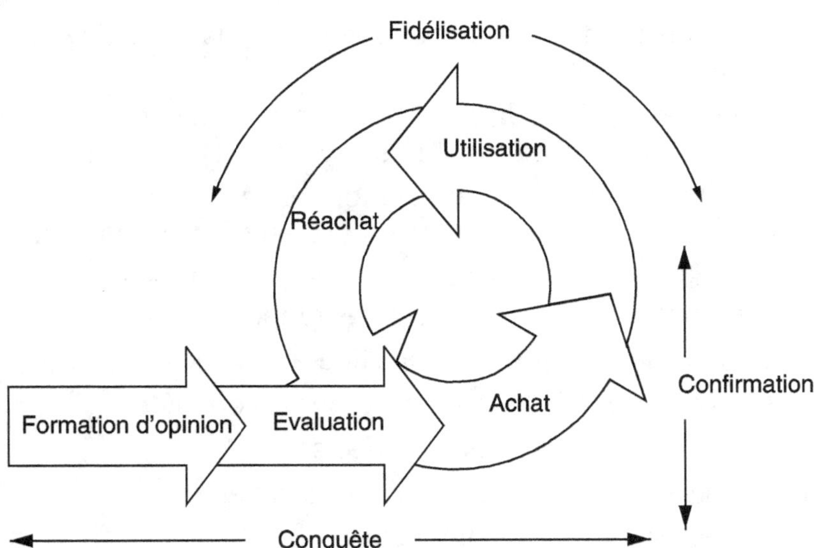

vous tracasse depuis un mois… au moment où il essaie de vous vendre ce produit d'assurance-vie qu'il vous décrit comme adapté à vos besoins ! Cette contrainte de la cohérence des actions à l'instant *t* avec tout ce qui a été fait auparavant a un impact très fort sur les modes de calcul et d'exécution des techniques présentées auparavant. Les études de comportement ne s'appuient pas seulement sur la consommation des produits ou une analyse du passé, il faut également décoder les attentes du consommateur. Pour cela, il est nécessaire de compiler et d'analyser des informations très diverses :

- les visites et les cheminements du client sur votre site Web ;
- les interrogations sur les serveurs vocaux ;
- les questions du vendeur ;
- les réponses à des questionnaires ;
- la participation à des jeux ou concours ;
- les données sur les produits détenus par le client ;
- les positions du client par rapport aux offres passées ;
- les informations lâchées dans la conversation par le client ;
- les différents litiges dans l'historique du client ;
- les expériences qu'a pu avoir le client avec le service après-vente…

Cette gestion d'un flux continu d'informations de sources hétérogènes signifie que le système opérationnel doit être capable de capter et de fournir les éléments vitaux à l'entrepôt de données :

- un historique du comportement des clients, de façon à pouvoir proposer une offre réellement adaptée aux clients ;

- des indicateurs de changement de comportements sur une courte, une moyenne et une longue période ;
- des indicateurs prédictifs sur le niveau de satisfaction, d'appétences ou de potentiel du client ;
- un suivi des évolutions du marché par comparaison des réactions de groupes stables de consommateurs à des approches marketing.

La mise en place de ce marketing relationnel nécessite, bien sûr, les fonctions traditionnelles, issues du marketing direct, que proposent la plupart des outils de gestion de campagnes ou d'automatisation du marketing :

- faire les requêtes, les comptages et les rapports ;
- extraire les fichiers pour les actions liées au marketing relationnel ;
- extraire les coordonnées des clients pour les enquêtes ;
- intégrer des listes externes de prospects ;
- distribuer les contacts entre les différents acteurs ;
- suivre les remontées de la campagne ;
- évaluer les gains de la campagne par rapport à une zone aveugle ;
- mesurer les résultats financiers de la campagne.

À ces fonctions opérationnelles viennent s'ajouter des fonctions contribuant à la personnalisation de la relation en temps réel :

- les outils de reconnaissance à base de cas ;
- les outils de configuration ;
- les moteurs de workflow ;
- les agents intelligents ;
- les outils de gestion du push.

La mise en place de systèmes d'identification dans tous les processus d'interaction avec le client ou le prospect est le point clé dans la mise en place d'une architecture de gestion de la relation client. Il faut introduire des capacités d'adaptation et de réaction aux points de contact entre l'entreprise et le client. Cette créativité opérationnelle permet d'étendre le champ de la relation avec le client. Rappelons-nous que l'objectif final du marketing relationnel est de générer une répétitivité du chiffre d'affaires, synonyme d'une augmentation de la rentabilité globale en accroissant la marge par client et en baissant proportionnellement les coûts, tout en préservant la satisfaction client.

Dans ce chapitre, nous aborderons successivement les fonctions traditionnelles du marketing direct et les nouvelles technologies de traitement des informations. L'accélération du cycle des contacts impose de réviser certaines pratiques du marketing direct par mailings pour agir avec plus de réactivité, et faire face aux événements client. L'entreprise n'est plus la seule à décider du moment où il faut communiquer, elle doit insérer sa communication dans les « moments client », tels qu'une réponse à une demande d'information, un changement d'adresse ou de situation familiale.

Les fonctions traditionnelles du marketing direct

Nous n'allons pas reprendre ici l'ensemble des fonctions du marketing direct. Il existe de nombreux ouvrages sur ce point et nous renvoyons le lecteur à la bibliographie à la fin de l'ouvrage. Nous allons nous intéresser à décrire certaines fonctions qui sont parties prenantes des outils de CRM. Elles seront présentées plus en détail dans les chapitres sur les outils.

La sélection des cibles

Les outils de gestion de la base de données doivent permettre d'accéder à n'importe quelle variable, ou combinaison de variables, pour identifier, sélectionner, compter et extraire des listes de clients ou de prospects adressés. Il faut chercher à construire une description la plus précise possible de la cible, en utilisant les variables disponibles dans la base de données. Dans la pratique, l'ensemble des critères n'est jamais disponible ; un datamart, dédié à la gestion de campagnes, est mis en place pour simplifier le travail des responsables du marketing opérationnel. Le datamart doit permettre de réaliser rapidement environ 80 % des extractions.

La sélection impose de disposer de variables et de fonctions permettant de restreindre les modalités de certaines variables et de combiner les variables de façon à extraire la population cible. Le langage de requête le plus utilisé est le SQL. Il s'agit d'un langage qui, sous des apparences trompeuses de simplicité, se révèle en réalité très sophistiqué et plutôt réservé à des populations d'utilisateurs avertis.

On utilisera ainsi la requête suivante pour extraire les noms de clients résidant dans le département du Nord et détenant au moins un contrat d'assurance-vie avec plus de 10 000 euros :

```
Select CLIENT.NOM from CLIENT where CLIENT.DEPARTEMENT
= " 59 " AND CLIENT. CONTRATVIE > 0 AND CLIENT.CAPITAUXVIE >
10000
```

Sa syntaxe est simple, surtout si toutes les informations sont accessibles dans une seule table ou dans un datamart. Mais, avec l'augmentation des variables, des combinaisons possibles et la nécessité de rapprocher des informations contenues dans des tables différentes, il peut parfois être difficile pour un utilisateur métier d'élaborer cette requête sans l'aide d'un expert.

Les outils de requête, tels que Business Objects, Brio ou Cognos Impromptu, ont pour vocation de masquer la complexité de ce langage en proposant une interface plus ergonomique pour l'élaboration de requêtes. Ils offrent généralement plusieurs modes de présentation afin de permettre à un non-expert de construire une cible :

- La liste fermée : on présente à l'utilisateur une liste fermée des données et des valeurs possibles. Cette option présente l'avantage de la simplicité, mais devient vite ingérable avec l'augmentation des besoins et des données à restituer.
- Les menus : un ensemble de menus et de sous-menus permet de choisir des critères et d'effectuer des combinaisons successives.
- La méthode incrémentale : en positionnant des bornes et des préférences sur certains critères, le produit identifie le profil le plus proche ou la quantité des individus souhaités, en éliminant pas à pas les critères les moins pertinents.

Toutefois, simplifier l'accès aux données, grâce à ces outils, est nécessaire, mais pas suffisant ; il faut également que l'utilisateur possède une connaissance forte du contenu fonctionnel des données (signification au sens du métier marketing) pour construire la cible. L'apparition de nouveaux outils de scoring tels que Kxen, DataLab, BayesiaLab, modifie le mode de conception des requêtes. Ces outils effectuent des regroupements automatiques de modalités, et combinent celles-ci pour identifier les interrelations entre elles. La conception de ces typologies à la volée, en fait des polynômes d'ordre 2 ou 3, permet d'optimiser un plan de requêtes de l'ordre de 15 à 25 %.

La deuxième phase de l'extraction dépend de l'utilisation qui sera faite de la sélection et notamment du mode de communication sur la cible. La structure des données transmises varie selon qu'il s'agit de construire une campagne mailing ou une campagne de relance par téléphone ou e-mail. En règle générale, on extrait les coordonnées de contact du client (adresse postale, numéro de téléphone, e-mail ou numéro de portable), le nom de la personne, ainsi que divers identifiants, tels que l'identifiant client qui sert à limiter les tâches administratives de saisie des adresses, de gestion des NPAI (N'habite plus à l'adresse indiquée), l'identifiant « code point de vente » et éventuellement « responsable du client » afin de personnaliser le contact et/ou de déterminer la zone de chalandise. Il est de plus en plus fréquent d'ajouter certains éléments comme la date de la dernière visite ou les derniers achats pour personnaliser le message. Le développement des campagnes sur Internet ou sur les téléphones mobiles s'est traduit par le besoin de déléguer aux outils de gestion de campagnes la répartition des contacts entre les différents canaux selon :

- la disponibilité des informations ;
- le niveau de pression marketing défini en fonction du segment du client ;
- la mesure de l'appétence canal du client ;
- le type et la nature du dernier contact.

La troisième phase consiste à transmettre ces informations sur un support informatique pour permettre la réalisation de l'action. L'amélioration des outils de conception des courriers ou des e-mails modifie profondément la production des communications avec une personnalisation de plus en plus forte du document. Ainsi, un constructeur automobile prestigieux envoie des mailings personnalisés avec une photo de la voiture du client.

Les nombreuses missions, que nous avons pu effectuer dans diverses industries, nous ont amenés à constater que la qualité des adresses reste souvent un point critique dans le marketing client. Il s'agit pourtant d'un élément clé dans la mise en œuvre d'un marketing direct ou relationnel avec le client. Une trivialité pour commencer : il est important de bien orthographier le nom et le prénom du client car, lors des moments de vérité, les approximations auront un effet désastreux. Les auteurs de ce livre sont fréquemment victimes de transformation de Venturi en Ventury ou Venturini, et Lefébure en Lefebvre, un détail certes, mais qui finit à la longue par donner une préférence aux efforts des entreprises qui orthographient bien nos noms. Pour cela, il est essentiel que tous les agents en front office client puissent modifier l'orthographe et l'adresse des clients et que ces modifications soient validées et répercutées sur l'ensemble des canaux et des outils de la relation client. Une simple correction de l'orthographe doit être possible, en une seule transaction et sans avoir à suivre un circuit administratif qui prenne trois mois !

Ce point sur l'orthographe des noms étant réglé, nous allons nous intéresser de façon plus précise à la gestion des adresses. L'adresse postale est souvent la seule information détenue sur un prospect ou un client qui a remonté un coupon. Il est dès lors vital d'accorder à cette donnée tout l'intérêt qu'elle mérite. En effet, la gestion de l'adresse est un moyen de reconstruire la vision client individu, la vision client global avec sa famille et la vision environnementale grâce au géomarketing.

Il s'agit également du pivot pour mieux contrôler les coûts en évitant de relancer un client avec des offres de prospection… plus intéressantes que son tarif (les offres de réabonnement presse sont toujours moins intéressantes que les offres de recrutement !), en ne proposant plus de recruter des ex-clients mauvais payeurs, en limitant les messages non distribués et les risques de surfacturation postale en cas de retours trop importants.

La gestion des adresses

Avant d'aborder la partie technique sur la gestion des adresses, il nous semble nécessaire d'aborder la gestion des NPAI. Cette tâche manuelle qui consiste à ouvrir les retours courrier de La Poste pour non-distribution est malheureusement réduite dans certaines entreprises… au stockage des enveloppes pour destruction.

L'examen des NPAI est pourtant une tâche prioritaire pour éviter de contacter des clients décédés, pour suivre les zones de mobilité de la population et réduire les frais de marketing direct. Un fichier peut facilement présenter un taux de 5 % de NPAI. Sans efforts de correction, 25 % des adresses seront au bout de quatre à cinq ans inexploitables.

Il existe différentes façons techniques de minimiser le taux de NPAI dans une base de données client-prospect, notamment la confrontation avec des fichiers externes, tels que le fichier des abonnés au téléphone, hors liste rouge, ou le fichier SIREN qui recense l'ensemble des entreprises. Si les moyens existent, il est important que la maintenance de la qualité des adresses soit clairement affectée à un responsable dans l'organisation. Il est d'ailleurs fréquent de constater que les sociétés qui vivent de l'adresse, c'est-à-dire avant tout les entreprises de VPC, fournissent de gros efforts dans ce domaine. Les entreprises qui souhaitent construire une logique de CRM ne doivent pas oublier d'aborder ce point, soit en interne, soit avec des sous-traitants spécialisés. Nous allons nous intéresser aux traitements spécifiques de l'adresse.

Les adresses sont souvent saisies à partir de coupons ou dans un entretien en face-à-face. Compte tenu de ces conditions, la qualité de retranscription dépend de multiples facteurs :

- la qualité de l'écriture du client ;
- la qualité sonore de l'environnement au moment de l'entretien (un entretien en hypermarché le samedi après-midi à côté d'une promotion n'est pas facile) ;
- les accents régionaux de chacun des deux interlocuteurs ;
- le caractère exotique du nom (avenue du Général Schwarzkopf peut poser des problèmes d'écriture) ;
- les automatismes de transcription de la personne au moment de la saisie (une personne habitant près de Roissy pourra abréger « 5, avenue du Général-de-Gaulle » en « 5, avenue CDG »).

Compte tenu de tous les facteurs de variabilité, la gestion de l'adresse nécessite la mise en place de trois opérations de nettoyage : la restructuration de l'adresse, la normalisation et le dédoublonnage ou la déduplication.

La restructuration de l'adresse

Elle consiste à scinder l'adresse en plusieurs parties qui correspondent à ses grandes composantes. Dans un premier temps, on distingue les parties spécifiques telles que les nom, prénom de la personne et les parties génériques telles que la rue, le type de voie, les mentions spéciales (bâtiment, entrée, appartement…), pour les intégrer dans des emplacements spécifiques de la base de données.

Ainsi, l'adresse :

```
M. Frédéric CHOPIN
53, rue J.-B. Lebas
Appt 42, entrée C
59100 ROUBAIX
```

sera décomposée de la façon suivante :

```
Libellé : M.
Nom : CHOPIN
Prénom : Frédéric
Appt : 42
Entrée : C
N° : 53
Type de voie : Rue
Mot directeur : JB Lebas
Code postal : 59100
Lieudit :
Ville : ROUBAIX
```

Cette tâche de structuration se révèle particulièrement complexe lorsque le nom du client est le suivant : M. André Philippe. S'agit-il de M. André ou de M. Philippe ? Encore plus difficile avec Rose Claude : s'agit-il de Mme Rose, épouse Claude, Mlle Claude Rose ou M. Claude Rose ? Il est évident que, face à ce cas, seul un entretien avec le client pourra lever les ambiguïtés.

La normalisation

La normalisation consiste à homogénéiser les différents éléments de l'adresse. Par exemple, dans la ligne adresse, la normalisation des types de voies donnera les transformations suivantes :

```
BVD → Boulevard
BDL → Boulevard
BLD → Boulevard
R. → Rue
R → Rue
```

La transformation sur un nom de ville pourra mettre en équivalence les valeurs suivantes :

```
ST AMAND
SAINT AMAND
ST/ AMAND
```

Les logiciels de normalisation savent reconnaître les types de voies, les noms propres les plus usuels, quelles que soient l'orthographe, l'abréviation ou la position dans le bloc adresse. Ils font appel, soit à des tables externes de référentiels, fournies par des prestataires tels que La Poste ou Uniserv, soit à une validation semi-manuelle par des recherches sur le Minitel ou les différents annuaires inversés.

La **Poste** propose deux référentiels :

- Le référentiel des adresses françaises donne l'ensemble des coordonnées permettant de localiser chaque point d'arrêt du facteur dans sa localité (code postal, rue, etc.) de toutes les villes de plus de 30 000 habitants du territoire français. Ce fichier permet de mettre à jour l'ensemble des voies référencées. Il est mis à jour chaque année par extension de son périmètre et est aujourd'hui disponible pour des villes de plus de 10 000 habitants.

- Le fichier des changements d'adresses, permettant d'obtenir l'ensemble des anciennes et nouvelles coordonnées nominatives des clients qui ont donné l'autorisation de communiquer leurs nouvelles coordonnées.

Certaines entreprises, telles que les banques ou les entreprises de vente par correspondance, implantent ces bases de données dans leurs systèmes d'informations pour contrôler, au moment de la saisie, l'existence de la rue et du numéro dans la voie. Elles corrigent et valident l'adresse à l'entrée pour éviter les escroqueries et les erreurs. Malheureusement, la mise en place de ces référentiels en ligne nécessite un traitement préalable de l'existant, ce qui est une tâche assez complexe. Ainsi, il faut éviter de transformer une adresse valide comme « 53, Grand Rue » en « 53 GD R. » sous prétexte que tel est le paramétrage associé à « Grand Rue ».

Cette tâche de correction des adresses est loin d'être simple car chaque jour des codes postaux apparaissent, des rues se créent, d'autres disparaissent ou sont renommées.

Le dédoublonnage

Le dédoublonnage consiste à éliminer les enregistrements d'un même fichier présentant des noms et des adresses identiques. Par extension, la déduplication consiste à trouver des doublons par comparaison sur deux fichiers. Le dédoublonnage est une activité difficile à réaliser par des traitements informatiques car il faut apprendre à un programme à distinguer les abréviations, les fautes d'orthographe et les omissions. Par exemple, un algorithme de dédoublonnage doit reconnaître les deux libellés suivants comme étant équivalents :

```
23  boulevard de la    Grande-Armée
23  Bd                 Grde Armée
```

Cette tâche de dédoublonnage nécessite un travail préliminaire de restructuration et de normalisation des adresses pour isoler le type de voie, le mot directeur et extraire les mots vides (ici : « de la »). En effet, à partir des adresses structurées, il devient possible de créer un match-code, qui est une combinaison des caractères du nom et de l'adresse selon une séquence constante. Un match-code qui recherche la même personne dans des fichiers comprend par exemple :

- les cinq premières lettres du nom ;
- les trois premières du prénom ;
- trois caractères pour le numéro de voie ;
- les cinq premières lettres du nom direct de la voie ;
- les cinq chiffres du code postal ;
- les cinq premières lettres de la ville.

Cette clé du type « LEFEBREN057CLERM59780WILLE » sera utilisée comme identifiant unique. Un tri du fichier sur cette clé permettra de vérifier si la personne est présente sur plusieurs lignes. Selon les niveaux de regroupement souhaités, il est possible de rechercher tous les interlocuteurs résidant à la même adresse pour reconstituer un foyer, ou tous les interlocuteurs résidant dans la même rue, pour faire des qualifications géomarketing.

L'utilisation d'un match-code sur le nom et l'adresse, ou l'adresse, permet de reconstituer un identifiant foyer. Il devient dès lors possible d'ajouter à la base de données une vision tribale du client et de dégager le profil des différents interlocuteurs. De la même manière, pour les entreprises qui possèdent des taux de pénétration élevés, un match-code adresse permet de comprendre si une adresse correspond à une maison ou une tour (trente noms différents à la même adresse). Cet enrichissement peut être intéressant si vous cherchez à vendre des nains de jardin…

Compte tenu de la complexité de réalisation de tels travaux et des interventions manuelles souvent nécessaires, ces tâches sont souvent réalisées par des sociétés spécialisées en traitement d'adresses. Par ailleurs, ces sociétés fournissent généralement des logiciels (Uniserv, Group 1) pour les entreprises qui souhaitent réaliser en interne ces opérations ou qui ont des besoins d'intégration en temps réel.

L'enrichissement des adresses

Tout d'abord, la création d'une adresse propre permet de diminuer les retours lors des envois de mailing et les difficultés de recherche des numéros de téléphone. Elle constitue donc un élément essentiel dans la maîtrise des coûts et l'amélioration de la productivité commerciale. De plus, une adresse bien construite permet d'effectuer avec plus de facilité les travaux de rapprochement avec des fichiers externes : la déduplication et le géocodage.

La déduplication

Elle consiste à regrouper deux fichiers ou plus et à enlever les adresses identiques afin de construire un fichier unique contenant un seul enregistrement par adresse. La déduplication est relativement importante si l'entreprise fait appel de manière fréquente à des locations de fichiers.

Les fonctions de déduplication combinent de nombreux match-codes pour faire face aux différents types de traitement (foyer, logement collectif…). Le paramétrage de la déduplication devra respecter un savant équilibre entre *underkilling* et *overkilling* :

- *underkilling* : avec une clé trop longue, deux adresses proches peuvent sembler différentes ;
- *overkilling* : avec une clé trop simple, deux adresses différentes peuvent avoir le même match-code.

Il n'existe pas de règles applicables à toutes les configurations. Il est souvent prudent de tester de deux à cinq combinaisons de match-codes sur un échantillon des fichiers pour vérifier les variations dans les résultats avant de généraliser le paramétrage.

Lorsque la définition du match-code est faite en interne (ce qui est assez peu fréquent !), il est recommandé de créer une variable qui mesure la présence de l'enregistrement dans plusieurs fichiers. Il s'agit alors d'un nouvel indicateur, qui vient enrichir le profil du client par rapport à un type de distribution ou de produit.

Les travaux de déduplication permettent d'éviter les coûts d'envoi en double ou de prospection sur des clients ou ex-clients.

Le géocodage

Le géocodage consiste à transformer une adresse en des coordonnées spatiales, exprimées sous forme d'un couple x,y par rapport à un référentiel. L'espace, la France par exemple, étant découpé en polygones comme les départements, les communes, les tournées de facteurs, les îlotypes[1], les iris[2] ou tout autre découpage, il est facile d'attacher le point, c'est-à-dire l'adresse, au polygone dans lequel il est contenu. Chaque polygone portant des attributs socio-démographiques, il est ensuite possible, par transitivité, de rattacher ces attributs à l'adresse. On obtient ainsi de nouvelles données socio-démographiques pour enrichir les enregistrements du fichier d'adresses (voir figure 5-2).

Il est ainsi possible d'associer des données externes, telles que des données commerciales sur les entreprises, par exemple, le nombre d'hypermarchés dans les cinq kilomètres autour du domicile du client, ou telles que des données socio-économiques de population, par exemple, la proportion sur la zone géographique de ménages avec deux véhicules. Le géomarketing permet de représenter sur des fonds cartographiques la localisation de la clientèle.

[1] Un îlotype correspond à une unité homogène d'habitat en fonction de critères tels que le type de logement, la structure par âge, la catégorie socioprofessionnelle, le statut matrimonial de ses habitants, etc. La France peut se décomposer en une centaine d'îlotypes.

[2] Un IRIS (îlots regroupés pour l'information statistique) correspond à une unité géographique de l'INSEE sur laquelle des informations descriptives peuvent faire l'objet d'une acquisition par des entreprises privées. Le territoire français compte environ 50 000 IRIS.

Figure 5-2 : le processus d'enrichissement grâce au géomarketing

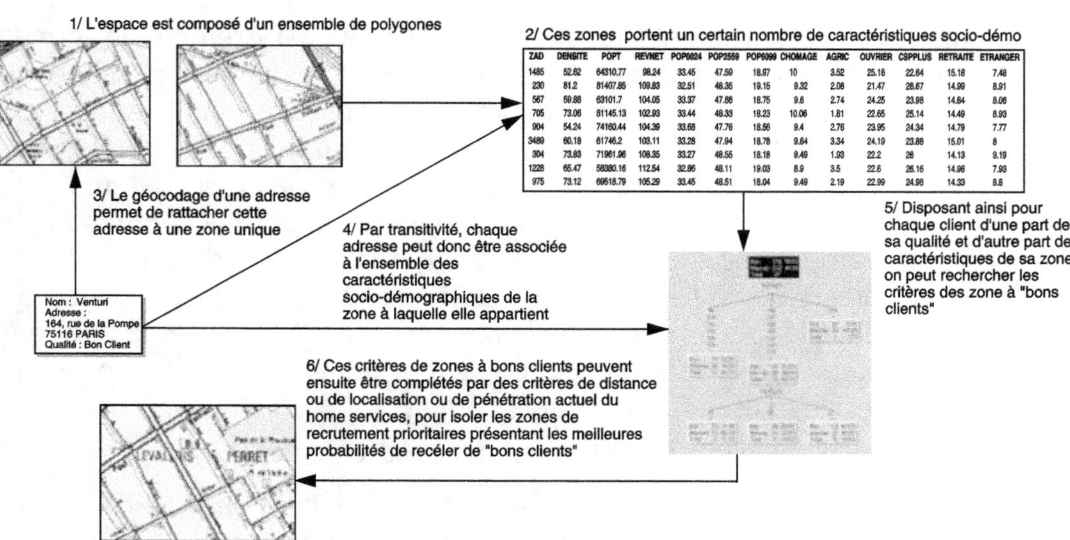

ZAD	DENSITE	POPT	REVNET	POP0024	POP2559	POP6099	CHOMAGE	AGRIC	OUVRIER	CSPPLUS	RETRAITE	ETRANGER
1485	52.82	64310.77	98.24	33.45	47.59	18.97	10	3.52	25.16	22.64	15.18	7.48
230	81.2	81407.85	109.83	32.51	48.35	19.15	9.32	2.08	21.47	26.67	14.99	8.91
567	59.88	63101.7	104.05	33.37	47.88	18.75	9.6	2.74	24.25	23.98	14.84	8.06
705	73.06	81145.13	102.93	33.44	48.33	18.23	10.06	1.81	22.65	25.14	14.49	8.93
904	54.24	74160.44	104.39	33.68	47.76	18.56	9.4	2.76	23.95	24.34	14.79	7.77
3489	60.18	61746.2	103.11	33.28	47.94	18.78	9.64	3.34	24.19	23.88	15.01	8
304	73.83	71961.96	108.35	33.27	48.55	18.18	9.49	1.93	22.2	26	14.13	9.19
1228	65.47	58380.16	112.54	32.86	48.11	19.03	8.9	3.5	22.6	26.16	14.98	7.93
975	73.12	69518.79	105.29	33.45	48.51	18.04	9.49	2.19	22.99	24.98	14.33	8.8

La carte de la figure 5-3 permet de mettre en évidence que la pénétration est plus forte dans la zone nord de la ville et que cette position s'effrite lorsque l'on descend vers les quartiers sud.

Figure 5-3 : Visualisation du taux de pénétration d'une clientèle

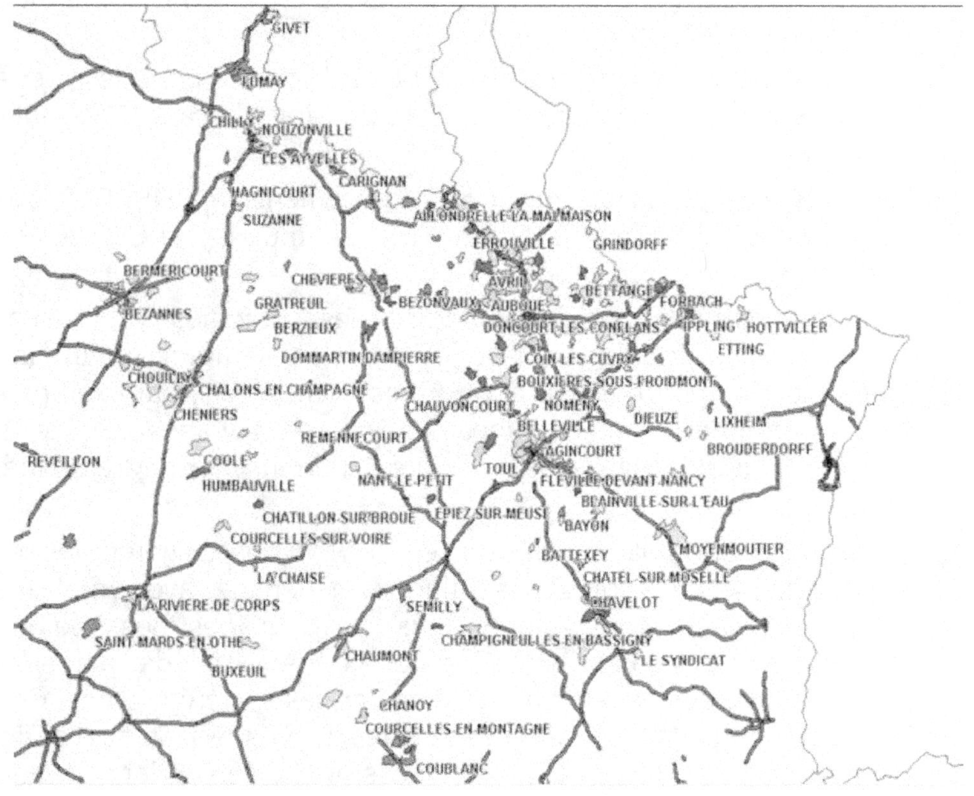

La possibilité de compléter des informations géographiques par des données internes permet d'enrichir les adresses des prospects ou clients. Les travaux de typologie sur les communes ou les îlots, à partir des informations du recensement, qualifient une adresse par exemple en termes de profession ou d'ancienneté de l'habitat. Il est aussi possible de compléter une adresse avec ses coordonnées spatiales, qui positionnent en termes de latitude et de longitude le client ou les points de distribution, à savoir les points de vente, les agences et les distributeurs. Ces coordonnées, généralement exprimées dans le référentiel connu sous le nom de Lambert, sont calculées par des outils de géocodage fournis par des sociétés comme Claritas. L'affectation peut être faite au niveau du numéro dans la rue, au niveau de la rue, on prend dans ce cas le barycentre de la rue, ou au niveau de l'îlot ou de la commune. Il est alors possible de calculer de multiples indicateurs comme :

- la distance entre le client et le point de vente de l'enseigne ;

- la distance entre le client et le point de vente leader de la zone ;

- la densité des concurrents dans le périmètre du client.

Toutes ces informations sont essentielles dans le monde de la distribution pour expliquer la fidélité d'un client. Il est illusoire, en effet, d'espérer qu'un client fasse 60 kilomètres par semaine pour faire ses achats en supermarché si un concurrent direct, voire un hyper, est au pied de son domicile ! Les cartes se sont enrichies de données sociologiques et financières qui permettent d'optimiser les démarches commerciales. Ces informations permettent d'interpréter un comportement client, la distance, ou le résultat d'une action.

Les travaux d'enrichissement s'appuient sur l'adresse pour associer à un point du territoire le plus grand nombre possible de caractéristiques de consommation :

- Socio-démographiques à partir du recensement de l'INSEE : ces données sont disponibles au niveau des communes (ABCD) ou à des niveaux plus fins (zones ZAD et iris).

- Typologiques sur la zone de chalandise : ces typologies synthétisent les données sur la population, le type d'habitat, l'emploi, les infrastructures, etc. dans un nombre de groupes homogènes, par exemple, les petites communes semi-urbaines riches. Ces typologies urbaines sont disponibles auprès de sociétés comme Experian, ConsoData ou Médiapost.

- De consommation par les mégabases : les mégabases gèrent les profils de consommation de plusieurs millions de ménages avec un niveau de détail par poste de consommation. Par exemple, il est possible d'identifier les zones de chalandise où les modèles de voiture de sport sont les plus présents. Ces bases sont fournies par des sociétés comme ConsoData. Elles permettent d'initier des tâches de prospection ou d'enrichissement du fichier. Il est par ailleurs possible de demander (moyennant rémunération) à ces sociétés de modifier le questionnaire pour intégrer une dimension spécifique à votre entreprise.

- De la profession : beaucoup de secteurs d'activités effectuent des remontées d'informations auprès d'organismes spécialisés. Il s'agit par exemple de la Banque de France pour le monde de la banque ou de Logimed et Icomed pour le monde pharmaceutique. L'entreprise Régis Barbier s'est spécialisée dans l'enrichissement des bases de données dans le domaine des entreprises en passant des accords avec des sociétés comme SCRL, qui suivent les risques de paiement. Le croisement des données internes avec des données de marché permet de construire des modèles de mesure de la part de marché au niveau local. Il est possible dès lors de construire des stratégies différenciées de distribution.

Nous espérons avoir pu mettre en évidence le rôle important du traitement et des enrichissements géomarketing liés à l'adresse. Il apparaît évident que cette problématique de gestion des coordonnées se retrouve dans la mise à jour des numéros de téléphone et, prochainement, dans les adresses e-mail. Il existe des solutions logicielles dans le domaine de l'enrichissement des numéros de téléphone. Des sociétés comme Wanadoo Data rapprochent le fichier des adresses avec les annuaires.

Le souhait de ne pas alourdir cette partie nous impose de passer aux processus de gestion des campagnes. Les lecteurs intéressés par ce point trouveront auprès de la revue spécialisée *Marketing Direct* toutes les informations utiles.

La gestion des campagnes

Une campagne marketing se compose d'un ensemble d'actions. La multiplication des canaux et les souhaits de réactivité des clients ont considérablement complexifié cette organisation. Il existe aujourd'hui des logiciels ayant pour vocation d'automatiser cette gestion et d'en améliorer la productivité et l'efficacité.

Le déroulement d'une campagne

La réalisation d'une campagne traditionnelle nécessite l'intervention d'un nombre important d'interlocuteurs :

- Une première demande est faite à un statisticien pour concevoir un modèle ou une cible.

- Une deuxième demande doit être faite à l'équipe informatique pour extraire les données lorsque le datamart ciblage n'existe pas ou ne permet pas de réaliser facilement l'extraction en question.

- Une troisième demande est faite à l'informatique de production pour intégrer le modèle dans les processus de gestion de la base de données.

- Une quatrième demande d'extraction est faite pour préparer le fichier et effectuer la transmission vers le prestataire interne ou externe chargé de la mise en forme et l'expédition des documents.

- Une cinquième demande est faite au statisticien pour mesurer les retours et affiner les cibles.

- Une sixième demande est faite au marketing pour effectuer une étude sur l'action.

L'enchaînement présenté ci-dessous peut être considéré comme un cas simple. On pourrait également considérer, par exemple, la prise en compte de la campagne sur le centre de traitement des appels entrants, sur Internet, ainsi qu'au niveau de la direction produit. Il est donc fréquent d'avoir au minimum quatre intervenants dans une opération commerciale :

- le statisticien, qui manipule les données ;

- l'homme de marketing, qui construit et améliore la proposition ;

- l'informaticien, qui manipule la ou les bases de données ;

- un opérateur, qui assure l'acheminement de la proposition vers la cible.

Ce processus séquentiel pose de multiples problèmes :

- La mise en œuvre de campagnes sur des bases hebdomadaires ou journalières est difficile à réaliser et peut mobiliser à 200 % les ressources disponibles, tant au point de vue des compétences que des finances.

- La multiplication des intervenants et les passages de relais se traduisent par des risques d'erreurs… qui se matérialisent par la mise en place de marges de sécurité à chaque niveau. Cette pratique allonge de manière considérable le délai d'exécution des opérations. Ainsi, un délai de six semaines apparaît souvent incompressible pour réaliser une campagne en marketing direct !

- La gestion des phases est souvent déconnectée des outils traditionnels de gestion de campagnes. Cette scission se traduit par des délais longs, des sources d'erreurs, des coûts importants en raison des nombreuses tâches manuelles nécessaires pour réaliser la campagne.

- Les opérations de scoring sont relativement inefficaces. Le statisticien crée un modèle performant, avec par exemple un réseau de neurones, mais il est impossible de l'appliquer à la base de données. On recherche donc des modèles dégradés pour s'adapter à la base de données. À l'inverse, lorsque le modèle est adapté, il est souvent moins contraignant, pour des raisons techniques, d'appliquer le modèle à l'ensemble de la base de données, même si une faible partie de la base est concernée. Cette pratique se révèle très coûteuse en termes de temps CPU consommé, mais surtout ne permet pas de multiplier les scores ou d'exécuter des mises à jour des scores, dès qu'une modification a été identifiée.

Cette situation, difficile à vivre, conduit à un stress perpétuel des équipes de marketing opérationnel. L'automatisation de certaines tâches est devenue possible avec le développement des entrepôts de données, décrits dans les chapitres précédents. Outre l'aspect de centralisation des informations, ils facilitent les tâches d'automatisation des campagnes commerciales pour la gestion de la relation client. Cette industrialisation de la gestion de campagnes est devenue incontournable. En effet, le nombre de campagnes croît de manière exponentielle. Cette croissance est liée à la combinaison de deux facteurs : d'une part, des campagnes qui deviennent plus fréquentes et, d'autre part, des séquences d'action plus complexes selon des variations sur des microcibles de plus en plus fines et nombreuses.

La complexité des campagnes

Le premier élément de complexité de la gestion de campagnes réside dans l'interaction entre de nombreux éléments :

- Des données qui alimentent l'outil de gestion de campagnes avec le thème de la campagne, sa date d'exposition, le volume et le coût. Les outils de CRM se révèlent utiles car ils introduisent un formalisme avant le début de l'opération avec des hypothèses sur le taux de réponse, le coût et le profit attendus. La prévision du seuil de rentabilité de la campagne se construit par une anticipation des taux de retours et des revenus par commande. Ces données de cadrage se complètent par des informations contenues dans le data warehouse.

- Des scores conçus à partir d'outils statistiques ou de data mining. Ils permettent de calculer des probabilités de souscrire des produits sur la base d'une analyse des correspondances entre le profil du client analysé et les clients détenant déjà le produit. Les nouveaux outils de gestion de campagnes utilisent de manière totalement transparente les scores. Cette forte intégration, que les Anglo-Saxons qualifient de *velocity marketing*, entre les fonctions études et opérationnelles permet de mieux définir le contenu de l'offre, de diminuer les envois et d'augmenter les taux de retour.

- Des règles d'activation métier qui permettent de définir les caractéristiques d'une offre pour un client dans un contexte donné. Elles sont basées sur des informations telles que les événements, les données historiques et les modèles. Par exemple, si un client appelle le service client au sujet d'une réclamation pour un produit qui se révèle de qualité insuffisante et que le client est particulièrement important, alors les règles d'activation doivent prendre en compte ces facteurs pour faire une proposition commerciale apte à améliorer la satisfaction du client et sa probabilité de rester client.

- Des offres commerciales qui résultent des règles d'activation dans la gestion de la campagne. Elles doivent être envoyées sur les différents canaux de contact en fonction de l'appétence du client et/ou des contraintes économiques.

- Des événements qui permettent de se différencier des campagnes de masse. Les événements sont des actions qui appellent de manière automatique des traitements. Les événements sont représentés par des messages qui contiennent des informations clés sur le client.

L'organisation des flux entre ces cinq éléments est le moteur d'une bonne gestion de campagnes. Il faut comprendre que, dans la relation avec le client, tout est événement.

Auparavant, la gestion de campagnes signifiait la simple mise en œuvre d'une action ponctuelle par le mailing et/ou le téléphone. Aujourd'hui, la gestion de campagnes s'appuie encore souvent sur ces coups, ces temps forts dans l'activité commerciale, et ce n'est déjà pas si simple. Mais ces campagnes ponctuelles ne constituent plus l'unique moyen de créer une relation.

Il s'agit de plus en plus d'être capable de construire des actions au fil de l'eau, dirigées vers des cibles très pointues et qui nécessitent la combinaison de plusieurs canaux. Il est en effet nécessaire de gérer la communication avec le client au travers d'une multitude de canaux, tels que les mailings, les e-mails, les centres d'appels, les points de vente, les audiotextes, les serveurs Minitel, les sites Web, les messageries électroniques, le PDA ou le téléphone mobile.

Il faut ensuite envisager le processus de gestion des campagnes comme un processus continu et non pas comme une suite d'actions séparées déconnectées les unes des autres. La vision traditionnelle de la gestion de campagnes est suppléée par une prise en charge de la relation construite à partir d'événements, de demandes d'information, de promotions, d'opportunités coordonnées dans une logique d'ensemble de communication. Ainsi, un téléopérateur, lors de l'appel d'un client sur la facture de son mobile, sera capable d'utiliser les informations de la base marketing sur sa consommation, son profil, etc. pour afficher une préconisation, construire un dialogue de proposition commerciale et enchaîner un envoi immédiat de documentation. Il pourra ainsi profiter d'un contact initié par le client pour, d'une part, répondre à sa demande et, d'autre part, en profiter pour rebondir sur une proposition.

Les nouveaux modes de campagnes

Ce nouveau mode d'organisation des campagnes permet de distinguer aujourd'hui quatre types de campagnes : les campagnes ponctuelles, les campagnes par vagues, les campagnes événementielles et les campagnes longitudinales.

Les campagnes ponctuelles sont exécutées pour un seul événement, planifié souvent plusieurs mois à l'avance. Ce type de campagne activé par mailing nécessite souvent une coordination avec d'autres leviers, tels que la force de vente ou le plan de publicité. La gestion traditionnelle de ces campagnes *one shot* est bien maîtrisée par les entreprises de vente par correspondance. Dans cette configuration, les nouveaux logiciels de gestion de campagnes permettent essentiellement de réduire les délais de réalisation et de systématiser la mesure des retours. Ils sont donc surdimensionnés et ne se justifient dans un tel contexte qu'à partir du moment où le nombre de campagnes ponctuelles est réellement très important.

Les campagnes par vagues sont un enchaînement en plusieurs phases centrées sur un même thème. Elles comprennent des phases d'envoi de mailing, de retour de coupons, de relance téléphonique, de confirmation, etc. qui suivent en partie la logique du client, pour les répondants, et la logique de l'entreprise, pour les non-répondants. Les clients qui répondent ont un processus de relance qui est totalement différent de celui appliqué aux non-répondants. Ces campagnes sont plus complexes à réaliser en termes de logistique car elles nécessitent des phases de prévision plus fines pour déterminer les capacités d'impression, d'appels, de réception, etc. Elles sont adaptées aux entreprises qui utilisent plusieurs canaux de promotion et éprouvent le besoin de relier les efforts des équipes de vendeurs. Les logiciels de gestion de campagnes supportent généralement le paramétrage de ce type de campagne et en assurent ensuite l'exécution automatique.

À la différence des campagnes par vagues, où l'homme de marketing définit un plan global d'exécution des tâches, une campagne événementielle est basée sur la réaction à un événement lié aux comportements du client. Elle est guidée sur la recherche du bon moment. Les événements sont activés par des alertes qui agissent en fonction d'une nouvelle information ou d'une modification du comportement du client. Par exemple, l'envoi d'un mailing de promotion, car le client est inactif depuis quatre-vingt-dix jours, permet de renouer le contact. Les événements peuvent être liés au client (anniversaire), au produit (date de révision), voire à des évolutions législatives (mise en place du PERP).

Les campagnes longitudinales sont planifiées sur la durée. Elles visent à construire une relation avec le client et à l'inscrire dans une continuité de relation. Elles combinent des vagues et des événements en un ensemble cohérent. Elles visent plus des résultats à moyen terme de la fidélisation que des résultats immédiats. La gestion longitudinale peut gérer les enchaînements de canaux. Par exemple : un courrier de bienvenue, l'envoi d'un catalogue avec des remises personnalisées en fonction des achats, un courrier d'anniversaire invitant à découvrir une autre gamme de produits, un SMS renvoyant sur un concours, puis un courrier pour informer d'une soirée spéciale réservée aux très bons clients.

Ces nouvelles formes de gestion de campagnes cherchent à interagir avec le client au bon moment, avec la bonne offre, par le bon canal et dans un continuum logique. Cette nouvelle approche de la relation client nécessite des offres adaptées, une compréhension du client au travers de son cycle de vie et la mise en œuvre de processus de capture et d'analyse des informations client dans l'ensemble des points de contact.

Les outils de CRM, et plus précisément les gestionnaires de campagnes, que les Anglo-Saxons appellent habituellement EMA pour Enterprise Marketing Automation, savent traiter des campagnes événementielles, par vagues ou longitudinales. Couplés avec des logiciels de service client ou d'automatisation des forces de ventes, ils peuvent générer automatiquement une proposition aux meilleurs clients avec un calcul dynamique de score et l'affichage des informations les plus pertinentes pour conclure l'offre.

Ce niveau de précision dans la stratégie commerciale permet d'améliorer le taux de réponse et de concrétisation sur les segments les plus porteurs ainsi que la rentabilité sur les segments les moins porteurs.

Le développement de la gestion événementielle

La gestion des événements consiste à identifier un fait signifiant et à enchaîner une action, voire une séquence d'actions conditionnelles, à partir de ce fait. Elle permet de déclencher des messages ciblés qui s'adressent à des microcibles. Grâce à cette personnalisation, il est facile de constater l'émergence du cercle vertueux de la gestion événementielle : plus la cible est identifiée, plus le message est adapté, plus la qualité de la relation se construit, plus le taux de succès est important.

Figure 5-4 : Le schéma vertueux

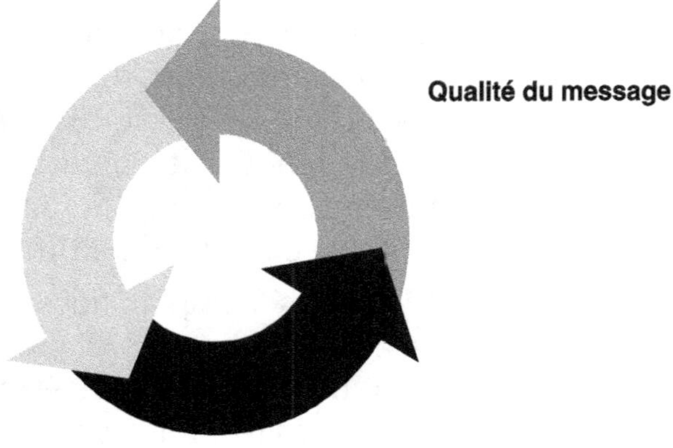

L'identification des événements client, alliée à une capacité de réaction rapide, est une des voies les plus prometteuses de la gestion de la relation client.

La définition des événements

En tant que vieux routiers de la gestion événementielle, nous avons l'habitude de dire chez Soft Computing que tout est événement :

- Le déménagement est un événement majeur qui ouvre de nombreuses possibilités pour une banque. Elle pourra faire des offres de financement pour des travaux, une tondeuse, etc.

- Une naissance est un événement pour de nombreux fournisseurs qui s'intéressent directement au bébé et à la mère, mais anticipent les effets à moyen terme de cette naissance, tels qu'un déménagement ou un changement de véhicule.

- Une modification du volume (des achats, des appels téléphoniques, de la fréquentation, etc.) est toujours un indicateur pertinent d'une opportunité.

L'identification des événements pertinents et leur mémorisation nécessite les données, le data warehouse, des modèles issus du data mining, des traitements pour la détection automatique et des processus pour la diffusion des événements en vue d'une action au niveau des différents canaux de gestion de la relation.

La typologie des événements

Il existe de nombreux événements qui peuvent être associés à la vie du client ou à sa relation avec l'entreprise (voir figure 5-5). En voici quelques exemples :

Les événements liés au client

Modification d'état civil

Date de dernière souscription supérieure à ... mois

Modification d'adresse

Modification d'agence

Anniversaire du client

Changement de segments

Date anniversaire de premier contact

Passage à la majorité

Réclamations

Pas sollicité depuis le ...

Les événements liés aux produits

Variation des montants supérieure à ... euros ou ... %

Modification de périodicité de versement

Modification de législation

Flux supérieurs à … euros

Date anniversaire produit

Opérations faites à l'étranger

Date du dernier ordre exécuté

Demande de simulation sur Minitel

Les événements prédictifs

Probabilité de souscrire … produits

Probabilité de résilier un contrat

Probabilité d'avoir un incident

Etc.

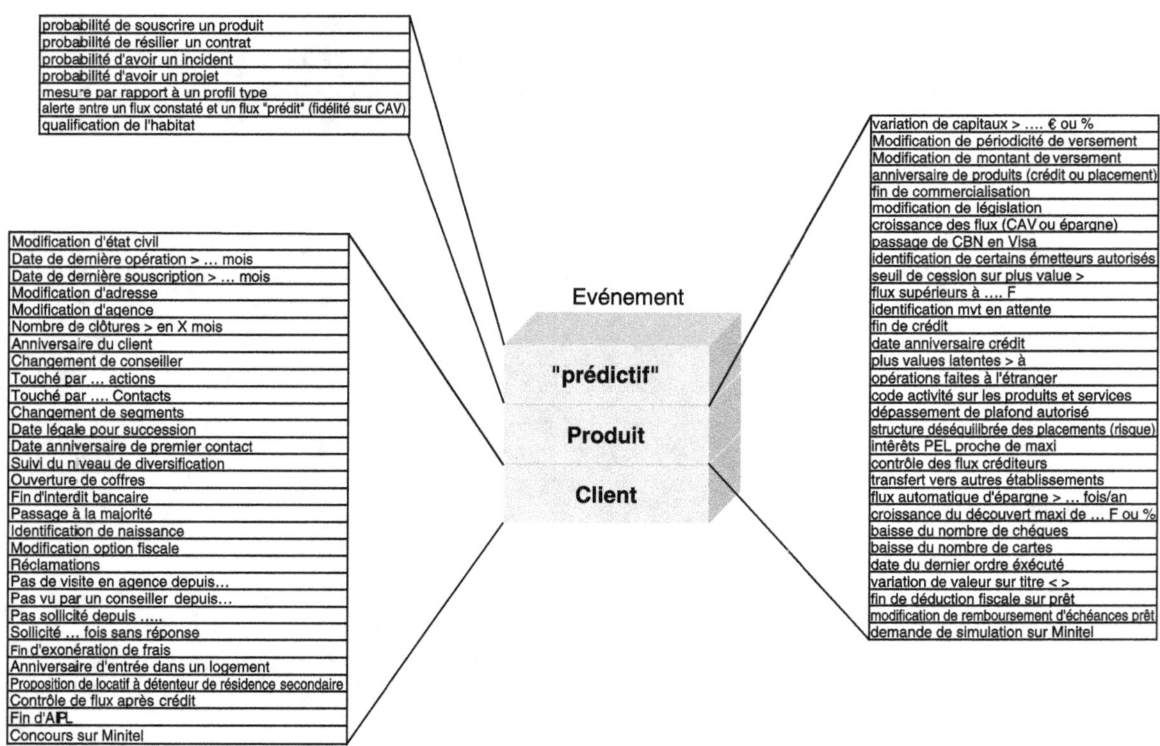

Figure 5-5 : *Les différents types d'événements*

La liste des événements n'est limitée que par la créativité de l'homme de marketing… ou par la puissance des outils à sa disposition. Certaines techniques permettent de créer de manière automatique toutes les combinaisons de critères qui précèdent l'apparition d'un événement. Ainsi, un outil de recherche d'associations comme DataLab de Complex Systems dégage, de manière algorithmique, l'ensemble des combinaisons qui permettent d'anticiper l'apparition d'un événement.

La gestion événementielle est importante dans la mise en place de la gestion de la relation client. Elle est en effet un moyen de montrer au client que votre proposition tient compte de sa situation spécifique, à la fois en termes d'adéquation et de timing. Elle est une marque d'écoute et de réactivité. Par la capacité de réagir à la volée, vous montrez au client que vous êtes attentif à son comportement et que vous avez la capacité de réagir. Un message personnalisé montre que vous êtes prêt à le traiter comme une individualité. Votre réactivité montre les bénéfices pour le client de construire une relation fidèle pour obtenir des services toujours mieux adaptés. Cette pertinence du message est garante d'une meilleure image, mais aussi d'une baisse des coûts avec des cibles plus restreintes, donc des coûts plus faibles, et des taux de retours plus importants. Cette réactivité et cette personnalisation doivent néanmoins être bridées pour ne pas violer la vie privée du client, point qui sera développé dans le dernier chapitre.

Cette gestion des événements implique une réactivité forte et, à ce titre, elle constitue un défi pour l'entreprise. Elle doit s'organiser pour agir en fonction du client, et non plus en fonction de ses préoccupations commerciales ! Il est beaucoup plus complexe de s'organiser pour pouvoir réagir aux événements d'un million de clients que d'envoyer un message unique à ce même million de clients.

Le traitement des événements

Il est possible de démarrer simplement dans le traitement des événements : un anniversaire, une naissance, un déménagement ou un remerciement pour une commande importante, par exemple, sont assez simples à traiter. La véritable complexité arrive lorsqu'il s'agit de gérer pour un même client la combinaison des événements qui peuvent survenir en même temps : par exemple, sur un mois, un bon client bancaire peut avoir cinquante événements, qu'il faut trier pour choisir la meilleure manière d'engager un dialogue.

Dans ce domaine, deux écueils doivent être évités : d'une part, alerter systématiquement le client de manière inutile (rappelez-vous de la fable *Le loup et l'agneau* !), et, d'autre part, mettre la force commerciale dans un état d'excitation proche du paroxysme (au bout d'un moment, elle ne réagit plus ou se met en grève !).

Pour obtenir le dosage optimal entre activation et latence, il faut intégrer quatre paramètres :

- la définition des règles de priorité et d'évaluation (si deux événements se présentent dans une même période, on privilégiera celui qui présente la plus forte probabilité de succès) ;
- la définition des règles de validité de l'événement (limitation sur les dates ou le profil du client) ;
- la gestion du temps entre les événements (définition de la plage de temps entre deux événements selon la nature et le résultat de l'événement) ;
- la mémorisation du résultat des événements précédents pour définir une politique cohérente de communication (éviter de proposer systématiquement la même chose, ou passer du coq à l'âne dans la succession des événements).

L'ensemble de la gestion événementielle repose donc sur des règles comme :

```
Si le client a plus de 18 ans et moins de 25 ans

Et si les capitaux ont augmenté de 50 %

Alors la probabilité que ce client jeune ait décroché un emploi est
supérieure à 80 %

Action : faire l'envoi de la promotion n° 345.
```

Les règles se déclenchent à partir de la mise à jour de la base de données. Plus le cycle de mise à jour est court, plus l'entreprise apparaît réactive. Un moteur de règles est la solution qui permet d'évaluer les règles à la demande. Il est un élément de raisonnement logique, qui prend ses instructions des règles décrites stockées dans une base de règles, et qui applique les règles à l'objet présenté par le programme.

```
Si le client a reçu la promotion n° 345

Et si elle s'est traduite par une vente

Alors mettre en place la politique de fidélisation n°1

Action : mailing de remerciement à J+15

Mailing de vœux de fin d'année

Mailing de relance à M + 11
```

La création et la maintenance de règles nécessitent une grande simplicité de formulation. L'écriture doit se rapprocher le plus possible de la logique de l'utilisateur, qui est souvent conduit à les changer et à en introduire de nouvelles. Il faut pouvoir exprimer les règles dans un langage le plus naturel possible.

Le Control Center du progiciel Epiphany RP (ex-RightPoint) permet de créer des règles au moyen d'une boîte de dialogue, en associant des faits et des actions reliés par des opérateurs. L'intégration des règles de

Figure 5-6 : La création de règles sous
Epiphany RP

déclenchement des événements dans les processus opérationnels est la condition pour avoir un cycle de réaction très court. Cette tâche est aujourd'hui mise en œuvre au moyen de plusieurs technologies que nous allons présenter.

Les nouveaux modes d'automatisation du traitement des événements

L'identification des événements est une chose ; leur transformation en action en est une autre. Il existe plusieurs technologies d'automatisation des événements : le workflow, l'EAI, les agents et le push.

Le workflow

À l'origine, le workflow cherchait à automatiser le temps administratif et était généralement étroitement lié aux flux de documents papier. Il a d'abord émergé du traitement de documents dans les années 1990 et a depuis trouvé des applications dans le commerce électronique.

Son champ privilégié dans le domaine du CRM se situe dans la gestion des enchaînements de tâches en back office. Un workflow gère les délais, les enchaînements de tâches et leurs affectations entre acteurs dans l'entreprise. À ce titre, il facilite la mise en œuvre d'alerte en cas de dépassement ou de risque de dépassement du délai. Il est un moyen d'automatiser des processus métier dans un souci de respect des délais.

Figure 5-7 : Procédure automatisée de réception du courrier sous workflow

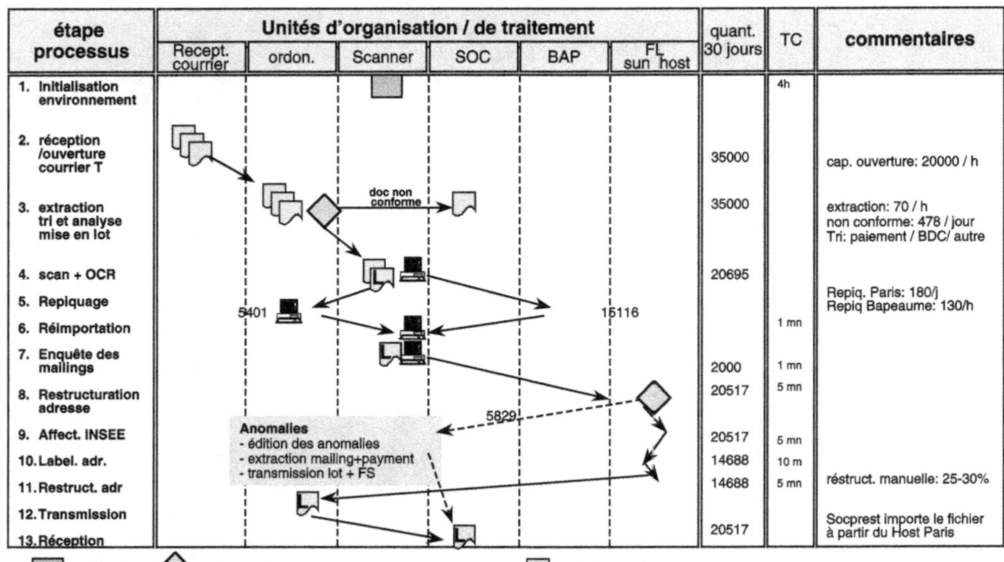

Comme nous l'avons souligné, la gestion des événements est un processus complexe. Dans ce contexte, un outil de workflow est essentiel pour consolider toutes les interactions avec le client et les organiser en séquences. Il permet d'ordonner et d'organiser l'ensemble des interactions dans un tout cohérent en regard des objectifs de rentabilité de l'entreprise (pas de pression trop forte sur les cibles non prioritaires) et de la perception du client (pas plus de x messages sur une période).

Il est donc possible de paramétrer, dans le workflow, l'action à déclencher en fonction de l'événement, mais aussi le média support de l'action.

L'outil de workflow est un moyen de gérer, de manière globale, la complexité des profils de clients, des offres et des canaux de distribution, en guidant par exemple le prospect vers le représentant ou le distributeur adéquat.

À l'identique des règles de déclenchement des événements, la combinaison des phases et des actions doit pouvoir être construite de manière graphique. Le mode le plus approprié de représentation des phases d'un workflow consiste à construire un arbre de décision.

À chaque nœud, on définit :

- le groupe cible avec des critères de sélection ;

- le nombre de fois où l'opération doit être exécutée ;

- l'opération suivante à générer ;

Figure 5-8 : La gestion de campagnes
automatisée sous Aims

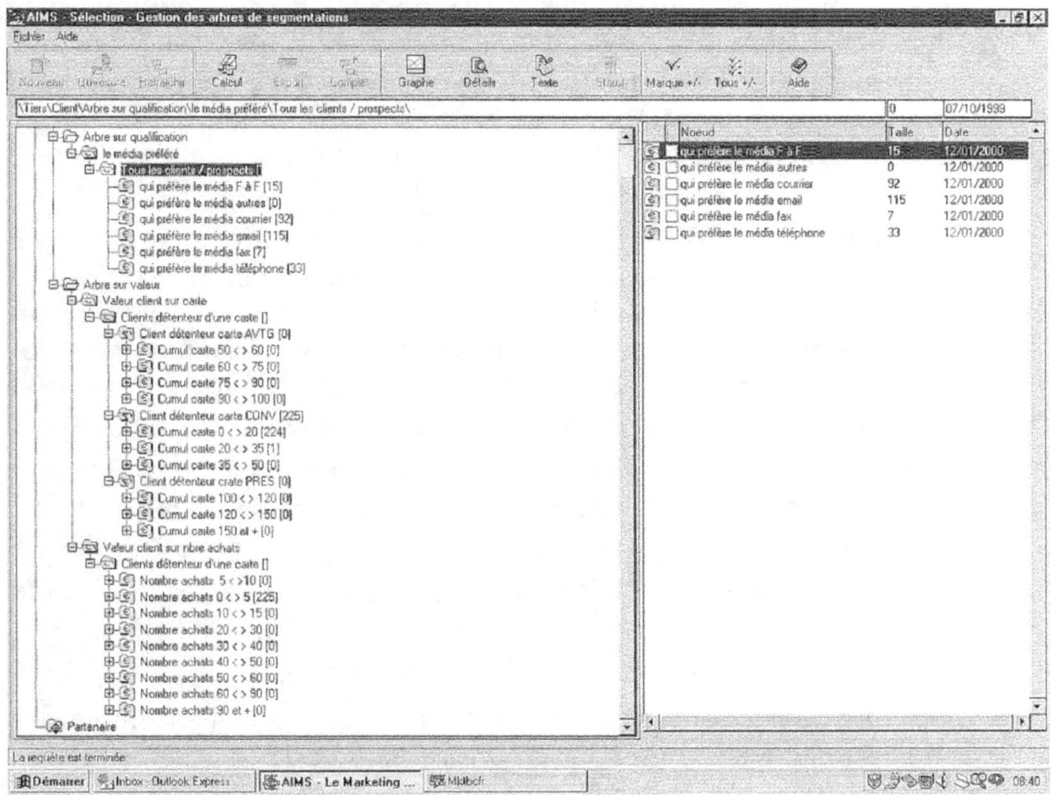

- le nombre de jours avant l'événement suivant ;
- le mode de communication envisagé ;
- le délai de la relance ;
- les différentes réponses possibles ;
- les conditions de replanification de l'action.

Le workflow est une composante de la plupart des outils de CRM et en particulier des outils d'EMA. Il rend économiquement viables des campagnes par vagues et événementielles en les automatisant. Il améliore la vitesse du cycle marketing dans l'exécution des différentes étapes, telles que la planification, la construction, l'exécution, l'évaluation et l'amélioration des campagnes. Grâce à un ordonnanceur de campagnes événementielles, le logiciel gestionnaire de campagne calcule, au démarrage d'une campagne, les dates des cycles et des traitements qui la composent. À tout moment, il affiche l'état de la campagnes et permet une replanification des traitements et actions non exécutés.

Le paramétrage du workflow est assez complexe car il nécessite la prise en compte de toutes les éventualités. Il faut modéliser de manière déterministe les processus et s'assurer que tous les cas de figure sont prévus.

L'EAI

L'EAI (Enterprise Application Integration) « englobe l'ensemble des méthodes, outils, et services qui concourent à faire communiquer des applications hétérogènes dans le cadre de l'entreprise traditionnelle, répartie ou étendue » (B. Manouvrier de Sopra). Il s'agit d'un concept qui désigne le regroupement d'une offre logicielle et de projets d'intégration. Cette notion a commencé à être abordée par des consultants du Gartner Group (Ross Altman et Roy Schulte) en 1998.

L'EAI, traduit en français par intégration des applications d'entreprise, permet de faire communiquer tous types d'applications, que ce soit des développements internes ou des progiciels intégrés de CRM ou d'ERP par exemple. Il s'agit de remplacer le développement manuel d'interfaces par le paramétrage de règles d'échange dans un cadre d'intégration souple et robuste, l'EAI. Deux facteurs technologiques tirent le marché de l'EAI :

- le développement massif des technologies Internet et la possibilité d'utiliser ce réseau et ses protocoles pour y créer de la valeur ajoutée ;
- la généralisation de solutions packagées : Enterprise Ressource Planning (ERP), Customer Relationship Management (CRM), Supply Chain Management (SCM), permettant l'émergence de standards métier.

Les outils d'EAI contiennent généralement les modules suivants :

- Les outils de gestion de processus métier, qui gèrent l'ensemble des données métier et assurent le suivi des étapes et des décisions prises.
- Des moteurs de règles pour le routage et la transformation des flux, plus connus sous le nom de *message brokers*.
- Des connecteurs et adaptateurs de progiciels intégrés permettant une intégration aisée de ces applications dans le système.
- Des connecteurs vers des formats d'échange déjà en usage (EDI, systèmes de compensation de chèques, de transactions sur cartes bancaires ou d'ordres de bourses, etc.).
- Des passerelles bas-niveau vers les multiples formats de transport (fichier, message, base de données, e-mail, etc.).
- Des middlewares de communication (mode message, transfert de fichiers, Web, messageries).

La valeur ajoutée de l'EAI se situe au niveau de la réduction des coûts de développement des interfaces, d'un gain de flexibilité et d'un gain de robustesse.

Concrètement, du point de vue du CRM, l'EAI peut être vu comme un ciment facilitant l'assemblage et les liens, entre, d'une part, le front office CRM, et d'autre part, le back office ERP. Par exemple, un grand opérateur télécom français utilise un outil d'EAI pour assurer les interfaces entre l'outil de CRM utilisé par ses forces de ventes et son progiciel de prise de commandes.

Les agents de profils

La technologie des agents est issue du monde de la robotique. Elle a été mise au point pour permettre le fonctionnement de programmes dans des environnements non totalement connus ou non accessibles, et souvent complexes : le cas du petit robot qui a parcouru la surface de Mars est un bon exemple.

Le développement d'Internet et la nécessité de se déplacer dans cet univers de données immense, et peu structuré, ont créé pour cette technologie un nouveau domaine d'application. Les nouveaux secrétaires de poche sont une adaptation de cette technologie au problème de la navigation dans les données. Ces *knowbots* possèdent la capacité de générer et d'exécuter un plan de recherche, pour organiser un séjour (hôtel, billet d'avion, restaurant) ou trouver un disque dans une tranche de prix fixés par l'utilisateur.

Le terme *knowbot* est une contraction de *knowledge* et de *robot*. Il désigne ce que nous appelons en français les agents intelligents, c'est-à-dire, selon la définition de M. Ferber : « Une entité physique ou abstraite qui est capable d'agir sur elle-même et sur son environnement, qui ne dispose que d'une représentation partielle de cet environnement, qui peut communiquer avec d'autres agents, qui poursuit un objectif individuel, et dont le comportement est la conséquence de ses observations, de ses connaissances, de ses compétences et des interactions qu'il peut avoir avec d'autres agents et l'environnement. »

Les agents intelligents sont des entités logicielles capables d'agir de manière autonome. Un agent doit avoir la capacité de recevoir des informations de cet environnement, mais également d'agir sur lui. La technologie des agents a connu un développement important avec les agents de profils sur Internet. Ceux-ci sont utilisés pour construire la personnalisation et établir une interaction avec le client, en lui proposant des produits ou des services associés à ses préférences déclarées, son profil dans la base de données ou son comportement sur le canal d'interaction. Les agents de profils recherchent la similarité entre le client en relation, et les autres clients pour créer une association valable durant le temps de la connexion. Ils permettent de faire des propositions personnalisées et de maximiser le panier d'achat du client.

L'autonomie des agents présente aussi une alternative intéressante pour faire face à la complexité des systèmes de CRM. En effet, un programme traditionnel organise de manière séquentielle les tâches à effectuer. Il faut construire une modélisation des objets manipulés et envisager l'ensemble des interactions entre le programme et les objets externes. Cette approche séquentielle reste complexe lorsque augmentent le nombre des objets et les interactions possibles entre objets. Ainsi la prise en compte de la stratégie à adopter face à un client, en intégrant les informations parfois contradictoires issues des scores, des segmentations, des objec-

Figure 5-9 : Le processus d'échange entre les agents

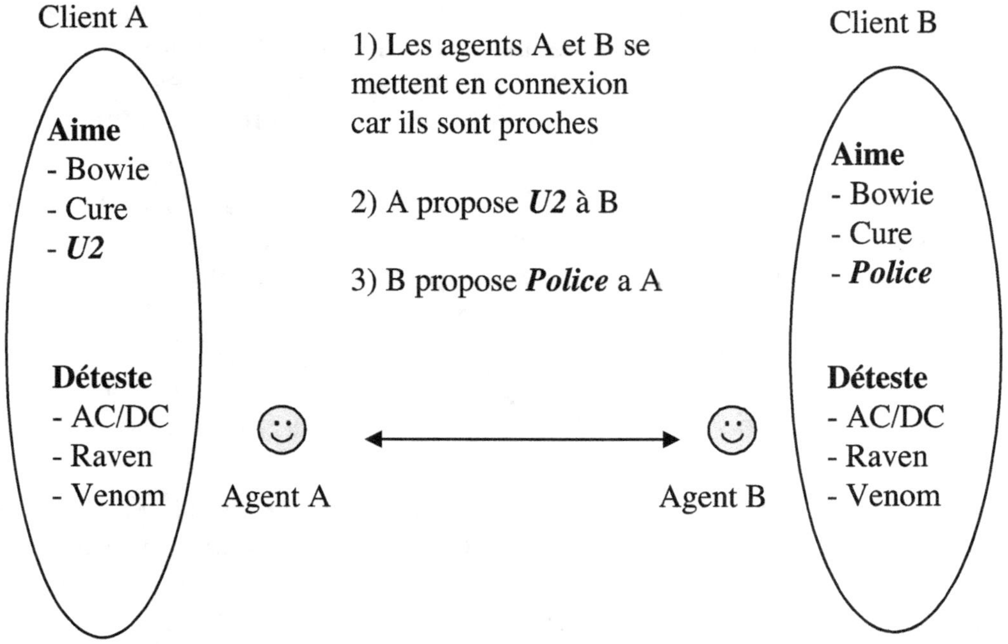

tifs de vente, du calcul de la rentabilité, et des stocks de produits disponibles peut être confiée à des agents. Les systèmes à base d'agents traitent les activités complexes par l'interaction entre des entités relativement autonomes. Chaque agent coopère pour aboutir à la réalisation de l'objectif global, en poursuivant son objectif personnel.

Le push

Le push est né avec le Web. Il consiste à envoyer automatiquement des informations personnalisées vers des clients. Cette technique est utilisée pour informer les clients ou prospects, identifiés par courrier électronique, sur les nouveautés, les mises à jour de grilles tarifaires... ou les offres exceptionnelles à ne pas manquer. Le push est une évolution du mailing à l'ère du Web !

Il s'agit théoriquement de faciliter la tâche de recherche d'information des clients... et pour l'entreprise de maintenir un contact régulier avec le client. Le courrier électronique étant beaucoup moins coûteux à construire et à distribuer qu'un mailing, il est en effet plus facile de densifier la relation. Un moteur push permet d'automatiser l'ensemble des tâches d'exécution d'une campagne :

- Le ciblage est géré par l'intermédiaire de listes de diffusion, regroupements de personnes homogènes en termes de besoins et de choix.

- Le contenu éditorial peut être conçu de manière traditionnelle ou par une collecte automatique d'articles par des agents logiciels sur des sites Web ou des bases de données externes.

- Le message est délivré de manière automatique vers l'ordinateur à une heure choisie par l'émetteur.

- La réception du message est garantie à plus de 99 %.

- L'ouverture du message peut être contrôlée et facilitée par des possibilités d'animation.

- Le message peut être enregistré sur ordinateur par le récepteur de manière simple.

Il suffit de savoir que 3 % des mailings n'arrivent jamais au destinataire et que plus de 10 % ne sont jamais ouverts pour mesurer les avantages du courrier électronique.

Les outils de push, tels que celui proposé en ASP par DoubleClick, présentent une palette très riche de fonctions qui illustrent les nombreuses possibilités du push. Pour le client, d'autres outils offrent la possibilité à l'utilisateur de se définir ses propres conditions d'acceptation :

- intégration de filtres pour définir par mot-clé, phrase ou règle les catégories d'informations qu'il accepte de recevoir ;

- définition de règles pour distinguer les informations de haute priorité dont il souhaite être informé immédiatement ;

- options d'affichage du message.

Figure 5-10 : La gestion des centres d'intérêt sous BackWeb

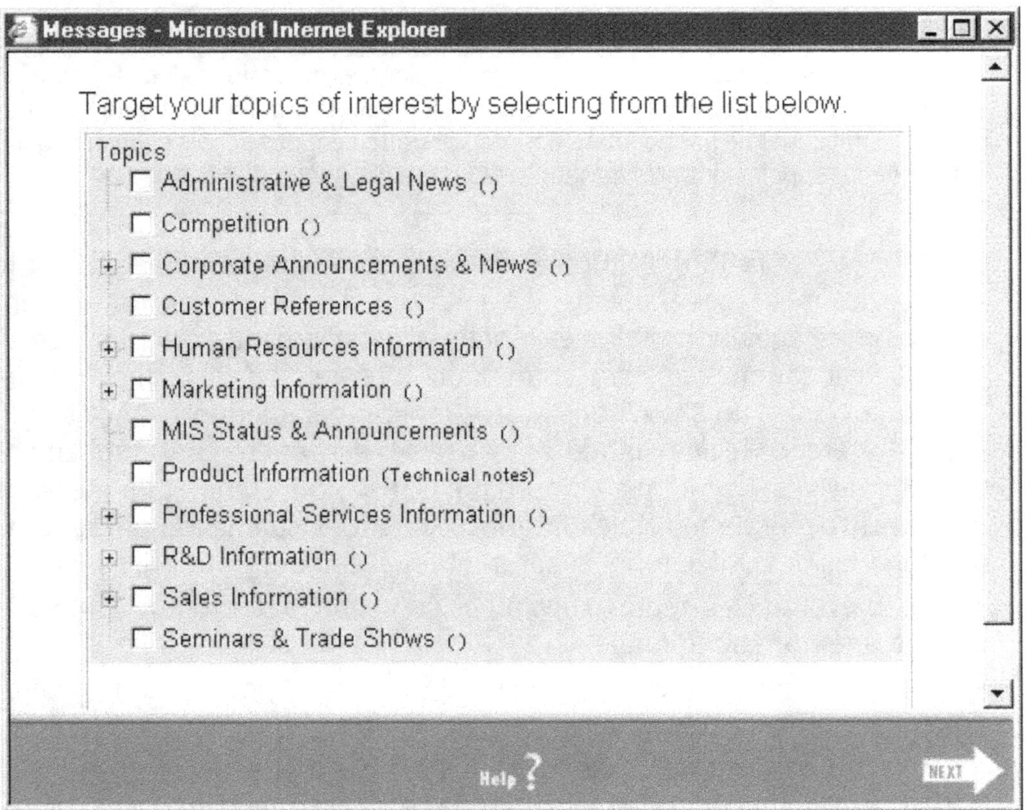

Le push chez Compaq

L'exemple de la mise en place d'un outil de push sur le centre de service de Compaq (ce projet date d'avant le rachat de Compaq par HP) donne les résultats suivants :

La possibilité de distribuer des informations aux abonnés du service Support, sur les problèmes spécifiques rencontrés dans des configurations d'équipement proches, leur permet d'anticiper des problèmes. Comme il est possible d'associer au message des moyens d'obtenir des informations complémentaires ou de télécharger les patchs de correction, les problèmes peuvent être résolus avant qu'ils surviennent. Pour illustrer cette activité : sur les six premiers mois d'utilisation, environ 2 millions de mises à jour logicielles et de patchs ont été livrés aux clients.

Les informations sur les nouveaux produits ou services, les offres promotionnelles et les informations corporate sont diffusées par la même application à la fois en intranet pour les équipes du Support Compaq, en extranet pour les partenaires Compaq et sur Internet pour les consommateurs. La possibilité d'informer de manière efficace les équipes Support, sur un problème identifié et sa solution associée, a pour conséquence de réduire le volume d'incidents en attente de résolution et de satisfaire les utilisateurs.

La mise en place de la solution PUSH BackWeb a permis de diminuer le nombre d'appels entrants au call center. Sachant que le coût de résolution d'un incident au Support Client par téléphone est de l'ordre de 15 à 35 dollars, il est aisé de calculer le gain financier apporté par le moteur push. Chaque problème anticipé par la technologie push permet de gagner presque 20 dollars. La réduction du nombre d'appels entrants permet une réduction globale des coûts opérationnels du service Support.

La capacité de rappeler aux téléopérateurs les offres spéciales les mieux adaptées au profil du client contribue à une personnalisation des propositions lors de l'appel. Comme ils disposent des informations pertinentes sous la main, la qualité d'argumentation permet de gagner du temps dans le traitement des appels et de dégager des revenus supplémentaires de ventes de l'ordre de 30 % !

Toutefois, cette facilité d'action et de réaction a un effet immédiat sur le volume des messages transmis. Il s'agit donc d'éviter de saturer le client par des messages non ciblés et répétitifs… car presque gratuits ! Cette pratique est connue dans la communauté Internet sous le terme de *spam*. Ce terme vient d'un sketch des Monty Python dans lequel le mot spam, faisant référence à une viande en conserve, est répété continuellement par les convives. Le mot est aujourd'hui utilisé pour signifier un message qui est envoyé à de multiples interlocuteurs. Ces spams remplissent les messageries des utilisateurs et saturent le réseau des entreprises.

À titre préventif, les règles suivantes[1] semblent aujourd'hui s'imposer comme une norme minimale :

- mettre le terme publicité dans le sujet de l'e-mail pour indiquer clairement la nature du message ;
- permettre de sortir de la liste de diffusion, par un lien hypertexte ou en indiquant la procédure au réceptionnaire (procédure d'*opt-out*).

[1] Pour plus de détails sur les règles de bonne conduite en matière d'e-mailing, voir *Halte au spam* de Frédéric Aoun et Bruno Rasle (Eyrolles, 2003).

Les moteurs push offrent de multiples fonctions au niveau du serveur, mais aussi au niveau du poste client pour éviter les défauts principaux des spams : segmentation des messages à partir des informations sur les clients (achats, profil, zone géographique), mémorisation des caractéristiques du poste client pour éviter toute distribution de messages illisibles, optimisation de la bande passante du récepteur en privilégiant les heures creuses pour la transmission des messages...

Les impacts du CRM

Les outils de CRM doivent permettre de combiner plusieurs programmes de marketing sur chacune des cibles. Ils doivent donc être très ouverts et paramétrables pour s'adapter à cette complexification tout en maîtrisant les coûts d'organisation, de conception et de coordination.

Un bon outil de gestion de campagnes s'appréciera sur sa capacité à fluidifier les processus, réduire les délais et optimiser la circulation des flux dans l'entreprise, pour augmenter les retours sur investissement.

Cette alliance du « vite fait bien fait » est désignée sous le terme anglo-saxon de velocity marketing, que nous traduirons par un marketing d'agilité. Cette amélioration du cycle marketing doit se traduire par une vitesse plus grande dans l'exécution des phases du marketing opérationnel et dans l'analyse.

L'alliance du tactique et du stratégique

Cette agilité dans le marketing opérationnel inclut la définition d'une campagne marketing et de son budget prévisionnel, l'identification d'une cible de prospects ou de clients, la gestion du cycle d'exécution et de conception, l'envoi des messages sur la cible.

Cette agilité tactique se complète d'une agilité stratégique. Plus l'entreprise est agile dans la compréhension de ses clients, et plus elle est capable de mettre en œuvre des nouveaux moyens de séduction. Plus elle est agile dans l'amélioration de son offre, et plus elle est capable de doubler ses concurrents et de conquérir des nouveaux clients. Il faut en effet non seulement se concentrer sur l'agilité tactique, mais aussi développer une capacité d'analyse. Les études sur les campagnes passées permettent en effet de déterminer des profils client et des nouveaux modes de promotion des offres. Elles permettent aussi d'optimiser l'ensemble des tâches de préparation, de planification et d'exécution.

Le suivi des remontées doit être le plus réactif possible. Il doit permettre une réaction du gestionnaire de campagnes au plus vite. Par exemple, le profil des meilleurs répondants doit être automatisé pour permettre une amélioration le plus rapidement possible de la campagne avec des stratégies différenciées par cible. Le module de gestion de campagnes s'alimente du data warehouse, mais renvoie des informations vers le data warehouse pour mettre à jour certaines informations. Il s'agit de pouvoir ajuster facilement les éléments offre-cible-média dans un ensemble de phases.

La solution passe par l'intégration parfaite entre les outils de data mining, les outils de gestion de campagnes et les canaux de distribution. Cette intégration est cruciale dans plusieurs domaines :

- Les outils de gestion de campagnes doivent partager les mêmes données que les équipes d'études.
- Les modèles doivent pouvoir être appliqués sur un sous-ensemble de la base de manière très simple.
- Les scores doivent pouvoir être accessibles et interprétés par le maximum de personnes en relation avec le client de manière directe ou indirecte.

Au final, le meilleur produit d'automatisation du marketing construit la boucle parfaite en utilisant les résultats des campagnes précédentes pour améliorer l'offre ou le mode relationnel.

Lorsqu'il est mis en œuvre de manière efficace, ce mode de gestion de campagnes permet :

- de réduire la perte des clients (le churn) ;
- d'améliorer les revenus par les ventes croisées ;
- d'augmenter le pouvoir de prescription du client ;
- de gérer dans la même journée une centaine de campagnes avec une multitude d'offres possibles (par exemple sur le Web) ;
- de suivre en quasi-temps réel l'efficacité de la campagne ;
- d'analyser la manière dont les actions précédentes ont été accueillies ;
- de maîtriser le coût des opérations en ne retenant que celles qui sont les plus productives ;
- de développer la valeur des clients.

La refonte de l'organisation

Les impacts de la mise en œuvre d'un logiciel de CRM sont relativement nombreux sur l'organisation des campagnes. Nous allons illustrer ces impacts en montrant la situation avant et après sur les différents points d'organisation de la campagne : ciblage, offre, exécution, contrôle.

Avant la mise en œuvre d'un logiciel de CRM

La sélection des cibles est souvent définie à partir de données socio-démographiques ou sur une approche apparentée à la RFM, analyse combinée de la récence, de la fréquence et du montant des achats. Le ciblage est effectué à partir des propositions d'experts. Il s'agit d'être simple pour s'adapter à la base de données. Le volume de la campagne est basé sur un budget global de l'opération, qui consiste à privilégier une approche de volume pour équilibrer les coûts fixes de création.

La construction de la proposition est faite sur la recherche d'un minimum commun permettant de s'appliquer à la taille de la cible. Le développement de l'offre s'opère généralement par une amélioration par petites touches des actions précédentes. Il s'agit de multiplier les tests, les essais et de conserver une mauvaise solution en témoin ; le fichier de 30 000 clients en aléatoire permet de mesurer le gain. La refonte des processus est très rare. On reconduit un mode d'organisation.

Le mode d'exécution de la campagne est très fragmenté, ce qui conduit d'ailleurs à une absence de vision globale et donc à une non-remise en cause de certaines tâches. Il est courant de constater que les coûts de concertation et d'organisation ne sont pas intégrés dans le coût des campagnes.

L'analyse des résultats se focalise sur le taux de retour global et la marge globale de l'opération. La comparaison de performance se fait par référence à des tests, l'aléatoire parfait et les campagnes précédentes. Il est dès lors difficile d'adopter une approche innovatrice car il y a une perte des points de repère.

Après la mise en place d'un outil de CRM

La sélection des cibles est davantage effectuée sur des notions d'événements, de risques, de potentialité ou de profits. L'apport des modèles de scoring et de la logique événementielle est important.

Le budget des campagnes s'inscrit dans une logique globale de communication de l'entreprise. La notion d'investissement commercial par client est plus importante.

La construction des propositions est complexe, avec une forte variation des offres par segment.

Le développement des nouvelles offres s'opère par un processus d'observation des clients et une participation forte de ceux-ci dans le processus de création.

La refonte des processus est continuelle. Elle s'appuie sur une culture de la mesure et de l'évaluation de la pertinence de certaines tâches. Il faut essayer de maximiser la valeur de la proposition en raccourcissant les coûts et les délais. Rien n'est jamais acquis !

Le mode d'exécution de la campagne emprunte plus à une logique de gestion de portefeuille. Un gestionnaire de la population cible s'engage sur des objectifs à moyen terme en chiffre d'affaires et de nombre (recrutement, attrition) en fonction d'un budget global (études, opérations, etc.).

L'analyse des résultats s'effectue à des niveaux beaucoup plus détaillés, tels que les cibles et les sous-cibles. Il est fait appel de manière importante aux techniques de data mining. Les analyses recherchent de nouveaux types de profils de clients afin de développer de nouvelles offres et d'identifier les non-répondants, pour réduire les coûts de campagnes. Les processus de comparaison entre des tests et les campagnes précédentes sont effectués sur des bases « panelisées ».

Le graphique suivant met en évidence la nécessité de revoir les modes et les outils traditionnels pour maintenir les exigences de retours sur investissement.

Figure 5-11 : La relation entre le ROI et le mode traditionnel de gestion des campagnes

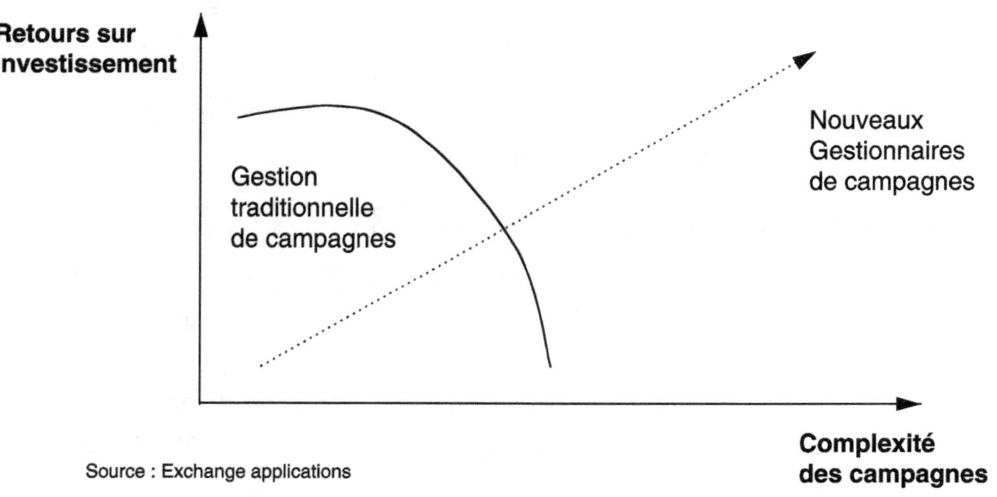

Il est facile de constater que la mise en œuvre de l'outil de CRM entraîne une modification importante de l'organisation du travail : intensification des besoins en spécialistes, augmentation des interactions entre départements, redéfinition des responsabilités en passant d'un responsable de campagne à un responsable de portefeuille, modification des systèmes de jugement et de rémunération.

Ces impacts seront développés plus en détail dans les derniers chapitres de cet ouvrage.

Chapitre 6

Les canaux d'interaction

« *Supprimer la distance, c'est augmenter la durée du temps. Désormais, on ne vivra pas plus longtemps ; seulement, on vivra plus vite.* »

Alexandre Dumas, Mes mémoires

Les chapitres précédents nous ont aidés à comprendre comment les techniques et méthodes utilisées par les hommes de marketing permettent de déterminer le qui, le quoi et le quand. Ce chapitre se propose de présenter le levier complémentaire à toute stratégie ou action : le comment. Il est évident que les progrès dans les télécommunications ont multiplié les possibilités d'interaction entre l'entreprise et ses prospects ou clients, et que se pose, de manière de plus en plus fréquente, le choix du canal d'interaction optimal.

Tout d'abord, nous présenterons les perspectives et les enjeux de la multiplication des canaux de distribution, avant de nous intéresser aux canaux principaux : le face-à-face avec le commercial et l'après-vente, le téléphone et Internet. Il est nécessaire de comprendre les enjeux stratégiques d'une distribution multicanal avant de construire une solution de CRM. Une stratégie CRM avec une non-coordination des canaux, se traduit invariablement par des problèmes de communication qui conduisent à l'insatisfaction du client et à l'incohérence d'image. Il faut penser multicanal… quitte à démarrer, pour des raisons de budget ou de délai, par une application monocanal.

Si la conception d'un data warehouse impose de penser grand, pour éviter les problèmes d'évolutivité, la logique des canaux impose de penser large pour éviter les problèmes d'incompatibilité entre les applications. La construction d'une solution multicanal est un des facteurs clés de sélection d'une solution CRM. Les chapitres suivants sur le marché et les outils montreront d'ailleurs que les fournisseurs se segmentent selon le canal d'origine et que les évolutions s'orientent vers une portabilité multicanal de plus en plus forte.

La réalité du multicanal

Le développement de la relation à distance

La multiplication des canaux de distribution a permis d'offrir aux clients le « 7 jours sur 7 » et le « 24 heures sur 24 ». Les clients se sont rapidement engouffrés dans cet espace de liberté. Ils ont successivement consulté leurs comptes, demandé des informations, passé les commandes en ligne, suivi le parcours de leur colis. L'augmentation des services disponibles, des options offertes et la facilité d'accès a entraîné une croissance naturelle et exponentielle des interactions. Ainsi, une étude d'Accenture illustre le rôle croissant d'Internet comme vecteur de relation :

Canal	1999	2004 (p)
Force de vente	40 %	40 %
Point de vente	33 %	35 %
Centres d'appels	10 %	19 %
Hot line SAV	11 %	16 %
Internet	5 %	27 %
E-mail	7 %	26 %

Comme le montrent ces chiffres, le multicanal est un point de passage obligé pour les entreprises. La démultiplication des canaux implique, certes, des contraintes, mais elle présente surtout des opportunités : les entreprises qui ont utilisé au plus tôt les avantages de ces nouveaux modes de distribution ont acquis des avantages concurrentiels importants. Ainsi, la distribution électronique de l'encyclopédie Encarta et ses mises à jour numériques ont permis à Microsoft d'affaiblir la position dominante de l'encyclopédie Universalis. Les entreprises doivent inscrire de nouveaux canaux dans leur stratégie marketing et suivre attentivement les expériences mises en œuvre dans leur secteur d'activité.

La spécialisation des canaux

Les nouveaux canaux bouleversent, certes, les modes de relation avec la clientèle. Ainsi, la mise en œuvre d'un centre d'appels nécessite une coordination avec les forces de vente, et le développement d'un site de commandes en ligne a des impacts sur le système de stock et sur les campagnes mailings. Les investissements dans les nouveaux canaux sont souvent justifiés par une logique de réduction des coûts. Il s'agit de transférer ou de remplacer des opérations coûteuses pour l'entreprise telles que la saisie des commandes, les réponses à des questions, les visites, etc., par de nouveaux modes de prise en charge de ces opérations qui reposent davantage sur la participation du client. Il est plus intéressant de développer un service de renseignements sur les horaires à partir d'un serveur vocal payant, que de maintenir dix personnes dans un centre téléphonique. Il y a donc, dans un projet multicanal, une logique de réduction des coûts. Toutefois, les données chiffrées montrent une relative stabilité des contacts par l'intermédiaire de la force de vente ou des points de vente. Le client éprouve toujours, malgré les discours des cyberfanas, un besoin fort d'avoir un interlocuteur et de voir les produits. Les différents modes de communication et de distribution se complètent au lieu de se substituer. En général, les clients qui deviennent multicanaux ne se détournent pas du canal traditionnel. Ils adaptent leurs comportements en fonction du canal :

- en distribution spécialisée : recherche d'informations à distance sur le site Internet, mais achat dans le point de vente ;
- en banque : consultation sur Internet, transaction sur Minitel pour les faibles montants, passage en agence pour les transactions de montant important.

Le degré d'utilisation de l'un ou de l'autre des canaux dépend du rapport qualité de service/coût qu'il apporte à telle ou telle opération. Par exemple, le face-à-face reste particulièrement adapté pour la conquête de prospects, Internet se prête bien à la consultation, à la recherche ou à la fourniture d'informations, ainsi qu'à la prise de commandes, et les centres d'appels sont efficaces pour les tâches d'après-vente.

La personnalisation à coûts réduits

La mise en place d'une stratégie multicanal permet de développer trois approches dans la relation avec les clients :

- Une approche personnalisée : la relation commerciale se construit par le face-à-face et la relation directe. Les personnes se connaissent et réalisent des transactions sur une relation de confiance.
- Une approche semi-personnalisée : la mise en place de méthodes de vente et de supports de communication standardisés permet de démultiplier le mode de gestion de la relation. Ainsi, la méthode de vente Xerox a permis d'améliorer l'efficacité de la démarche commerciale, mais elle a introduit un premier niveau de désincarnation de la relation. La concrétisation des affaires s'appuie sur la maîtrise de la technique de vente.

- Une approche de masse : les messages sont distribués en nombre à des personnes non identifiées (suspects) pour intensifier la pénétration sur les marchés. Les prospects doivent s'identifier eux-mêmes pour que se construise un dialogue commercial. La gestion des remontées est cruciale pour réaliser le cycle de transformation du prospect en client.

Une règle d'or se dégage de cette diversité des modes de contact : plus un support est individualisé, plus il est efficace, mais plus il est coûteux. L'équation « personnalisation = performance = coûts » a été imposée aux entreprises pendant de nombreuses années. Aujourd'hui, l'évolution des techniques de personnalisation dans les domaines de l'édition de documents, de la téléphonie, des bases de données ou de l'Internet, change les paramètres de l'équation : il est possible de créer de la personnalisation à des coûts qui se rapprochent de plus en plus de ceux des relations de masse. Par exemple, les évolutions dans le domaine de l'édition ont permis de réaliser une personnalisation des documents de plus en plus forte. Ainsi, certains constructeurs automobiles communiquent avec leurs clients en imprimant la photo digitalisée de leur voiture sur le mailing.

Les coûts des canaux

Les nouvelles technologies modifient à la fois les modes de relation avec les clients et les coûts des services. Elles permettent de répondre aux demandes des clients à des coûts inférieurs à ceux observés avec une intervention humaine. La possibilité de faire baisser les coûts de passation des commandes, de fourniture des informations et du service client explique que le management des canaux est devenu une fonction stratégique dans les entreprises.

En effet, la répartition des coûts est très différente selon le type de canal : si on prend un entretien en face-à-face comme unité de mesure, alors un appel téléphonique sera souvent dix fois moins cher, un mailing cent fois moins cher et un e-mail mille fois moins cher.

Pour le coût d'une visite d'un VRP, il est possible d'envoyer mille communications par Internet !

Mais, comme souvent, le mieux est l'ennemi du bien, et il est nécessaire de veiller à construire une cohérence globale.

Le besoin de cohésion

Le déploiement des canaux est souvent un révélateur des dysfonctionnements de l'entreprise. Alors que la technologie devait permettre de répondre de manière satisfaisante aux besoins du client, elle ne fait que rendre plus flagrants les défauts.

- Défauts de dimensionnement : les centres d'appels ne décrochent pas, les temps d'attente avant d'être en contact avec le bon interlocuteur sont excessifs.

Figure 6-1 : Coûts des canaux

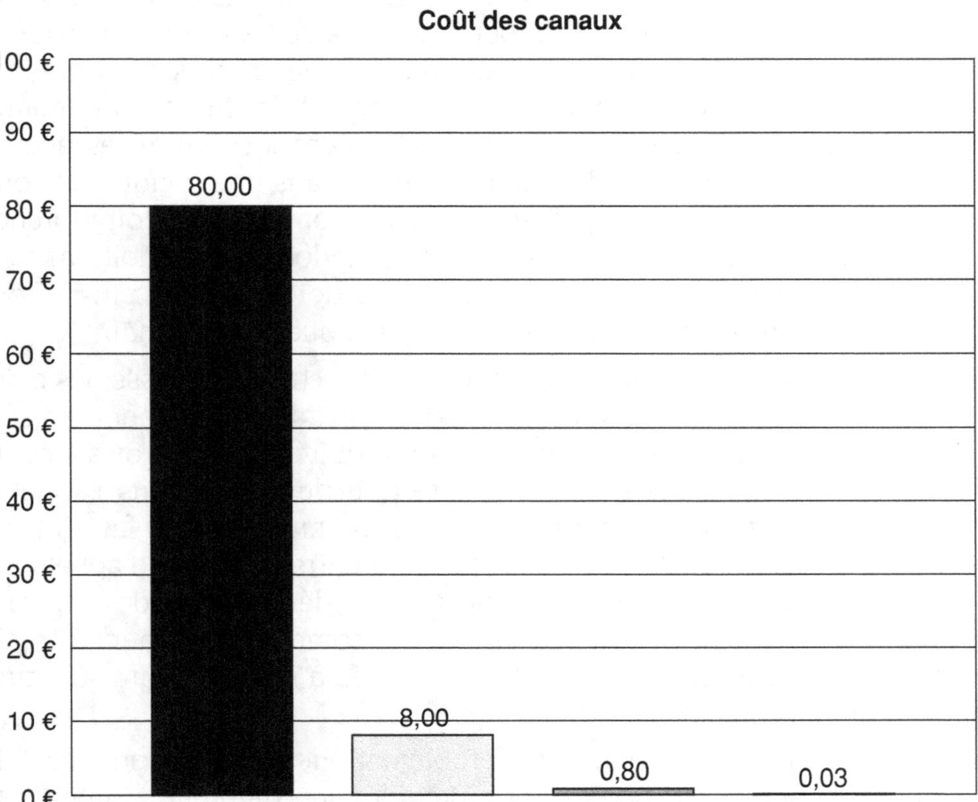

- Défauts de réactivité : les e-mails restent plus de trois semaines sans réponse ; il en va de même pour un courrier vous informant de la suite de votre commande Internet !

- Défauts de transversalité : la nécessité de répéter auprès de chaque interlocuteur le motif de votre appel ; ou la surprise de constater des offres différentes selon que l'on passe par le représentant, le centre d'appels ou le Web.

- Défauts de convivialité : les contacts téléphoniques totalement stéréotypés avec des argumentaires scrupuleusement suivis par des opérateurs qui dépersonnalisent la relation.

Les technologies permettent de faire vite… souvent beaucoup trop vite pour les circuits traditionnels d'organisation. L'entreprise devient incapable de saisir les moments de vérité. Un moment de vérité est une opportunité offerte au client de tester et d'évaluer sa relation avec l'entreprise. Le client sent dans ce moment s'il est connu et reconnu. Il perçoit facilement si son interlocuteur a les moyens de le mettre en valeur. Trop souvent encore, ces moments de vérité mettent en évidence l'absence de souplesse et le peu de souci accordé au client. Le respect de la procédure prend le pas sur la prise en compte de la situation du client.

Le chapitre 3 a montré que le data warehouse consolide les informations client, mais il est aussi nécessaire de synchroniser les différents canaux pour ne pas créer une tour de Babel. Les outils de CRM sont une courroie de transmission entre les data warehouses et les points de contact. Ils éliminent les îlots d'information, en coordonnant les flux de communications dans l'entreprise et en facilitant les échanges entre les acteurs. Chaque contact avec un client doit se situer dans une logique de continuité avec les interactions précédentes : une conversation doit reprendre là où elle s'est terminée la dernière fois, l'interlocuteur ne doit pas redemander les mêmes renseignements, il ne doit pas non plus offrir à nouveau des produits refusés, etc., et ce quel que soit le canal.

La multiplication des contacts offre des perspectives de baisse des coûts, mais exige de développer une organisation pour les coordonner. En effet, la compétition entre les canaux peut se traduire par une croissance des dépenses et une incohérence flagrante pour le client. Dans l'équation économique de mise en place d'une solution multicanal, il faut intégrer ces coûts de coordination. La mise au point entre un centre d'appels et la force de vente peut nécessiter une refonte des notions de territoires commerciaux, une révision des normes de commissionnement, etc. Ces coûts de mise en œuvre doivent être ajoutés à ceux des infrastructures techniques et humaines.

Après avoir passé en revue cette problématique du développement des canaux d'interaction, nous allons détailler les différents canaux : les forces de vente, le service client, les centres d'appels, l'Internet.

Les forces de vente

La recherche de la productivité

La position des forces de vente traditionnelles est de plus en plus délicate. Il s'agit du canal le plus coûteux en frais de personnel. Il est donc souvent la première cible pour l'optimisation. Pour faire face à la concurrence et répondre à des modifications législatives, les entreprises se concentrent sur l'amélioration de la productivité commerciale : comment fixer plus de rendez-vous, convertir une plus grande quantité de rendez-vous en ventes et augmenter le montant moyen d'une opération. La performance du vendeur passe par l'effet triple action : nombre de rendez-vous × taux de concrétisation × marge par vente. Dans le même temps, les commerciaux doivent faire face à des demandes complémentaires d'informations : recueil de données sur les concurrents, qualification des interlocuteurs dans l'entreprise, enrichissement par les projets du client, etc. Le commercial se retrouve donc de plus en plus à l'épicentre de la demande d'informations :

- reporting d'activité de plus en plus complet pour la direction commerciale ;
- mesure de la rentabilité de son activité par le contrôle de gestion ;
- intelligence économique pour la direction marketing.

Les commerciaux sont au centre d'une contradiction : collecter de plus en plus d'informations sur le client pour effectuer un travail de fidélisation, et dans le même temps, développer le ratio chiffre d'affaires par visite pour rester compétitif en comparaison des canaux alternatifs.

L'entreprise exige de ses vendeurs :

- plus d'affaires ou plus de clients ;
- plus de remontée d'informations sur les clients ;
- plus de suivi de son activité ;
- plus d'écoute et de réactivité pour améliorer la transformation ;
- plus de conseil pour justifier d'une plus-value par rapport aux autres canaux.

Le vendeur ne doit pas seulement être un relais d'information sur les produits et prendre des commandes ; il doit également comprendre ses clients et leur apporter des réponses et des solutions adaptées. Or, ces objectifs de collecte de données sont souvent en contradiction avec les qualités du vendeur. Un vendeur, surtout itinérant, a choisi ce métier soit pour être libre, autonome, soit pour ne pas être enfermé dans un bureau. Il est souvent plus extraverti. L'instauration des différents reportings d'activités, des tâches de saisies d'information vont à l'encontre des caractéristiques des vendeurs les plus performants, qui vivent donc très mal la mise en place de ces outils.

Ce facteur psychologique est rarement anticipé et traité dans l'établissement d'un projet de gestion de la force de vente. Il est probable que le renouvellement des vendeurs traditionnels par des vendeurs plus formés aux outils informatiques facilitera la mise en place de ces programmes, mais un vendeur ne sera jamais un agent de saisie de données ! Une dose de psychologie, alliée à de la patience, est donc très importante pour gérer ce type de projet.

La complexité du cycle de vente

Il faut donc vendre plus et mieux ! Mais ce maintien de la productivité s'inscrit dans un contexte défavorable. Une concurrence accrue, une clientèle mieux informée, des produits de plus en plus complexes rendent l'acte de vente plus long et plus difficile. Par conséquent, il est de plus en plus fréquent de devoir associer sur un même acte de vente plusieurs intervenants, chacun spécialisé sur un domaine. Il s'agit alors de coordonner tous ces acteurs sur différents canaux dans le cadre de processus précisément définis. Les étapes successives doivent être définies de façon à clôturer le plus rapidement possible une affaire.

Généralement, ces processus de vente se déclinent par phases : la prospection, la qualification, l'identification du besoin, l'accroche, la négociation, la commande, la mise en place du produit ou service, la facturation puis l'après-vente. La vision linéaire de l'approche commerciale est peu à peu remplacée par une vision cyclique, dans laquelle chaque information collectée devient un nouvel élément d'identification qui peut déclencher une autre prospection.

La mise en place d'un outil de SFA (Sales Force Automation) permet de partager et de coordonner les informations entre les différents acteurs. Les gains sont souvent importants au niveau :

- de la tarification avec des grilles tarifaires à jour, qui intègrent les conditions de remise et limitent les allers-retours suite aux erreurs de facturation ;
- de la disponibilité, actuelle ou future, des articles et des moyens de substituer certains produits qui augmentent le taux de rotation des stocks ;
- du suivi des règlements avec un contrôle plus puissant des encours client.

Cette justesse des informations permet, d'une part, de réduire de manière conséquente les litiges avec les clients, et d'autre part, d'améliorer le délai moyen des encaissements.

La rotation des forces de vente

Ce contexte difficile pour la profession commerciale, à savoir des exigences de plus en plus fortes et l'arrivée massive de l'informatique, se traduit souvent par un important taux de turn over du personnel commercial. Les mouvements de restructuration entrepris dans certains secteurs d'activités, alliés à des départs importants dans les cinq prochaines années avec l'arrivée du papy-boom, rendent de plus en plus nécessaires la conservation des interactions client.

Avec cette instabilité actuelle et future, les informations accumulées disparaissent si elles ne sont pas mises en mémoire dans une base de données centralisée. À chaque départ, l'entreprise perd une partie de son capital client !

Cette perte du capital relationnel de l'entreprise est une menace importante et réelle pour la fidélisation du capital client de certaines entreprises. Une entreprise comme State Farm, spécialisée en assurances, a compris les dangers liés à cette migration et propose des systèmes de commissionnement dégressif après le départ du vendeur, pour inciter et faciliter la transmission des informations entre l'ancien vendeur retraité et le nouveau vendeur.

Le développement de l'informatisation

Afin de remédier aux problématiques telles que la productivité, le cycle de vente et la capitalisation des informations, de nombreuses entreprises ont informatisé leur force de vente. D'abord, les logiciels de gestion de la force de vente n'ont été que de simples outils de productivité personnelle. Ils se contentaient de gérer des informations qualitatives sur l'entreprise et ses interlocuteurs. L'informatique n'avait fait que remplacer le calepin papier dans une forme plus électronique et mieux partagée ou partageable. Quelques procédures automatiques permettaient de faire des ciblages et de suivre une affaire.

Figure 6-2 : Gestion de contacts avec l'outil Maximizer

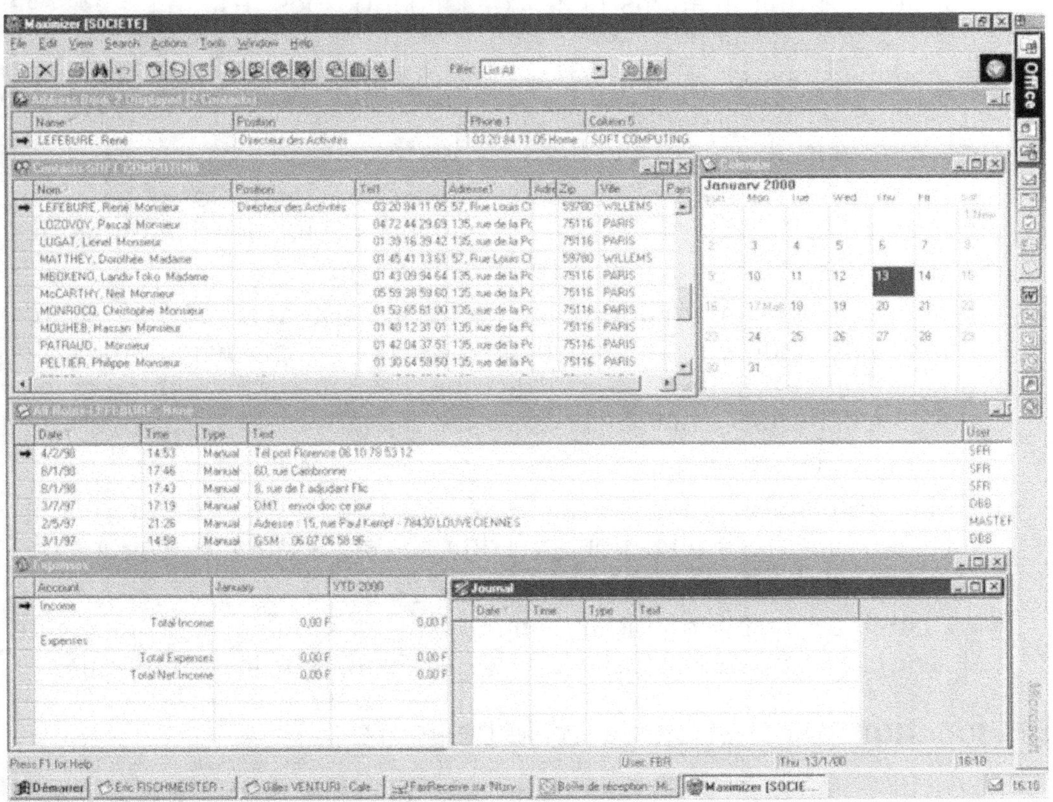

Le commercial était le seul décideur de l'utilisation des fonctions mises à sa disposition. Il était le seul détenteur des informations contenues sur son disque dur. L'accès aux données par un tiers, secrétaire ou collègues, était difficile, et la remontée au siège impossible. Ce respect de l'autonomie a été pendant longtemps l'une des conditions sine qua non de l'acceptation de ces outils par une population très réfractaire.

> Les réticences à l'échange des informations sont encore nombreuses dans beaucoup de secteurs d'activités. Les arguments de confidentialité et de difficultés de maîtrise de l'informatique se mélangent aux craintes du contrôle de l'activité, de menaces sur la pérennité de l'emploi et sur l'autonomie des commerciaux. Avant d'envisager une informatisation de la force de vente, il est souvent nécessaire d'assurer un travail important de sensibilisation et d'offrir des garanties sur l'utilisation des informations par la direction commerciale, voire de rémunérer la remontée d'informations.

Il faut distinguer les commerciaux itinérants et les commerciaux sédentaires. L'informatisation des commerciaux itinérants est beaucoup plus difficile, car elle requiert une infrastructure technique de communication. En France, le Minitel a offert cette infrastructure technique pour synchroniser les informations gérées en local avec le fichier central des clients et des prospects de l'entreprise. Il a facilité les premières expérimentations de remontée des informations et la consolidation des résultats au siège social. La transmission des commandes, le reporting d'activités, le calcul des commissions et le remboursement des frais ont permis des gains importants de productivité. Ces premiers pas réalisés grâce au Minitel sont désormais relayés et amplifiés par les intranets.

Aujourd'hui, la vente d'outils d'informatisation de la force de vente explose ; ces outils couvrent essentiellement les échanges d'informations sur le client entre l'entreprise et ses commerciaux :

- La collecte des informations sur le terrain est devenue une source importante pour le marketing, mais aussi pour la production, la logistique et l'après-vente. Les forces de vente deviennent un maillon essentiel pour collecter ce qui n'est pas mesurable au travers des factures : les attentes et les besoins du client.

- L'aide à la vente, grâce à laquelle le commercial accède à toutes les informations nécessaires pour préparer son argumentaire, élaborer des scénarios de vente en fonction du profil du client.

- La fiabilité des informations communiquées au client : disponibilité des articles, niveau de stock, délai de livraison, prix de facturation.

Les fonctions de gestion du cycle de vente

L'activité commerciale est de plus en plus réfléchie, préparée et suivie. Il faut coordonner au mieux les multiples moyens de contact avec la clientèle tels que les mailings, les coups de téléphone, les visites et les e-mails, en essayant de préserver une cohérence globale au niveau des offres et de la communication interne avec une information partagée par les différents acteurs. Les outils actuels organisent l'activité commerciale autour de trois fonctions principales :

- la gestion du cycle de vente, c'est-à-dire la gestion des propositions et des interlocuteurs ;

- la gestion des offres ;
- la gestion back office.

La gestion du cycle de vente

Il s'agit de transformer les prospects en clients, puis en ambassadeurs, en maîtrisant les coûts et les délais. Les meilleures pratiques commerciales sont identifiables et duplicables. Les outils permettent :

- de gérer le fichier des clients et des prospects (création, mise à jour, enrichissement, importation de fichiers externes) ;
- de faciliter la mise en œuvre et la saisie des comptes rendus de visite (bloc-note libre, nature de l'entretien, résultat attendu ou obtenu) ;
- de suivre les propositions en cours (pourcentage de chance de réalisation, durée du cycle depuis le début, durée de l'étape en cours) ;
- d'activer des workflows qui alimentent la liste des tâches à faire dans la journée ou la semaine ;
- d'assurer le transport d'informations entre les différents canaux avec une mise à jour des calendriers et des tâches ;
- de piloter et de suivre les actions promotionnelles (construction du ciblage, envoi de courriers, édition des fiches de rendez-vous, suivi des remontées) ;
- de faciliter les prévisions d'activité avec la compilation automatique des propositions selon leur niveau de succès et d'échéance ;
- de planifier l'organisation du temps et des visites (plan de tournée, gestion des temps de déplacement entre des rendez-vous) ;
- de partager l'agenda du commercial pour la prise de rendez-vous par le siège en coordination avec ses rendez-vous programmés (activité de prospection, service après vente, etc.).

Dans l'organisation de l'activité commerciale, les possibilités d'automatisation de l'envoi des documents en fonction de certains événements (date anniversaire, temps écoulé depuis un événement, événement programmé, échéance de fin de contrat) sont des fonctions qui facilitent le travail du commercial et augmentent la performance des actions. Le tout est encore facilité par le développement de solutions nomades pratiques (Tablet PC, ultraportables, PDA…) et de télécommunications sans fil utilisables dans les lieux de passage (hotspots Wi-Fi, GPRS, UMTS).

La gestion des offres

Les outils de force de vente sont de plus en plus utilisés en face à face. L'ordinateur ou le PDA est devenu un incontournable de la négociation. Il permet de bâtir l'offre avec le client, en mettant à profit les possibilités de l'informatique et du multimédia pour lui présenter le catalogue produits de manière concrète en recourant, par exemple, aux images, aux sons, aux films, etc. La possibilité d'intégrer des bases de données documentaires sous format PDF sur les produits de l'entreprise ou sur ceux de la concurrence, réduit de manière importante les coûts liés à l'impression et l'envoi des documents. Une entreprise de matériels électriques a constaté une baisse de plus de 35 % de son budget documentation avec la mise en place d'un outil de gestion de force de vente. De plus, la fourniture d'informations actualisées comme la disponibilité de la référence, le prix, les remises, etc., diminue les problèmes après vente, par exemple, un article supprimé ou une erreur de prix. La réduction des problèmes d'après-vente est donc un des avantages des produits de SFA. Cette amélioration de la qualité des informations transmises lors des entretiens est de plus en plus importante pour prouver le professionnalisme de l'entreprise et construire la différenciation. Elle influe positivement sur la confiance du prospect et l'encourage à passer une première commande. L'informatique commerciale est donc devenue un élément de l'image de marque d'une entreprise. Toutefois, les types d'outils varient selon la complexité du métier de l'entreprise.

Pour la vente de produits standards (livres, disques, articles ménagers, meubles, etc.), il est nécessaire d'accéder à un fichier des articles et des tarifs spécifique au client. Les besoins de connexion entre le poste mobile et l'ordinateur central sont importants pour :

- vérifier la disponibilité des produits avant de confirmer la commande ;
- accéder aux tarifs des produits et aux offres spéciales ;
- intégrer les conditions administratives du client (le délai de règlement, le mode de livraison, l'adresse du centre et de l'interlocuteur payeur) ;
- vérifier les données financières du client (encours, montant de risque autorisé, état des paiements).

Dans cette configuration, le lien de l'outil avec les bases des ERP est crucial. Pour faciliter ce transfert des informations, l'utilisation d'un outil de type EAI comme WebMethods ou BizTalk est fortement recommandé (voir figure 6-3).

Pour les produits complexes qui résultent de la combinaison de multiples éléments (matériels informatiques, blocs opératoires, matériels industriels), il faut souvent gérer les interactions entre les différents composants, associer des gammes de fabrication et prendre en compte des options ou des variantes. Ces tâches de contrôle et de cohérence sont prises en charge par des configurateurs de produits comme Cameleon, qui complètent les outils de SFA. Ils se substituent aux anciens catalogues et permettent d'assembler en temps réel un produit adapté à la demande du client, en fonction des options et des variantes possibles. Ils permettent aussi de maîtriser la définition des produits selon les besoins du client : ils contribuent au one to one.

Un configurateur profite de l'interactivité pour guider et être guidé par l'utilisateur. Il s'appuie sur les informations apportées par le client pour construire le questionnement. Le vendeur recherche la solution en accé-

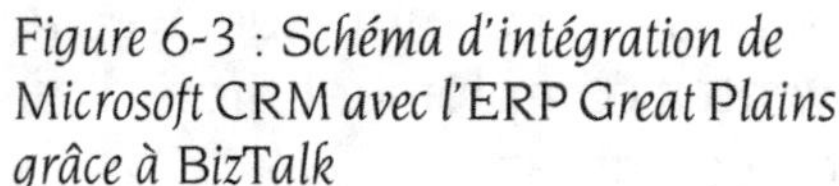

Figure 6-3 : Schéma d'intégration de Microsoft CRM avec l'ERP Great Plains grâce à BizTalk

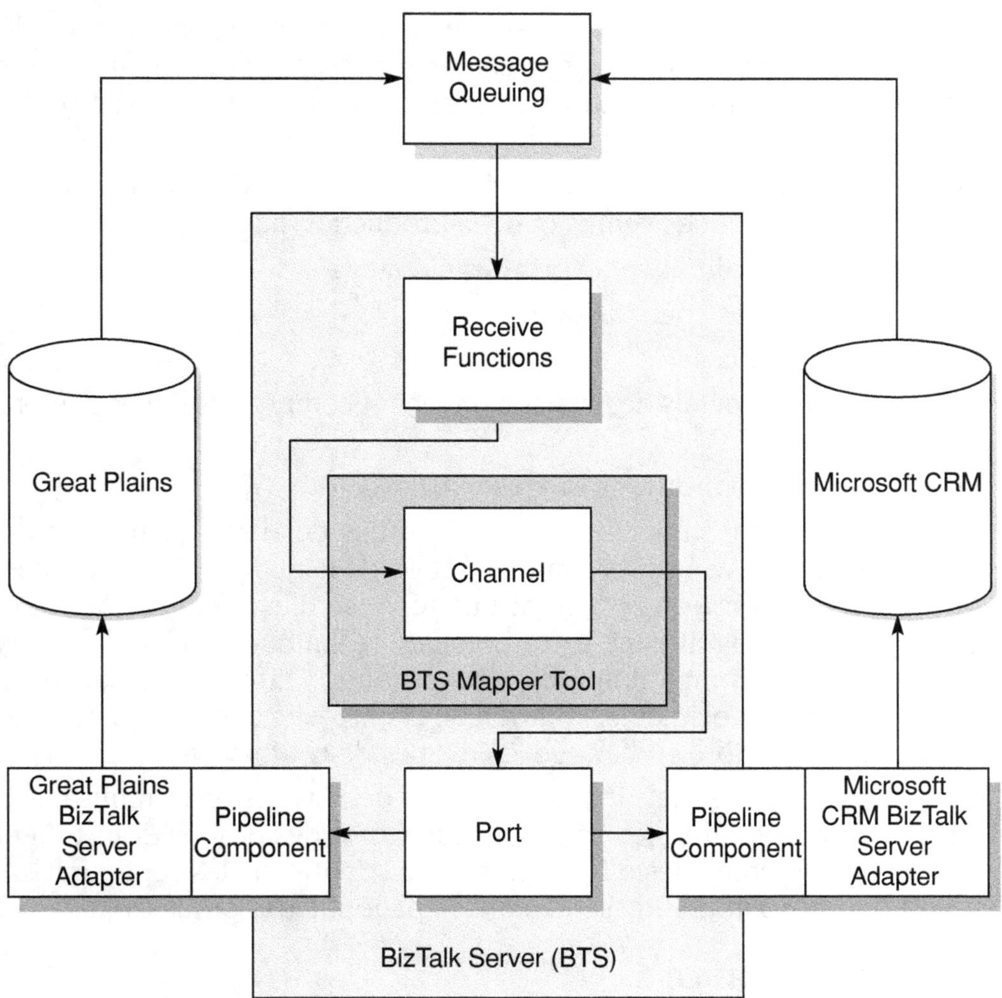

dant au catalogue produits de l'entreprise. Des boîtes de dialogue lui suggèrent les meilleures options entre les désirs du client et les produits disponibles. En consultant des options de ventes complémentaires ou de choix d'une gamme supérieure, le vendeur peut augmenter la valeur de l'offre et le montant de la facture. Au fur et à mesure que des informations sont ajoutées ou retirées, l'utilisateur suit les modifications sur la configuration globale. Même pour des ventes complexes, le vendeur peut configurer n'importe quel produit sans l'assistance d'une ressource technique. Des offres promotionnelles peuvent être intégrées en fonction des produits ou du client. La recherche du niveau optimal de commande peut être simulée en ajustant les paramètres comme les remises par quantité ou par volume.

- Si l'utilisateur est déjà un client, le configurateur récupère les informations déjà disponibles sur le client, puis il cherche les anciennes commandes pour vérifier la compatibilité de la nouvelle commande avec le matériel précédent, afin de proposer des ventes complémentaires, d'où pas de perte de temps et compatibilité de la commande.

- Si l'utilisateur est nouveau et ne connaît pas l'offre, le système pose des questions simples. Chacune d'elles permet progressivement de restreindre l'ensemble des choix de produits et services en fonction des réponses.

Les configurateurs doivent bien évidemment être interfacés avec le système de gestion des ventes et de la production pour :

- vérifier la disponibilité et le prix des éléments ;
- faire le calcul des coûts de production ;
- calculer les marges ;
- déterminer des délais de livraison en tenant compte des règles d'approvisionnement.

Le lien avec les applications ERP est crucial.

Les bénéfices sont importants : réduction des délais de réalisation des devis, diminution des coûts et amélioration de la qualité. Ils facilitent les tâches d'avant-vente en apportant une réponse plus rapide et des devis plus fiables. Ils diminuent les problèmes techniques d'installation en s'assurant de la compatibilité des composants. Cette connaissance des données, sur les stocks et la situation du client, évite des erreurs de livraison et de facturation, et diminue les risques de conflits avec le client.

Un configurateur permet de limiter le coût de la vente en minimisant les ressources nécessaires, les délais de fournitures des propositions tout en améliorant la qualité des offres remises. Nul doute que les configurateurs prendront une part grandissante dans la panoplie des outils CRM.

La gestion back office

Le commercial est rattaché à une structure commerciale locale avec un responsable régional. Les outils de gestion de la force de vente assurent une partie de plus en plus importante des activités administratives :

- la gestion des frais ;
- l'organisation du planning des ressources (salles, véhicules, matériels, etc.) ;
- la veille concurrentielle par la collecte d'informations sur le point de vente.

La mise en mémoire de l'activité commerciale apporte un gain de temps important pour la rédaction des comptes rendus d'activité, les affaires, le nombre de rendez-vous et les tableaux de bord qui remontent régulièrement au responsable régional :

- l'analyse des marges ;
- le résultat des ventes par famille de produits ;

Figure 6-4 : Configurateur de la suite
Cameleon de l'éditeur Access Commerce

- la répartition de l'activité commerciale par segment de clients ;
- la réalisation des objectifs et le comparatif objectifs/réalisations ;
- les prévisions de ventes calculées à partir de l'historique, et les représentations graphiques associées.

La possibilité offerte aux acteurs du back office :

- d'accéder aux comptes rendus de vente, d'activité, d'historique des commandes et des actions commerciales relatifs au client ;
- de consulter l'agenda du vendeur responsable de ce compte ;
- de vérifier la disponibilité et la proximité d'un agent de maintenance en cas de problème urgent ;

se traduit par une plus forte réactivité de ces acteurs face aux interrogations des clients. Ce partage des informations facilite la solution du problème en un minimum de temps. Il diminue d'abord, les frais occasionnés par la recherche de renseignements, ensuite, le croisement avec les informations apportées par le vendeur et enfin, les frais relatifs à la reprise de contacts avec le client. Cette souplesse théorique nécessite souvent un aménagement des normes de délégations au niveau des services centraux, en fonction de scores clients et de l'expertise du collaborateur.

La mise en place d'un outil CRM s'accompagne fréquemment d'un impact important sur la révision du système de pilotage de l'entreprise. On constate que les axes de pilotage « produit » ou « montant » évoluent vers des lectures plus « performance » avec le ratio « ventes/nombre de rendez-vous », mais aussi « efficacité » avec la mise en relation de la marge brute d'un client avec les coûts nécessaires pour obtenir la commande et satisfaire le client.

Le support client

Une reconnaissance récente

Le support client est aujourd'hui totalement intégré dans les réflexions sur la mise en place de solutions pour la gestion de la relation client. Cette activité a longtemps été perçue comme un mal nécessaire. Mais, depuis quelques années, les entreprises ont compris qu'elle représente un élément majeur de la satisfaction client : de la réussite d'un dépannage dépend souvent la confiance qui s'instaure entre l'entreprise et son client. Elle est devenue un moyen d'accompagner les clients dans une meilleure utilisation des produits de l'entreprise, mais aussi un moyen de comprendre la façon dont les clients utilisent les produits. La nature des prestations liées aux services client est très large :

- aide à la mise en service du produit (produits électroniques ou informatiques) ;
- aide à la compréhension de la facturation (opérateurs de télécommunication) ;
- gestion des problèmes de paiement (société de crédit, télécommunication) ;
- déclarations des sinistres (banques, assurances) ;
- assistance en cas de panne (automobiles, énergie, ascenseur) ;
- conseils pour l'utilisation des produits (produits alimentaires, lessives, etc.) ;
- gestion et traitement des réclamations.

Ces activités de support au client permettent d'accompagner ce dernier dans son cycle de découverte des produits de la marque. Elles contribuent à créer la qualité du produit et à construire la confiance du client. Compte tenu de ses impacts très forts sur la fidélisation, les entreprises n'hésitent plus à investir pour leur service après-vente. De nombreuses études montrent l'importance de la gestion des réclamations sur la fidélité des clients.

Lorsqu'une entreprise commence à équiper sa force de vente d'outils de communication, elle en fait maintenant de même avec ses techniciens.

Ceux-ci, comme les commerciaux, accèdent aux données pour personnaliser la prestation d'après-vente. Grâce à un accès à l'historique du compte, le technicien évalue plus précisément le type de prestation qu'il doit réaliser. Dans le domaine des biens électroménagers, il peut préparer le stock de pièces détachées nécessaires, ce qui diminue le temps d'intervention et les délais de résolution pour le client. Il accède éventuellement à une liste des interventions effectuées sur ce type de matériel, aux solutions apportées et il peut faire des propositions de prêt de matériel. Le SAV présente parfois un intérêt commercial : le technicien est à même de détecter de nouvelles affaires et de recueillir des informations qui peuvent être utiles sur le plan commercial ou marketing.

Une mine de renseignements

La fonction de service au client est celle qui a le plus de contact avec les clients et avec les prospects. L'étude des incidents, des réclamations et des appels est une source inépuisable de pistes d'amélioration des offres existantes et de création de nouveaux produits. Les questions, les problèmes rencontrés permettent d'anticiper un problème de fabrication et de faire de la maintenance préventive.

L'importance qu'il faut accorder à l'après-vente dans toute démarche d'amélioration des produits est bien résumée par cette formule en forme de devinette déjà citée dans le chapitre 2 : Quelle est la personne clé dans un restaurant ? Il ne s'agit ni du chef, ni du personnel de table, mais du plongeur qui voit ce que les clients n'ont pas consommé !

Les éditeurs de logiciels informatiques ont compris l'intérêt de l'écoute permanente des communautés d'utilisateurs sur Internet pour améliorer leurs produits. La lecture des Foires aux questions est une source intarissable de pistes potentielles d'amélioration de l'offre.

La difficulté du diagnostic

Les services après-vente doivent être capables :

- d'apporter des solutions rapides aux clients ;
- de fournir des conseils pour la mise en service ou l'utilisation d'un produit ;
- de diagnostiquer la défaillance du produit ;
- de mesurer le type d'intervention nécessaire comme l'envoi de composants ou le déplacement d'un technicien.

Or, lorsque le nombre de produits est important ou que l'évolution de la gamme est rapide, le problème de la formation et de la compétence des agents de maintenance se pose. Par exemple, pour un fabricant de matériel informatique, compte tenu de l'hétérogénéité des environnements, il est presque impossible de répertorier a priori tous les types de problèmes.

Il est utopique de vouloir diffuser un même niveau de compétences chez l'ensemble du personnel technique. Ainsi, un assistant SAV junior peut, au mieux, après quelques journées de formation et une phase opérationnelle de quelques semaines, diagnostiquer une part des problèmes les plus courants. Pour remédier à cette difficulté de formation des experts, les centres de service après-vente font appel à la technologie de raisonnements à base de cas.

Le positionnement des raisonnements à base de cas

Les systèmes de raisonnement à base de cas (RBC ou CBR pour Case Based Reasoning en anglais) résolvent des problèmes par la comparaison d'exemples proches puisés dans un ensemble de cas stockés préalablement. Avec cette méthode de résolution, si une expérience passée et une nouvelle situation sont suffisamment proches, toutes les conclusions appliquées à l'expérience passée restent valides et peuvent être appliquées à la nouvelle situation. L'utilisation d'un RBC comme outil d'aide à la décision peut réduire le temps par appel et le temps de formation des nouveaux assistants. Les RBC comme ReCall ou ceux intégrés dans Remedy contribuent à améliorer la performance globale des centres d'appels et à homogénéiser le conseil, même en dehors des heures ouvrables, quand les experts sont rares.

Le centre d'appels

Une croissance soutenue

Simplicité d'utilisation, facilité d'utilisation et large diffusion ont contribué à faire du téléphone un média naturel de la relation client. Il remplace progressivement le courrier surtout pour les petits problèmes. Selon une étude Datamonitor de 2002, le nombre de positions (c'est-à-dire de postes occupés par des téléopérateurs) serait en France de l'ordre de 150 000 et devrait continuer à croître rapidement.

Aux yeux des clients de l'entreprise, le centre d'appels (call center) représente l'entreprise elle-même. Les critères qui déterminent l'efficacité d'un centre d'appels, comme le temps de réponse ou l'aiguillage efficace des appels entrants, doivent être bien maîtrisés. Mais d'autres critères, plus qualitatifs, sont plus difficiles à contrôler : le téléopérateur doit être en mesure de répondre autant que possible à toutes sortes de questions relatives à l'entreprise posées par son interlocuteur téléphonique. Par ailleurs, le souhait de baisser les coûts de conquête et/ou de fidélisation des clients ont conduit de nombreuses entreprises à élargir la palette des activités traitées par les centres d'appels.

Objectifs

Le centre d'appels permet de maintenir la relation avec le client en réservant une composante humaine forte à cette relation. Toutefois, le contact par téléphone nécessite de développer un mode relationnel spécifique :

- Il faut savoir aller à l'essentiel car la durée de communication a un coût pour les deux parties. La migration progressive des numéros gratuits vers les numéros payants s'est traduite par une montée de l'exigence des clients qui appellent. De plus en plus conscients des coûts du service, ils veulent des prises en charge rapides et des solutions pertinentes.

- Pour traiter les appels de la manière la plus efficace possible, il faut avoir à sa disposition le maximum d'informations sur le client, les paiements et les produits proposables, pour répondre et faire sentir au client que l'entreprise se préoccupe de ses préférences et de ses goûts. Cette information doit être facilement accessible pour la personne chargée de traiter les appels :

  - informations essentielles sur l'écran d'accueil dans un format explicite pour minimiser la formation des collaborateurs ;

  - facilité de navigation dans les menus pour accéder à des points plus spécifiques avec des possibilités d'aller dans des thématiques différentes par des liens hypertextes.

- Le poste du téléopérateur doit être efficace pour ne pas faire perdre patience au client, mais aussi pour ne pas faire perdre la chance au téléopérateur de conduire un appel chaleureux. Si l'outil de travail est trop pénible, en utilisation ou en performance, le téléopérateur ne peut se consacrer à l'écoute de son client. Il faut savoir écouter les silences et les hésitations du client, car l'ouïe est le seul sens sur lequel on peut s'appuyer pour qualifier la réceptivité du client.

Ces contraintes spécifiques se sont traduites par une évolution du poste de travail du téléopérateur. Dans un premier temps, celui-ci a travaillé avec un poste de travail standard, plus un casque et un micro pour lui permettre de taper sur son clavier tout en dialoguant par téléphone. Puis, les particularités de la profession ont justifié le développement de postes de travail plus spécifiques et utilisant les possibilités du couplage entre la téléphonie et l'informatique.

Les centres d'appels sont à double tranchant : redoutables d'efficacité, ils permettent de réaliser des économies importantes dans les fonctions de vente et d'après-vente ; mal organisés ou mal équipés, ils peuvent avoir un impact calamiteux sur la qualité de service et sur les coûts de traitement. L'ergonomie d'un poste de travail, dédié au traitement des appels est donc spécifique : alliance de vision de synthèse pour identifier rapidement le profil du client ou de l'appel, mais aussi d'informations détaillées pour répondre à des demandes précises.

L'intégration téléphonie et informatique

Les sociétés qui gèrent de gros volumes d'appels et plusieurs dizaines de téléopérateurs n'hésitent plus à coupler téléphonie et informatique. Cette convergence entre l'informatique et la téléphonie est dénommée CTI (Computer Telephony Integration). Elle consiste à gérer deux types de données :

- Les données qui proviennent du réseau téléphonique ou du PABX (autocommutateur) : le numéro de l'appelant et le numéro appelé, l'origine géographique de l'appel, le type d'appel.

- Les données gérées par le serveur dans sa base de données sur les clients et les interlocuteurs internes.

Figure 6-5 : *Couplage téléphonie-informatique (d'après Patrick Devoitine, Mettre en place et exploiter un centre d'appels, Eyrolles, 2003)*

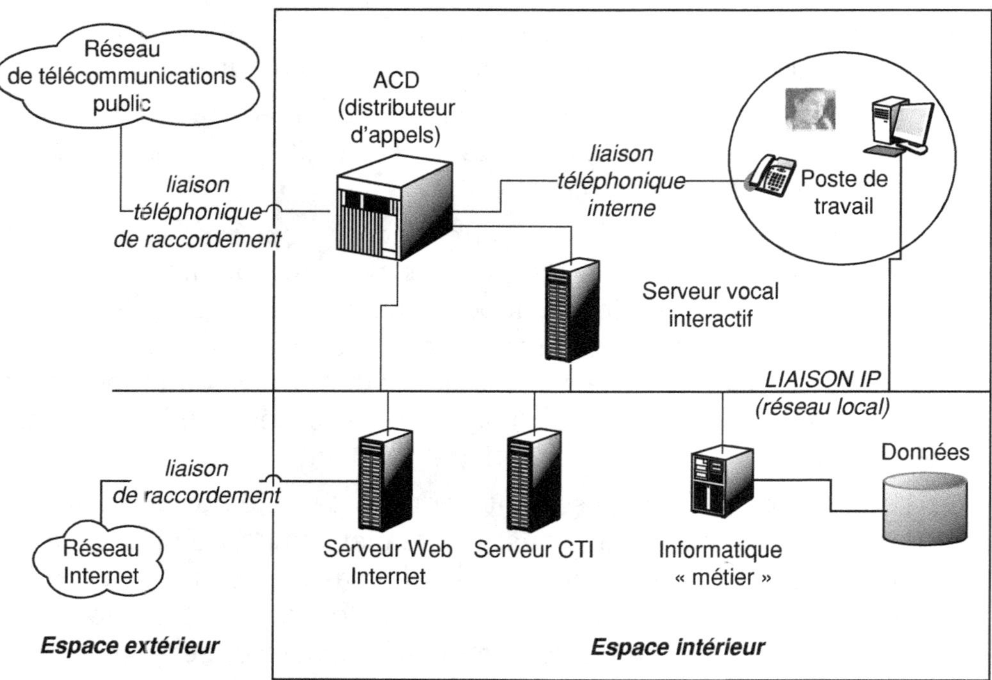

Le terme anglo-saxon CTI regroupe les applications faisant interagir les deux mondes de la téléphonie et de l'informatique. Il existe trois raisons majeures à la démocratisation de ces applications :

- un besoin d'accroître la productivité ;
- la baisse des prix des équipements ;
- l'utilisation de standards ouverts par les principaux fabricants de centraux téléphoniques (PABX).

On peut distinguer trois mouvements distincts dans les applications CTI :

- les serveurs vocaux interactifs,
- les plates-formes de commande et de gestion des appels qui s'interfacent avec le PABX,
- la fusion totale entre le central téléphonique et le réseau informatique.

Le CTI permet l'intégration totale de l'ensemble des machines manipulant des informations. Demain, les ordinateurs, les téléphones, les assistants personnels numériques, les voitures, les consoles de jeu, les téléviseurs... interagiront en toute harmonie. Il est fort probable que le développement des technologies de communication entre les applications, tant au niveau des moyens de communication (réseaux sans fil) que des transporteurs d'information (outils d'ETL ou d'EAI) modifieront profondément cet univers en élargissant son périmètre d'intervention. Prochainement, le CTI se déclinera en CKI : Computer Knowledge Integration.

Les fonctions

L'intégration CTI permet d'améliorer l'ensemble du processus d'accueil et de traitement de demandes client. En fonction de toutes les informations transmises, le serveur se fonde sur des scénarios préétablis pour déterminer les actions à effectuer. C'est à ce niveau que se situe la véritable intelligence du CTI. Dans un premier temps, il qualifie l'appel, c'est-à-dire l'identification de l'appelant et éventuellement la raison de son appel (commande, renseignement, SAV). Cette qualification peut être effectuée soit par un opérateur de premier niveau, soit par un serveur vocal interactif.

Au premier niveau, la reconnaissance du numéro appelant permet d'orienter le processus de traitement :

- en fonction du numéro composé, il est possible de connaître le motif de l'appel. Ainsi, les centres d'appels mutualisés identifient la nationalité de la personne et/ou l'entreprise pour lequel le client appelle ;
- en fonction du numéro de l'appelant, un lien avec la base de données permet de vérifier son niveau de service et de le diriger vers le serveur vocal ou un conseiller.

Au second niveau, le client est pris en charge soit par le serveur vocal, soit par un intervenant humain. Les serveurs vocaux permettent d'effectuer des fonctions assez traditionnelles de consultation, mais offrent toujours la possibilité de se diriger vers un intervenant humain.

Le serveur vocal doit être simple et intuitif en navigation. Il est nécessaire de suivre les retours en arrière des clients dans les nœuds SVI (suite de touches) car ils traduisent souvent une incompréhension du client.

Au troisième niveau, l'interactivité avec un conseiller recourt à de nombreuses technologies. Les outils de supervision du centre d'appels permettent d'orienter le client vers un agent disponible et qualifié, de le

Figure 6-6 : Suivi des motifs
d'appels sur un SVI

Nœud	Libellé du nœud	Nombre	Pourcentage
P0	Pour choisir le code secret		
P1	Pour connaître la situation du compte		
P2	Pour augmenter la réserve du compte		
P3	Pour connaître le montant du prélèvement		
P4	Pour modifier les dates de remboursement		
P5	Pour faire opposition sur la carte		
P6	Pour informer d'un changement de situation		
P7	Pour demander une prise en charge par l'assurance		
P8	Pour être mis en relation avec un chargé de clientèle		
Total			

mettre en attente, de signaler le temps probable d'attente, etc. Parallèlement, le serveur CTI peut lancer les opérations sur le réseau informatique pour l'extraction des données dans la base concernant l'appelant, effectuer des calculs de score à la volée et transmettre les informations synthétisées sur le poste de travail de l'agent.

L'intégration CTI comprend des logiciels de reconnaissance des numéros, des outils de reconnaissance vocale et des automates de numérotation automatique. Le téléphone commande l'ordinateur pour l'exécution de certaines fonctions comme la prise d'appels et la recherche de la fiche d'information sur le client. L'autocommutateur qui fait le lien avec le réseau téléphonique supporte un ACD (Automatic Call Distribution) qui permet de distribuer les appels en fonction de la disponibilité des téléopérateurs et de l'encombrement des lignes. Un module d'alerte signale automatiquement les appels urgents en attente et détermine leurs priorités de progression. Il est capable de gérer les temps d'attente de chacun des appelants et de les renvoyer vers un serveur vocal, ou de leur proposer d'être rappelés en cas d'attente prévisible trop longue.

La liaison CTI améliore la relation pour les appels entrants, mais aussi pour les appels sortants avec la composition automatique des numéros. Les outils composent les numéros de téléphone, identifient la disponibilité de la ligne, vérifient si un répondeur prend la communication et ne transmettent l'appel que lorsqu'une personne a décroché. Ils ne distinguent pas encore s'il s'agit d'un enfant qui décroche !

Les avantages

- Une rapidité de réaction : il est possible de traiter différemment un client important d'un client occasionnel, en diminuant le temps d'attente du premier par une gestion des priorités. En effet, les mesures de productivité des centres d'appels sont établies sur des nombres d'appels traités par heure ou des temps moyens d'appels. Ces indicateurs permettent au manager de gérer la productivité et la formation de ses collaborateurs. Un mélange trop important des types d'appels traités entraîne des variations trop fortes dans les indicateurs, ce qui se traduit par une impossibilité de manager les équipes et d'utiliser les fonctions de prédictive dialing. Il est donc primordial de bien identifier et d'orienter les appels vers les bonnes structures. Le système peut éventuellement rediriger automatiquement le client vers l'interlocuteur ou le service compétent, en identifiant dans la base de données l'interlocuteur privilégié ou la nature du dernier appel.

- Une personnalisation des contacts : grâce aux informations, le système aide les téléopérateurs à répondre rapidement et efficacement à tout type de requêtes client, aux problèmes sur les produits et aux besoins d'informations. Les capacités d'analyse des données contenues dans la base, ou collectées lors de l'entretien, peuvent être utilisées pour visualiser une fiche client qualifiée avec des scores ou des synthèses. Pendant la conversation, des menus contextuels (*screen pop-up*) sont affichés. Par exemple, un chargé de clientèle recevant le message suivant : « Je suis à côté de Brest et je n'entends pas bien sur mon portable » accédera directement à une base cartographique indiquant les zones de couvertures et les projets d'installation de couverture. Il peut ainsi renseigner précisément son interlocuteur.

Figure 6-7 : Écran avec un script adapté à l'interlocuteur

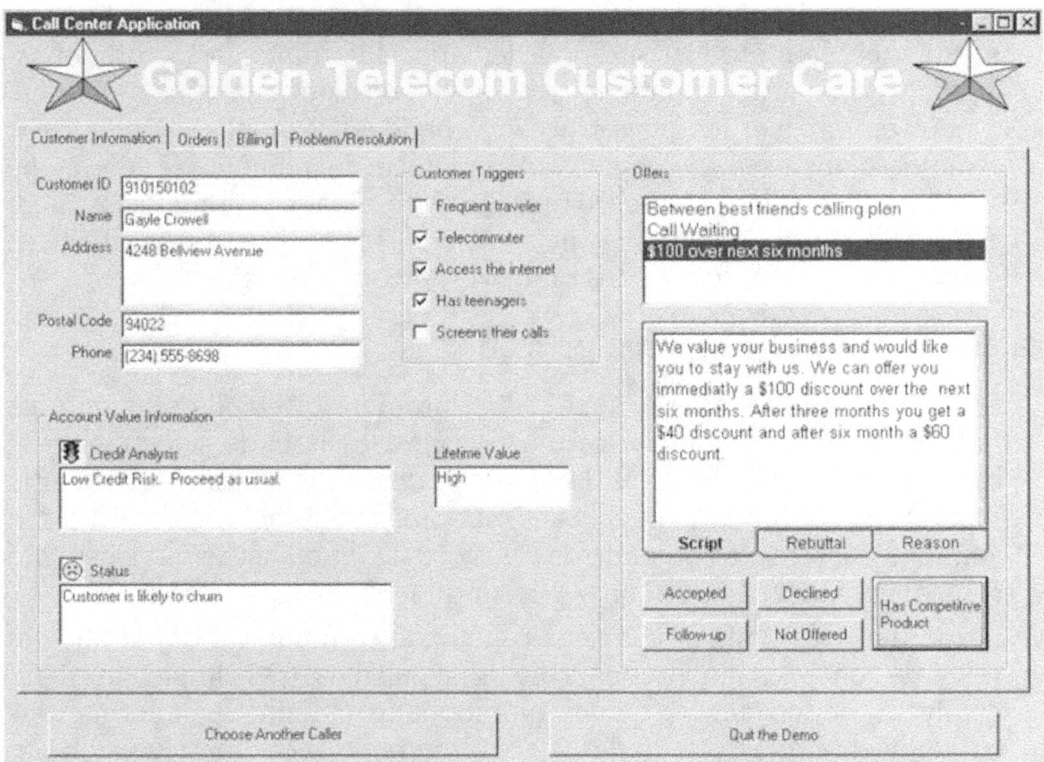

- Une meilleure accessibilité : la liaison informatique et téléphonique permet aux utilisateurs d'interagir par des touches du clavier, ou parfois de la reconnaissance vocale, afin de choisir des options, d'entrer des commandes ou de parler avec un interlocuteur. Grâce à elle, les clients peuvent ouvrir les applications pour des opérations de consultation de compte ou de commande par téléphone.
- Une facilité de transfert : un CTI permet de basculer un appel d'un lieu à un autre sans perdre les informations. L'affectation d'un signet à un appel important est une fonction qui donne la possibilité au responsable du centre d'appels de suivre cet appel tout au long de sa résolution.
- Une automatisation des tâches : il est facile d'activer l'envoi d'une documentation, de programmer un appel à une heure déterminée, ou de prendre un rendez-vous dans l'agenda partagé d'un conseiller sans bouger du poste de travail.
- Une meilleure traçabilité : toutes les opérations sont enregistrées dans le journal du serveur CTI. Le CTI facilite la constitution d'une source de renseignements sur le comportement et les attentes des clients. L'analyse des logs CTI permet d'évaluer la productivité des argumentaires (taux de prise en charge, taux de concrétisation) et de valider, sur des résultats tangibles, la performance de certains processus d'accueil ou de relance.

  La figure 6-8 illustre une répartition des appels selon les types de clients (à forte ou faible valeur) et les résultats observés selon le service ayant pris en charge le client.
- Une meilleure productivité pour les appels sortants : les centres passent de manière simultanée des appels entrants aux appels sortants pour rentabiliser les plages horaires pendant lesquelles ils reçoivent moins d'appels. La composition anticipée du numéro de téléphone améliore considérablement la productivité. Il faut néanmoins signaler que la gestion alternative appels entrants-sortants est techniquement possible, mais nécessite des profils de téléopérateurs assez rares.

La convergence téléphonie et Web

Le couplage des centres d'appels et d'Internet devient de plus en plus incontournable. Le client a de plus en plus le choix de sélectionner le canal d'interaction : le client doit pouvoir obtenir les informations par le Web ou par un interlocuteur. Mais, si après avoir choisi son produit, il souhaite passer sa commande de vive voix, il faut lui laisser la possibilité de changer facilement de canal à partir du Web.

Les entreprises unifient ces deux canaux de communication en un seul point de contact pour les clients. Le principe en est très simple : le client, connecté au serveur Web, mais qui souhaite obtenir des informations complémentaires, peut parler à tout moment avec un téléopérateur.

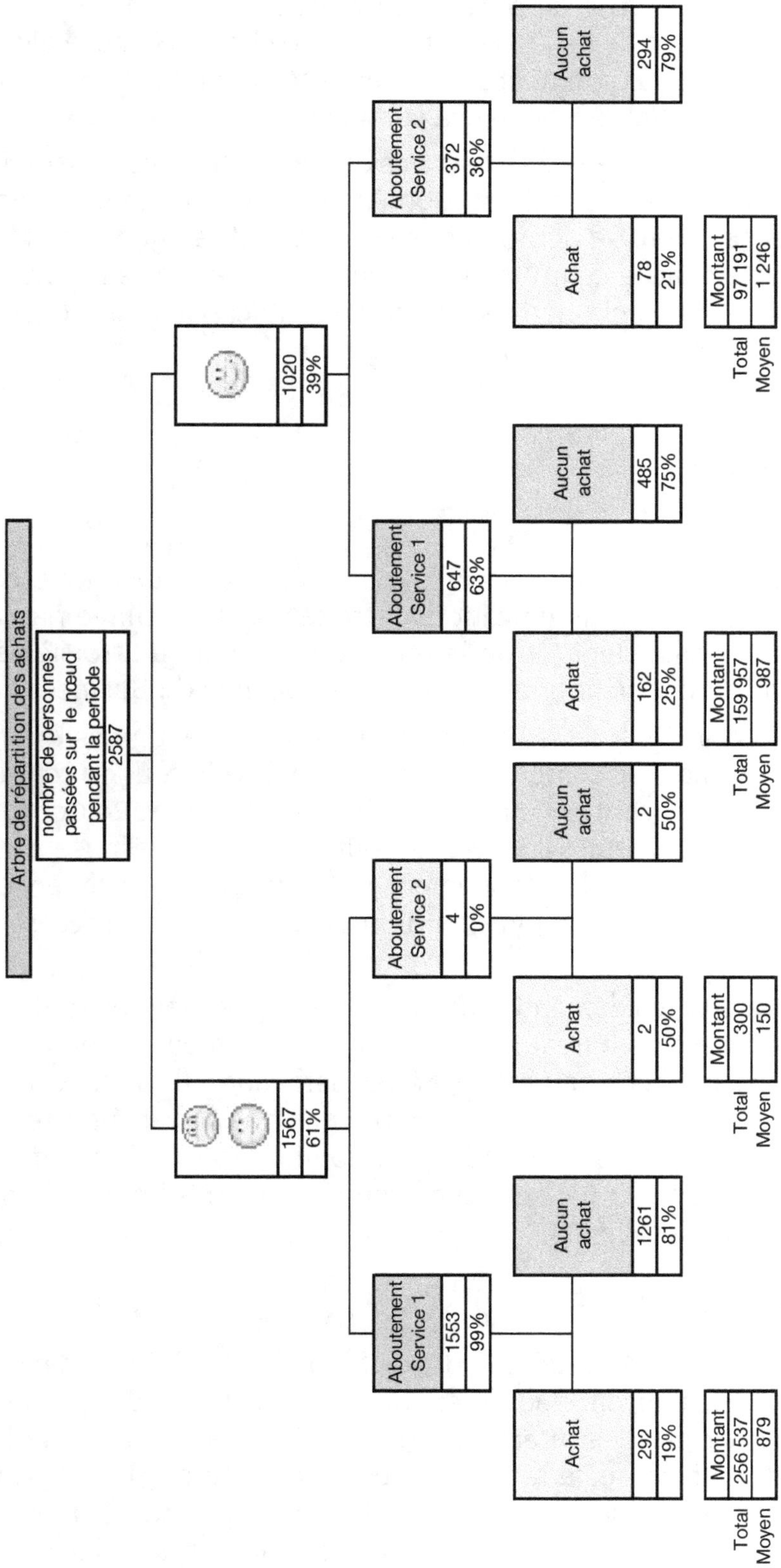

Figure 6-8 : Comparatif de
résultats en fonction du scénario
de traitement

Arbre de répartition des achats

nombre de personnes passées sur le nœud pendant la période
2587

1567 — 61%

1020 — 39%

Aboutement Service 1 — 1553 — 99%

Aboutement Service 2 — 4 — 0%

Aboutement Service 1 — 647 — 63%

Aboutement Service 2 — 372 — 36%

Achat — 292 — 19%
Total Montant 256 537
Moyen 879

Aucun achat — 1261 — 81%

Achat — 2 — 50%
Total Montant 300
Moyen 150

Aucun achat — 2 — 50%

Achat — 162 — 25%
Total Montant 159 957
Moyen 987

Aucun achat — 485 — 75%

Achat — 78 — 21%
Total Montant 97 191
Moyen 1 246

Aucun achat — 294 — 79%

Il suffit de cliquer sur un bouton qui prévient automatiquement ce dernier. La discussion peut se faire sous forme de chat ou se traduire par une demande de rappel. Le système transmet également au téléopérateur l'identification de l'appelant, le dossier des transactions précédentes et le déroulement de la session en cours. Le client se trouve alors en téléconférence ou sur son téléphone avec le téléopérateur, qui peut lui adresser des pages Web ou valider sa commande.

Les modules Web de self-service offrent au client la possibilité de consulter son dossier de façon personnalisée ou encore de s'autodépanner. Si le client ne peut se débrouiller seul, on lui offre la possibilité de contacter directement le centre d'appels par e-mail, en laissant une demande de rappel ou en entrant directement en contact par *call through*, c'est-à-dire en véhiculant de la voix sur IP.

Internet

Internet dépassera dans quelques années le téléphone comme mode privilégié de communication. Cette tendance, facilitée par la généralisation du haut débit et de la téléphonie mobile de troisième génération, sera certainement plus forte dans le domaine du Business to Business.

La part du Web dans les canaux de service client grossit rapidement. Cet engouement se comprend quand on analyse le coût du contact : 0,03 euro par Internet contre 4 euros par téléphone (source : PA Consulting Group). Plusieurs facteurs, comme le coût, la facilité de mise en œuvre, etc., contribuent au développement de solutions de self-service ou de *self-customer care*, mais le plus important est le confort et l'accessibilité pour le client.

En B to C, les demandes de support interviennent en majorité en dehors des heures de bureau, au moment où justement les entreprises sont les moins armées pour répondre à ces demandes. Il est donc naturel et rentable d'orienter les demandes de premier niveau vers un site Internet, et de mettre en place un système de communication par e-mail. La mise à disposition des FAQ est le moyen le plus utilisé pour favoriser l'autodépannage des clients.

La modification des coûts

Internet est le symbole de cette nouvelle fluidité dans laquelle les vendeurs peuvent s'adresser aux consommateurs directement, sans avoir à passer par des intermédiaires. Le Web remet en cause les avantages traditionnels de certaines formes de commerce : taille, part de marché. Ainsi, chaque salarié « virtuel » d'Amazon génère trois fois plus de revenus que le salarié « point de vente » (*brick and mortar*) de Barnes and

Noble. Après plusieurs exercices de pertes, Amazon a pu déployer son modèle de communication et personnalisation des offres, de traitement des commandes dans d'autres secteurs d'activités tels que les DVD, les jouets, les articles d'occasion, etc., et apporter ses compétences à d'autres compagnies comme Toys "R" Us. Internet est un compresseur de temps et de coûts dans le domaine du marketing direct. Lorsqu'on construit une page Web, cela ne prend que quelques minutes pour la mettre en œuvre sur Internet, alors que cela prend plusieurs jours pour imprimer et livrer un document papier.

Une partie importante des coûts de l'accès à l'information se situe dans la diffusion. Ainsi, le prix de cet ouvrage est encore aujourd'hui largement impacté par la distribution et très peu par la conception (au grand dam des auteurs), et dans une moindre mesure, par la fabrication. La mise en œuvre des technologies Web change la nature du problème de l'information. Avec Internet, les barrières traditionnelles à l'entrée sur un marché se sont effondrées et des eBay ou Amazon ont pu atteindre rapidement des tailles considérables sur des marchés très concurrentiels.

Les avantages

Internet offre une opportunité importante :

- pour attirer des clients par une politique d'information, de communication interactive ;
- pour améliorer la fidélité des clients en fournissant un meilleur service ;
- pour collecter un nombre impressionnant de données sur le mode d'interaction, les structures choisies et la construction des cibles.

Les entreprises voient dans le Web des avantages économiques identiques à ceux de l'utilisation des serveurs vocaux interactifs sur les centres d'appels, avec le traitement automatisé des questions simples. Il offre un accès immédiat et de plus en plus convivial à l'information. L'accès aux informations sur le Web permet de faire des économies importantes, en hommes et en communication, et aussi dans le service assuré par le centre d'appels. Sachant que le coût moyen par client d'un centre d'appels est de 4 euros, le glissement des demandes d'information et de documentation vers le Web réduit de manière considérable le coût du service.

Les outils du Web

La personnalisation : l'utilisation des données collectées sur le Web est très importante. Elles permettent de tracer la logique de recherche du client, de comprendre comment il se déplace et quel type d'information il recherche. Ces renseignements permettent d'améliorer la construction du site. Ils sont également révélateurs du comportement des clients dans leurs attentes et leurs centres d'intérêt. À partir des profils identifiés, les clients se voient proposer des informations personnalisées sur les produits, le suivi de leurs commandes ou des questions sur des nouveaux produits ou services. Le suivi des utilisations du site permet d'identifier des nouveaux comportements et de mettre en place des politiques spécifiques de communication ou d'animation.

Les campagnes e-mails : il y a une prise de conscience grandissante que l'e-mail prend de plus en plus de poids dans la globalité des contacts traités par l'entreprise. Auparavant, seulement 5 % des contacts se faisaient par e-mail, et le reste par téléphone. Mais la tendance s'inverse et, aujourd'hui, un ratio de 50/50 est constaté.

La technologie push : il s'agit d'apporter à l'utilisateur une information personnalisée et systématique. Le mode push permet de faire parvenir par courrier électronique, fax ou téléphone mobile (SMS, MMS), une information à la demande du client sur des alertes ou des centres d'intérêt qu'il a déclarés. Le client n'a plus à aller chercher une information pour la prise de décision, celle-ci vient à lui quand elle est pertinente. La capacité d'interagir à la demande modifie fondamentalement le mode de relation avec le client. La mise en œuvre du push permet de pousser de l'information, des messages, des publicités vers un client sans attendre qu'il visite le site. L'avantage du push est de tirer (pull) des clients vers votre site et votre entreprise. Le push est utilisé pour construire la relation avec les clients ou les prospects.

La création des liens entre clients : le Web offre la possibilité de créer des communautés virtuelles, notamment par des forums ou des espaces de discussion en ligne. Dans ces lieux d'échange, chaque client peut exposer sa problématique et recevoir l'assistance d'un expert de l'entreprise ou d'un autre client. La majorité des communautés sont non commerciales. Elles permettent d'échanger, de discuter ou de demander des conseils. Ces communautés sont basées sur le chat qui ne ressemble pas à une forme de communication orale traditionnelle. L'entrée dans un chat consiste d'abord à lire les messages que les autres membres ont déposés sur un sujet et ensuite à choisir d'entrer dans le dialogue ou de rester seulement un lecteur.

Les communautés offrent certains avantages. La mise en œuvre d'une communauté peut offrir de rapides retours sur investissement. La possibilité de migrer des appels téléphoniques d'information vers la communauté se révèle rapidement rentable. Les coûts comparatifs sont explicites avec 0,34 euro pour une minute de téléphone et 0,01 euro pour une minute sur le site. Une communauté permet d'identifier de manière très précise les attentes et les préoccupations des consommateurs. Par exemple, dans le domaine des ventes aux enchères, la mise en œuvre d'une communauté sur les voitures Dinky Toys permet de se constituer des listes hyperciblées. Cette connaissance très précise, lorsqu'elle est complétée par une analyse de la traçabilité des visites permet de mettre en œuvre une personnalisation très forte de la relation. Enfin, une bonne gestion de la communauté permet à l'entreprise de développer une logique de partenaire avec ses clients. La possibilité de créer un catalogue avec ses Dinky Toys offre au collectionneur un moyen supplémentaire d'échanger avec des membres de sa communauté et de développer sa passion. Un certain altruisme pousse certaines entreprises à préconiser des communautés externes. Cette intégrité est souvent appréciée et génère une fidélité encore plus grande : on ne mélange pas passion et commerce.

Le développement d'une communauté présente aussi quelques risques. Il faut pouvoir vérifier la qualité des membres en contrôlant l'adéquation des échanges avec la vocation du site. Certains « chateurs » rentrent dans des communautés pour propager ou défendre des idées ou des causes sans lien direct avec le sujet. La mise en place d'une communauté est un moyen pour les concurrents d'accéder directement aux opinions de vos clients, voire de diffuser des rumeurs. Il faut évaluer les avantages par rapport aux risques. Il est clair que la vérité sur son produit peut parfois faire mal, mais c'est une possibilité de l'améliorer et de le corriger. La crédibilité d'une communauté passe par une certaine objectivité, avec des options favorables et défavorables, et aussi par une fraîcheur des informations.

Les espaces de recommandations : une forme moins ouverte, et aussi moins dangereuse que la communauté consiste à mettre en ligne des avis d'autres clients. Il n'y a pas d'échanges directs entre les membres, mais il est possible de récupérer les renseignements fournis par d'autres consommateurs. Le site de la Fnac (Fnac.com) est une source très riche d'informations pour les clients qui hésitent entre plusieurs appareils (voir figure 6-9).

Figure 6-9 : Espace de recommandations sur Fnac.com

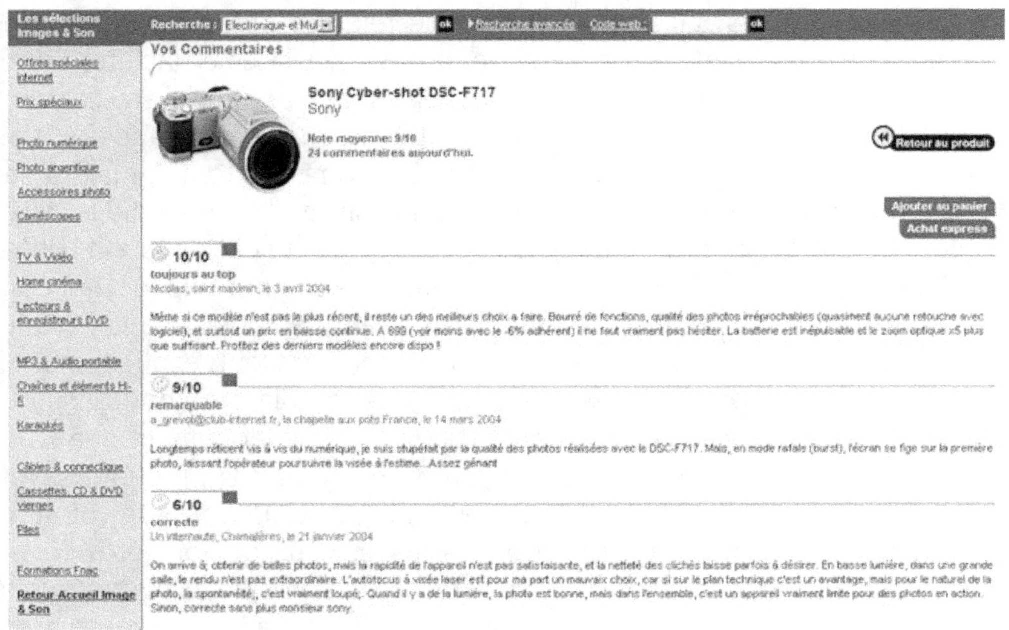

Les principes de conception

Un site Web doit être conçu de manière à conserver le visiteur le plus long-temps possible en suscitant son intérêt. Cette durée de visite est le meilleur critère d'appréciation pour évaluer l'intérêt du site. Elle peut être comparée à la durée d'argumentation d'un VRP avec un client. Plus celui-ci a la possibilité de développer son offre et de présenter son produit, et plus la probabilité de vendre augmente. Pour créer cette durée, le site doit répondre à la règle des 4 C (contenu, communauté, communication et commerce) :

- *Contenu* : il faut offrir des informations en relation avec le produit ou le service offert. La mise à disposition de livres blancs, de témoignages client, d'un support de présentation, d'articles thématiques, de rap-ports, d'analyses de marché, de liens vers des sites communautaires participe à la valeur du site. La mise à disposition d'un contenu sur Internet est un peu différente de l'écrit traditionnel avec le besoin de respecter les normes d'affichage, de réduire le texte et d'introduire des liens hypertextes pour faciliter les accès directs aux sous-parties. Il est important d'ajouter, de manière continue, des nouvelles informations pour générer un trafic régulier. Le téléchargement de certains docu-ments se fait souvent au moyen d'un formulaire, mais il faut savoir laisser ouvertes des parties du site afin de permettre aux visiteurs une évaluation de la qualité du contenu. En effet, de nombreux visiteurs ne souhaitent pas laisser leurs coordonnées, surtout s'ils n'ont pas pu éva-luer le contenu du site. Le formulaire doit se limiter au minimum d'informations pour communiquer avec le prospect : plus il est long, et plus la probabilité d'abandon augmente. L'envoi des documents peut être totalement automatisé pour répondre dans les meilleurs délais à la demande du visiteur.

- *Communauté* : il s'agit de construire une relation plus proche avec les visiteurs du site Internet pour générer plus de visites et faciliter l'inte-raction. L'e-mail est le support privilégié pour animer votre commu-nauté. Compte tenu du développement des virus, le message doit être court et il est préférable de fournir un lien vers le site. L'e-mail, à ses débuts, a constitué une forme de permission marketing, mais le déve-loppement du spam a entraîné des réactions de crispation face à l'afflux d'e-mails non sollicités. Il faut donc veiller à s'assurer que le sujet con-cerne bien l'interlocuteur. La meilleure pratique consiste à construire une liste de *opt-in*, c'est-à-dire de clients ayant consenti explicitement à recevoir de l'information par e-mail. La mise en place de boutons pour recommander un texte à un ami participe au développement et à l'ani-mation de la communauté au moyen du marketing viral. Il faut savoir distinguer ensuite dans la liste des e-mails, ceux qui ont opté volontai-rement pour la réception de documents et ceux qui ont été recom-mandés. Dans tous les cas, la possibilité de sortir de la communauté doit être possible au moyen d'un *opt-out*[1] facile d'accès. La préservation d'une co mmunauté passe par un respect des communications ciblées sur leurs centres d'intérêts et une non-location des adresses, surtout sur des offres sans rapport avec les centres d'intérêts de la communauté.

- *Communication* : comme la concurrence n'est souvent qu'à un seul clic, il faut s'assurer que le site fonctionne de manière satisfaisante et offre une ergonomie optimale de navigation. Les études montrent qu'il existe encore de nombreux sites défaillants en termes de qualité de services et de respect des informations recueillies. Il faut permettre au visiteur d'entrer en communication avec l'entreprise au moyen d'une adresse e-mail visible et accessible, et mettre en place un processus de gestion des réponses aux e-mails. Encore trop de sites ne répondent pas ou trop tardivement. Devant la croissance des e-mails entrants et la difficulté de les traiter, certaines entreprises ont mis en œuvre des techniques de text mining pour analyser les e-mails, les diriger vers les services compétents et faire des propositions de réponses types. En France, la société Temis s'est spécialisée dans les outils de text mining et de traitement automatisé des e-mails (voir figure 6-10).

Figure 6-10 : Routage automatique des e-mails entrant en fonction de leur contenu à l'aide de la gamme d'outils Insight Discoverer de Temis.

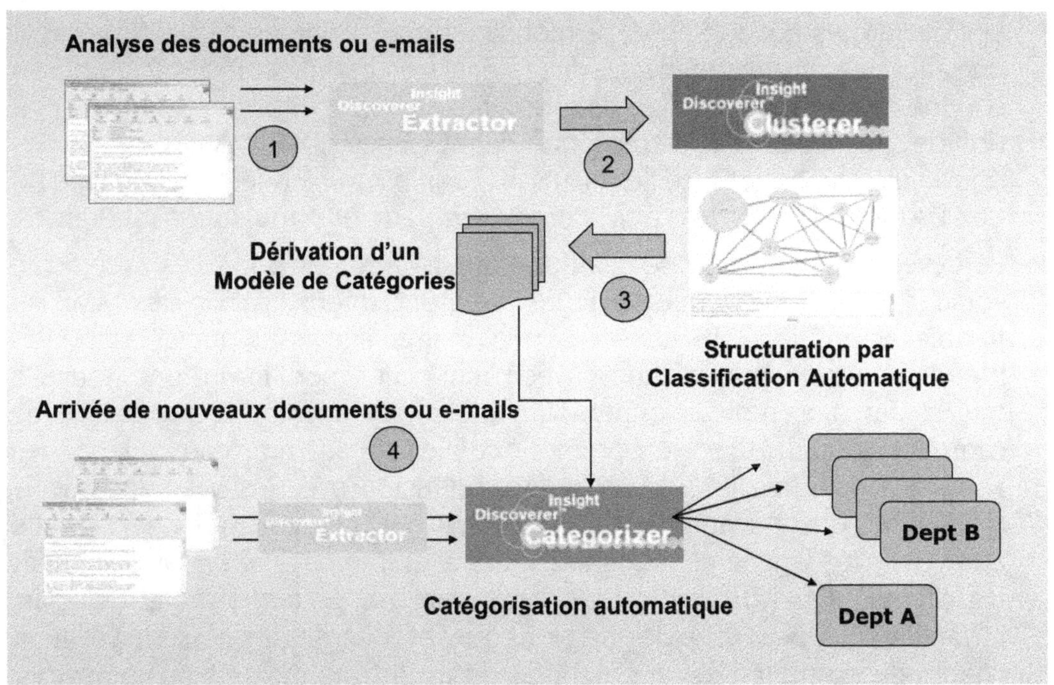

- *Commerce* : il faut faciliter les transactions avec les visiteurs ou clients. Il faut raccourcir le temps de saisie des coordonnées en offrant la possibilité au client de s'identifier par un code et un mot de passe pour mettre à jour automatiquement les adresses et le système de paiement. Le site Amazon reconnaît très rapidement le visiteur et demande une simple validation des informations. Il faut apporter au client la possibilité de suivre sa commande en ligne. Dans ce domaine, les entreprises Fedex et UPS ont mis en place un système très performant qui permet de suivre les acheminements des colis en temps quasi réel. Un moyen plus simple consiste à envoyer des e-mails de confirmation de réception de la commande et d'expédition des colis avec des précisions sur la date de réception. Il faut utiliser ce média pour remercier le client de sa commande et s'assurer qu'il est satisfait des produits et des délais de livraison. Cette gestion après-vente permet de se distinguer de la concurrence. Dans certains cas, il est possible d'inciter le client à faire une nouvelle commande avec un certificat électronique de remise ; il faut alors prévoir une zone explicite pour saisir le code. Les auteurs ont souvent été surpris de voir la relative incohérence entre les communications promotionnelles et les moyens d'accessibilité sur le site, par exemple, pas de possibilité de saisir le code, limites restrictives non explicites, etc., le client risquant alors de percevoir l'action promotionnelle comme une arnaque.

L'explosion des canaux

Les évolutions de la téléphonie mobile avec le GPRS, puis l'UMTS laissent présager une montée en flèche des téléphones mobiles ou des PDAphones comme des terminaux à part entière. Grâce à leurs possibilités de consultation de sites Internet et de réception de messages (SMS, MMS, e-mails), les nouveaux téléphones mobiles, seuls ou couplés avec un terminal de type PC ou PDA, vont devenir des canaux privilégiés pour les populations itinérantes.

Le développement du parc des nouveaux téléphones portables avec écran couleur et caméra digitale ouvre la voie à une intensification des MMS en remplacement des SMS. La réception d'un message graphique et la possibilité d'entrer en communication avec l'annonceur modifieront une nouvelle fois le paysage informationnel. Nul doute que la mise à disposition de campagnes publicitaires ou promotionnelles sur les nouveaux téléphones apportera à la fois la puissance de la diffusion avec les avantages de la traçabilité : qui et combien de personnes ont vu mon message ? Quelle attractivité a-t-il générée immédiatement et en temps différé ? Où se situent les clients ? Quel profil ont-ils ? Quels sont les points de vente les plus attractifs ? Etc. Beaucoup de questions que les hommes de marketing avaient l'habitude de traiter sur une période de un à trois mois et qu'ils devront demain traiter en une semaine… ou une journée !

Les fournisseurs de technologies rivalisent de créativité, et nul doute que d'autres canaux ne tarderont pas à s'affirmer, avec la prolifération des hotspots Wi-Fi, l'arrivée des cartes à puces et des montres communicantes, des « wearable PC », etc. Autant dire que les problèmes de gestion de la cohérence multicanal ne font que commencer !

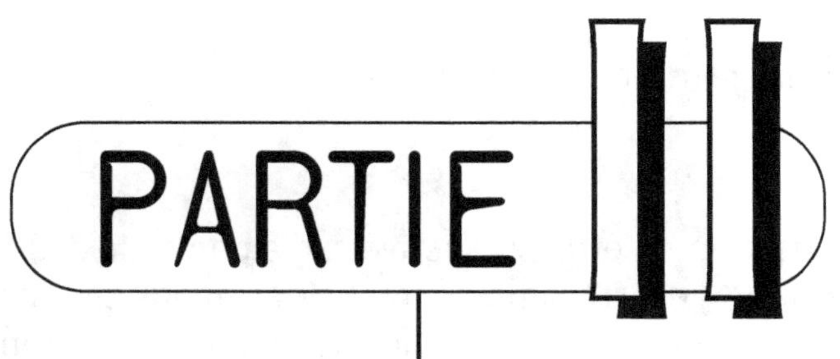

Panorama de l'offre et des outils

La première partie a permis de détailler les aspects fonctionnels d'un projet CRM pour présenter la problématique qui se pose à chaque métier. Nous avons essayé de couvrir l'ensemble des blocs fonctionnels d'un projet CRM pour en donner une vision globale et cohérente. Nous espérons avoir couvert les applications et les enjeux d'un projet CRM multicanal.

Il est évident que le développement des nouvelles technologies a un impact sur la recomposition des processus métiers décrits. Cependant, si les technologies changent, les fondamentaux dans le domaine de la gestion de projet, du pilotage, des études marketing, de la gestion de campagnes et du contact client restent.

Ce constat est moins vrai lorsqu'il s'agit d'évoquer les acteurs du marché et la couverture fonctionnelle et technique de leurs offres. Entre la première édition et sa mise à jour, le marché du CRM a connu de profonds bouleversements : arrivée des éditeurs « poids lourds » sur ce marché, disparition de nombreux éditeurs, recomposition des offres des acteurs de niches, acquisitions et alliances multiples. Cette seconde partie est donc moins stable. Les leaders d'aujourd'hui ne seront certainement pas ceux de demain.

Conscient de cette limite, nous avons néanmoins voulu présenter, et non évaluer, certains outils du marché. Cette seconde partie se propose de dresser un panorama de l'offre des technologies, des outils et de leurs caractéristiques, mais nous recommandons au lecteur d'entreprendre quelques actualisations (surtout s'il s'agit de faire l'acquisition d'outils). Le lecteur trouvera une présentation des sociétés et des produits, ainsi que des critères d'évaluation des outils pour faciliter sa prise de décision.

Cette partie ne peut être exhaustive car la panoplie des outils rattachés au marché du CRM est très importante. Nous avons choisi de présenter deux ou trois solutions par bloc fonctionnel. Nous remercions les éditeurs qui ont accepté de répondre à nos demandes d'informations et qui nous ont fourni les moyens de construire ces fiches de synthèse. Nous invitons par avance certains éditeurs à nous contacter pour mettre à jour et construire des fiches de synthèse pour d'éventuelles mises à jour disponibles sur Internet.

Cette seconde partie s'articule autour de cinq chapitres.

Le chapitre 7 présente un panorama général de l'offre des solutions de CRM du marché. Il met en perspective la croissance du marché et les principaux acteurs. Une segmentation des fournisseurs sur une matrice fonctions/processus est proposée pour interpréter le marché.

Le chapitre 8 présente quelques applications innovantes des principales technologies sous-jacentes au CRM. Il présente de manière succincte le fonctionnement, les enjeux et des exemples dans l'intégration téléphonie-informatique, le *groupware*, les systèmes d'information géographique, la téléphonie mobile, le data mining et les assistants personnels.

Les chapitres 9 à 11 présentent successivement les critères de choix, les fonctions et quelques outils dans les domaines de la gestion de campagnes, de l'automatisation des ventes et du service et de la personnalisation sur Internet.

Chapitre 7

Panorama général de l'offre

« Le client était roi, maintenant, le client est dictateur. »

Sir Richard Greensbury, directeur de Marks & Spencers

En guise de préambule...

Nous allons dresser ici un panorama de l'offre en matière de solutions de gestion de la relation client. Ce panorama nécessite quelques mises en garde préalables.

Le logiciel n'est rien sans les hommes et l'organisation

Dans ce domaine, la technologie ne contribue qu'à 20 % à l'amélioration de la performance marketing et commerciale d'une entreprise. La mise en place d'une organisation adaptée est au moins aussi importante ; quant au développement des compétences humaines et à la formation, ils comptent pour plus de 50 % dans cette amélioration. En d'autres termes, les technologies de gestion de la relation client ne sont qu'un moyen et ne pourront en aucun cas pallier des déficiences organisationnelles ou des réticences humaines. La réussite d'un projet CRM passe obligatoirement par un travail important d'accompagnement au changement. L'informatisation d'un processus déficient ne fait que rendre ses faiblesses plus évidentes.

Une offre en perpétuelle évolution

Sur le plan technique, les solutions de GRC sont très proches du monde d'Internet, qu'elles intègrent en tant que canal de relation avec le client ; elles ont donc tendance à évoluer à la vitesse fulgurante d'Internet. Qui plus est, il s'agit d'un marché qui reste encore en devenir. On peut penser que l'arrivée des acteurs « poids lourds » marque le début de la consolidation. Par conséquent, si les critères d'analyse et de positionnement sont pérennes, la description des éditeurs et de leurs outils devra nécessairement faire l'objet d'une mise à jour par le lecteur avant toute prise de décision.

Un contour encore incertain

Le CRM est un marché incontournable pour les fournisseurs de technologies. Le taux de croissance, relativement meilleur que celui de la plupart des autres segments de ce marché, attire des acteurs qui souhaitent surfer sur la vague du CRM. On trouve donc désormais des offres très hétérogènes en termes de couverture fonctionnelle, qui se réclament toutes de ce marché. Nous allons donc proposer une grille de décodage pour aider le lecteur à décrypter les discours des principaux fournisseurs.

L'intégration de progiciels est incontournable

Dans le domaine de la relation client, le début des années 1990 a vu l'essor des postes de travail commerciaux et des outils maison pour supporter le dialogue des téléacteurs sur les centres d'appels. À cette époque, les offres de progiciels étaient quasiment inexistantes ou insuffisamment matures.

Aujourd'hui, force est de constater que les solutions proposées par les éditeurs sont crédibles et évolutives sur le plan fonctionnel et ont prouvé leur robustesse sur des sites comptant des centaines, voire, d'après les éditeurs, des milliers d'utilisateurs. Dans ces conditions, et compte tenu du faible poids de l'existant en matière de systèmes de gestion de la relation client, les entreprises qui souhaitent améliorer leur efficacité dans le domaine du service au client ou du marketing/ventes s'orientent dans la majorité des cas vers l'intégration de progiciels du marché. Le CRM est devenu, en cinq ans, un domaine dans lequel les développements sur mesure sont naturellement délaissés au profit de solutions du marché.

Genèse de l'offre

Le CRM s'inscrit dans une nouvelle phase d'informatisation des entreprises qui concerne l'automatisation des forces de vente, du marketing et du service après-vente. Afin de mieux comprendre l'émergence du CRM et de mesurer son impact sur l'organisation, il faut retracer l'évolution récente de l'informatisation des fonctions ventes et marketing sur les vingt dernières années.

Les tableurs (1980 à 1984)

La première intrusion de l'informatique dans les métiers commerciaux commence dans les années 1980-1984 avec la diffusion des tableurs. C'était l'heure de gloire de Lotus 123, de Multiplan ou de Visicalc. La possibilité de gérer sur un ordinateur personnel, avec un principe simple de lignes et de colonnes, les noms et les chiffres d'affaires des clients ouvrait des horizons inconcevables jusqu'alors pour le pilotage de l'activité. L'un des auteurs se souvient avoir suivi le chiffre d'affaires annuel de ses clients sur un Atari 400 et effectué des sauvegardes sur cassette… ce qui était plus souple que les listings fournis par notre site central ! À cette époque, le tableur permettait de piloter l'activité des représentants en totalisant le chiffre d'affaires réalisé. Il a apporté puissance et autonomie dans la gestion des listes et dans l'exécution de calculs simples : suivi des inventaires, calcul des primes sur chiffres d'affaires, mises à jour de prix…

La prospective (1984 à 1989)

À cette époque, le suivi de l'activité ne suffit plus. Le pilotage de la fonction commerciale nécessite de mieux maîtriser la force de vente en contrôlant mieux l'activité comme les visites, les frais et les comptes rendus. Il s'agit aussi d'apporter une aide aux commerciaux dans la planification et l'organisation de leur prospection et dans la gestion de leurs contacts. Cette époque se caractérise par l'émergence des logiciels de gestion de contacts avec des produits comme Maximizer ou ACT! Ces logiciels permettaient, et permettent toujours pour certains d'entre eux, de suivre les entreprises, les contacts, les propositions ainsi que les résultats. Ils marquent le début de la gestion des interlocuteurs. Ils permettent de mieux organiser les relances qui doivent être effectuées après un coup de téléphone ou une visite. Le point le plus significatif est la personnalisation de l'application autour du mode de fonctionnement du vendeur. Il s'agit d'automatiser l'enchaînement de la démarche commerciale. Elle marque, pour la force de vente, le début de la sensibilisation à l'informatique.

Le multifonction (1990 à 1995)

La difficulté des relations entre le marketing et les forces de vente se fait de plus en plus forte. Il faut mettre en place des applications permettant d'assurer une courroie de transmission pour remonter les informations du terrain et relayer les décisions de marketing opérationnel auprès des forces de vente. Les interfaces avec les traitements de texte et les gestionnaires d'agendas se multiplient. Ce besoin commun d'information entre le marketing et les ventes annonce la fin de l'ère des logiciels de force de vente déconnectés. L'entreprise doit partager toutes les informations pour limiter le risque, optimiser la prospection et décliner sa stratégie de manière opérationnelle. Les entreprises développent les accès à distance et les données sont centralisées pour être accessibles par le maximum d'acteurs. Les logiciels passent du mode autonome à celui du client/serveur, profitant des possibilités de plus en plus faciles de connexion à distance. Le multifonction marque le début du partage des informations entre plusieurs interlocuteurs. Le client a fini d'appartenir au commercial, il devient progressivement un actif de l'entreprise !

L'intégration (1996 à 2001)

Jusqu'au début de cette période, on avait essentiellement affaire à des outils d'automatisation des forces de vente avec, dans certains cas, la consolidation centrale des données selon un modèle essentiellement maître/esclave. L'émergence du CRM correspond en fait à la volonté forte d'intégrer dans une même architecture (voir figure 7-1) des outils informatiques :

• pour toutes les fonctions en relation avec le client : ventes, service et marketing ;

• avec tous les canaux d'interactions : agences et forces de vente mais aussi centres d'appels et Internet ;

• dans une logique coopérative pour que les forces vives de l'entreprise puissent collaborer dans l'optique de réduire les cycles de vente ou la qualité du service.

Ainsi, le CRM est perçu dans une vision historique comme une extension des outils de gestion de contacts. Il fournit une information cohérente à l'ensemble des points de contact avec le client, tant au niveau du front office qu'au niveau du back office.

Figure 7-1 : *Les composants du CRM Première Génération*

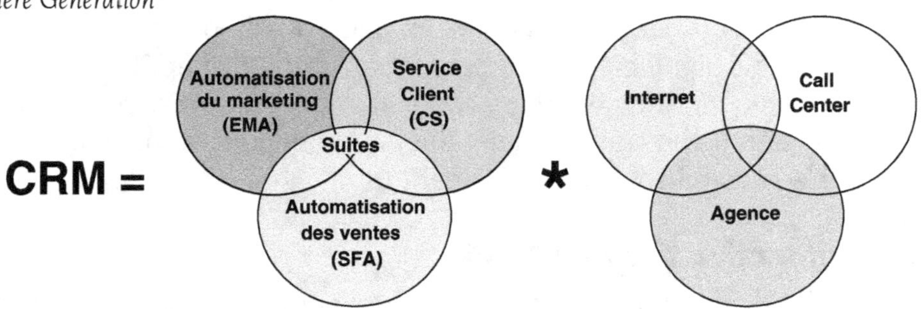

La révision des processus (à partir de 2002)

L'intégration des applications CRM s'est effectuée de manière additive, en fonction des priorités de l'entreprise et de la maturité des solutions logicielles :

• mise en œuvre des centres d'appels ;

• conception des outils de pilotage de l'entreprise ;

• construction des entrepôts de données ;

• développement de la connaissance des clients ;

• informatisation des forces de vente ;

• développement des contacts à distance.

Cependant cette mise en place s'est souvent faite par un empilage de technologies. La communication entre les différentes applications est difficile, les coûts de mise en œuvre sont souvent plus importants que prévu. L'instabilité du marché se traduit par la disparition ou le rachat de certains éditeurs, car un rythme élevé dans la mise à jour des applications impose aux entreprises des migrations fréquentes des applications.

Le marché semblant se stabiliser, il est important de réfléchir d'une manière moins parcellaire à l'intégration globale des différentes applications en partant des échanges d'information de celles-ci. Le CRM doit être conçu dans une vision processus utilisant des ressources comme les données, les applications et le personnel au service d'activités telles que vendre, communiquer, analyser, contrôler, etc.

Figure 7-2 : Les composants du CRM
Seconde Génération

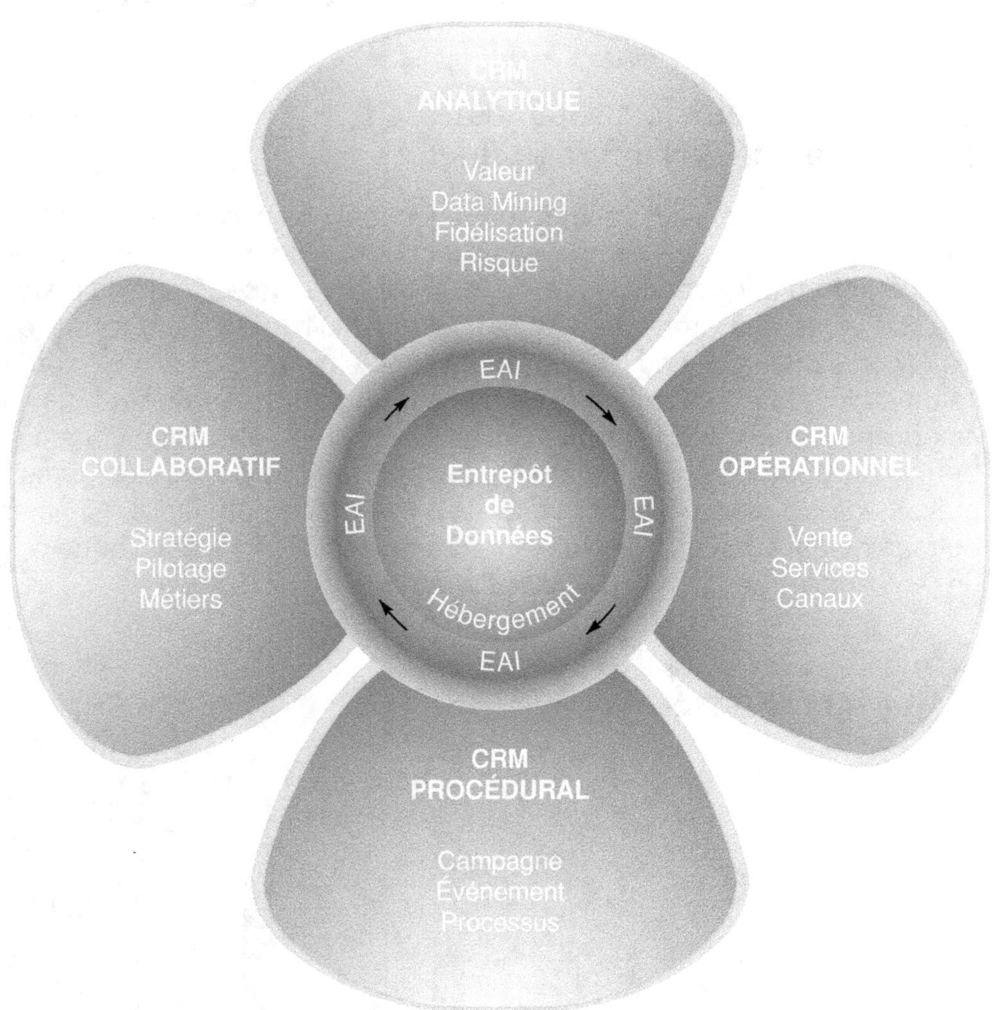

Cette vision processus du CRM présente de nombreux défis à relever :

- intégration des outils d'EAI (Enterprise Application Integration) pour faciliter la communication entre les applications ;

- développement de la modélisation des activités dans le domaine du marketing ;
- mise en œuvre d'une logique orientée client au niveau du contrôle de gestion.

Cette réflexion sur les processus nécessite une approche transversale dans l'organisation pour répondre aux questions essentielles des projets CRM :

- à quoi cela sert-il ? analyse des activités ;
- qu'est-ce que cela rapporte ? lecture par un contrôle de gestion orienté ABC (Activity Based Costing).

Un marché dynamique et arrivé à maturité

Une croissance deux fois supérieure à celle du marché de l'informatique

Les différents chiffres des cabinets d'études convergent pour prédire que le marché du CRM croîtra en moyenne deux fois plus rapidement que les services informatiques en général de 2004 à 2007 (source : étude du marché du CRM, Aberdeen Group, janvier 2003). Pour 2004, le Gartner projette que les revenus du marché du CRM croîtront de 1 % par rapport à 2003, soit un volume global de 23,9 milliards de dollars dont 50 % pour le seul marché américain. L'année 2004 est une année de transition avec une réorganisation des entreprises pour améliorer l'orientation client. Le cabinet Forrester prévoit une croissance comprise entre 5 et 10 % à partir de 2005. Le segment de marché qui connaîtra la plus forte croissance est sans équivoque celui des entreprises de moins de 1 000 salariés (voir figure 7-3).

Figure 7-3 : Prévision du taux de pénétration du CRM dans les PME (source AMI-US)

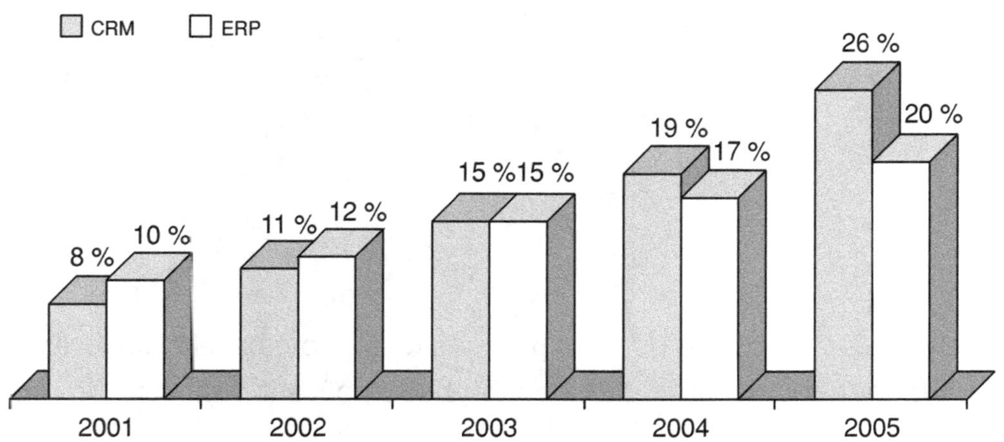

Pour ce qui est du marché français du CRM, après une période difficile en 2001 et 2002, Pierre Audouin Conseil prévoit une croissance annuelle moyenne de 15,6 % entre 2003 et 2005, année où le marché devrait atteindre près de 2 milliards d'euros comme le montre le tableau ci-dessous :

Étude parc CRM France 2002	2001	2002	2003-2005
Marché CRM France (M€)	1 115	1 224	1 890
Croissance/an	19,30 %	10 %	16 %

Le cabinet explique la morosité passée par trois phénomènes majeurs :

- la récession économique a contraint les budgets à la baisse, ce qui a retardé notamment les projets de CRM ;
- les événements du 11 septembre ont sinistré certains secteurs comme le tourisme, les intermédiaires financiers ou l'assurance, qui ont décidé de geler leurs dépenses et leurs investissements ;
- le taux d'échecs recensés a refroidi nombre de suiveurs inquiets des retours d'expérience négatifs de la part de certains pionniers.

Cependant, toujours selon ce cabinet, les entreprises, dans leur majorité, ont décalé leurs investissements CRM, sans pour autant mettre un terme à ces projets.

Le marché du CRM analytique tire la croissance parce que les utilisateurs se portent, selon Pierre Audouin Conseil, sur des solutions leur garantissant un retour sur investissement plus rapide et allant plus loin que la simple automatisation des fonctions marketing et commerciales.

Une pénétration de plus de 40 % qui caractérise un marché mûr

Selon le baromètre du CRM 2003 de Planeteclient.com, les entreprises ayant une application CRM en exploitation représentent près de 40 % des entreprises et le taux de pénétration progresse de 5 % chaque année. Ces 40 % de pénétration sont à comparer au taux d'environ 15 % des années 2000-2001. Selon cette étude, le degré d'avancement des projets CRM était le suivant :

- exploitation : 30 % ;
- finalisation : 7 % ;
- mise en œuvre : 23 % ;
- avant-projet : 40 %.

Les logiciels représentent environ 20 % des investissements

La répartition du marché entre le conseil, l'intégration de systèmes et les licences donne une part prépondérante au conseil (12 % des investissements du marché du CRM), comparée aux autres segments du marché de l'informatique. Comme nous l'avons souligné, un projet CRM se révèle très transverse et l'accompagnement au changement est un facteur important de réussite. Les entreprises intègrent l'accompagnement dans la formalisation des besoins, l'analyse des processus existants et les solutions pour les optimiser.

Figure 7-4 : Répartition des investissements

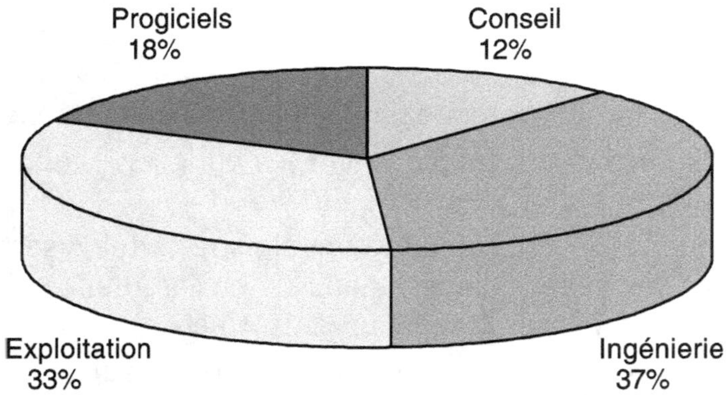

Les secteurs cibles

Les entreprises de grande taille (plus de 1 milliard d'euros de CA) constituent le gros du volume du marché du CRM. Toutefois, la croissance la plus forte concerne les entreprises qui réalisent un CA entre 250 et 999 millions d'euros. Compte tenu de la complexité des projets de mise en œuvre de solutions de CRM, les entreprises plus petites, probablement plus raisonnables, abordent généralement le CRM par parties, en ciblant une, voire deux fonctions, et rarement dans une démarche globale d'intégration d'une suite complète. L'exception notable à cette généralisation est la micro-entreprise qui démarre et qui se lance, dès le départ et malgré sa taille, sur une solution intégrée.

Les grands secteurs utilisateurs du CRM sont, par ordre décroissant d'importance :

- l'industrie, avec notamment les fonctions de service client ;
- les services, avec souvent un accent sur les projets d'équipement des forces de vente ;
- la distribution qui développe souvent des efforts plus importants sur le CRM analytique comme l'entrepôt de données, le data mining et la gestion de campagnes et de programmes de fidélisation ;
- l'administration avec, là encore, un accent sur le CRM analytique, l'ambition étant généralement la simplification du parcours de l'usager et tous les bénéfices qui s'ensuivent pour l'administration.

Afin de clarifier les enjeux du CRM, nous allons proposer une cartographie du CRM sur les quatre dimensions principales :

- Le CRM opérationnel : capacité de mise en œuvre, qui correspond à l'action.
- Le CRM analytique : capacité d'analyse, qui correspond à la capacité d'analyse.
- Le CRM procédural : capacité de formaliser, qui correspond à la capacité de reproduction.
- Le CRM collaboratif : capacité à fédérer les forces de l'entreprise, qui correspond à la capacité de démultiplication.

Le CRM ne cible pas uniquement le Business to Consumer. Il concerne également les entreprises spécialisées dans le business to business. Ainsi les laboratoires pharmaceutiques, les fournisseurs informatiques ou les VPCistes de fournitures de bureau s'attachent à fournir à leurs clients une intégration des processus logistiques et des systèmes d'information. Ils cherchent à lier leur organisation à leurs clients de façon à réduire les coûts de passation de commandes ou de facturation.

D'une manière générale, une entreprise est un terrain d'autant plus privilégié pour l'implantation du CRM qu'elle interagit fréquemment et intensément avec ses clients : les banques, les télécommunications, la télévision interactive, l'automobile, la distribution, les assurances, la vente par catalogue sont ainsi en première ligne.

L'implantation d'une solution est en revanche d'autant plus facile que les biens et services sont peu tangibles. En effet, l'un des facteurs essentiels de complexité pour l'intégration du CRM est l'intégration des contraintes de gestion des flux physiques et de planification de la production.

Une maturité différente selon les secteurs

Au moment de l'écriture de cette seconde édition (2004), il est possible de construire un bilan des projets CRM dans les domaines du CRM opérationnel et du CRM analytique. Nous définissons trois axes pour évaluer les secteurs d'activités :

- la quantité de données gérée : certains secteurs comme les télécommunications, les fournisseurs Internet ou les banques manipulent des quantités très importantes de données ;
- l'utilisation des informations pour le CRM opérationnel correspond au niveau d'intégration des données collectées par les différents canaux de distribution dans le processus de différenciation du client ;
- la technicité des traitements pour le CRM analytique correspond au niveau de sophistication et d'utilisation du cycle de transformation des données en connaissance.

Figure 7-5 : Cartographie du CRM opérationnel

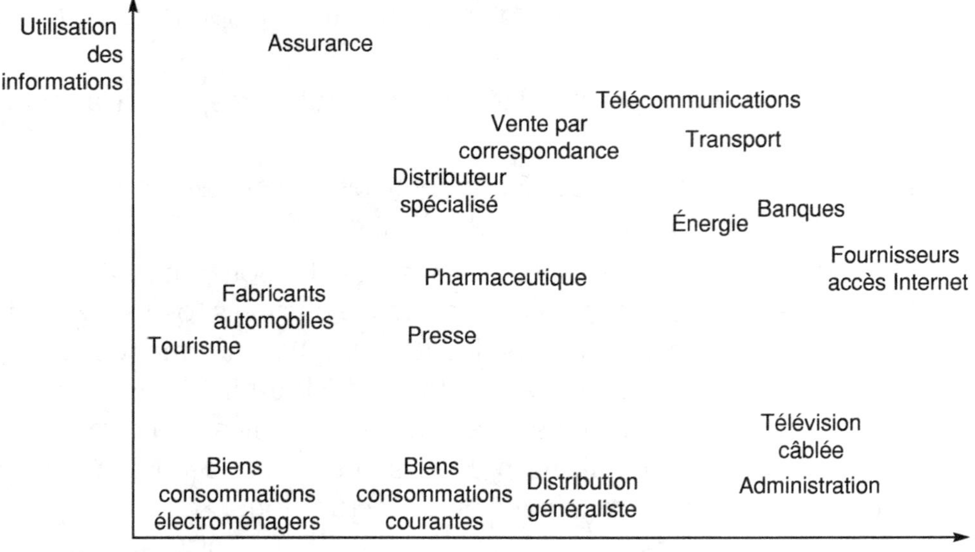

Figure 7-6 : Cartographie du CRM analytique

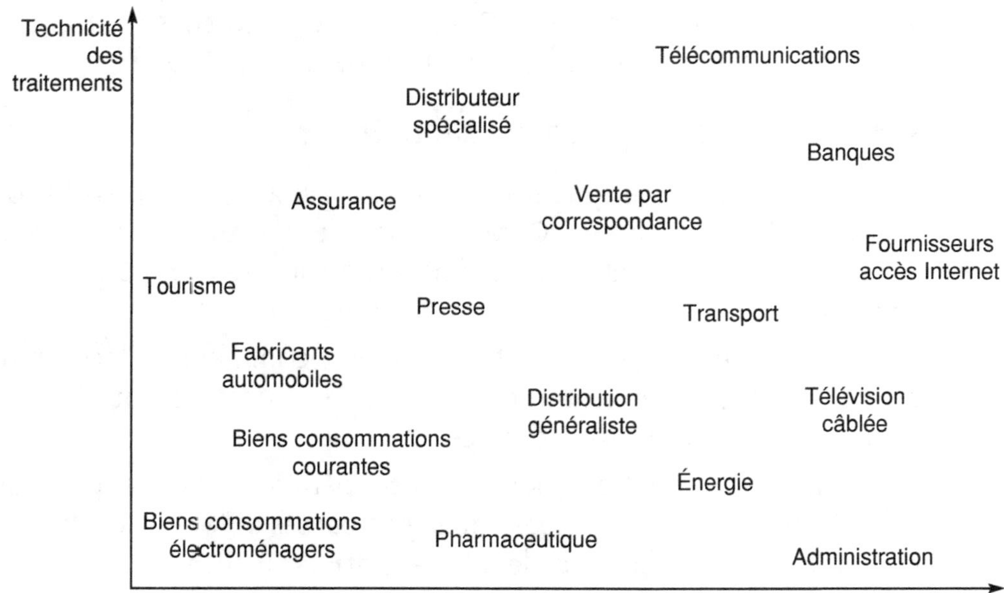

La cartographie du CRM opérationnel

Les secteurs de l'assurance, des télécommunications, de la vente par correspondance nous semblent les secteurs qui intègrent le plus le CRM opérationnel dans leurs processus (figure 7-5) :

- Les assureurs ont réussi le pari de la vente de produits complexes par des actions combinées de contacts par téléphone, de couponnage par la presse, en relais d'un réseau traditionnel. Le triptyque valeur client/ risque/prix est au centre des chaînes de traitement, ce secteur étant certainement un des premiers à avoir fait du one to one, avant Peppers et Rogers. Ils sont en train de l'industrialiser. Le cœur des systèmes d'information est ancien, et il faut saluer la prouesse des informaticiens pour faire communiquer les différentes couches des systèmes d'information.

- Les opérateurs télécoms ont mis en place des canaux à distance pour traiter les demandes d'informations, ils ont développé des logiques de différenciation dans les tarifs et ont créé des programmes de fidélité ; ce sont les précurseurs dans les nouveaux canaux d'animation des clients (SMS). Ils ont bénéficié de systèmes d'information relativement neufs qui leur permettent une forte réactivité.

- Les entreprises de vente par correspondance et de transport express sont en permanence accessibles. Elles vivent du contact avec le client et doivent éviter toute source d'insatisfaction. Elles ont mis en œuvre des processus pour optimiser les flux logistiques et faciliter la traçabilité des commandes.

Les challengers nous semblent les banques qui doivent affronter le défi de la multiplication des canaux de communication. Elles s'attachent à construire une cohérence globale de communication entre les différents canaux, avec des systèmes relativement hétérogènes.

La cartographie du CRM analytique

Les secteurs des télécommunications, de la banque, de la vente par correspondance et de la distribution spécialisée nous semblent les secteurs qui intègrent le plus le CRM analytique dans leurs processus (voir figure 7-6) :

- Les opérateurs télécoms ont su maîtriser un volume important de données pour mettre en place des grilles tarifaires et des politiques commerciales par segments. Confrontés au phénomène du *churn* et à un besoin impérieux de rentabiliser les investissements suite à l'effondrement du marché boursier, ils ont remarquablement su transformer les données en connaissances.

- Les banques avaient une habitude du traitement d'un volume important des données. Elles maîtrisaient depuis de nombreuses années les techniques de segmentation, et ont incorporé le scoring dans leurs processus de prise de décision pour améliorer les ciblages ou industrialiser la prise de risque. La transversalité de la connaissance client reste encore à optimiser.

- Les entreprises de vente par correspondance maîtrisent depuis de nombreuses années les techniques de ciblage pour optimiser le rendement de leurs mailings et la gestion de leurs achats. Ancien leader de l'analytique, ce secteur a perdu progressivement son avance, essentiellement du fait de la relative ancienneté des systèmes d'information qui ne leur offrent pas la souplesse des deux secteurs précédents.

- Le secteur de la distribution spécialisée a su compenser une fréquence des contacts relativement faible par la mise en œuvre de programmes de fidélité qui lui permettent de recueillir des données. La rareté des données a conduit ce secteur à innover essentiellement avec les techniques de data mining.

Les challengers nous semblent être les fournisseurs d'accès Internet qui doivent affronter un paradoxe. Ils ont beaucoup de données de détail utilisées pour personnaliser la relation, mais il devient nécessaire de synthétiser ce flux d'informations pour construire des stratégies. Ce secteur est tiraillé par le choix entre détail ou global au niveau du traitement des données. La nécessité de maintenir les parts de marché se substituera progressivement à la logique de conquête et ce secteur devrait se situer à terme au même emplacement que celui des télécommunications sur le diagramme de la figure 7-6.

Les projets de CRM sous la coupe des directions fonctionnelles ou dédiées

Au plus fort de la bulle Internet, les projets CRM étaient généralement, dans près de 40 % des cas selon une étude IDC et Cap Gemini de l'époque, pris en charge par la direction générale. Banalisation du CRM et récession aidant, les directions générales ont depuis lors largement délégué, voire abandonné, les projets de gestion de la relation client.

Aujourd'hui ces projets sont majoritairement portés par une direction opérationnelle, qui, selon les caractéristiques stratégiques de l'entreprise, est soit la direction du service client, soit la direction commerciale, soit la direction marketing. Consciente de la transversalité du CRM et de la multidisciplinarité des compétences requises, de plus en plus d'entreprises créent une direction CRM transversale, dont la position s'apparente généralement à celle d'une direction de la qualité ou de l'organisation.

Des budgets importants dans lesquels la part du logiciel est faible

Les études montrent la répartition suivante des dépenses dans la mise en œuvre d'un projet de CRM :

- 40 % pour l'acquisition du matériel ;

- 24 % pour l'intégration ;

- 21 % pour le logiciel ;
- 10 % pour le conseil ;
- 5 % pour la formation.

Elles soulignent bien que le coût des logiciels n'est pas l'élément le plus important du projet. Il faut prévoir de multiplier par cinq le coût des progiciels pour avoir une idée globale du budget d'un projet CRM.

Cependant, la récession aidant, l'ère des projets titanesques est révolue. Aujourd'hui, les entreprises ont revu drastiquement leurs ambitions :

- Une réduction de la taille des projets jusqu'à aboutir à des sous-projets maîtrisables et surtout à fort retour sur investissement.
- Une inversion du rapport de force client-éditeur qui tire très nettement les prix vers le bas, tant dans le domaine des licences que dans le domaine des services.
- Une consolidation des positions et l'arrivée de grands généralistes sur le segment du CRM, tels que SAP et Microsoft, qui tirent très nettement vers le bas le prix par utilisateur des licences.
- L'émergence de solutions logicielles plus ciblées sur le « midmarket » dont les prix par poste sont nettement inférieurs.

De ces tendances fortes, il résulte que le prix d'entrée d'un projet CRM baisse globalement en fonction du nombre d'utilisateurs.

Figure 7-7 : Répartition des projets de CRM par niveau d'investissement

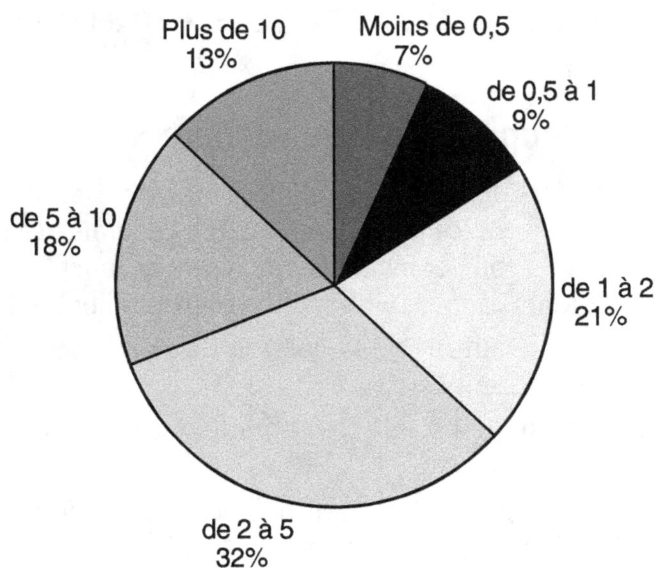

Un marché toujours atomisé, mais en consolidation

En France, le Giga Group recense aujourd'hui près de 60 logiciels d'automatisation des ventes[1]. Dans ce recensement, la moitié compte moins de 100 références. Incontestablement, cet état de fait est la caractéristique d'un marché en maturation.

Aux États-Unis, le rythme des fusions et acquisitions est frénétique dans le monde des éditeurs d'outils de CRM et la consolidation tend à réduire rapidement le nombre d'éditeurs. Le secteur continuera très probablement à se consolider, permettant aux plus gros éditeurs de constituer des suites intégrées couvrant tout ou partie des canaux d'interactions avec le client et des fonctions du CRM comme les ventes, le service et le marketing, au détriment des petits éditeurs condamnés à l'hyperspécialisation ou à la disparition (pure et simple ou par rachat).

Parallèlement, le retournement de conjoncture a ralenti notoirement le nombre de nouveaux entrants et a contribué à réduire le nombre d'acteurs :

- Des financements plus difficiles : l'éclatement de la bulle Internet a rendu plus rares les capitaux, ce qui a naturellement limité l'apparition de nouveaux produits.
- Une source Internet qui s'est tarie : de nombreux outils de CRM sont apparus dans un premier temps sur la vague d'Internet. La bulle ayant éclaté, moins de produits émergent de cette mouvance.
- Des clients qui préfèrent la pérennité à l'innovation : confrontées au problème des fournisseurs de technologies défaillants, les grandes entreprises ont naturellement recentré leurs investissements sur des leaders. Ceci a conduit un certain nombre de petits acteurs à mettre la clé sous la porte, ce qui a favorisé la consolidation des parts de marché des plus gros acteurs.

La segmentation du marché en matière de CRM

L'offre CRM : un couplage fonction-canaux

Les chapitres suivants décrivent les différentes composantes d'une solution de CRM. Elles s'inscrivent toutes dans la logique générale des outils de CRM : un ensemble de solutions couvrant les différentes fonctions de la relation client sur les différents canaux d'interaction entre le client et l'entreprise.

L'offre technologique autour de la gestion de la relation client peut être segmentée selon différents critères :

- globalement, selon qu'il s'agit de technologies de base ou de solutions applicatives ;
- pour les solutions applicatives, selon le domaine fonctionnel couvert et les canaux de relation client supportés.

1 Logiciel d'automatisation des ventes (ou SFA pour Sales Force Automation en anglais) : logiciels permettant aux commerciaux de gérer leur cycle de prospection et de vente.

Distinction entre technologies de base et solutions applicatives

La distinction entre technologies de base et solutions applicatives sépare des technologies spécifiquement dédiées à la gestion de la relation client, des technologies de base, qui ont différents domaines d'application :

- Les technologies de base regroupent notamment les solutions de workflow, d'EAI, de messagerie et d'agenda partagé, d'intégration entre la téléphonie et l'informatique[1]. Ces technologies peuvent être considérées comme des briques de base sur lesquelles les solutions applicatives s'appuient.

- Les solutions applicatives : il s'agit de progiciels qui proposent des fonctionnalités supportant des processus de la relation client.

La couverture fonctionnelle des solutions applicatives

Dans son acception large, le CRM englobe trois processus essentiels :

- la vente ;

- le marketing ;

- le service et le support client.

Ces trois processus correspondent chacun à un segment de marché. Ils sont couplés avec les principaux canaux, à savoir Internet, les postes de travail et les centres d'appels. Toutes les offres de CRM ont attaqué à l'origine l'un de ces trois segments, voire plus spécifiquement un canal. Elles ont ensuite évolué pour couvrir progressivement les autres processus. On constate donc, outre ces trois segments originels, l'émergence d'un quatrième segment, celui des logiciels intégrés, couvrant plus ou moins les différents processus.

[1] Intégration téléphonie-informatique ou Computer Telephony Integration (CTI) : intégration de fonctions de téléphonie dans des applications informatiques, par exemple, pour le transfert simultané d'un appel téléphonique et de la fiche client informatique correspondante.

Figure 7-8 : Un cadre général d'analyse de l'offre d'outils de CRM

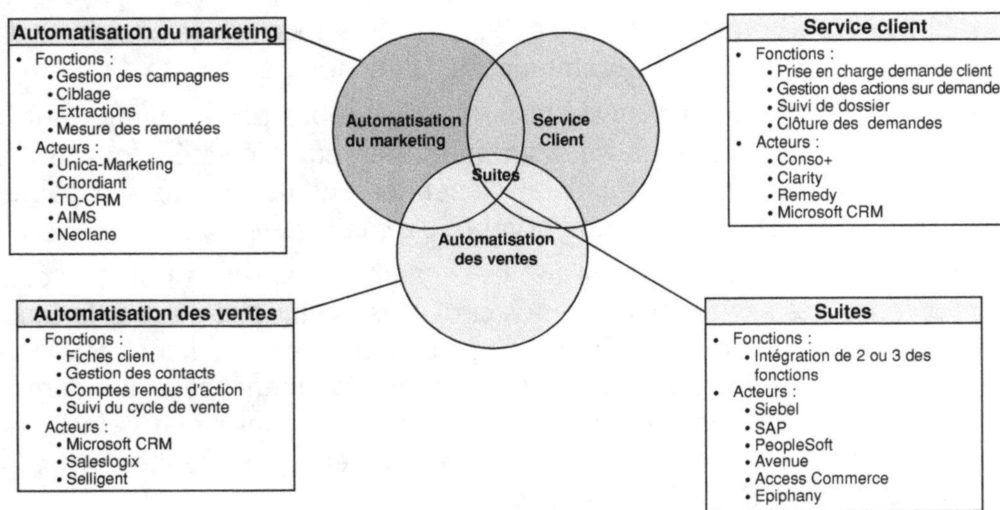

La segmentation des outils de vente

Les outils d'aide à la vente sont sous-segmentés, avant tout selon un découpage par canal :

- *La vente sur Internet* : de loin le segment le plus porteur en termes de croissance, il comprend des acteurs tels que Microsoft, Broadvision ou Vignette.

- *La vente en agence* : il s'agit du marché de la vente assise, notamment dans le monde de la banque et de l'assurance. On trouve ici des déclinaisons spécialisées des solutions de vente sur le terrain.

- *La vente par téléphone* : ce segment englobe les outils d'aide à la vente, en appels sortants essentiellement et sur des plateaux téléphoniques.

- *La vente sur le terrain* : il s'agit de l'équipement des forces de vente itinérantes qui se déplacent en clientèle.

- *La vente multicanal* : ce segment, encore en devenir, présente probablement le plus fort potentiel dans les prochaines années. Il s'agit ici de solutions qui gèrent la vente en groupe et dans une logique où tous les canaux se synchronisent.

Le découpage fonctionnel des outils de marketing

Les outils de marketing (Enterprise Marketing Automation ou EMA) englobent les fonctionnalités de gestion des campagnes marketing traditionnelles, de gestion des événements client et de pilotage de ces actions. Fonctionnellement, ces outils convergent. Ils se distinguent encore et avant tout par le canal de communication qu'ils ont privilégié à l'origine :

- *Les outils de marketing direct* : ils ont été développés dans un premier temps pour couvrir les besoins des fonctions de type mailing. On trouve ici des produits tels que Chordiant (ex Prime Vantage), Affinium (ex Marketic) ou Aims.

- *Les outils de marketing par téléphone* : ces logiciels couvrent les fonctions de ciblage traditionnel associées à des capacités spécifiques pour la vente par téléphone. Il s'agit notamment de la gestion des scripts de vente.

- *Les outils de personnalisation sur Internet* : développés dès l'origine pour le canal Internet, ces outils se distinguent par leur capacité à fournir des recommandations en temps réel. Généralement, ils sont aussi capables d'assurer le routage en grand nombre d'e-mails personnalisés.

- *Les outils de marketing multicanaux* : ce segment constitue le point de convergence des segments présentés ci-dessus. Il englobe des outils capables de supporter la description d'enchaînements de sollicitations marketing sur différents canaux. Ces outils commencent également à assurer les fonctions de routage des messages sur les canaux électroniques, comme l'envoi d'un SMS sur des numéros de téléphone mobile ou l'exécution d'une campagne d'e-mails.

Le découpage fonctionnel des outils d'après-vente

Les outils d'après-vente couvrent généralement soit le *help desk*, c'est-à-dire le support aux utilisateurs, soit le service après-vente.

- Les *logiciels de help-desk* sont généralement plus puissants en matière de résolution de problèmes ; ils intègrent des moteurs capables de gérer des questions-réponses dans l'objectif de résoudre un problème posé par le client.
- Les *logiciels de gestion du service client* automatisent l'enregistrement et le suivi des demandes des clients. Ils se déclinent généralement en deux catégories : l'une pour centres d'appels et l'autre pour les agents terrain (le *field service* comme l'appellent les Anglo-Saxons) qui interviennent directement sur site.

La verticalisation sectorielle

Parallèlement à cette segmentation des trois grands marchés du CRM, les éditeurs procèdent pour la plupart à des déclinaisons verticales de leurs offres. Les secteurs généralement ciblés par cette verticalisation sont les suivants : banque/assurance, produits de grande consommation, laboratoires pharmaceutiques, sociétés de service, télécommunication et secteur des *utilities*.

Cette verticalisation a lieu la plupart du temps sur les modules ventes et après-vente : elle se présente sous la forme d'un paramétrage initial des écrans adapté aux spécificités de l'industrie ciblée.

Plus rarement, certains outils de gestion de campagnes vendent également des verticalisations comme TD CRM, qui propose des modèles de données préformatés.

Les principaux acteurs

Pour la mise en place d'un projet de CRM, vous aurez besoin d'un éditeur pour les solutions logicielles, d'un intégrateur pour vous accompagner depuis les spécifications générales et détaillées, jusqu'à l'intégration du logiciel, et d'une société de conseil pour faciliter la conduite du changement.

Un mot sur les intégrateurs

Les intégrateurs sont généralement des cabinets de conseil ou des SSII généralistes ou spécialisées. Ils ont acquis des compétences spécifiques sur les outils d'un éditeur et sont habituellement référencés par ces éditeurs comme des partenaires. Ils contribuent généralement à la réussite des projets car ils bénéficient d'une expérience et d'un recul que n'a pas nécessairement l'entreprise qui démarre son premier projet de CRM.

Le recours à une société de conseil ou à un intégrateur a lieu, d'après le baromètre du CRM 2001 de Planeteclient.com, dans 43 % des cas, dont :

- 18 % pour l'élaboration du cahier des charges ;
- 28 % pour la mise en place de progiciels ou pour la réorganisation des bases de données ;
- 16 % pour le pilotage du projet et son suivi.

Pour choisir un intégrateur, vous devrez, soit lancer un appel d'offres sur des couples intégrateurs-progiciels, soit fixer votre choix en termes d'outil, puis sélectionner un intégrateur parmi les partenaires de l'éditeur retenu. Un examen de la liste des références client de l'intégrateur, complété par quelques entretiens, parachève le processus de choix. Il est particulièrement important de vérifier si l'intégrateur a déjà travaillé dans votre secteur d'activité pour faciliter la compréhension des problématiques métier.

Le monde des éditeurs

Les offres de certains éditeurs seront détaillées dans les chapitres traitant des outils. Nous allons ici dresser un rapide panorama des principaux acteurs de ce marché. Nous ne saurions trop attirer votre attention sur l'extrême mobilité de ce marché et sur la nécessité d'actualiser les informations fournies ici avant de les utiliser pour prendre des décisions.

Si l'on catégorise les éditeurs en termes de part de marché, il faut éviter deux pièges : d'une part, le contour flou dont profitent certains éditeurs pour gonfler leur part de marché en en restreignant la taille globale et, d'autre part, les distinctions entre ventes de licences, chiffre d'affaires intégrant la maintenance et parc installé. Ces précautions mises à part, tout confirme à la fois une atomisation du marché et les premiers signes d'une consolidation avec l'émergence de leaders.

On y retrouve un leader, Siebel, qui a démarré le premier au milieu des années 1990, sur le segment de l'automatisation des ventes, avant de développer une approche modulaire et verticale. Le challenger, Vantive, qui provient plutôt des mondes des centres d'appels et du service client, a été racheté en 1999 par Peoplesoft, spécialiste de l'ERP. Le CRM est devenu un marché suffisamment significatif pour que des éditeurs importants comme SAP, Microsoft ou Oracle complètent leurs gammes avec des modules dédiés. À côté de ces leaders, on trouve des éditeurs plus spécialisés comme Cohéris, Selligent ou Pivotal. Tous développent une stratégie forte sur l'intégration d'Internet.

Les offres de ces éditeurs couvrent tout ou partie des trois grands domaines du CRM et se distinguent également du point de vue de la taille des installations déployées. Nous conseillons aux lecteurs, soucieux d'analyser le positionnement des différents éditeurs dans les briques applicatives du CRM, de se référer aux cadrans magiques du Gartner, qui positionnent les différents éditeurs sur un diagramme à deux axes, vision et exécution (voir figure 7-9).

*Figure 7-9 : Matrice de positionnement
du Gartner (marché du SFA)*

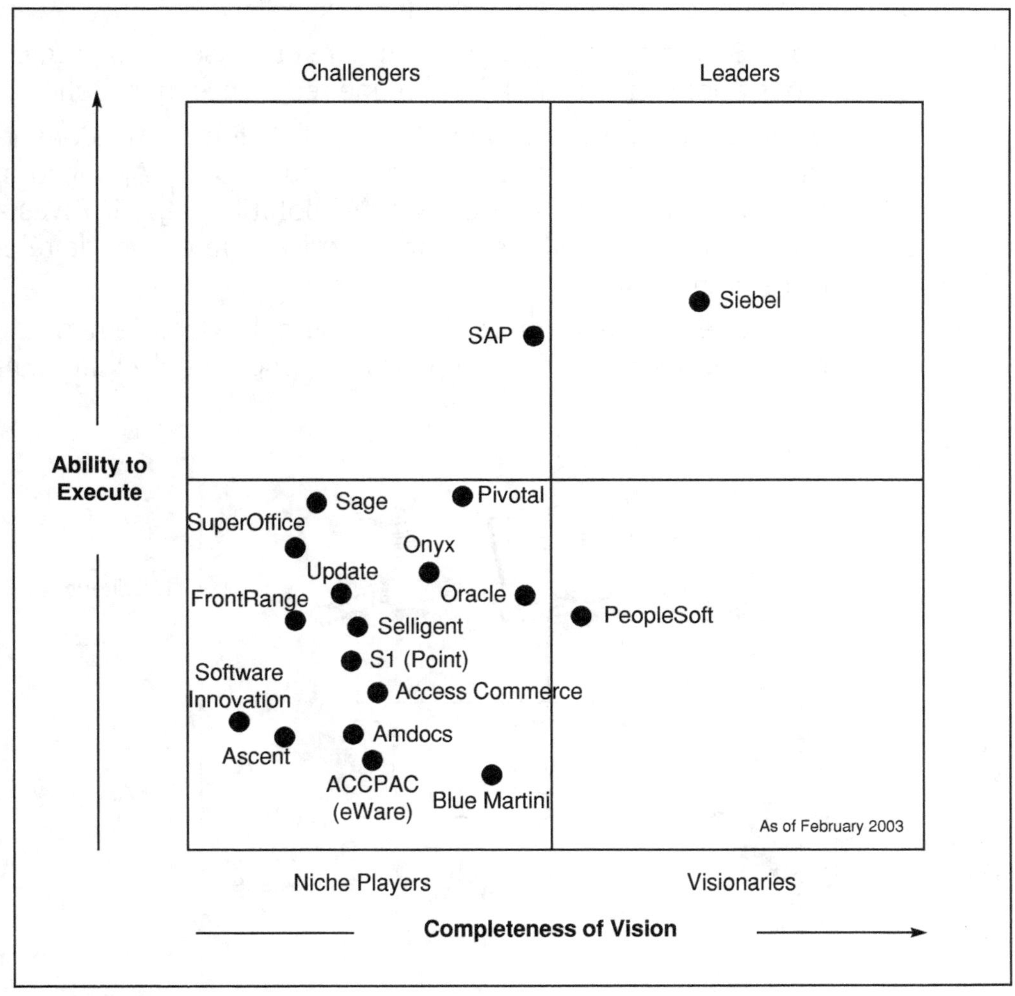

Source : Gartner

Les chapitres suivants présentent dans le détail les différentes composantes d'une solution de CRM : les technologies de base, les outils de gestion de campagnes, puis les outils d'automatisation des ventes et du service et, enfin, les outils de personnalisation sur Internet.

Un point sur le CRM en ASP

Le modèle ASP (Application Service Provider) ou FAH (fournisseurs d'applications hébergées) est en quelque sorte une forme moderne du service bureau pratiqué depuis des années.

L'ASP est un mode d'exploitation et de tarification qui peut convenir à n'importe quelle application, et en particulier aux applications CRM. En ce sens, les applications CRM fournies en mode ASP ne se distinguent pas, dans leurs fonctionnalités, des progiciels du marché. Certains progiciels du marché sont d'ailleurs exploités en mode ASP.

Le principe de l'ASP est de fournir l'infrastructure et les services permettant l'accès à des applications sur la base d'une redevance mensuelle.

Le concept d'ASP est né aux États-Unis en 1997. L'ASP Industry Consortium, créé en 1999, en donne la définition suivante : « Un Application Service Provider (ASP) administre et délivre des solutions applicatives à plusieurs entités, depuis un centre serveur et à travers un réseau de télécommunications étendu (WAN) ».

Interlocuteur unique de l'entreprise, l'ASP assure le déploiement du système d'information en réponse à un besoin fonctionnel clairement

Figure 7-10 : Architecture ASP

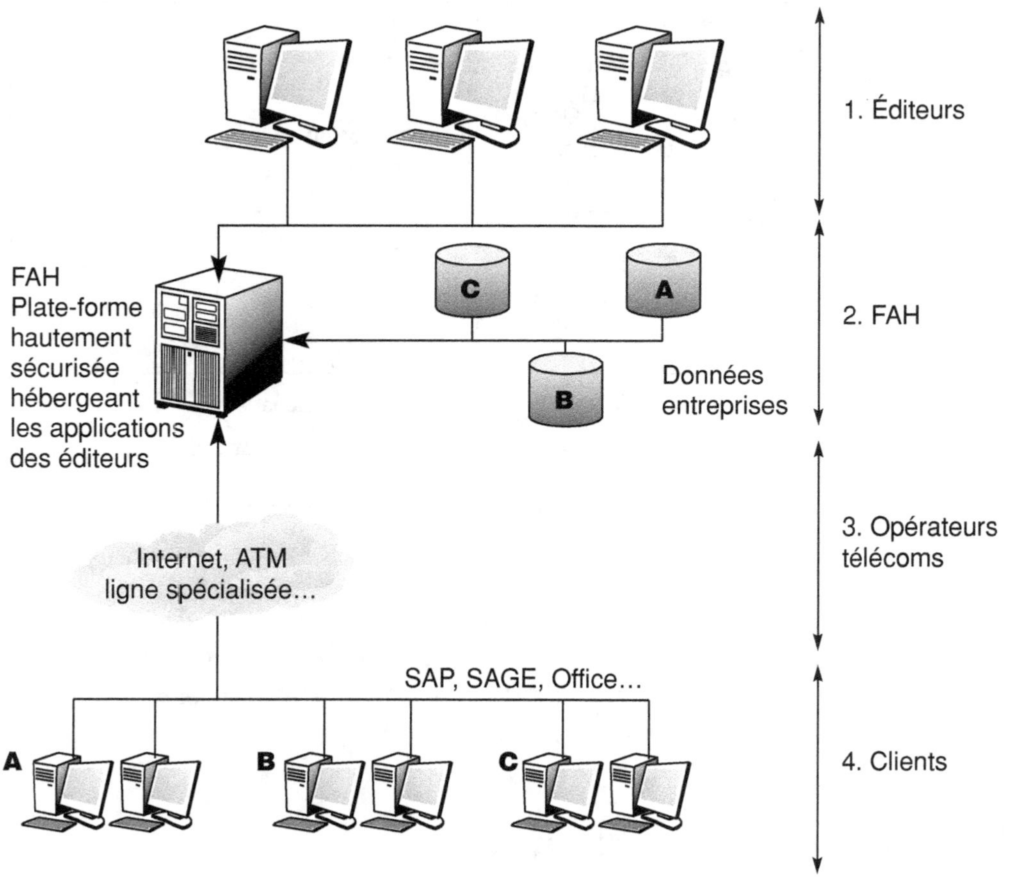

1. L'éditeur adapte ses logiciels au modèle FAH.
2. Le FAH joue le rôle de guichet unique pour le client. Il agrège l'offre de ses partenaires.
3. L'opérateur télécoms permet aux clients du FAH de se connecter à ses services.
4. Le client accède à l'application louée par un logiciel client de type ICA, terminal Windows ou par un navigateur Web.

identifié. Il assure l'évolution technologique et fonctionnelle dans le temps et fournit le support nécessaire au client tout au long du cycle de vie du système d'information.

L'émergence de ce concept est liée à deux facteurs prépondérants :

- la généralisation des standards d'Internet et la mutation des applications, dont l'interface utilisateur est de plus en plus souvent un navigateur Web ;
- la baisse du coût des réseaux de télécommunications.

Concept de l'ASP

- Location d'applications : le FAH propose de louer les applications plutôt que de les acheter. Ce n'est pas tant sur le coût des licences des logiciels que l'entreprise réalise des économies que sur l'administration et la maintenance d'une infrastructure désormais prise en charge par le FAH.
- Service packagé qui offre :
  - la location d'applications ;
  - l'infrastructure matérielle ;
  - les liaisons réseaux qui permettent l'accès à sa plate-forme ;
  - un seul interlocuteur pour toutes les prestations.

Accès aux applications distantes : bâti sur le modèle du client léger, les entreprises clientes accèdent à leurs applications par des navigateurs Web, des clients ICA (Intelligent Console Architecture), ou des terminaux Windows.

Les avantages du modèle ASP

- L'entreprise cliente se concentre sur son cœur de métier.
- L'accès aux applications se fait par une interface uniformisée.
- L'extension des applications est facilitée.
- L'ASP associe l'offre des éditeurs et des partenaires (intégrateurs, opérateurs télécoms…).
- L'implémentation des applications est quasiment instantanée :
  - Applications fournies clé en main : pas de contraintes de déploiement, de maintenance et de mise à jour.
  - Déploiement rapide : le déploiement de l'application vers le poste client est quasiment instantané, puisqu'il consiste en une mise à niveau des navigateurs Internet installés dans l'entreprise.
- La réduction des coûts :
  - Réduction du coût total d'exploitation informatique (de l'ordre de 25 % à 40 % selon IDC). Cette réduction de coût est une opportunité :
    - pour des PME, PMI et TPE qui peuvent bénéficier de l'accès à de nouvelles technologies et des applications, traditionnellement

trop coûteuses (ERP, CRM, etc.). L'ASP offre en outre de nouvelles perspectives en termes d'agrégation de contenu et de services, avec des offres à forte valeur ajoutée (portails, communautés d'entreprises, etc.) ;

- pour les hébergeurs (*outsourcers* en anglais) qui s'ouvrent le marché des PME et PMI (330 000 entreprises de 6 à 500 salariés en France) comme celui des grands comptes (certains services).

– Mutualisation des coûts d'une infrastructure hautement sécurisée capable de faire face à n'importe quel incident.

– Ce modèle offre en outre une plus grande transparence des coûts et des tarifs sur le marché des progiciels.

Force est néanmoins de constater qu'aujourd'hui, la mayonnaise du CRM en ASP n'a pas encore pris. Différentes explications peuvent être avancées :

- Le retard à l'allumage de l'ASP en général, notamment en Europe.
- La crainte des entreprises de se dessaisir d'un actif important, leur fichier client.
- Probablement, une certaine défiance des éditeurs face au modèle ASP qui leur pose certains problèmes de tarification et de comptabilisation des utilisateurs.

Pourtant, quelques éditeurs persistent et proposent des solutions intéressantes d'hébergement de solutions de SFA en mode ASP « un à plusieurs ». Celles-ci sont adaptées pour des entreprises pouvant se satisfaire de produits standards avec peu d'adaptation et peu d'interfaces avec les systèmes opérationnels, c'est-à-dire le plus souvent des PME. On trouve des acteurs, comme Salesforce.com, qui proposent une installation rapide et une utilisation de base pour environ 100 euros par mois et par utilisateur.

Il nous semble que ce mode de distribution répond à certains besoins réels et qu'il devrait finir par décoller même si la pénétration actuelle de ces solutions reste relativement symbolique pour l'instant.

Les acteurs principaux

Parmi les leaders de ce marché, nous pouvons citer les sociétés suivantes :

Salesforce.com (www.salesforce.com) : société américaine qui offre une panoplie très complète de fonctions de type SFA, EMA et pilotage commercial avec trois niveaux d'utilisation et de prix selon les besoins et la taille des entreprises :

- *Enterprise Edition* : pour des entreprises plus importantes qui souhaitent une intégration avec les applications internes de type ERP.
- *Professional Edition* : pour des entreprises qui ne nécessitent pas d'intégration avec les applications internes.

- *Team Edition* : pour les entreprises entre 1 et 5 salariés qui nécessitent des fonctions basiques du CRM.

La solution Salesforce est une alternative intéressante pour les entreprises qui souhaitent démarrer une démarche CRM dans une approche légère. Les différentes suites permettent de gérer la croissance des données CRM dans une formule économique.

La solution Salesforce offre de nombreuses fonctionnalités (faciles à vérifier car il est possible de télécharger le software en test) :

- Gestion très intuitive des contacts et des interlocuteurs.
- Gestion des e-mails.
- Tableaux de bord intégrés.
- Possibilités d'export des données.
- Moteur de workflow de premier niveau.
- Export vers les applications bureautiques.

Salesforce a été créée en 1999 et est basée à San Francisco. Elle a des bureaux en Europe et se distingue par sa politique tarifaire agressive. Elle déclare un parc de 8.000 clients en 2003, avec une majorité de PME. Son chiffre d'affaires est d'environ 52 millions de dollars selon les sources Gartner. Elle connaît une très forte croissance.

INES (www.ines.fr) : société française qui offre un service essentiellement orienté service client et SFA, à des prix compétitifs :

- INES.*ContactManager* : solution de gestion de la relation client (CRM) et de travail collaboratif pour toutes les organisations mono ou multi-sites.
  - Consultation d'agendas personnels et partagés.
  - Programmation de R.-V. et de tâches.
  - Conservation de l'historique des actions menées vis-à-vis d'un client.
  - Réception et stockage des mails directement dans le système d'information INES.
- INES.*SalesForce* : solution de gestion de force de vente (SFA) au service des équipes commerciales et de leurs managers.
  - Surveillance des affaires et visualisation immédiate de l'information : clients étapes de vente, montant et montant récurrent, date de clôture, etc.
  - Gestion des partenaires et des concurrents sur une affaire ainsi que le rôle de chacun des contacts en présence.
  - Édition des propositions commerciales.
  - Synthèse des informations commerciales grâce aux outils de reporting dédiés.

- INES.*e-Business Suite* est la solution de gestion commerciale intégrée entièrement basée Web spécialement développée pour les PME-PMI.
  - Gestion des ventes, des stocks, des achats, de la trésorerie et des ressources.
  - Gestion de la chaîne de facturation.
  - Transformation en un seul clic d'un devis en confirmation de commande, puis en facture.
  - Envoi des documents, convertis au format PDF, via Internet.

Chapitre 8

Exemples d'application des technologies de base

« Le petit mot "Je ferai" a perdu des empires. Le futur n'a de sens qu'à la pointe de l'outil. »

Alain, *Minerve ou De la sagesse.*

Il ne s'agit pas ici de passer en revue toutes les technologies sous-jacentes au CRM. En effet, le CRM s'appuie sur de nombreux outils informatiques de base : les bases de données relationnelles, les mécanismes de réplication, les réseaux étendus, Internet, la messagerie, le travail de groupe… Une telle liste risquerait trop de s'apparenter à un dictionnaire encyclopédique de l'informatique.

Nous avons privilégié une optique plus sélective et avons mis l'accent sur quelques exemples d'applications de technologies de base qui nous semblent innovantes et illustrent l'optimisation de la relation client dans les domaines suivants :

- l'intégration téléphonie-informatique ;
- le travail de groupe ;
- les assistants personnels ;
- le GPS ;
- le sans-fil et la téléphonie mobile ;
- la gestion des connaissances ;
- le data mining ;
- les systèmes d'information géographiques ;
- les outils d'extraction et de transformation.

Pour chacune d'elles, nous proposons une présentation succincte, puis un exemple d'utilisation dans le domaine de la gestion de la relation client. Il s'agit donc d'un survol de ces technologies qui n'a aucune vocation exhaustive. Nous conseillons au lecteur, recherchant une documentation plus approfondie, de compléter ces informations par la lecture d'ouvrages ou la consultation de sites spécialisés traitant plus en détail de chacun de ces thèmes.

L'intégration téléphonie-informatique

Le CTI (Computer Telephony Integration) est l'intégration de la téléphonie avec l'informatique. Elle offre la capacité de relier les logiciels, les bases de données, les outils de workflow avec la téléphonie. Ces fonctions visent à composer plus rapidement des numéros de téléphone, à traiter plus vite les appels entrants, à transférer les communications et à partager les dossiers entre plusieurs interlocuteurs.

L'utilisation de standards ouverts au niveau des centraux téléphoniques (PABX) et une baisse du prix des équipements a permis une démocratisation des applications. On peut distinguer trois mouvements distincts dans les applications CTI :

- les serveurs vocaux interactifs ;
- les plates-formes de commande et de gestion des appels qui s'interfacent avec le PABX ;
- la fusion totale entre le central téléphonique et le réseau informatique.

Il s'agit essentiellement de déclencher des fonctions téléphoniques telles que l'émission d'appels depuis des programmes informatiques et de lancer des traitements informatiques, par exemple, l'affichage d'un dossier client à partir de données captées par le standard téléphonique comme le numéro de l'appelant.

Le CTI est le début d'une nouvelle évolution des technologies de l'information : l'intégration totale de l'ensemble des machines manipulant des informations. Demain les ordinateurs, les téléphones, les assistants personnels numériques, les voitures, les consoles de jeu, les téléviseurs... interagiront en toute harmonie.

Utilisation dans le CRM

Les applications les plus classiques du CTI sont :

- L'émission automatique d'appels sortants : un programme consulte un fichier contenant une liste d'appels à effectuer, par exemple, un fichier généré par un logiciel de gestion de campagnes. Ensuite, il compose successivement les numéros de téléphone ; lorsqu'un client décroche, l'appel est passé à un opérateur disponible sur le centre d'appels.

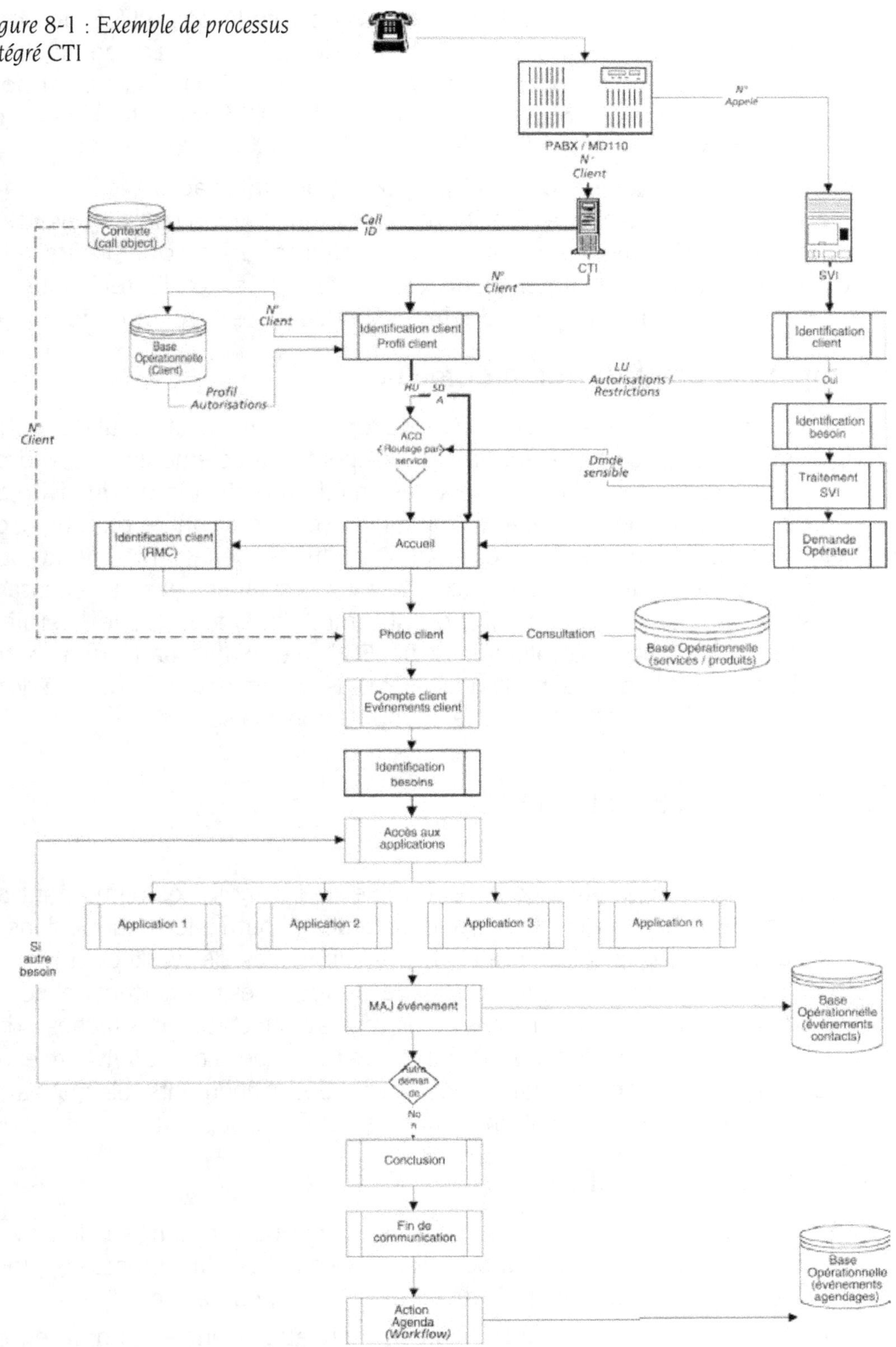

Figure 8-1 : Exemple de processus intégré CTI

- L'identification d'appels entrants : depuis peu, l'identification du numéro appelant est proposée en standard par France Télécom et par ses concurrents. Lorsque l'appel arrive sur le PABX (le standard téléphonique), le numéro appelant est confronté à la base de données client et, si le numéro est reconnu, l'appel est routé vers le poste téléphonique d'un opérateur disponible, tandis que le dossier informatique du client est transféré sur son poste de travail (voir figure 8-1). Il est ainsi possible de personnaliser la prise d'appels et d'améliorer à la fois le service client et la productivité des opérateurs.

La plupart des logiciels de CRM proposent des interfaces avec des logiciels de CTI. Le rachat de Clarify par Nortel en 1999, avant sa revente à Amdocs, spécialiste des solutions logicielles pour les opérateurs télécoms, illustre la convergence de ces technologies et l'intérêt que se portent mutuellement le monde du CRM et celui de la téléphonie.

Exemple : la restauration à domicile

La plupart des entreprises de livraison de repas à domicile utilisent des outils d'identification des appels entrants et récupèrent directement vos coordonnées lorsque l'appel est décroché. Elles améliorent ainsi la productivité du traitement de l'appel en vérifiant simplement vos coordonnées plutôt que de les saisir de nouveau à chaque appel. Qui plus est, elles améliorent votre perception de la qualité de service, en vous accueillant avec un message personnalisé et en vous proposant immédiatement votre dernière commande pour vous simplifier la tâche. Enfin, cette automatisation contribue à améliorer la qualité de l'adresse et plus généralement la qualité de la base de données en effectuant une déduplication à la source.

Le travail de groupe

Le travail de groupe englobe un ensemble de technologies permettant de partager des informations et de collaborer grâce à l'outil informatique dans la réalisation d'un objectif commun. Les technologies de workflow sont les formes les plus abouties pour le travail de groupe. Elles permettent de modéliser des enchaînements de tâches et des règles d'affectation des tâches à des acteurs. Ces modèles sont ensuite appliqués (choix de la tâche suivante et de l'acteur qui la prendra en charge) pour traiter des événements tels que l'arrivée d'un courrier de réclamation ou une demande de support.

Utilisation dans le CRM

L'un des enjeux des logiciels de CRM est de supporter au mieux le travail de groupe en facilitant la collaboration et le partage d'informations. Pour cela, les fonctions de travail de groupe couvrent généralement :

- le partage des agendas entre les commerciaux et entre les différentes entités susceptibles de planifier des rendez-vous avec le client ;
- l'automatisation du marketing, qui devra assurer l'application des règles conditionnelles d'enchaînement des actions selon les réponses des clients (voir figure 8-2) ;

- les outils de service client, qui s'appuieront sur des fonctionnalités de workflow pour gérer les escalades dans le traitement des demandes de support ;
- les outils d'aide à la vente, qui assureront les enchaînements de tâches suite à un événement comme la demande d'une documentation par un client ou l'émission d'un devis.

Figure 8-2 : Exemple de description d'une séquence d'actions marketing dans un logiciel de gestion de campagnes

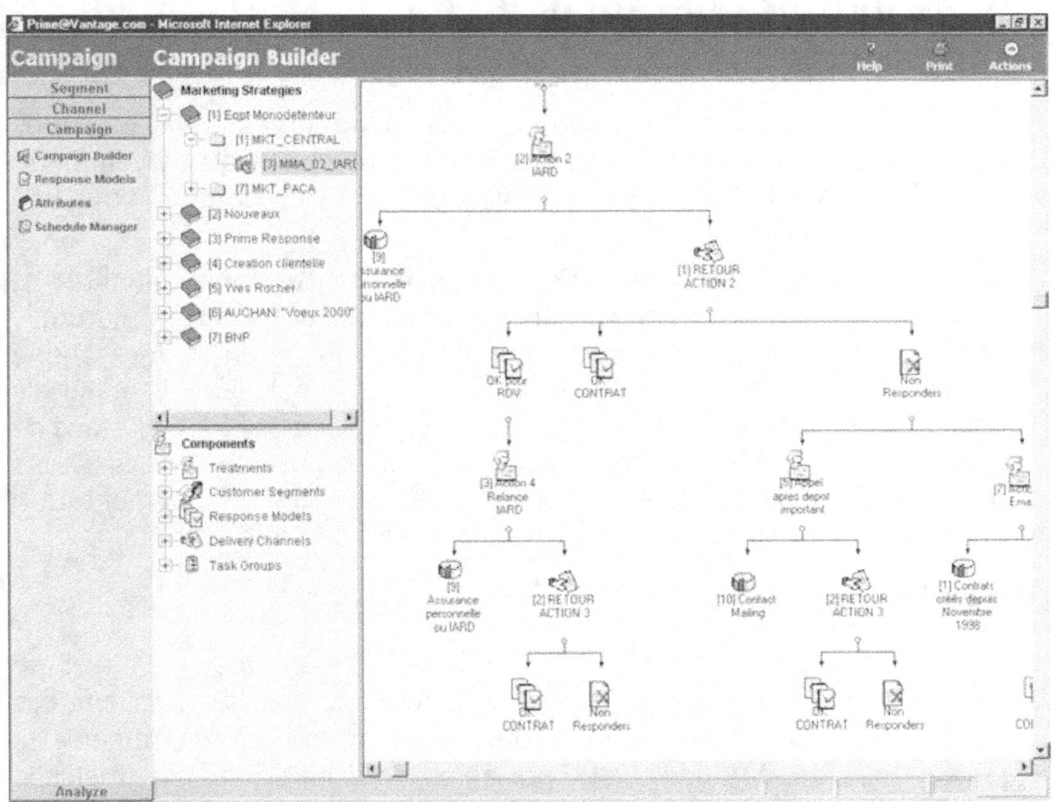

Généralement, les outils de CRM proposent d'une part l'intégration à un système de messagerie d'entreprise, tel que Microsoft Exchange ou Lotus Domino et d'autre part, des fonctionnalités intégrées et propriétaires de gestion des enchaînements de tâches et d'affectation des tâches à des individus.

Exemple : l'automatisation du marketing relationnel chez un constructeur automobile

Un constructeur automobile a défini un programme de marketing relationnel pour les acheteurs de son nouveau véhicule haut de gamme, dont voici quelques extraits.

Deux mois après l'acquisition, l'acheteur reçoit un *welcome pack*. Après six mois et sous réserve que le client n'ait pas appelé le service réclamation entre temps, 10 % des clients sont appelés personnellement pour une enquête de satisfaction.

Dans les douze mois, si le client ne s'est pas présenté dans le réseau, il est relancé sur le thème des services d'entretien.

L'ensemble de ces enchaînements est paramétré dans le moteur de workflow du gestionnaire de campagnes et mis en œuvre automatiquement.

Les assistants personnels

Les assistants personnels conjuguent dans un format réduit des fonctions d'agenda, de prise de notes et de gestion de contacts. Jusqu'à récemment, ils s'étaient révélés trop limités, trop lourds ou trop coûteux pour une diffusion de masse.

Avec le temps, ils se sont enrichis de nombreuses fonctionnalités et peuvent dans une certaine mesure se comparer à des PC miniatures : outils de bureautique, capacité de navigation sur Internet, messagerie sans fil… L'apparition en complément aux Psion et aux Palm de matériels sous système d'exploitation Pocket PC entérine le véritable démarrage de ce marché. Le seul frein résiduel se situe au niveau du prix. Mais gageons que l'arrivée de constructeurs à bas prix tels que Dell et l'augmentation des volumes auront tôt fait de faire sauter cette dernière barrière.

Utilisation dans le CRM

Le CRM cible deux catégories de populations itinérantes : les forces de vente sur le terrain et les équipes de maintenance sur site. Souvent, ces populations, pour des raisons de coûts ou de portabilité notamment, ne peuvent pas être équipées de PC portables. Tous les éditeurs de logiciels de CRM ou presque ont donc décliné certaines des fonctionnalités proposées sous forme HTML ou Java, les rendant ainsi accessibles depuis des PDA.

Exemple : un fabricant d'ascenseurs équipe son service de maintenance de PDA

Un constructeur d'ascenseurs gère en maintenance un important parc d'ascenseurs. Ces équipes de maintenance sont dotées d'un outil de gestion du service client sur PDA. Celui-ci leur donne accès aux informations historiques sur le site visité et leur permet d'établir un compte rendu d'intervention qui vient enrichir la fiche client. Ce compte rendu est également utilisé pour la facturation des services et pour la mesure de la performance des agents et de la rentabilité des contrats.

Le GPS

Le Global Positionning System a pour vocation de fournir des services de localisation. L'utilisateur dispose d'un terminal GPS. Celui-ci dialogue avec des satellites, qui par triangulation lui permettent de définir sa localisation précise, à quelques mètres près, sur terre. Couplé avec des cartes ou des bases de données contenant les plans de ville, il est à la base de l'aide à la navigation, par exemple pour les bateaux, mais aussi pour les véhicules roulants.

Utilisation dans le CRM

Mais quel rapport entre un satellite, un GPS et la gestion de la relation client ? Tout simplement le fait que, lorsque vous savez où se trouve un client, vous pouvez lui proposer des services plus personnalisés. Cette technologie peut donc contribuer à la fois au service client et, en conjonction avec la téléphonie mobile, au marketing.

Exemple : Odysline de Renault

Disponible en option ou en standard selon les modèles, Odysline est un service de Renault. Il permet de déclencher automatiquement ou manuellement les secours en cas de choc. Ce service client couple élégamment le GPS, pour la localisation, la télécommunication mobile, pour le déclenchement de l'appel, et le centre d'appels, pour l'envoi des secours.

Exemple : des offres marketing par minimessage (SMS)

Les opérateurs de téléphonie mobile utilisent le support du SMS[1], et la capacité de localiser sur le territoire le porteur du mobile, pour certaines campagnes de marketing auprès de leurs abonnés. Il est possible d'informer l'abonné d'une promotion intéressante dans un magasin à proximité immédiate au moment du message. Les minimessages présentent actuellement, sur des offres de ventes croisées, des taux de retour en moyenne trois ou quatre fois supérieurs à ceux obtenus par les offres par courrier.

[1] SMS (Simple Message Service) : il s'agit d'une fonctionnalité des réseaux de téléphonie mobile qui permet d'écrire et d'envoyer un message textuel qui apparaîtra sur l'écran du téléphone mobile du destinataire.

Le sans-fil

Les technologies de transport de données

Le sans-fil englobe l'ensemble des technologies permettant de connecter un terminal quelconque comme un téléphone mobile, un PC, un assistant personnel, etc., à une application centralisée via une liaison utilisant le plus souvent les ondes radio. À ce titre, le sans-fil comprend :

- Le Wi-Fi (Wireless Fidelity), qui repose sur la norme IEEE 802.11 (ISO/IEC 8802-11), est un standard international qui offre les caractéristiques d'un réseau local sans fil à haut débit (11 Mbit/s) sur de courtes distances (20 à 50 mètres en intérieur, plusieurs centaines de mètres dans un environnement ouvert). Ainsi des sociétés commencent à couvrir des zones à forte concentration d'utilisateurs, appelées « hot spots » : gares, aéroports, hôtels, trains, etc.
- Le GPRS (Global Packet Radio Service), qui permet d'utiliser des téléphones sans fil pour se connecter aux réseaux et de transporter des données avec une rapidité suffisante (de l'ordre de 50 Kbit/s contre 9,6 Kbit/s pour le GSM) pour envisager des applications professionnelles.
- L'UMTS (Universal Mobile Telecommunications System), norme de transmission pour les téléphones mobiles de troisième génération, qui sera amenée à supplanter le GPRS et pourra atteindre des capacités de transmission de l'ordre de 2 Mbit/s.

Ces technologies offrent plusieurs avantages :

- Le faible coût des terminaux (téléphones et PDA) comparé à celui d'un PC portable.
- Un faible coût des transmissions (tarification au volume transféré) comparé à la tarification au temps de connexion via le RTC (Réseau téléphonique commuté). Des simulations montrent des coûts cinq fois moindres avec le GPRS par rapport à des connexions RTC lors de la synchronisation de postes nomades.

La possibilité de travailler en mode client/serveur sur le terrain :

- accès à des informations mises à jour ;
- suppression des inconvénients des mécanismes lourds de synchronisation de postes nomades comme la gestion des conflits de mise à jour sur un même dossier par plusieurs personnes, les mises à jour en temps différé, etc. ;
- ergonomie des PDA, plus maniables et légers que les PC.

Les technologies de connexion aux applications

Il existe deux modes de connexion des terminaux aux applications.

Le mode pull dans lequel le terminal se connecte et interroge le serveur d'applications à l'initiative du personnel nomade. Dans ce mode nous pouvons citer les applications dont la partie cliente s'exécute sur un navigateur Web.

Le mode push (qui inclut le mode pull) dans lequel, le serveur d'applications peut prendre la main sur les terminaux et pousser des informations vers les terminaux, par exemple, des déclenchements d'alertes, des informations urgentes… Dans ce mode nous pouvons citer :

- Les applications interfacées via un terminal de type BlackBerry, technologie propriétaire américaine qui est très utilisée pour des applications horizontales : messageries, agenda… Pour l'instant, elle n'utilise que le mode caractère. Une interface spécifique de type Web est en cours de mise en œuvre.

- Les applications interfacées via un serveur de type Ipracom (technologie ouverte française qui peut être utilisée par n'importe quelle application y compris des applications multimédias et tous types de terminaux). Cette technologie permet en outre de gérer des groupes et donc le travail collaboratif, par exemple, le commercial, son responsable et le directeur marketing peuvent être informés en même temps, en temps réel.

Utilisation dans le CRM

D'après une étude du META Group en 2002, 20 % des 2 000 plus grandes entreprises mondiales développent un projet de solutions mobiles. Elles seront 65 % d'ici 2005. Dans une enquête datée de 2002, l'IDATE estime que le taux de pénétration des téléphones mobiles dans les entreprises françaises de plus de dix salariés devrait passer de 16 % des salariés en 2002 à 22 % en 2006, celui des PDA de 2 % en 2002 à 5 % en 2006, et celui des ordinateurs portables de 5 % en 2002 à 12 % en 2006.

Figure 8-3 : Évolution des terminaux à l'horizon 2006 (Source Enquête IDATE/ STR pour les entreprises de plus de 10 salariés)

	2002		2006	
	Taux de pénétration	Volume (en milliers)	Taux de pénétration	Volume (en milliers)
Téléphones mobiles	16 %	2 800	22 %	4 000
dont WAP, GPRS ou UMTS	2 %	360	15 %	2 700
PDA	2 %	360	5 %	900
dont PDA communicants	0 %	0	3 %	540
Ordinateurs portables	5 %	900	12 %	2 160
dont ordi. port. communicants	0,5 %	90	6 %	1 080
dont ordi. port. Wi-Fi	0 %	0	3 %	540

Exemples d'applications

De plus en plus d'applications d'intervention sur site ou de forces de ventes sont basculées sur un réseau sans-fil, ce qui permet des échanges d'informations entre le terrain et les services centraux quasiment en temps réel. Le bénéfice pour le client est une diminution des délais d'enregistrement et donc de livraison de ses commandes. Pour l'entreprise concernée, les synchronisations sans-fil évitent aux commerciaux de repasser une demi-journée par semaine au siège, augmentant ainsi leur productivité commerciale de près de 10 %.

Limites des solutions nomades actuelles

Les applications de SFA nomade actuelles sont difficilement utilisables en l'état :

- problèmes d'ergonomie (volume des ordinateurs portables, manque de convivialité) ;
- trop d'informations à manipuler lors d'un entretien en vis-à-vis, ce qui entraîne une déshumanisation de la relation ;
- complexité des mécanismes de synchronisation.

Solutions

- Équiper les commerciaux nomades d'une application d'aide à la vente connectée aux applications centrales.
- Créer des formulaires simples ne contenant que les informations les plus pertinentes.
- Permettre aux commerciaux d'accéder en temps réel aux bases commerciales.

Enjeux

- Améliorer la productivité commerciale, la fidélité et le CA en pilotant mieux les processus commerciaux : prospection, propositions, devis, vente, diffusion d'informations telles que les promotions, les nouveaux produits, les *incentives*…
- Recentrer les vendeurs itinérants sur leurs fonctions de base : écoute, relationnel, pertinence de l'offre, etc.
- Simplifier le déploiement et la maintenance des applications pour les directions informatiques.

La gestion des connaissances

La gestion des connaissances (*Knowledge Management* ou KM pour nos amis Anglo-Saxons) englobe les processus et les outils qui aident l'entreprise à exploiter la connaissance accumulée, par l'expérience et les compétences de ses employés, autant que de ses partenaires externes. Elle a pour objectif d'améliorer l'efficacité de l'entreprise en exploitant mieux son capital de connaissances.

Utilisation dans le CRM

La gestion de la connaissance peut être vue comme un enjeu transversal au CRM. Elle peut ainsi contribuer à :

- améliorer la connaissance des produits, par exemple en associant aux documentations produits des forums de discussion, où chacun pourra apporter sa part de connaissances sur les produits ;
- améliorer la connaissance des processus en permettant une documentation non structurée des processus et des expériences marketing.

Exemple : un partage des opinions sur Amazon.com

Dans le cadre de son site de commerce électronique, dédié à la vente d'articles de loisirs tels que les disques, les livres, les jeux, les DVD, etc., Amazon propose des possibilités de commenter et d'évaluer les produits achetés. La lecture des commentaires des autres lecteurs permet à l'acheteur indécis de se forger son opinion. Les moteurs d'association permettent de découvrir des nouveaux produits, et les commentaires de compléter les critères de choix. Cette combinaison assure au site un taux plus important de multiventes et une fidélisation plus importante de ses clients.

Figure 8-4 : Les commentaires sur Amazon

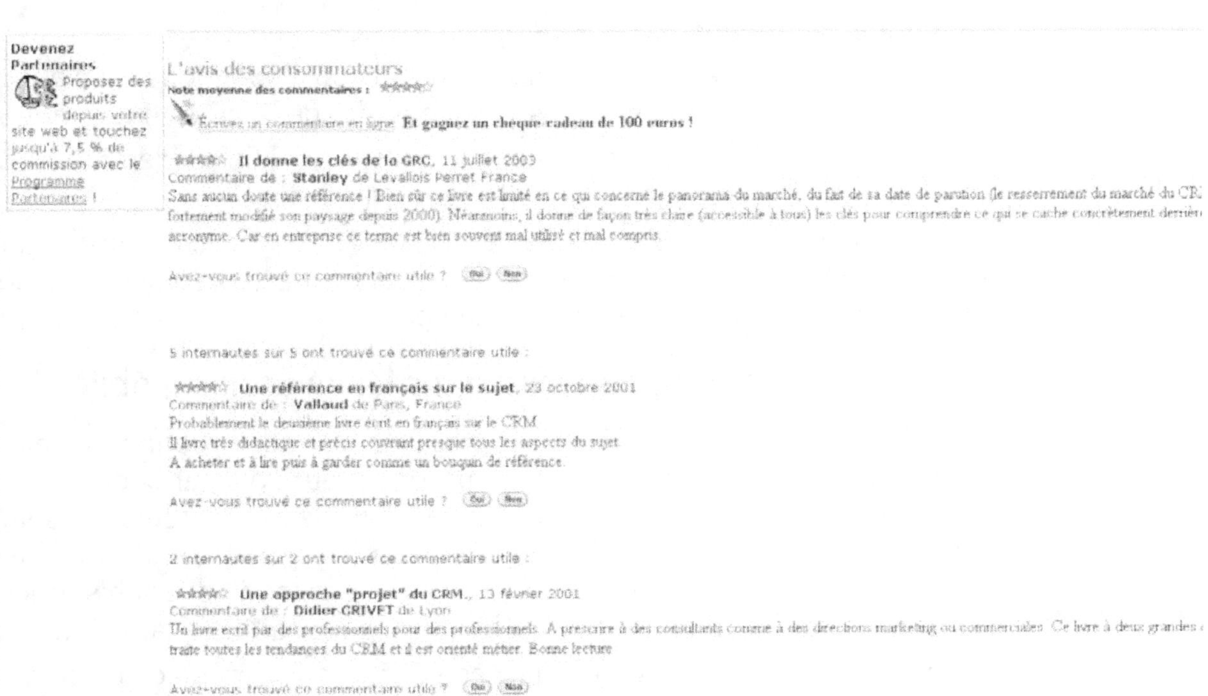

Exemple : l'intelligence économique par le text mining

Une entreprise met en place un système de text mining pour identifier et analyser les différentes sources d'informations disponibles sur Internet (FAQ, sites spécialisés, journaux électroniques, etc.) sur l'entreprise et ses produits, sur ses concurrents, sur les dépôts de brevet, etc.

Les différents articles sont indexés à l'aide de mots-clés et hiérarchisés pour présentation à l'utilisateur. Les documents les plus importants sont éventuellement routés de manière automatique par messagerie. Une validation sur la pertinence du contenu conduit à sa mise à disposition dans la base de données documentaire, les salariés autorisés pouvant ainsi accéder instantanément à des informations ciblées.

Le data mining

Le data mining consiste à extraire, au moyen de techniques d'apprentissage et de statistiques, des connaissances à partir de gros volumes d'informations. Les techniques de data mining s'appliquent essentiellement à des problématiques de classification ou de prédiction.

Utilisation dans le CRM

Le data mining est une des composantes essentielles du marketing de base de données. Il est généralement utilisé avant la définition d'une action ou d'une séquence d'actions marketing pour :

- identifier des segments comportementaux homogènes ;
- élaborer des modèles de réponses sur la base des actions marketing précédentes afin d'optimiser les taux de retour de la prochaine action ;
- bâtir des modèles d'appétence ou d'attrition afin d'identifier les meilleures cibles pour telle ou telle action marketing.

Il s'articule ainsi avec les outils de gestion de campagnes en contribuant à déterminer les règles de sélection qui seront ensuite appliquées pour le ciblage dans les outils de gestion de campagnes.

Exemple : la prévention du churn dans les télécoms mobiles

L'attrition client ou churn représente près d'un quart des abonnés au téléphone mobile. Ainsi, chaque année, un opérateur voit partir près d'un quart de ses abonnés à la concurrence. Tous les opérateurs se sont penchés sur le sujet de la prédiction du churn en appliquant des techniques de data mining. Ces études ont abouti à des modèles sophistiqués permettant pour chaque abonné de calculer sa probabilité d'attrition.

Ces probabilités sont ensuite utilisées pour la mise en place d'actions marketing individualisées de rétention, et reprises aux différents points de contact client pour orienter le dialogue avec le client lorsque celui-ci entre en contact avec l'opérateur.

Exemple : la segmentation des clients dans les organismes financiers

Les organismes financiers ont développé des offres de produits de plus en plus importantes. Il est assez fréquent qu'une banque propose plus de 300 produits à sa clientèle. Pour mieux communiquer sur les avantages des différents produits, mais aussi pour ne pas informer les clients sur des offres non compatibles, les organismes financiers ont mis en place des segmentations très élaborées.

Afin de définir la bonne offre, au bon client, par le bon canal avec le bon prix, les différents segments mesurent le niveau de relation, les canaux utilisés pour développer cette relation, la rentabilité actuelle du client et son potentiel. Ces segmentations permettent d'améliorer les ciblages en marketing, le contenu de la communication et servent d'éléments pour mesurer les attentes et la satisfaction des clients.

Les systèmes d'information géographiques

Les systèmes d'information géographiques (SIG) permettent de représenter des données dans l'espace, et plus particulièrement sur des cartes. Ils permettent donc de visualiser des concepts géographiques tels que des distances, des zones de chalandise ou des recoupements de territoire.

Utilisation dans le CRM

Les SIG sont de plus en plus mis à contribution dans le CRM. Un certain nombre d'éditeurs proposent une intégration de composantes SIG au sein de leur offre de CRM. Les applications les plus classiques tournent autour de :

- la visualisation des zones de chalandise ou de la localisation des clients ;
- l'ajout de caractéristiques socio-démographiques de la zone d'habitation du client au client lui-même ;
- l'optimisation des tournées des agents de maintenance ou des commerciaux sur le terrain ;
- la localisation des zones de services les plus proches de celle où se trouve le client.

Exemple : Onstar

Filiale de General Motors, Onstar (http://www.onstar.com) est une société spécialisée dans l'assistance au conducteur. Elle combine un centre

Figure 8-5 : Exemple de ciblage géographique sous MapInfo

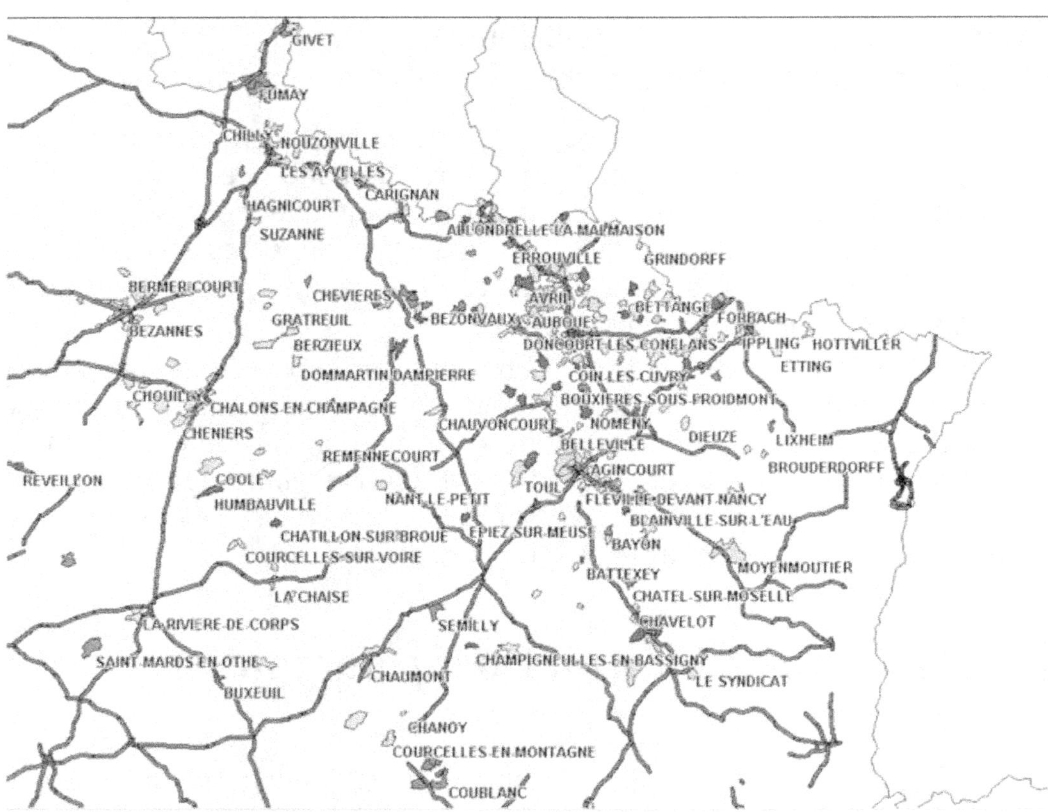

d'appels, un système de localisation GPS, un SIG et la téléphonie mobile pour proposer un ensemble de prestations innovantes. Ces prestations ne sont pour l'heure proposées qu'aux heureux conducteurs américains. Parmi les services proposés, on retrouve les offres classiques d'un assistant traditionnel et quelques petites révolutions :

- l'envoi de secours en cas de déploiement de l'airbag ;
- l'ouverture à distance du véhicule en cas de perte des clés ;
- la coordination avec la police et le traçage en temps réel du véhicule en cas de vol ;
- la réservation d'hôtels et de restaurants.

Pour assurer ces derniers services, les opérateurs téléphoniques d'Onstar disposent d'une visualisation géographique sur leur écran, d'une part du véhicule et, d'autre part, des hôtels et restaurants répondant aux critères du client.

Les outils d'extraction et de transformation

Les outils d'extraction et de transformation (ETL pour Extraction, Transformation and Loading) sont des programmes automatisant les processus d'interfaces et de transformation entre bases de données et systèmes de gestion de fichiers. Ces outils permettent de décrire une base de données ou un fichier source, ainsi qu'une base de données cible et de définir simplement les règles de transformation à appliquer. À partir de ces définitions, soit par génération de code soit par application des règles, les outils d'ETL interfacent les systèmes source et les systèmes cible.

Utilisation dans le CRM

Les outils d'ETL sont une composante essentielle dans les processus de chargement du data warehouse et dans la construction des datamarts. Ils assurent une meilleure évolutivité des processus de chargement, prennent en charge la documentation des processus et améliorent la productivité des développements des programmes de chargement et de transformation.

Ils sont également utilisés pour assurer les interfaces entre le front office commercial et le back office marketing, ainsi que les liens entre les données du CRM et les données des ERP lorsque ces liens ne sont pas en temps réel.

Exemple : Siebel et les liaisons entre SFA et EMA

Pour assurer les échanges de données entre son outil de SFA, Siebel Sales, et son outil d'EMA, Siebel Marketing, Siebel a intégré dans son offre et paramétré l'outil ETL Sagent.

L'intégration des applications

Aujourd'hui, la plupart des entreprises mettent en place des systèmes d'information hétérogènes tels que ERP, Supply Chain, solution CRM, SIRH… souvent isolés et géographiquement distants. Avec les contraintes actuelles de réactivité et d'efficacité, les systèmes isolés ont désormais besoin d'être fédérés, car il devient essentiel que l'information puisse circuler partout où elle est nécessaire dans l'entreprise.

Les solutions d'EAI (Enterprise Application Integration) répondent à cette nouvelle exigence et permettent la communication entre applications hétérogènes qui collaborent alors autour d'une plate-forme commune. Outil de support transactionnel pour le dialogue entre les différentes applications de l'entreprise, mais aussi pour les échanges entre les applications de l'entreprise et celles de ses clients et fournisseurs, l'EAI apporte aux systèmes d'information plus de modularité et de flexibilité.

Concrètement, un EAI permet de relier en temps réel un système opérationnel central avec une base de données clients, où sont consignées des informations historiques importantes. Avec ce lien, les personnes qui interagissent au quotidien sur chacun de ces systèmes bénéficient d'une vision globale et peuvent être plus pertinentes et efficaces dans leurs actions. Ainsi, un système de production pourra bénéficier d'informations client. À l'inverse, les systèmes de gestion de la relation client pourront êtres enrichis par des éléments opérationnels comme les retards, les dysfonctionnements…

La mise en place d'un EAI qui fédère plusieurs systèmes donne à l'entreprise la possibilité de gagner en souplesse et en réactivité. L'EAI assure notamment le transport des données, la transformation, le routage, le suivi des activités et la visualisation des processus. En associant des informations pertinentes en temps réel avec des règles de gestion rigoureuses, l'EAI permet à l'entreprise de gagner en efficacité de manière réelle et tangible. Lorsqu'un EAI est mis en place parallèlement à un nouveau système d'information, les économies d'échelle réalisées peuvent aller jusqu'à 80 % des coûts d'implémentation de l'ensemble. Les retours sur investissement sont alors significatifs dans plusieurs domaines :

- diminution des coûts de développement, de structure et de maintenance ;
- consolidation des données ;
- rapidité de mise en œuvre des systèmes ;
- diminution des coûts de main d'œuvre.
- La figure 8-6 décrit l'architecture applicative d'une demande de crédit par Internet :

  1) La demande passe par le réseau Internet sous format XML pour être réceptionnée par le Broker de messages.

  2) La demande est vérifiée en termes de qualité et de complétude des informations.

  3) Elle est envoyée à une application de *scoring* pour évaluer le degré de risque.

  4) Le dossier accepté est transmis à l'application Siebel pour intégration dans la chaîne de traitement.

  5) Un courrier et un message de confirmation sont envoyés au client.

  6) À tout moment, une traçabilité des opérations est assurée par l'agent de persistance.

Utilisation dans le CRM

Pour un opérateur télécoms, la mise en service d'une ligne impose la coordination de plusieurs éléments (disponibilité du matériel, de la personne, du véhicule, etc.). Lors de la réception d'un appel, le poste de travail du téléconseiller lance des appels de disponibilités auprès des différents partenaires impliqués.

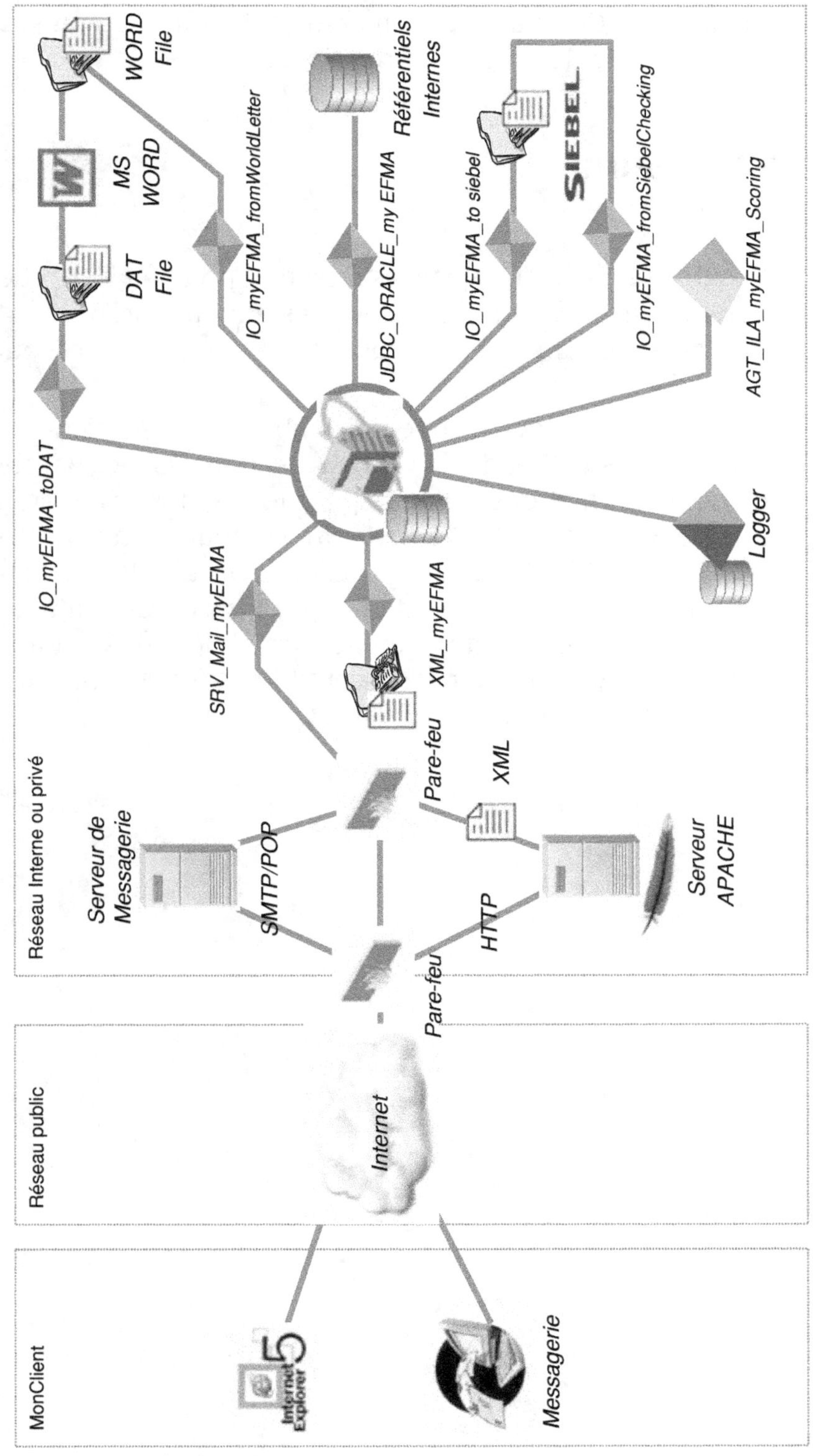

Figure 8-6 : Schéma d'architecture d'intégration

Le broker d'EAI permet d'automatiser les flux d'échanges entre la prise de commande, les agendas pour la mise en service et assure le suivi des éléments de mise en service pour transmission au service chargé de la facturation. Cette application permet de traiter en un seul temps l'appel et de fluidifier les flux d'informations.

Conclusion

Ces différentes technologies s'intègrent pour la plupart de manière transparente dans les outils de CRM. Les éditeurs proposeront pour cela des interfaces assurant le dialogue entre leurs propres outils et ceux du marché.

Ainsi, la plupart des technologies innovantes peuvent trouver des applications dans le monde du CRM : la reconnaissance vocale pour le service client, l'informatique nomade pour le diagnostic à distance, les cartes à puce couplées à un émetteur/récepteur hertzien pour animer un programme de fidélité en magasin, les outils de mesure d'audience sur Internet, etc. Plus généralement, les outils de CRM intégreront la plupart des technologies ayant un impact sur le client final, et notamment toutes les technologies d'Internet susceptibles de contribuer au service client ou à l'efficacité marketing.

Chapitre 9

Les outils de gestion de campagnes

« Le vrai moyen de gagner beaucoup est de ne vouloir jamais trop gagner et de savoir perdre à propos. »

Fénelon, Les Aventures de Télémaque.

Les logiciels de gestion de campagnesou d'automatisation du marketing (dont le segment de marché est souvent dénommé EMA pour Enterprise Marketing Automation) sont généralement proposés en tant que modules par les éditeurs de suite CRM comme Siebel, Peoplesoft ou SAP. Ces modules sont, par construction, bien intégrés avec le front office commercial. Ils restent encore, en revanche, moins puissants que les outils spécialisés, dédiés exclusivement à l'automatisation du marketing.

Nous avons voulu développer ici les fonctionnalités de ces outils spécialisés, dont certains, il y a fort à parier, seront prochainement rachetés par des éditeurs de suite CRM. Ces outils d'automatisation du marketing sont en effet représentatifs de ce qui se fait de mieux sur ce domaine fonctionnel.

Pour autant, vous devrez vous poser la question, avant de vous orienter vers de telles solutions, du niveau réel de sophistication de vos besoins. En effet, ces outils sont très puissants, voire trop puissants pour le commun des mortels, qui n'aura pas les volumes de campagnes suffisants pour en amortir le coût.

Avez-vous réellement besoin d'un logiciel d'automatisation du marketing ?

Quels sont les critères qui poussent généralement les entreprises à envisager l'acquisition d'un logiciel d'automatisation du marketing ?

- **Le nombre de campagnes** : si votre entreprise lance moins d'une dizaine d'actions marketing par an, les outils de gestion de campagnes ne se justifient probablement pas ; un bon outil de requête comme Business Objects, Brio ou Cognos Impromptu devrait suffire pour assurer les ciblages.

- **La complexité des enchaînements** : les outils de gestion de campagnes deviennent pertinents dès lors que les actions marketing s'enchaînent conditionnellement (par exemple, l'automatisation d'une tâche telle que l'envoi d'une relance sous quinze jours, lorsque le client n'a pas répondu au premier courrier).

- **L'apparition de campagnes répétitives et événementielles** : les entreprises complexifient de plus en plus leurs processus de marketing relationnel. Par exemple, le processus de bienvenue peut se décliner en dizaines d'actions conditionnelles, positionnées par rapport à la date d'adhésion d'un client dans un programme de fidélité. Les gestionnaires de campagnes pourront assurer ces fonctions répétitives à partir d'un simple paramétrage initial.

- **L'articulation multicanal** : dès lors que les actions sont orchestrées sur plusieurs canaux (par exemple, VRP-mail-call-fax), les outils de gestion de campagnes peuvent apporter une productivité non négligeable.

- **La mesure systématique des remontées :** les outils de gestion de campagnes intègrent des fonctions de mesure des retours. Si vous souhaitez systématiser ces mesures, les gestionnaires de campagnes vous apporteront des gains importants de productivité (jusqu'à plusieurs jours-homme gagnés pour chaque campagne).

Les données manipulées

Les gestionnaires de campagnes « modernes » sont généralement indépendants de la structure de la base de données marketing. En d'autres termes, ils se collent sur la structure de votre data warehouse pour ce qui est de la définition du client et de ses attributs. Ils proposent en plus une structure standard pour vous permettre de démarrer rapidement et disposent par ailleurs de leurs propres données pour la description des campagnes, des actions et des topages des cibles.

En termes d'architecture, il sera donc nécessaire de choisir entre :

- l'utilisation de la structure de données proposée par le gestionnaire de campagnes ;

- l'intégration des gestionnaires de campagnes directement sur le data warehouse ;

- la création d'une datamart spécialisée pour la gestion de campagnes, alimentée par le data warehouse et sur lequel est greffé l'outil de gestion de campagnes.

La figure ci-dessous présente une architecture dans laquelle le gestionnaire de campagnes (la brique « marketing automation ») est greffé sur l'entrepôt de données en parallèle avec des fonctions d'analyse de données et de reporting :

Figure 9-1 : Exemple d'intégration de l'automatisation du marketing sur un data warehouse

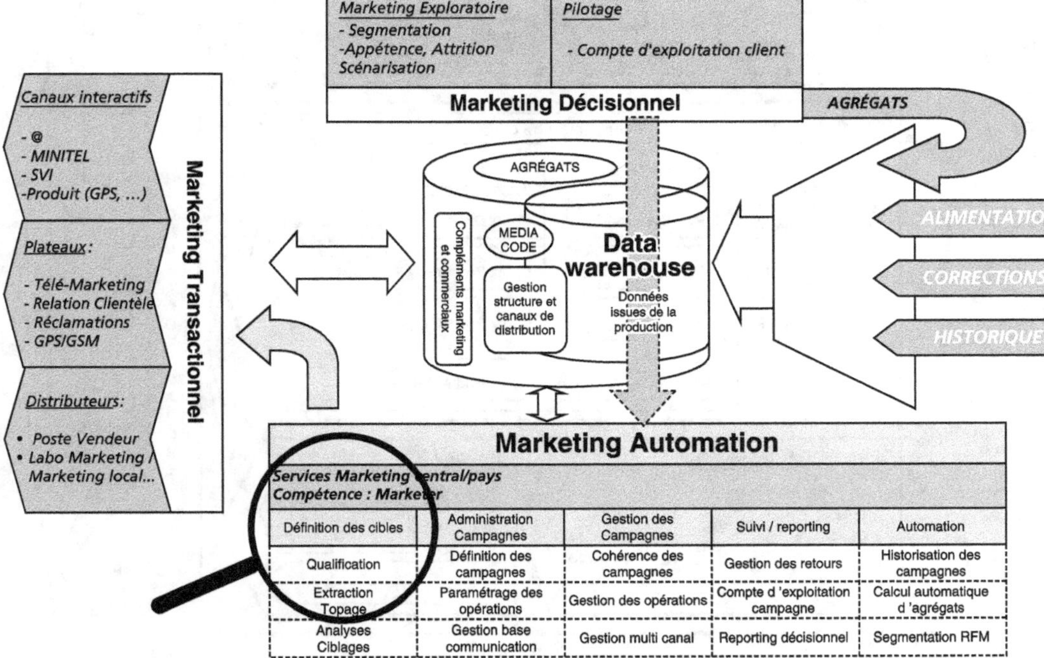

Définition des cibles	Administration Campagnes	Gestion des Campagnes	Suivi / reporting	Automation
Qualification	Définition des campagnes	Cohérence des campagnes	Gestion des retours	Historisation des campagnes
Extraction Topage	Paramétrage des opérations	Gestion des opérations	Compte d'exploitation campagne	Calcul automatique d'agrégats
Analyses Ciblages	Gestion base communication	Gestion multi canal	Reporting décisionnel	Segmentation RFM

Marketing et gestion de campagnes

Le positionnement de la gestion de campagnes dans les processus marketing

On peut grossièrement décomposer le marketing en cinq grands domaines :

- Le marketing stratégique : il vise à déterminer une stratégie en termes de couple produits-marché.

- Le marketing mix : c'est à cette étape que sont précisés les prix, les politiques de distribution et de promotion.

- Le marketing opérationnel : il consiste à déterminer des cibles opérationnelles et des actions.

- La mise en œuvre : il s'agit d'exécuter les actions définies dans le marketing opérationnel.
- Le pilotage et l'intelligence : ce volet regroupe les actions de mesure et d'analyse.

Comme le montre le schéma de la figure 9-2, les outils de gestion de campagnes supportent essentiellement les processus de définition et de mise en œuvre du marketing opérationnel.

Figure 9-2 : Positionnement de la gestion de campagnes dans les processus marketing

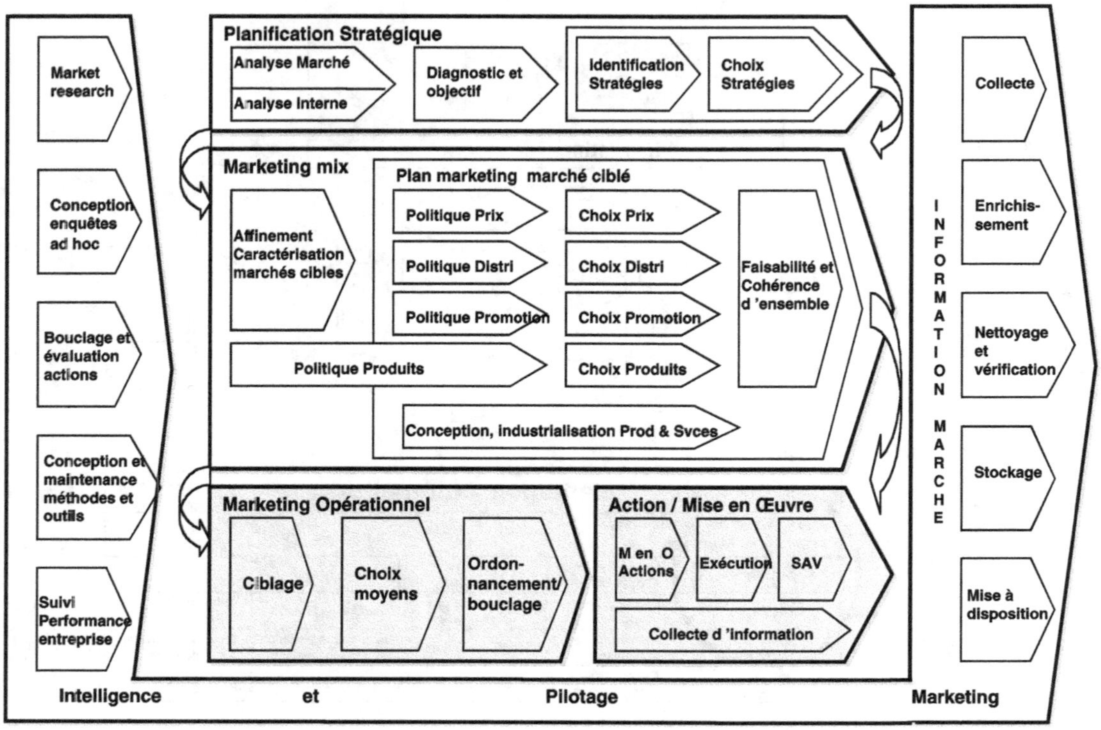

Les processus du marketing opérationnel concernés par la gestion de campagnes

D'une manière générale, les outils de gestion de campagnes couvrent les quatre processus suivants :

- **gestion de campagnes non événementielles** : il s'agit de campagnes pour lesquelles les séquences d'actions sont planifiées et déclenchées conformément à cette planification. Les actions composant la séquence d'actions sont déclenchées en fonction des réponses et des non-réponses aux actions précédentes de la séquence d'actions.

- **Gestion de campagnes événementielles** : il s'agit de campagnes qui, une fois initiées, se déroulent de manière autonome en fonction des différents événements qui peuvent survenir. C'est ainsi que le déclenchement d'une séquence d'actions est lié à la survenue d'un événement et non au planning. Comme pour les campagnes non événementielles, les actions composant la séquence d'actions sont déclenchées en fonction des réponses et des non-réponses aux actions précédentes de la séquence d'actions.

- **Pilotage de campagne** : il s'agit des mesures et tableaux de bord standards et spécifiques mis en place et diffusés afin de s'assurer que la campagne répond bien aux objectifs. Ils sont essentiels pour identifier et procéder aux corrections qui s'imposent dans le cas contraire. Il s'agit également de comparer les campagnes entre elles pour trouver des opportunités d'optimisation des taux de réponse par des techniques de benchmark…

- **Études** (modèles de score, de segmentation…) : il s'agit des différentes études qui peuvent être menées de manière à accroître la connaissance de la clientèle en vue de l'établissement et de l'industrialisation de modèles prédictifs. La construction des modèles prédictifs relève de technologies statistiques et de data mining. Le gestionnaire de campagnes sera généralement utilisé en aval de cette modélisation pour assurer les fonctions de ciblage.

Les fonctions couvertes par les gestionnaires de campagnes

Les logiciels de gestion de campagnes couvrent le cœur du processus de définition, de lancement et de mesure des campagnes.

Figure 9-3 : *Les grandes étapes de la gestion de campagnes*

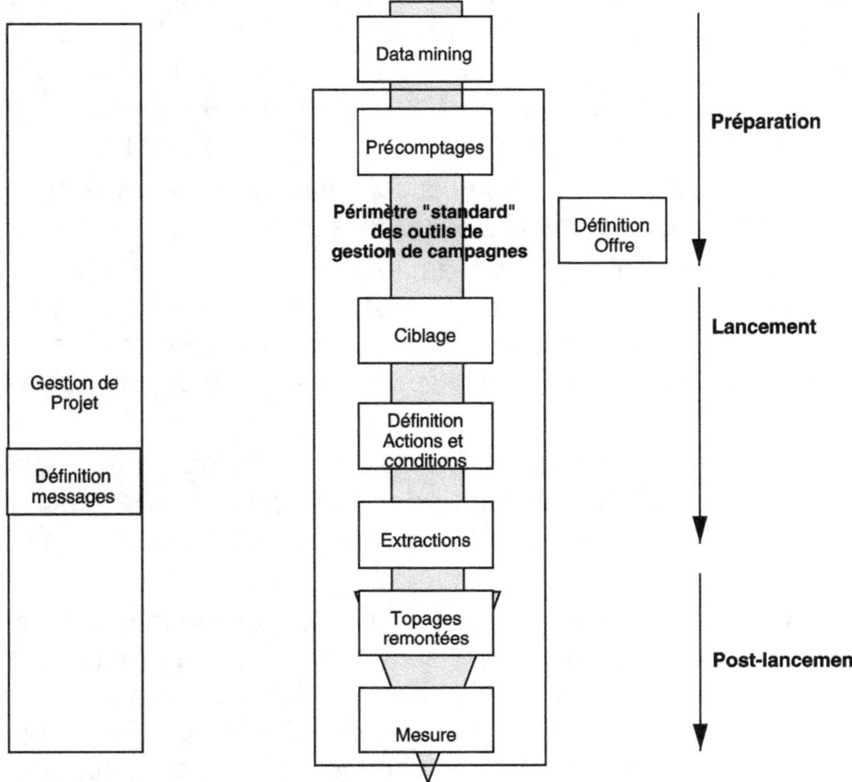

Plus précisément, ils assurent les tâches suivantes :

- **Précomptage des cibles** : il s'agit d'effectuer des comptages pour déterminer des ordres de grandeur des cibles ou inversement pour affiner des cibles par rapport à une quantité d'envois prédéterminée ; dans certains cas, ces précomptages peuvent aussi être effectués à l'aide d'un requêteur, généralement plus souple d'emploi.

- **Définition des actions et conditions** : dans cette étape, l'utilisateur crée un identifiant pour la campagne, il décrit les objectifs, les enjeux, les éléments budgétaires, ainsi que les actions composant cette campagne.

- **Extraction** : l'extraction consiste à appliquer définitivement les critères de sélection, complétés des exclusions automatiques (impayés, décédés, etc.), à sortir une liste d'adresses formatées et à toper l'action, c'est-à-dire à mémoriser le fait que le client a été touché par l'action. Cette étape comprend généralement des traitements d'inclusion ou d'exclusion d'autres listes. Dans ce cas, il faut prévoir le module d'importation des listes externes.

- **Topage des remontées** : les remontées doivent d'abord être définies (produits, dates de début et date de fin). La consolidation des remontées doit tenir compte des différents canaux de remontées (coupon, appel téléphonique, rendez-vous, visite, achat, formulaire Internet, SMS) ; le gestionnaire de campagnes se chargera de déterminer pour chaque client s'il y a eu ou non remontée.

- **Mesure** : il s'agit de déterminer le rendement brut et net de la campagne, ainsi qu'un bilan financier de l'opération. Ici, la plupart des gestionnaires de campagnes proposent quelques états mais doivent en général être complétés par des développements d'états complémentaires sur mesure, par exemple avec un outil de requêtage.

Toutefois, certaines étapes sont encore peu ou mal couvertes par les gestionnaires de campagnes dans leur ensemble :

- **La gestion de projet** : la coordination globale des différents acteurs impliqués dans une campagne, la gestion des points de validation et la synchronisation des équipes sont souvent une tâche ardue. Les gestionnaires de campagnes sont assez limités sur cet aspect de gestion de projet.

- **La gestion des contenus** : si les gestionnaires de campagnes proposent tous des ébauches de solutions pour la gestion des fichiers graphiques de création, il ne faut pas s'attendre à une gestion sophistiquée des contenus des mailings.

- **La définition des offres** : elle est en général coordonnée avec les directions des produits ou de la fidélisation, et se matérialise par des codes dans des programmes de gestion de la fidélité ou des produits. Il y a donc généralement rupture entre la définition de la campagne elle-même et la définition de l'offre, qui relève souvent d'un autre système.

Principales fonctionnalités d'un gestionnaire de campagnes

La figure 9-4 présente les principales fonctions généralement assurées par un gestionnaire de campagnes ; les blocs en traits pointillés sont ceux qui justifient parfois de l'utilisation d'un outil en complément, tel qu'un outil de normalisation d'adresses ou un requêteur.

Figure 9-4 : Les principales fonctions d'un gestionnaire de campagnes

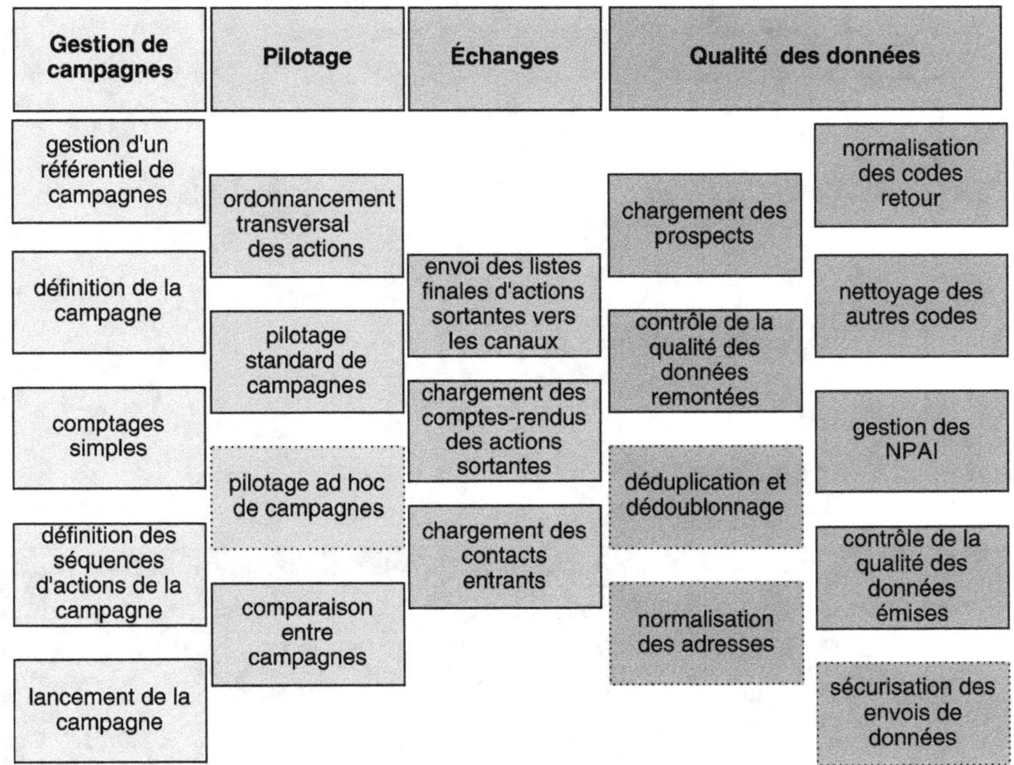

Nous n'aborderons ci-après que quelques-unes de ces fonctions essentielles.

La définition d'une campagne

Chaque outil vient avec son lot de définitions propriétaires. Globalement, tous proposent une décomposition en trois niveaux : un niveau programme, un niveau campagne et un niveau action (voir figure 9-5). L'action elle-même est ensuite déclinée en trois volets : une cible, un support et une offre.

La définition d'une action (voir figure 9-6) contient généralement la description de la cible ainsi que des zones test. La zone test, encore appelée groupe témoin, est un sous-ensemble de la cible sur laquelle aucune action ne sera envoyée, afin de mesurer a posteriori l'efficacité de la campagne par comparaison à ce groupe.

Figure 9-5 : *L'arborescence d'un programme marketing*

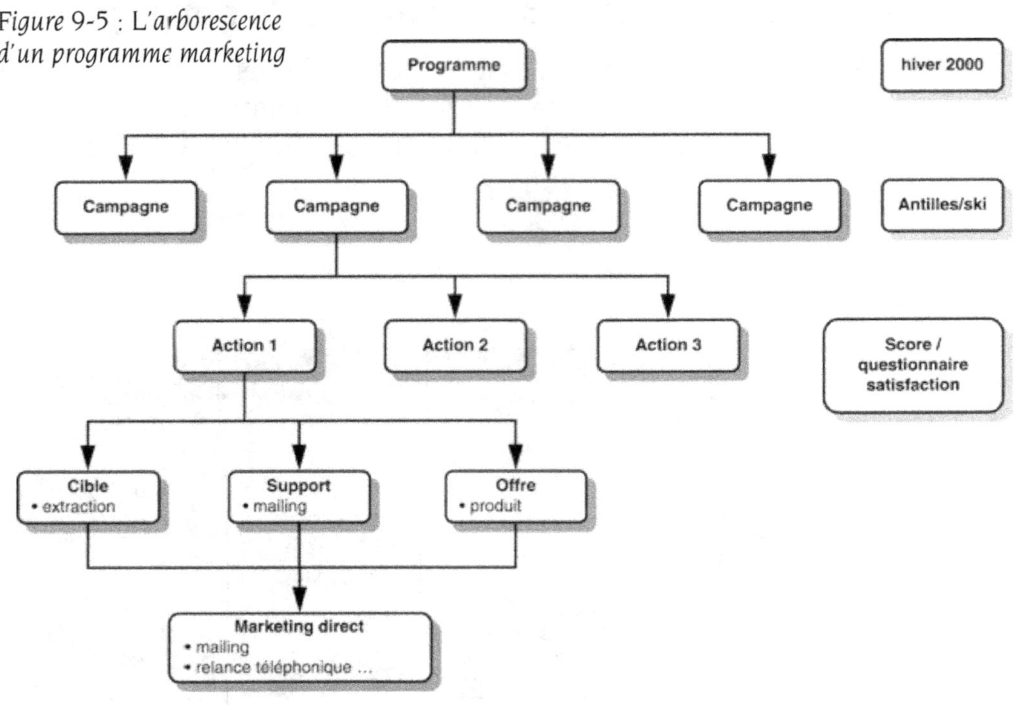

Figure 9-6 : *La définition d'une action avec Marketic*

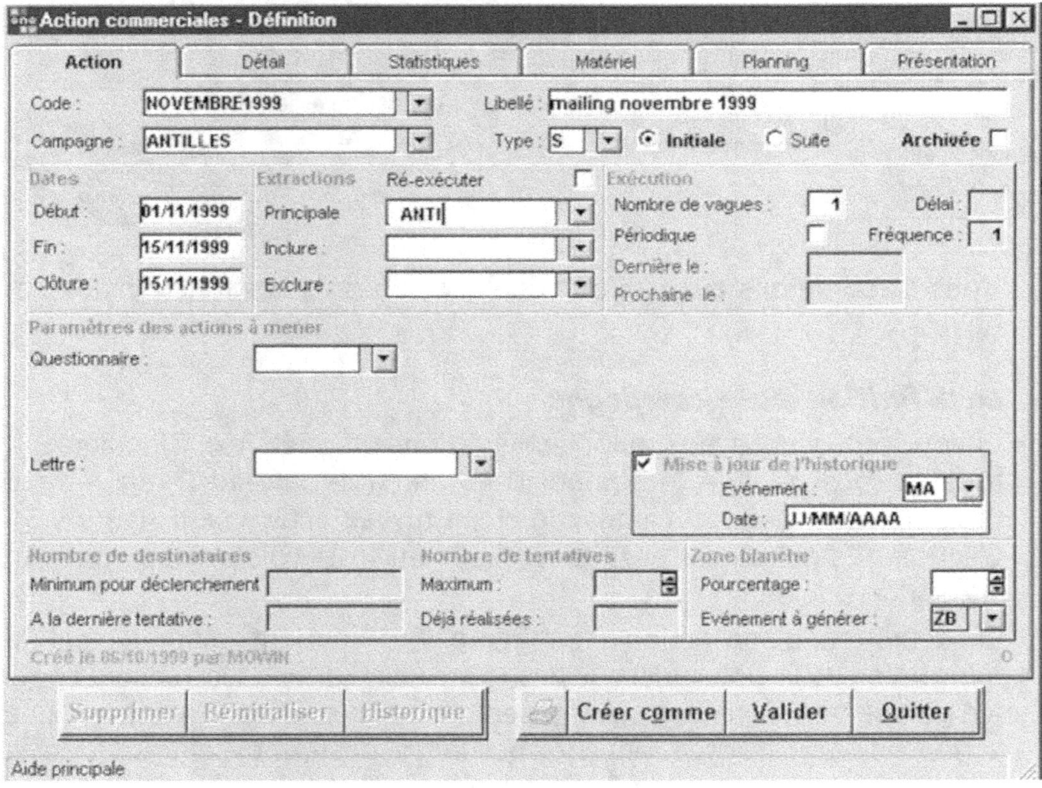

Par ailleurs, la plupart des outils proposent également des écrans pour paramétrer les données financières de l'action, qui serviront ensuite à la mesure des retours.

Figure 9-7 : Le paramétrage des données financières d'une action avec Marketic

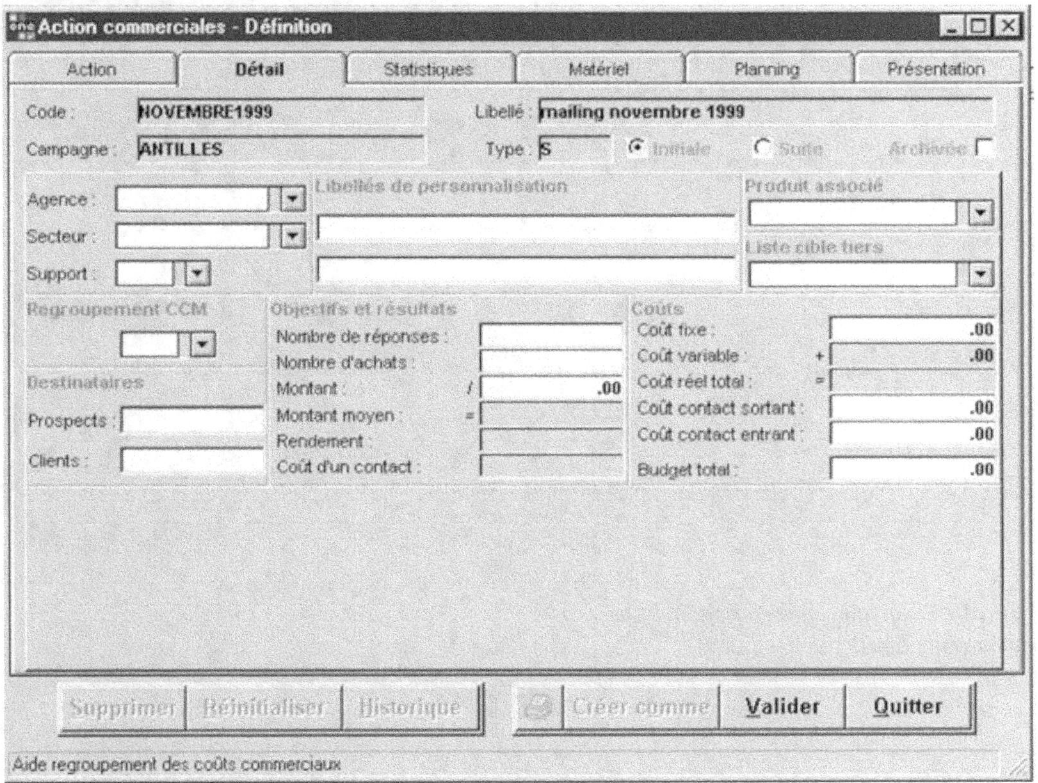

Les précomptages et les ciblages

Les précomptages et les extractions, ou ciblages, sont un point clé de la gestion de campagnes.

La plupart des outils proposent des sélections multicritères simples d'utilisation, ainsi que des fonctions essentielles pour l'inclusion et l'exclusion de listes (voir figure 9-8). Il s'agit par exemple d'envoyer un message donné à tous les nouveaux clients, à l'exclusion de ceux qui ont été recrutés par tel ou tel canal. La plupart des outils proposent également de définir des champs calculés, qui peuvent ensuite être repris comme critères d'extractions. Ainsi, le fait pour un client d'appartenir au premier décile de chiffre d'affaires peut être exprimé sous forme d'un champ calculé et utilisé ensuite pour des sélections.

Figure 9-8 : Écran de ciblage avec Marketic

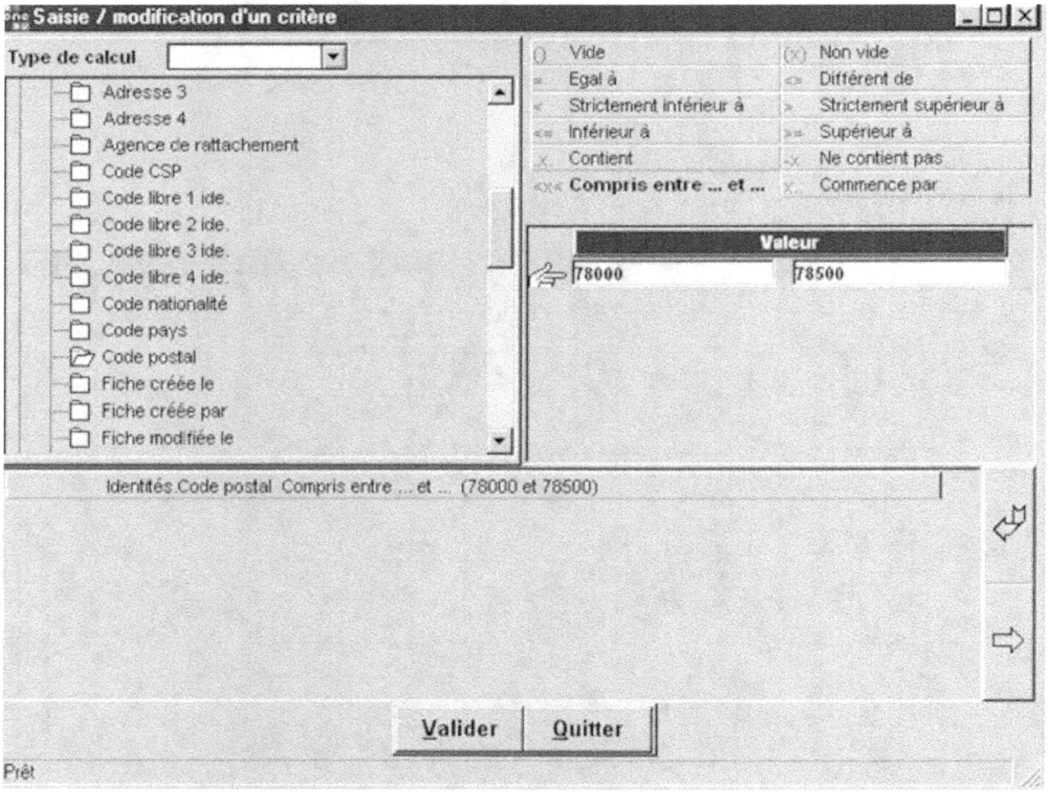

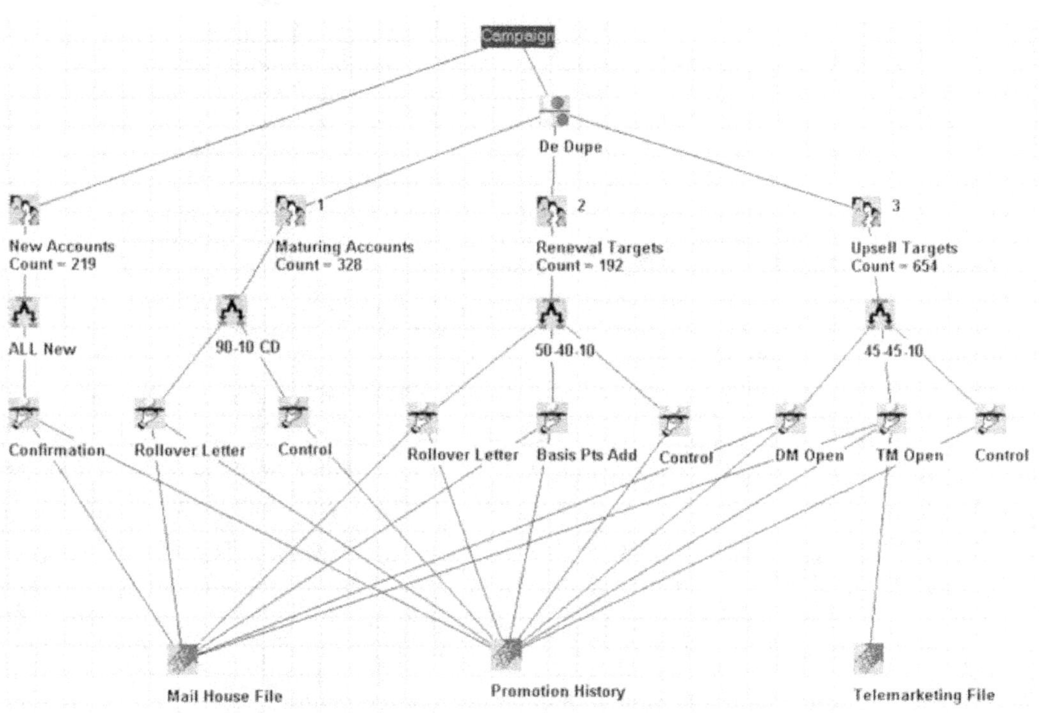

Figure 9-9 : Exemple de description d'une arborescence d'actions

La définition des séquences

La plupart des outils se sont alignés pour proposer une interface sous forme d'arbres pour la définition des séquences (voir figure 9-9). Chaque nœud de l'arbre correspond à un test et chaque branche terminale à une action.

L'ordonnancement

La définition d'actions conditionnelles devient vite complexe à gérer et à visualiser. Les outils proposent des ordonnanceurs graphiques pour visualiser les tâches à exécuter (voir figure 9-10).

Figure 9-10 : Ordonnancement graphique des actions avec Chordiant Marketing Director

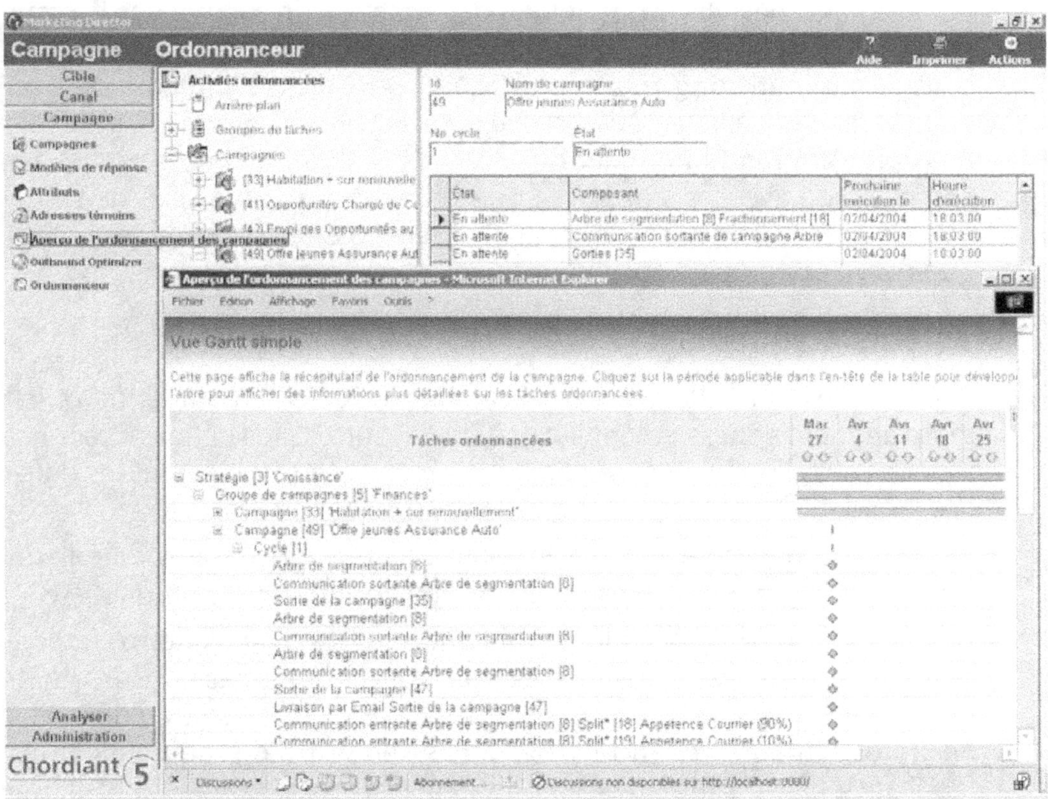

Les outils les plus sophistiqués vont jusqu'à proposer un *scheduler* (planificateur) intégré qui gère les déclenchements d'exécution des tâches.

Panorama général de l'offre

Globalement, l'offre en matière de logiciels d'automatisation du marketing se segmente en deux grands ensembles :

- Les éditeurs de suite CRM, qui proposent un module intégré de gestion de campagnes : l'avantage majeur de ces outils est l'intégration étroite du module de gestion de campagnes avec les modules de front office et notamment de ventes. Cette intégration facilite la reprise par le front office des actions déclenchées par le marketing et, inversement, la remontée des comptes rendus d'exécution de ces actions depuis le front office vente vers le back office marketing. À l'inverse, les fonctionnalités proposées ne sont pas toujours aussi développées que celles proposées par des éditeurs spécialisés, qui ont concentré toutes leurs ressources autour de l'automatisation du marketing. Dans cette catégorie, tous les grands éditeurs de suites de CRM, Siebel, Peoplesoft (ex-suiteVantive) ou ClarifyCRM pour ne citer qu'eux, proposent un module marketing. Ces produits sont traités dans le chapitre 10.
- Les éditeurs spécialisés qui ont fait de la gestion de campagnes le cœur de leur offre. Ils proposent généralement des fonctionnalités d'automatisation du marketing très sophistiquées et savent s'intégrer avec un data warehouse existant. On trouve dans cette catégorie des outils tels qu'Aims, Affinium, Chordiant ou SAS. Le point faible de ces outils, par comparaison avec les suites, se situe généralement au niveau de l'intégration avec le *front office* commercial, qui nécessite naturellement quelques développements spécifiques.

Les facteurs distinctifs

Le marché des outils de gestion de campagnes est très compétitif, et les outils s'alignent généralement les uns sur les autres. Les déficiences fonctionnelles de tel ou tel outil sont généralement vite comblées, et les différences tendent à s'estomper au gré des nouvelles versions.

Outre des critères subjectifs, tels le confort d'utilisation et la pérennité du fournisseur, quelques critères justifient une attention plus particulière :

- B to B *versus* B to C : tous les outils ont une base d'expérience importante en Business to Consumer. Certains outils n'ont pas encore totalement intégré les spécificités du Business to Business (gestion des rôles des interlocuteurs, répartition des tâches entre les distributeurs et les fabricants, historisation des actions au niveau des interlocuteurs même après changement de société…).
- *Local versus central* : l'automatisation du marketing comprend parfois un volet marketing local. Il s'agit de permettre à des entités locales, des agences, des distributeurs, des pays ou des magasins par exemple, de définir ou de commander des actions marketing qui s'insèrent dans une cohérence globale avec les actions centrales. Certains outils proposent des solutions sur intranet pour permettre à des entités décentralisées de faire ou de faire faire des actions.
- *Gestion des événements* : tous les outils spécialisés permettent la gestion des campagnes par vague et des campagnes événementielles. Certains

proposent une interface permettant directement à l'utilisateur marketing de planifier ses campagnes tandis que d'autres imposent l'intervention d'un administrateur informatique pour lancer les tâches paramétrées dans le gestionnaire de campagnes.

- *Prise en charge d'Internet* : tous les outils supportent les campagnes multicanaux ; c'est-à-dire qu'ils sont à même de pousser des listes d'individus à contacter vers des canaux tels qu'Internet, un routeur ou un centre d'appels. Certains outils proposent également de prendre en charge l'exécution de l'action sur le canal Internet.

- *Facilité d'intégration* : l'intégration se joue à deux niveaux, d'une part la greffe de l'outil sur une base de données existante, et d'autre part la gestion des flux depuis et vers les canaux d'interaction avec le client. Sur ces deux volets, les outils sont plus ou moins complexes à intégrer, et il convient d'analyser dans le détail les modalités d'intégration proposées.

Fiches signalétiques de quelques outils

Affinium

La société Unica propose l'outil Affinium. Unica se positionne sur le marché de l'EMM (Entreprise Marketing Management), plus large que celui du CRM puisqu'il inclut le marketing produit, marketing stratégique, etc. Unica est arrivé sur le marché européen au travers de l'acquisition du produit Marketic.

Offre

Outil intégré de gestion du marketing de l'entreprise basée sur une architecture ouverte et modulable, la suite Affinium permet de :

- regrouper et analyser des données à partir de sources différentes,
- identifier les besoins et les attentes des clients,
- planifier, exécuter et gérer les programmes appropriés,
- organiser les multiples interactions sur les points de contact,
- mesurer et optimiser l'efficacité des actions de marketing.

Affinium Campaign est un outil multicanal et multivague complété de modules permettant :

- la conception et l'exécution de campagnes d'e-mails et de SMS,
- l'optimisation de campagnes croisées complexes,
- la personnalisation en temps réel,
- la mise en œuvre de campagnes distribuées.

Affinium Plan automatise et améliore la planification du marketing, le workflow des activités et la gestion des ressources et du contenu marketing, pour toutes les activités marketing, du marketing direct à la communication publicitaire.

Affinium Model propose des modules de segmentation et de profiling, d'évaluation et de modélisation prédictive des taux de réponse, destinés à résoudre chaque problème marketing tout au long du cycle de vie du client.

La suite Affinium permet d'intégrer les bases de données, les fichiers plats et toute application CRM opérationnelle, afin d'exploiter efficacement les informations disponibles dans l'organisation à un moindre coût de support. Enfin, une interface pilotée à l'aide d'assistants permet d'intégrer rapidement Affinium avec d'autres systèmes de points de contact clients tels que des centres de contacts, des sites Web et des outils de gestion des forces de vente.

Fonctions

Les principales fonctions couvertes par l'outil sont :

- le ciblage sur toutes les données disponibles,

Figure 9-11 : Interface utilisateur de la suite Affinium d'Unica

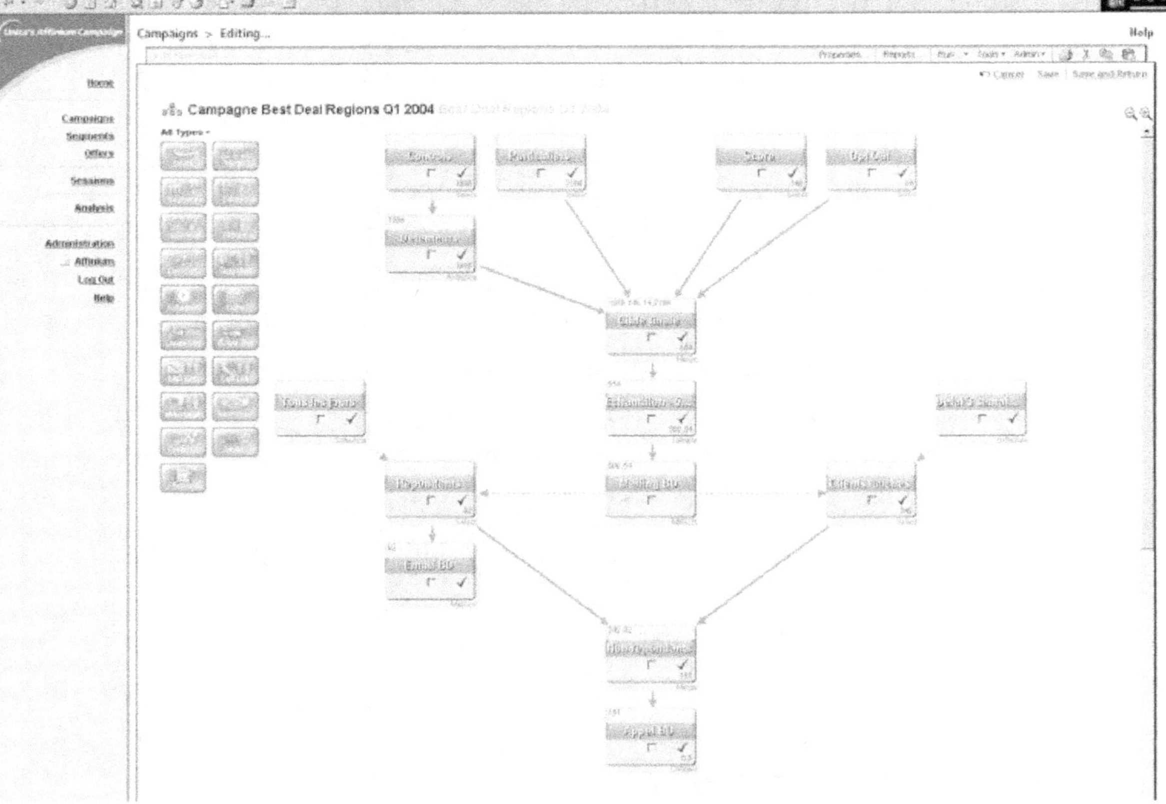

- l'automatisation, l'optimisation, la personnalisation, le suivi et l'analyse des contacts et des retours,
- la gestion des offres,
- la gestion de catalogues de cibles et de campagnes mis à disposition du réseau commercial,
- la segmentation et le scoring,
- la planification et la gestion du workflow,
- la gestion documentaire,
- la proposition d'offres en temps réel,
- le reporting intégré.

Caractéristiques techniques

Les environnements techniques supportés sont les suivants :

- Plates-formes client : Windows NT/2000/XP.
- Plates-formes serveur : Windows NT/2000, Solaris, AIX, HP UX.
- SGBD : Oracle, IBM DB2, Microsoft SQL Server, Teradata, Sybase.

Références

Unica compte plus de 350 références dans tous les secteurs d'activité, dont AIG, American Express, Club Med, EDF, Halifax Bank of Scotland, Nokia, Peugeot, SNCF, Starwood Hotels and Resorts, Vodafone, Wells Fargo, etc.

Tarifs et charges

Mode de tarification : en fonction des modules, du volume de la base et du nombre d'utilisateurs.

Enveloppe moyenne pour une configuration standard : à partir de 250 000 €.

Charges d'intégration :

- Paramétrage : 30 jours environ.
- Formation administrateurs : 3 jours environ.
- Formation utilisateurs : 3 à 7 jours selon le nombre de modules.

Durée du paramétrage : 8 à 10 semaines environ.

Présentation de la société

Société anonyme dont le siège se trouve à Waltham (Massachusetts), Unica dispose de bureaux en Europe, en Australie et en Asie. Elle a été créée en 1992, et implantée en France en mai 2003 via le rachat de Marketic.

Effectif : 180 personnes.

AIMS

AIMS Software (www.aims-software.com) est spécialisée dans le marketing client. Son produit phare est un progiciel d'automatisation des campagnes de marketing optimisant la relation client. Il permet de gérer et de synchroniser l'ensemble des canaux de communication (Web, e-mails, centres d'appels entrants/sortants, courriers, SMS, face à face...) et de développer des séquences successives d'actions événementielles (mailing, campagne d'appels téléphoniques, gestion des coupons...) tout en préservant une « vision unique du client ».

Offre

AIMS aborde la quatrième génération de son offre (1997, 1999, 2001 et 2004), enrichie des nouvelles possibilités offertes par les services Web. Cette offre est déclinée en trois gammes :

- AIMS *Business Model* s'adresse aux concepteurs de systèmes d'information marketing. Il s'agit d'un modèle fonctionnel décrivant les objets nécessaires au marketing client et les règles de gestion associées. Il inclut un outil de diagnostic CIID (Customer Interaction and Information Diagnostic).
- AIMS *Business Solution* s'adresse aux utilisateurs finaux. Elle apporte une solution prête à l'emploi, regroupant plus de 300 écrans. Grâce à sa grande flexibilité de paramétrage, elle s'adapte aux besoins spécifiques des clients tant en termes de modèle de données que d'organisation.
- AIMS *Business Framework* s'adresse aux maîtrises d'œuvre pour leur permettre d'intégrer les composants métier d'AIMS dans des applications existantes et de développer des interfaces applicatives spécifiques. Elle apporte un serveur d'accès XML aux objets métier d'AIMS.

Grâce à ces trois gammes, l'offre peut être déployée en tenant compte des contraintes spécifiques à chaque client.

Fonctions

AIMS Business Solution est constituée des modules suivants :

- AIMS *Administration* : gère la définition des données clients, la configuration du système, les profils utilisateurs et l'accès aux données.
- AIMS *Data Server* : gère le référentiel marketing, stocke les données clients et l'historique des relations clients.
- AIMS *Automate* : dédié à la planification et à l'automatisation de l'exécution des campagnes.
- AIMS *Analyse* : définition des profils, segmentation et ciblage des clients, analyse des achats, etc.
- AIMS *Opérations* : automatise la gestion des campagnes marketing, génère automatiquement l'ensemble des communications en mode multicanal.

- AIMS *Monitor* : suivi en temps réel et analyse des campagnes et des retours client.

- AIMS *Campaign Portfolio Optimization* : outil multidimensionnel d'aide à la décision. Permet de définir le portefeuille de campagnes le plus à même de remplir les objectifs stratégiques.

- AIMS *Budget Management* : suivi de l'évolution des budgets des départements marketing en synchronisation avec le système financier.

- AIMS *Data Quality Management* : optimisation de la qualité de la base de données.

- AIMS *Input/Output Management* : outil de personnalisation des messages, il route l'information issue de AIMS vers les canaux de communication non interactifs (e-mails, fax, routage, SMS…). Il apporte une solution rapide, fiable et efficace dans le domaine de la production de documents personnalisés.

AIMS a été retenu par Microsoft comme outil complémentaire à l'offre Microsoft Business Solutions CRM. Ce partenariat couvre la région EMEA (Europe Middle East Africa).

Figure 9-12 : Interface utilisateur du module AIMS *Analyse*

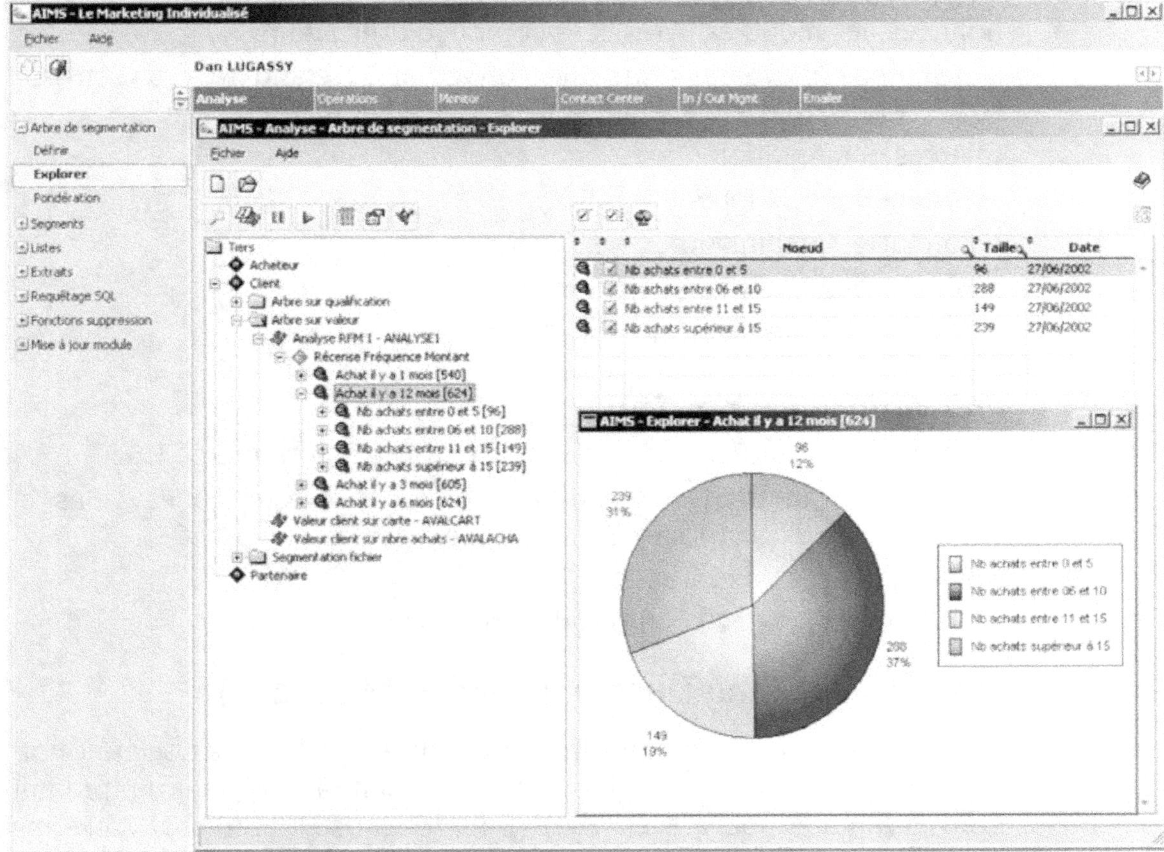

Caractéristiques techniques

Les environnements techniques sur lesquels fonctionne la solution sont les suivants :

- Plates-formes client : Windows NT/2000/XP.
- Plates-formes serveur : MVS, Unix, OS/400, Windows NT/2000, Linux, etc.
- SGBD : Oracle (toutes versions), DB2 , (tout OS : AS400, MVS, AIX, NT..), SQL Server, Teradata, Informix, Non Stop SQL....

AIMS supporte une architecture n-tiers et dispose d'accès en services Web pour tous ses composants.

Références

ABN AMRO, Banque Populaire, Caisse d'Epargne, Crédit du Nord, Société Générale, BNP Paribas Lease Group, AGF Aracalis , Carrefour SP2, COFI-NOGA, COFIDIS, Air France, Interflora, Vivendi Universal Publishing, France Télécom, APEC, Ministère de la Justice, Biogaran, Institut Pasteur, Procter & Gamble Pharmaceuticals, Synthelabo, Center Parcs, Pierre et Vacances.

Tarifs et charges

La tarification dépend de plusieurs éléments : le volume de la base de données, les modules livrés et le nombre d'utilisateurs.

L'enveloppe moyenne pour une configuration standard est d'environ 50 000 € pour 100 000 clients dans la base de données.

Charges d'intégration :

- Paramétrage : 2 jours.
- Formation administrateurs : 3 jours.
- Formation utilisateurs : 3 jours.

Durée du paramétrage : environ 3 semaines.

Présentation de la société

- Localisation sur Paris et Nîmes, où se trouve son centre de R&D.
- AIMS Software dispose d'une filiale de vente directe aux Pays-Bas, et d'un réseau de distributeurs en Europe.
- Effectif : 30 collaborateurs.
- Chiffre d'affaires : 20 millions d'euros (2002).

Chordiant Marketing Director (ex-Prime@Vantage)

L'outil Chordiant Marketing Director est développé par la société Chordiant Software (www.chordiant.com). Il s'agit à l'origine du produit Prime@Vantage, racheté en 2001, puis rebaptisé Chordiant Marketing Director.

Il permet d'automatiser la gestion des événements marketing et des processus associés nécessaires à la conception, l'exécution et l'optimisation des campagnes marketing multidimensionnelles et multicanaux dans une optique tant opérationnelle que d'analyse et de décision.

Offre

La solution marketing se compose de plusieurs modules :

- *Marketing Director* pour les canaux traditionnels directs et indirects.
- *Email Marketing Director* pour le canal e-mail.
- *Interactive Offer Director* pour le canal Web (moteur temps réel).
- *Mobile Marketing Director* pour le canal SMS.
- *Field Marketing Director* pour le marketing local en agences, magasins, etc, via une interface Web.
- *OneReporting* pour le reporting.

Fonctions

- Segmentation et ciblage.
- Conception des campagnes marketing par assemblage de composants.
- Réutilisation massive des composants.

Figure 9-13 : Interface utilisateur de l'outil Chordiant Marketing Director

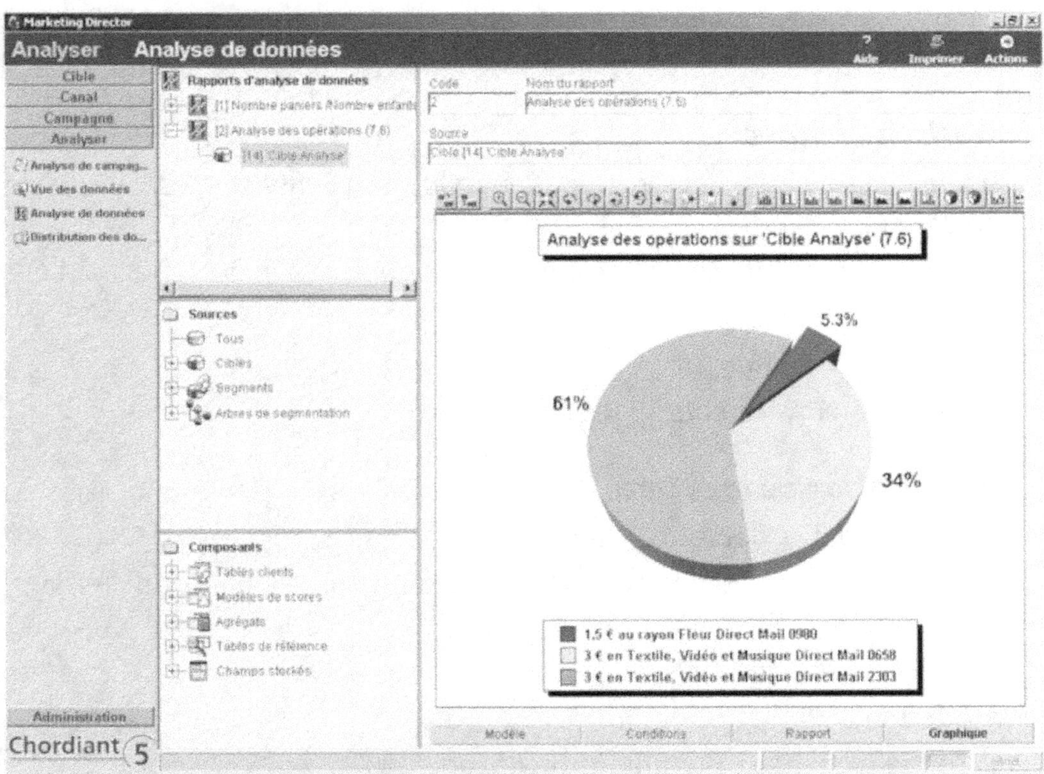

- Automatisation des contacts et des suivis.
- Intégration au centre de contact multimédia.
- Historique complet des communications.
- Personnalisation.
- Analyse et reporting.
- Multicanal et multivague.
- Contrôle des coûts et suivi détaillé du ROI.
- Marketing central et local.

Caractéristiques techniques

Les environnements techniques sur lesquels fonctionne la solution sont les suivants :

- Plates-formes client : Windows NT/2000/XP.
- Plates-formes serveur : IBM AIX, HP UX, Sun Solaris, Windows NT/2000.
- SGBD : IBM DB2, Oracle.

Références

AXA France Assurances, Natexis Banques Populaires, Banque Populaire Lorraine Champagne, 3 Suisses Assurances, BBVA, Unicredito Italiano, Barclays, Royal Bank of Scotland, Aviva, Bouygues Telecom, T-Mobile, Nokia, Proximus, Omnitel, BSkyB, British Telecom, KPN, Galeries Lafayette, Yves Rocher, Norauto, Metro, Kaufhauf, Edgars, Air France, British Airways, UPS, General Motors, etc.

Tarifs et charges

Mode de tarification en fonction du nombre de clients gérés dans la base de données.

Enveloppe moyenne pour une configuration standard : de 200 à 700 K€.

Charges d'intégration :

- Formation administrateurs : 2 jours.
- Formation utilisateurs : 3 jours.

Présentation de la société

- Siège social : Cupertino, États-Unis.
- Plusieurs bureaux en Europe : Manchester, Londres, Paris, Amsterdam, Madrid, Munich et Francfort.
- Date de création : 1997.
- Effectif : 300.
- Chiffre d'affaires : 74 millions de dollars (2002).

Neolane

Neolane est un éditeur de logiciels français qui développe et commercialise des solutions dédiées au marketing et à la communication client. Neolane Marketing Server permet aux responsables marketing de constituer et gérer des bases de données marketing (datamart) puis de planifier, exécuter et automatiser des campagnes de marketing direct multicanaux (e-mail, courrier, Web, centres d'appels, SMS, fax…).

Offre

Focalisé sur les enjeux de la conquête et de la fidélisation des clients, Neolane Marketing Server est un progiciel qui donne aux entreprises des moyens complets et efficaces de forger des relations avec leurs clients et prospects. Conçu pour des applications B to C et B to B, Neolane Marketing Server apporte des réponses aux problématiques de constitution de bases de données marketing, de gestion de campagnes marketing et de diffusion d'informations personnalisées en mode push ou pull à un nombre important de contacts.

Neolane repose sur une approche marketing client en « boucle fermée » (voir figure 9-14).

Figure 9-14 : Approche marketing client en « boucle fermée » de Neolane

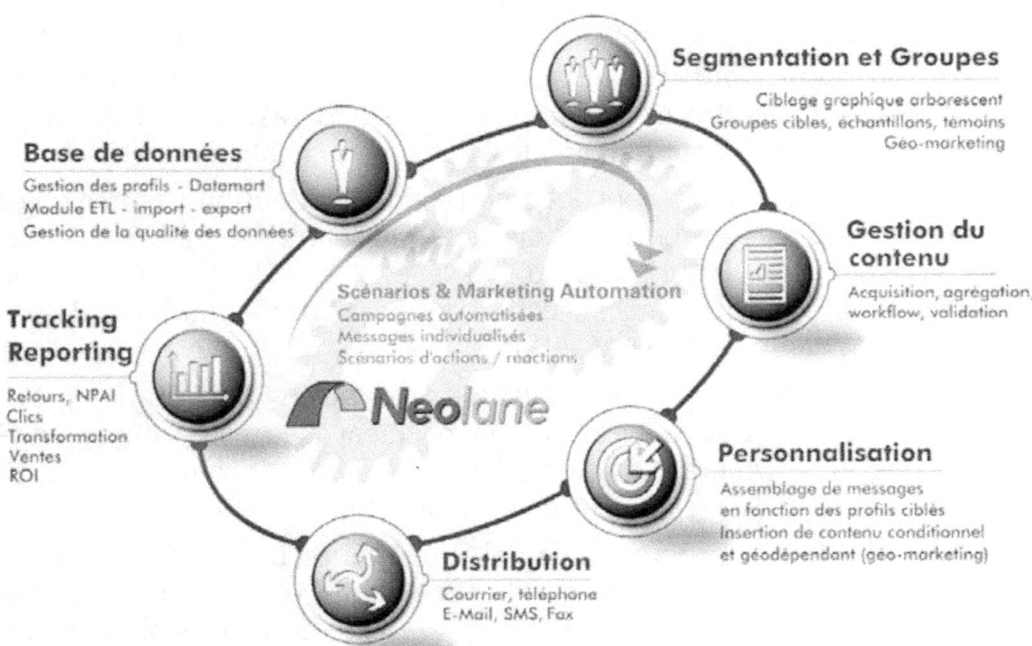

La particularité de l'offre Neolane est de comporter en outre une solution de gestion de contenu évoluée.

Neolane Marketing Server est une application d'entreprise qui présente des capacités de traitement de quelques millions de messages ou d'interactions par jour) et une flexibilité d'intégration avec les autres systèmes d'information d'entreprise.

Neolane Marketing Server est interfaçable avec des logiciels d'analyse statistique et de data mining tels que SPSS, SAS ou Business Objects.

La suite Neolane comprend également des outils de traitement et de correction d'adresses, de déduplication, de gestion de listes et d'import-export (ETL).

Fonctions

L'offre Neolane Marketing Server est une suite de modules qui couvrent les fonctionnalités suivantes :

- *Gestion des profils* : constitution de datamarts marketing, connexion-synchronisation ou réplication avec des bases existantes, formulaires Web pour les captures de profils on-line, import générique de fichiers, historisation des interactions.

- *Segmentation* : comptage et segmentation par groupes cibles sur tout type d'informations déclaratives ou comportementales, ciblage graphique arborescent, échantillonnages, gestion de vagues et de populations témoins.

- *Neolane Content Manager* : outil de gestion de contenu destiné à la création collaborative de documents Web, e-mail, courrier ou fax, avec des fonctionnalités de saisie structurée des informations, de workflow de validation et de publication multicanal.

- *Personnalisation* : fonctions illimitées de personnalisation temps réel des messages marketing ou des interactions sur la base des informations déclaratives ou comportementales, des scores clients, etc.

- *Exécution de campagnes* : fonctions natives de distribution des messages marketing via des canaux multiples tels que courrier, e-mail, SMS, courrier hybride, fax, Web, centres d'appels, etc. ; suivi temps réel, gestion des priorités et des vagues, gestion des escalades en multicanal, gestion automatique des NPAI.

- *Planification, scénarisation et automatisation de campagnes* : planification prévisionnelle des campagnes, ordonnancement des campagnes ponctuelles ou récurrentes, définition des schémas d'actions-réactions, activations manuelles, planifiées ou événementielles.

- *Reporting* : tracking comportemental et restitution temps réel des résultats, enrichissement des profils clients, fourniture en standard d'un jeu de 40 rapports Web, personnalisation et extension possible des rapports, intégration possible avec des outils de reporting tels que Business Objects ou Crystal Reports, comparaisons de campagnes et consolidation par actions, campagnes, programmes, etc.

- *Module E-Commerce* : tracking Web, suivi des ventes directes et indirectes, panier moyen, profil navigationnel, calculateur de retour sur investissement.
- *Module de géomarketing* : ciblage sur zones de chalandise, mise en œuvre de stratégies « click and mortar[1] », personnalisation du contenu des campagnes en fonction de la localisation du client par rapport à un réseau de proximité (magasins, agences…).
- *Data Quality Management* : outil de contrôle de la qualité des données, déduplication, normalisation, transformation et validation des données marketing, gestion automatique des données invalides (NPAI courrier, adresses e-mail, numéros de mobiles…)
- *Module de Scoring et de Predictive Marketing* : calculs de scores et d'agrégats clients, gestion de la pression commerciale exercée ou prévisionnelle.
- *Module ETL* : outil graphique d'extraction, transformation et chargement de flux de données multiples vers le datamart marketing unifié, outils d'import-export de listes.
- *Module d'administration* : fonctionnalités d'administration des droits et des restrictions, définition de profils utilisateurs, paramétrages fonctionnels, tuning des performances, etc.

Caractéristiques techniques

Les environnements techniques sur lesquels fonctionne la solution sont les suivants :

- Plates-formes client : Windows, navigateur Web.
- Plates-formes serveur : Windows NT/2000, Sun Solaris, Linux.
- SGBD : Oracle, Microsoft SQL Server, Sybase, IBM DB2, PostgreSQL.

Références

AXA Banque, FINAREF, Entenial, Le Grand Livre du Mois, Auto-Distribution, France Loisirs Vacances, Travelprice, Groupe Publicis, Alcatel, British Telecom Fluxus, Hager, GE Real Estates, MPG MediaContacts, NEC Packard Bell, La Française des Jeux, DHL, Caisse des Dépôts, Club Internet, etc.

Tarifs et charges

Les tarifs sont calculés en fonction du nombre de clients gérés, du nombre de postes déployés et des modules retenus. À titre indicatif, les prix d'une configuration typique sont les suivants :

- Neolane for Workgroup : à partir de 15 000 euros pour 20 000 profils clients (offre B2B).
- Neolane for Enterprise : à partir de 45 000 euros pour 100 000 profils clients.
- Licence supplémentaire par poste de travail : 3 000 à 4 000 euros.

[1] Possibilité de combiner le canal Internet avec un réseau physique de points de distribution

Charges d'intégration :
- Formation administrateurs : 2 jours.
- Formation utilisateurs : 3 jours.
- Durée de paramétrage typique : 10 à 25 jours.

Présentation de la société

- Siège social : Cachan, France.
- Revendeurs en Allemagne, UK, Benelux, Canada, États-Unis.
- Effectifs : 20 personnes en 2004.

SAS Marketing Automation

La solution SAS Marketing Automation est développée par la société SAS Inc. Cette solution offre une bonne intégration entre la connaissance client extraite avec les outils de data mining et les processus mis en œuvre dans l'automatisation des campagnes.

Offre

SAS Marketing Automation est destinée tant aux analystes marketing qu'aux responsables de marché. Cette solution offre un environnement permettant une réactivité pour réduire les délais et coûts de réalisation des campagnes.

SAS Marketing Automation est complétée par deux solutions :

- SAS *Marketing Optimization* contribue à l'efficacité du marketing client. Cette solution permet de maximiser la rentabilité des campagnes qui sont réalisées sur une période de temps donnée en tenant compte de toutes les contraintes : le budget, les canaux, les besoins et attentes des clients, etc.
- SAS *Interaction Management* permet de tracer les comportements des clients à travers de multiples sources, de reconnaître les opportunités et d'aider à retenir les clients individuellement en temps réel. Il est possible de voir l'évolution du comportement de chaque client dans le temps et d'agir immédiatement sur les changements significatifs, au moment où l'intervention a le plus d'impact.

Fonctions

- Définition du plan général des campagnes au travers d'une interface conviviale permettant de voir l'ensemble des synergies et dépendances entre chaque campagne (diagramme de Gantt).
- Gestion simultanée d'un nombre illimité de campagnes sur un nombre illimité de canaux.
- Gestion événementielle en continu.
- Gestion des campagnes conditionnelles.

- Création autonome d'indicateurs et d'agrégats. L'interface permet simplement pour des utilisateurs « non statisticiens » de créer de nouveaux indicateurs ou agrégats.
- Gestion conviviale des sélections pour faciliter le test et la création des cibles.
- Précomptage.
- Précomptage sur échantillon.
- Gestion des populations de test.
- Visualisation des cibles.
- Historisation et gestion de bibliothèques.
- Planification et pilotage métier.
- Historisation de tous les contacts clients.
- Gestion des quotas de sollicitation, afin de maintenir une pression commerciale adéquate.
- Personnalisation des exports en fonction du canal traité.
- Gestion des retours.
- Planification et prévisions.
- Moteur d'e-mail.

Figure 9-15 : Interface utilisateur de SAS Marketing Automation

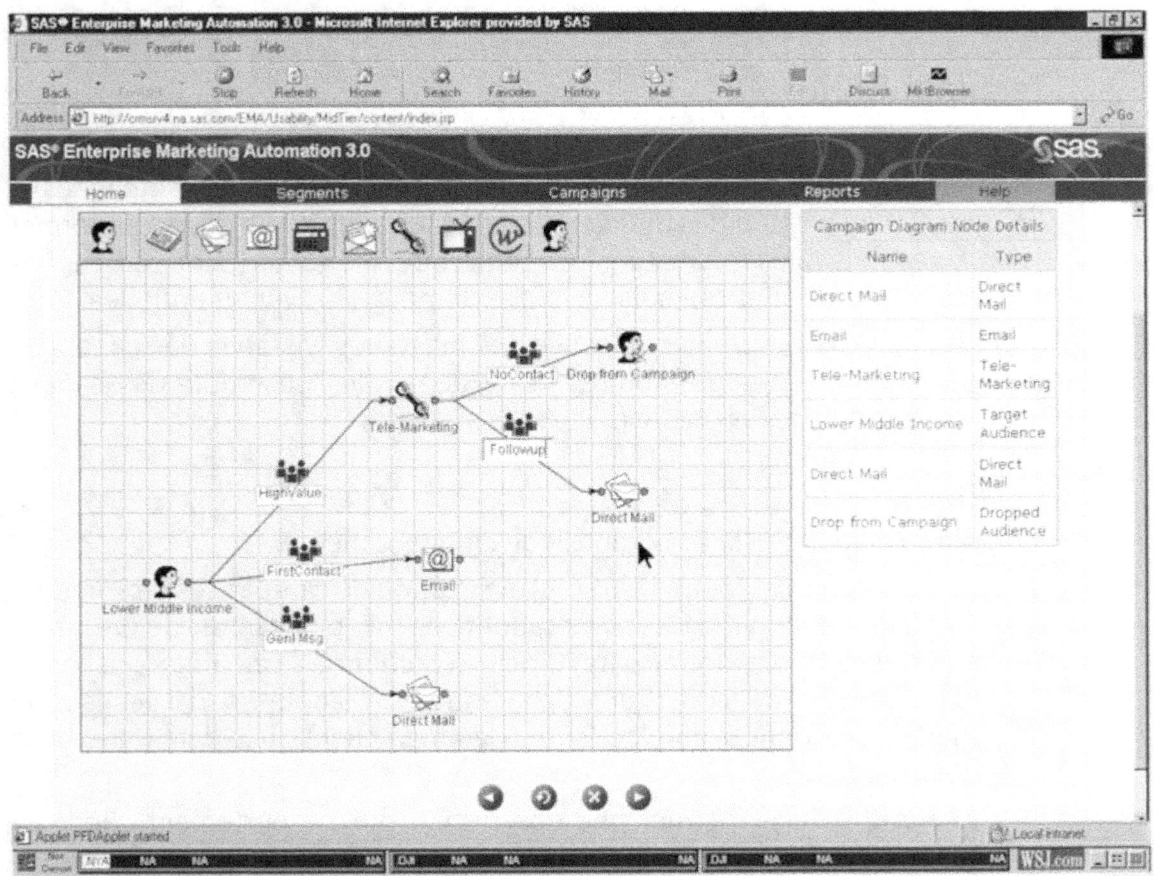

Caractéristiques techniques

La solution SAS Marketing Automation offre une architecture technique ouverte qui garantit une intégration rapide avec le front office et le back office : solution qui s'adapte au modèle de données existant. Moteurs d'accès natifs de SAS aux bases de données transactionnelles (accès SAP et Siebel) ou aux applications de front office (SFA, ERP, Call Center…) : support de fortes volumétries.

Références

75 références à travers le monde incluant Time Inc., GE Capital, Morgan Stanley, BarclayCard, ING Direct, Norwich Union, Honda, Fiat, Air Canada, Sony Music Corp.

Présentation de la société

SAS est une société d'origine américaine créée en 1976.

La filiale française, créée en 1983, est basée à Grégy-sur-Yerres (Seine et Marne) avec des bureaux à Lyon, Nantes, Aix-en-Provence, Toulouse et un centre de formation à Vincennes. L'effectif de la filiale française est de 275 collaborateurs.

SAS est le premier éditeur mondial d'informatique décisionnelle avec un chiffre d'affaires de 1,3 milliard de dollars en 2003. Il compte aujourd'hui un effectif de 9 000 personnes à travers le monde.

Teradata CRM

Teradata CRM, de Teradata (une division de NCR), est le produit de l'intégration de deux offres : une offre d'analyse et de gestion de campagnes et une offre de gestion des dialogues clients. La version 5 du produit permet aux responsables marketing de construire et gérer leurs campagnes ciblées traditionnelles, mais aussi des campagnes événementielles.

Teradata CRM assure la cohérence des messages, vis-à-vis des clients en tenant compte des possibilités et capacités de l'ensemble des canaux d'interactions de l'entreprise.

Offre

L'offre Teradata CRM se compose de cinq modules :

- *Le module Ciblage* : cœur de la solution gestion de campagnes de Teradata CRM, il permet, grâce à des métadonnées très puissantes, de présenter à l'utilisateur des données qu'il peut sélectionner. Une interface conviviale permet de constituer des requêtes complexes basées sur le modèle de données en place sur le datamart client ou le data warehouse d'entreprise.

- *Le module Analyse* permet une description du comportement client en tenant compte des axes produits, agences/magasins, historique des contacts, scores internes ou externes, localisation et attributs clients. Certaines fonctions permettent une analyse prospective pour prévoir, par exemple, le profil de « répondant » à une offre particulière ou déterminer le nombre de personnes à cibler pour atteindre un objectif prévisionnel quantitatif donné (ROI, pourcentage de réponses, volume de ventes…). Un module dédié permet la construction de scores s'appuyant sur l'ensemble des données clients. Ces ensembles sont totalement intégrés pour permettre un affinage progressif des cibles.

- *Le module Communication* permet de définir, planifier et suivre les campagnes de tous types (ponctuelle – *one-shot* –, récurrentes, acquisition ou multivagues) en s'assurant de la cohérence des contacts et en tenant compte de l'ensemble des canaux. Une interaction totale existe avec le module Ciblage, pour offrir une gestion historisée des cibles et un affinage par type d'offre, de canal et/ou de client. Ce module permet également la détection de réponses à des offres ainsi que le calcul du résultat d'une campagne (nombre de réponses, coûts, revenus, ROI).

- *Le module Personnalisation* permet, d'une part, une communication personnalisée par des données à jour et, d'autre part, de créer et gérer un ensemble de règles métier facilitant la prise en compte de la politique commerciale de l'entreprise.

- *Le module Interaction* offre, d'une part, des interfaces (tables, API, liens EAI…) avec l'environnement opérationnel et, d'autre part, permet, au travers de règles, de transformer les interactions détectées au niveau du point de contact client en réponse à une offre ou en nouvel événement à traiter. Ce module permet, entre autres, la prise en charge de la création, de l'envoi et des réponses d'e-mails personnalisés.

Fonctions

Les principales fonctions couvertes par l'outil sont :

- Ciblage de clients par simples clics.
- Historisation des cibles pour réutilisation (segments et critères de sélection).
- Analyse graphique du comportement d'achat client, des produits achetés/utilisés.
- Analyse d'affinité produits.
- Répartition clients par quantiles.
- Analyse de segments croisés (valeurs communes entre segments).
- Construction de scores permettant d'ordonner un segment de clients par une formule créée par l'utilisateur.
- Analyse des répondants à une future offre/campagne.
- Analyse de résultats prévisionnels d'une offre/campagne.
- Création, gestion et suivi de tous les types de campagnes (one-shot, récurrente, multivagues acquisition, fidélisation, événementielle…).

- Gestion des coûts, des réponses et des résultats d'une offre/campagne.
- Gestion de règles de communication (sur-sollicitation, capacité canaux, recyclage…)
- Gestion de règles de personnalisation (règles paramétrables basées sur des ordres SQL).
- Gestion des interactions (détection des réponses, création d'événements).
- Gestion des e-mails (construction, envoi, réponses).

Figure 9-16 : Interface utilisateur de Teradata CRM

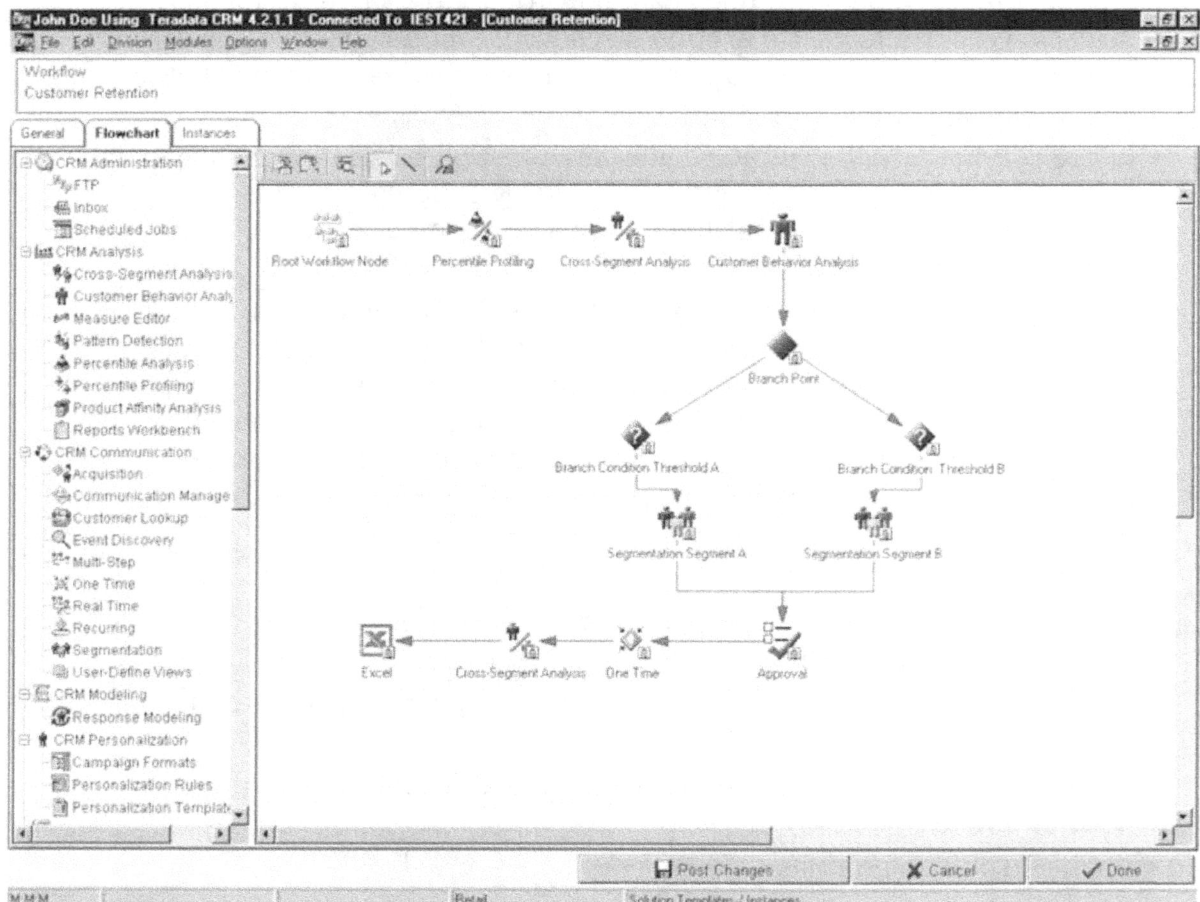

Caractéristiques techniques

Les environnements techniques sur lesquels fonctionne la solution sont les suivants :

- Plates-formes client : Windows.
- Serveur de traitements et serveur de données : Windows, Unix.
- SGBD : Teradata.

L'architecture de la solution est une architecture à trois niveaux (client, traitement et données). Le nombre de serveurs de traitements est directement lié au nombre d'utilisateurs (de 1 à 8 serveurs pour un grand nombre d'utilisateurs). Le serveur de données est dimensionné en fonction des besoins en volume et en nombre d'utilisateurs simultanés. Cette architecture permet de gérer tout type de volumétrie, allant de quelques dizaines de gigaoctets à plusieurs teraoctets de données.

Références

Plus de 110 références dans le monde, parmi lesquelles Wal-Mart, Macy's, JCPenney, Sainsbury's, Migro, Champion, Bank of America, National Australian Bank, Bank of Norway, Nationwide, HSBC-CCF, BNP-Paribas, Vodaphone, British Airways, Sabre, Travelocity, Deutsche Post, Continental Airlines.

Tarifs et charges

Les tarifs sont calculés par nombre d'individus dans la base. À titre indicatif, les prix d'une configuration pour moins de 500 000 clients sont les suivants :

- Modules de base (comprend les modules Ciblage et Communication) : 125 000 euros.
- Module d'analyse : 15 000 euros par module.
- Module de personnalisation : 20 000 euros.
- Module d'interaction : 15 000 euros.

Charges d'intégration :

- Formation administrateurs : 5 jours.
- Formation utilisateurs : 5 jours.
- Durée de paramétrage : dépend de l'infrastructure existante (base de données clients). De 2 à 4 mois en moyenne.

Présentation de la société

- Teradata, division de NCR, est spécialisée dans le domaine des solutions décisionnelles incluant l'infrastructure matérielle, logicielle (SGBD Teradata) et applicative depuis près de 20 ans. NCR existe depuis 1884.
- Chiffre d'affaires 2002 : 5,6 milliards de dollars pour NCR, et 1,2 milliard de dollars pour sa filiale Teradata.
- Effectifs NCR 2002 : 30 000 collaborateurs dans le monde, près de 1 000 en France.

Conclusion

Dans certains cas, un simple outil de requête peut satisfaire vos besoins en termes d'automatisation du marketing. En effet, une entreprise qui ne fait que quelques campagnes de masse avec peu d'enchaînement entre les campagnes ne tirera pas profit de la mise en œuvre d'un outil de gestion de campagnes. La complexité organisationnelle et les coûts d'acquisition seront supérieurs aux avantages. En revanche, si vous avez besoin de mesurer de manière systématique vos remontées, si vous souhaitez pouvoir simuler vos actions et planifier des campagnes événementielles, vous aurez besoin d'outils de gestion de campagnes pour maintenir un niveau de productivité compatible avec le taux de croissance des messages. Ces outils ont atteint aujourd'hui un niveau de maturité satisfaisant et se sont améliorés en termes de simplicité d'utilisation. Ils deviennent une composante essentielle dans la panoplie du CRM.

Ils peuvent se justifier sur les simples fonctions de marketing direct mais trouvent toute leur puissance dans l'interconnexion avec Internet et le centre d'appels. Il s'agit de plus en plus de gérer la cohérence entre le micromarketing central et les différents points de contact avec le client.

Les chapitres suivants aborderont plus en détail les fonctions de front office client que sont les ventes et le service client.

Chapitre 10

Les logiciels d'automatisation des ventes et du service client

« Servir est ennuyeux, mais pas plus qu'être servi. »

Paul Morand, Ouvert la nuit

Dans l'architecture globale d'une solution de CRM, les outils d'automatisation des ventes (SFA pour Sales Force Automation) et de service client (CS pour Customer Service) constituent pour le client la partie visible de l'iceberg. C'est avec ces outils que les utilisateurs en relation directe avec les clients interagissent plus efficacement. Grossièrement, le marché se segmente en fonction des deux phases du cycle de vie du client :

- Avant la vente, les outils d'automatisation des ventes aident à gérer les contacts avec les prospects et clients, ainsi que les différentes étapes du cycle de vente.

- Après la vente, les outils de service client supportent les fonctions de service après-vente et de gestion des demandes des clients.

Ces outils sont généralement très riches et supportent le multicanal ; en d'autres termes, les contacts pourront être assurés tant par des employés itinérants que via un centre d'appels ou le Web. Ils imposent toujours en amont une réflexion profonde sur les processus de l'entreprise pour pouvoir exprimer toute leur puissance ; en aval, ils nécessitent souvent des efforts importants en matière de conduite du changement afin de faire en sorte que les futurs utilisateurs acceptent ces outils, généralement considérés comme des intrus, dans leurs relations avec les clients. Inutile donc de vous pencher sur de tels outils si vous n'êtes pas prêt à une petite révolution culturelle, ou si vous n'acceptez pas l'idée même de reconsidérer vos processus actuels pour les adapter, ne serait-ce que partiellement, aux cadres que proposent généralement ces outils.

Un outil de CRM ou une extension d'un ERP ?

Les outils de front office, automatisation des ventes et du service client, tendent à se rapprocher des ERP. Le développement des suites CRM des éditeurs comme SAP, Peoplesoft ou Oracle illustrent clairement cette tendance. Ces rapprochements, au-delà de considérations stratégiques, sont d'autant plus légitimes qu'ils concernent un point critique de l'implémentation d'une solution de CRM : son intégration avec les systèmes de gestion de l'entreprise, les ERP.

Compte tenu de ses évolutions, le marché reste segmenté selon la provenance de l'éditeur :

- Les éditeurs d'ERP, qui proposent des compléments pour couvrir le CRM : Oracle Front Office, Peoplesoft CRM ou SAP CRM par exemple. Ces solutions s'intègrent généralement très bien avec les ERP des éditeurs. Elles constituent une solution naturelle pour les détenteurs d'ERP. En revanche, elles se révèlent globalement moins puissantes sur le plan fonctionnel que les suites spécialisées en CRM bien que l'écart tende à se réduire.

- Les spécialistes du front office : on trouve ici des produits tels que Siebel, SalesLogix ou Conso+, qui ont fait du front office client une véritable spécialité. Plus riches que ceux du segment précédent, ces outils imposent généralement une intégration plus complexe avec les systèmes de gestion de l'entreprise. Ils sont souvent présents dans les entreprises qui ont mis en place un centre d'appels ou disposent d'une force de vente importante.

- Le spécialiste de la bureautique : Microsoft avec sa suite Microsoft CRM tente de bousculer le monde du CRM en agissant de manière significative sur les prix et l'intégration. Il vise essentiellement le marché des petites et moyennes entreprises. À ce jour, il est encore un peu tôt pour prédire à quelle échéance cette suite Microsoft réussira à s'imposer, mais il est évident que tant la réduction des délais d'intégration, que le planning prévisionnel de livraison des modules, ne peuvent qu'attirer les entreprises qui savent se restreindre dans un premier temps aux modules disponibles.

- Les ASP (Application Service Providers) : SalesForce.com a véritablement modifié la façon de mettre en œuvre des produits CRM. Une version d'évaluation permet de tester l'application, les délais d'intégration sont courts, et le modèle ASP permet de monter progressivement en puissance et en coûts.

Avez-vous réellement besoin d'un logiciel d'automatisation des ventes et du service ?

Les outils de SFA et de CS représentent des investissements et des frais de fonctionnement importants (coûts d'intégration et facturation au nombre de postes). Il est légitime de se poser au préalable des questions sur l'utilité de tels outils.

La première question se pose en termes de nombre d'utilisateurs. Pour quelques utilisateurs, les frais fixes d'intégration et de licence des outils de CRM sont généralement prohibitifs par rapport aux bénéfices attendus. Lorsque le nombre d'utilisateurs potentiels est restreint, des solutions simples de gestion de contacts telles que Maximizer, ACT! ou Goldmine peuvent convenir. Elles assurent les fonctions de base de planification des contacts et de gestion des fiches clients. Lorsque le nombre d'utilisateurs est « moyen » et que les besoins de personnalisation sont modérés, des solutions « intermédiaires » telles que Selligent, Microsoft CRM, SalesLogix, Conso+ ou Salesforce.com peuvent convenir. Enfin, dans les cas de déploiement large (au-delà de cent utilisateurs par exemple), des solutions « lourdes » telles que celles de Siebel, SAP, Epiphany ou de Peoplesoft sont souvent incontournables.

La deuxième question concerne le niveau de collaboration nécessaire entre utilisateurs dans les fonctions de vente et de service au client. Si chaque acte de vente est assumé par une seule personne, ce qui est relativement rare, la richesse des outils de CRM en matière de travail collaboratif ne présente que peu d'intérêt, même lorsque le nombre total d'utilisateurs est élevé. Là encore, l'accumulation de petits outils couvrant chacun une des fonctions peut suffire. Dans le cas contraire, si le dossier « client » doit être géré par de nombreux utilisateurs, il faudra choisir l'outil en intégrant les besoins de partage et de communication entre les applications. La maintenance des passerelles de communication entre les différents outils peut se révéler un véritable casse-tête, en particulier lors des mises à jour de ces produits.

Le troisième critère concerne l'offre ; les outils de CRM contiennent souvent une expertise verticale qui a conduit à la déclinaison de suites « métier ». Les outils spécialisés dans l'industrie manufacturière comprennent généralement des fonctions d'aide à la configuration et une gestion de la documentation des produits pour faciliter la gestion des offres complexes (combinatoire prix-composants). Les outils spécialisés dans la distribution comprennent des fonctions de relevé du linéaire et d'optimisation du rendement au mètre linéaire. Les outils spécialisés dans le B to B comprennent des fonctions de gestion des liens entre les sociétés.

Enfin, les outils de CRM deviennent essentiels lorsque l'entreprise s'oriente vers la gestion des contacts multicanaux. Ils proposent en effet une épine dorsale d'informations partagées entre les canaux, qui améliore la qualité du service au client et assure une cohérence de l'image de l'entreprise quel que soit le canal d'accès par le client.

En résumé, les outils d'automatisation des ventes et de service client s'adressent à des entreprises comptant :

- un nombre important d'utilisateurs en relation avec les clients ;
- travaillant en équipe pour mener à bien leur mission commerciale ou de service ;
- proposant une offre de produits et services suffisamment complexe ;
- intégrant au moins deux canaux dans une logique de cohérence.

La continuité entre prospect et client

La présentation des fonctionnalités des outils de CRM est nécessairement descriptive et découpée en blocs fonctionnels. Avant de présenter plus en détail ces fonctionnalités, il convient de souligner l'importance fonctionnelle de la cohérence qu'apportent ces outils grâce à leurs fonctions de partage des informations sur les clients et les prospects.

La continuité entre client et prospect est essentielle : pour assurer un bon marketing de recrutement, il est nécessaire de connaître comment s'est comporté un prospect devenu client. Cette continuité est également importante pour gérer des liens entre clients et prospects, par exemple pour supporter correctement des actions de parrainage.

La continuité de service entre les canaux est également prépondérante. Rappelons qu'un des enjeux du CRM est de présenter au client une image homogène de l'entreprise. Que pensez-vous d'une banque qui vous donnerait des informations tarifaires différentes selon que vous discutez avec votre conseiller en agence ou avec un opérateur sur le centre d'appels ? Les outils de CRM assurent des fonctions de partage de l'information sur le client entre les différents points de contact. Il est ainsi possible de relayer un message envoyé par le marketing, à l'occasion d'un appel du client, sur la plate-forme de service ou d'adapter une proposition de service à l'utilisation que fait le client des services qu'il détient déjà.

Au-delà des fonctions élémentaires que présentent ces outils, il faut garder à l'esprit ces bénéfices qu'apporte l'intégration par les données des différentes fonctionnalités qui seront présentées ci-après.

Les fonctions d'automatisation des ventes

Schématiquement, l'automatisation des ventes peut se décomposer en différentes activités :
- gestion des comptes et des contacts ;
- gestion du pipeline et des opportunités ;
- gestion des activités ;

- agendas partagés ;
- génération des devis et des propositions ;
- configuration de produits ;
- documentations produits ;
- gestion des envois de documents ;
- gestion des scripts commerciaux ;
- support des ventes en équipe ;
- workflow ;
- prévisions et reporting des ventes.

Ces fonctions sont en général extrêmement paramétrables et partagent une base de données commune ; en complément à ces fonctions métier, les outils de CRM proposent tous des boîtes à outil techniques pour adapter la solution ou gérer les interfaces avec les autres systèmes de l'entreprise. Ces outils techniques ne sont pas présentés ici car ils varient d'un fournisseur à l'autre, en fonction notamment des caractéristiques techniques du produit.

Gestion des comptes et des contacts

Au cœur de tout logiciel de CRM se trouve une gestion des comptes et des contacts. Il faut être attentif aux fonctions qui permettent de rattacher des sociétés ou des personnes. Le rattachement des sociétés doit intégrer tant les liens de dépendances classiques comme les établissements ou les filiales, que les liens moins traditionnels comme un contrôle à 15 % des actions. Les liens entre les personnes doivent permettre une double lecture : la lecture classique de l'organigramme ou de la famille et une lecture plus transversale avec les notions de rôle par individu (chef de famille, décideur final, prescripteur, etc.). Les attributs spécifiques des clients peuvent être paramétrés pour prendre en considération les spécificités de l'entreprise. On pourra ainsi créer des rubriques spécifiques pour la gestion des points de fidélité acquis par les clients, ou pour décrire la structure des avoirs d'un client dans la banque.

Les ergonomies des différents logiciels convergent plus ou moins pour proposer un accès via une liste sur laquelle il est ensuite possible de zoomer pour obtenir le détail de la fiche client (voir figure 10-1). Qui plus est, tous les outils tendent actuellement à proposer une ergonomie proche de celle d'un navigateur Internet quand ils ne sont pas directement utilisables à l'aide d'un navigateur.

La fiche client est généralement déclinée autour de vues : organisation hiérarchique (voir figure 10-2), historique des contacts, opportunités commerciales associées…

Il faut vérifier les possibilités d'enrichir la fiche client avec des informations externes : bilan ou systèmes de notation pour les entreprises, enrichissement géomarketing pour les particuliers.

Figure 10-1 : *Écran de gestion de contacts et de comptes* (ACT!)

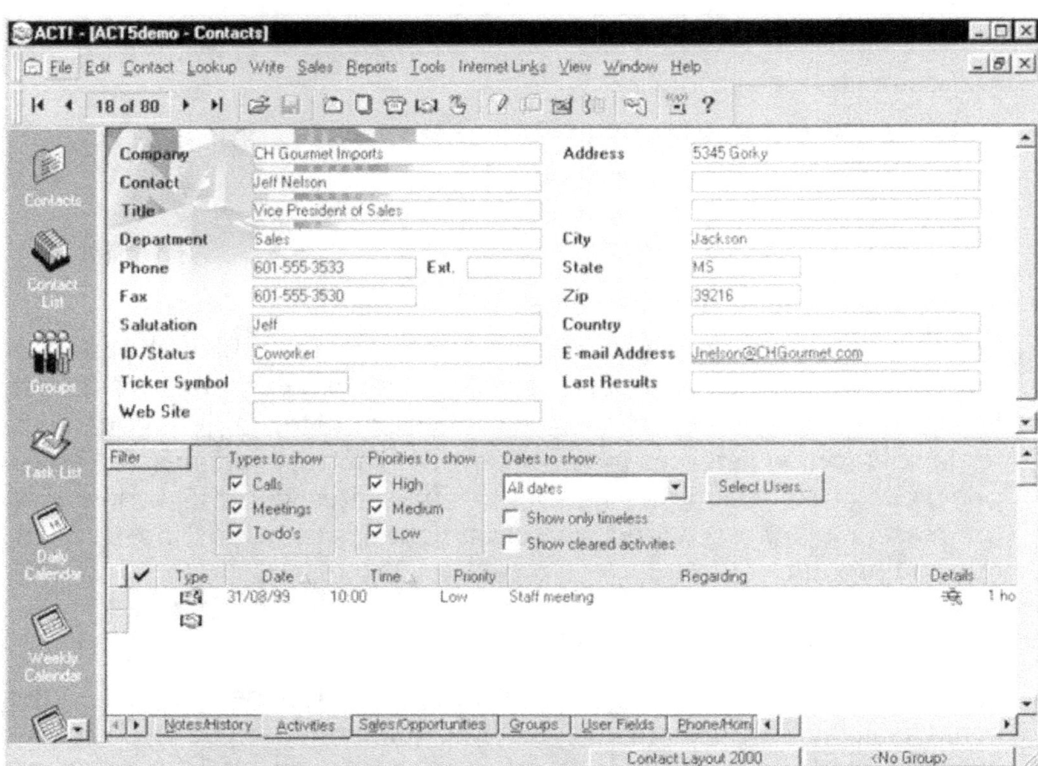

Figure 10-2 : *Écran de présentation d'une organisation hiérarchique* (Siebel Sales)

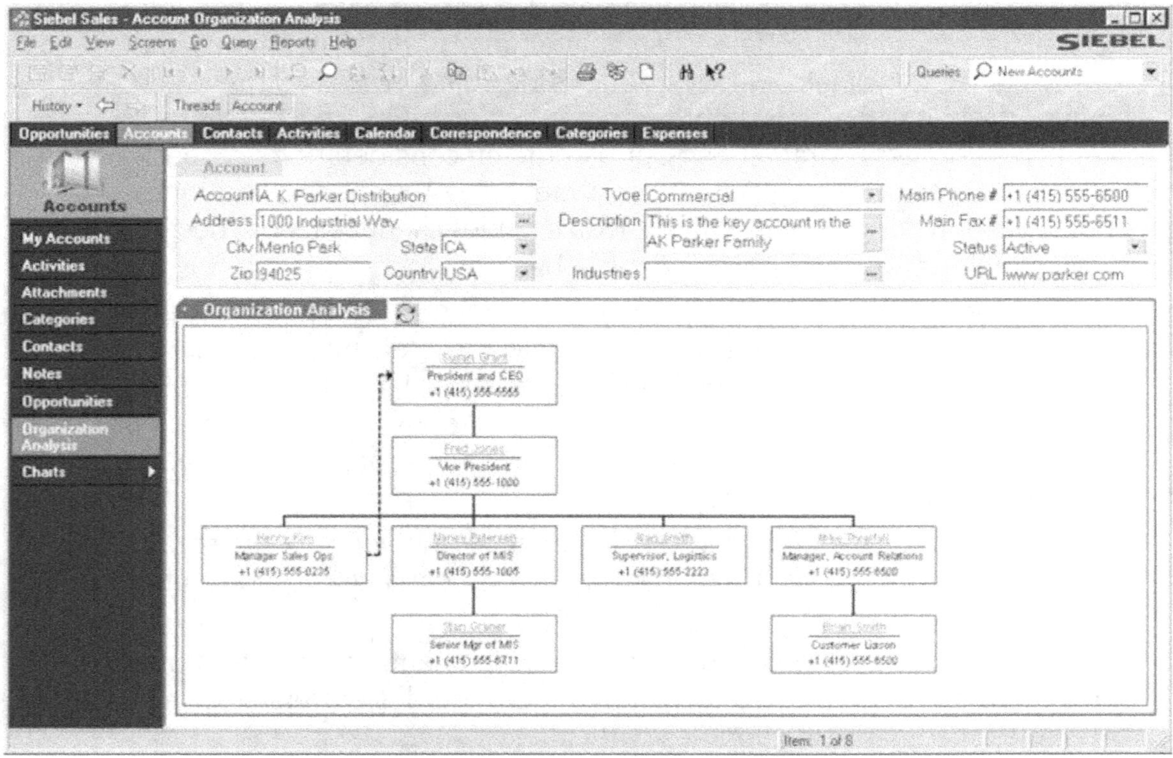

La fiche client doit être considérée comme le point focal de la navigation dans les informations qui gravitent autour du client.

Gestion du pipeline et des opportunités

Les forces de vente sont souvent réparties sur le territoire et rarement en réunions internes. Il est souvent difficile et fastidieux de récolter les prévisions de ventes dans des délais courts et avec une fiabilité suffisante. La possibilité de remonter et de consolider les ventes et les prévisions d'activités apportent de nombreux services aux gestionnaires des forces de vente.

Les informations sont structurées pour refléter l'avancement dans le cycle de vente : projet, appel d'offres, proposition émises, succès ou échec, livraison, paiement. La consolidation aux différents niveaux hiérarchiques permet de visualiser les montants en jeu à chaque étape du cycle de vente sous une forme que les Américains appellent un *pipeline* (voir figure 10-3).

Figure 10-3 : Une représentation graphique du pipeline (Siebel Sales)

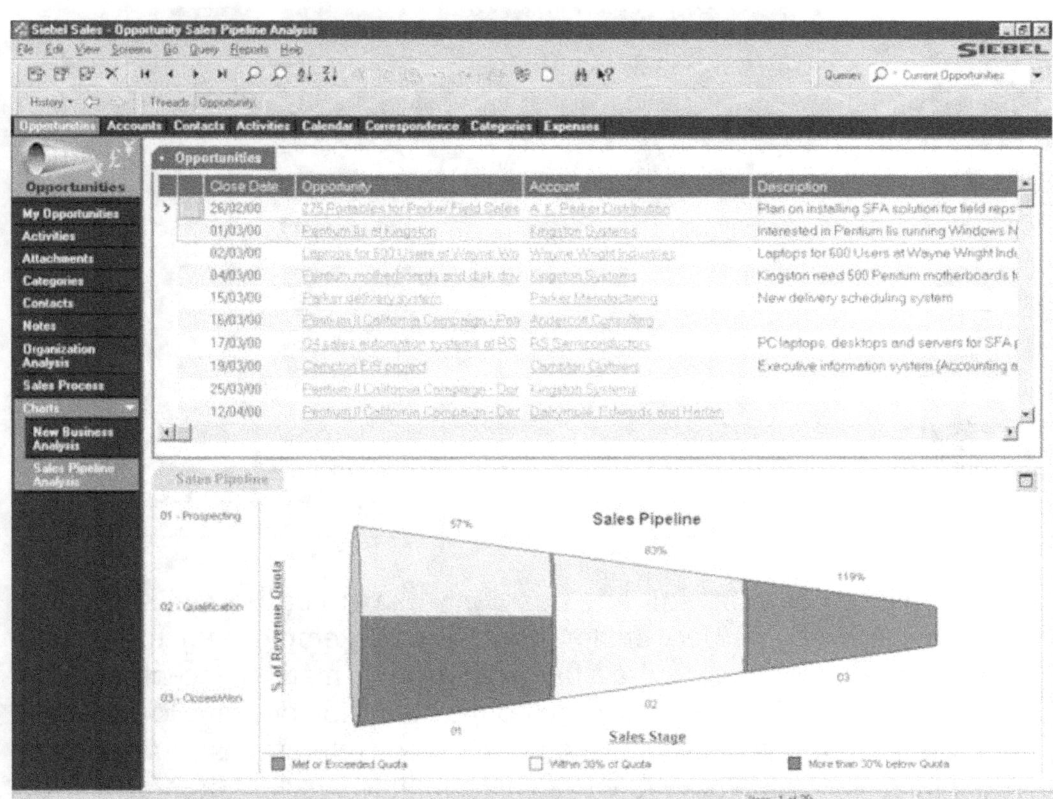

Les liens entre les prévisions de vente et le système de production sont des éléments cruciaux pour les entreprises qui travaillent en flux tendus. La décomposition du pipeline permet aux forces commerciales d'orienter leurs efforts sur les différents niveaux la chaîne : manque de propositions, défaillance dans le taux de concrétisation, etc. L'amélioration de la lisibilité du pipeline est souvent un facteur important pour améliorer la performance et l'efficacité commerciale.

Gestion des activités

La gestion des activités permet de regrouper les actions à mener dans un seul et même réceptacle. Ces actions sont généralement codifiées et doivent être positionnées dans le temps (voir figure 10-4). Il s'agit par exemple de prépositionner un appel sortant à venir ou une relance par courrier en cas de non-réponse à une sollicitation précédente.

Figure 10-4 : *Interface de gestion des activités* (*Siebel Sales*)

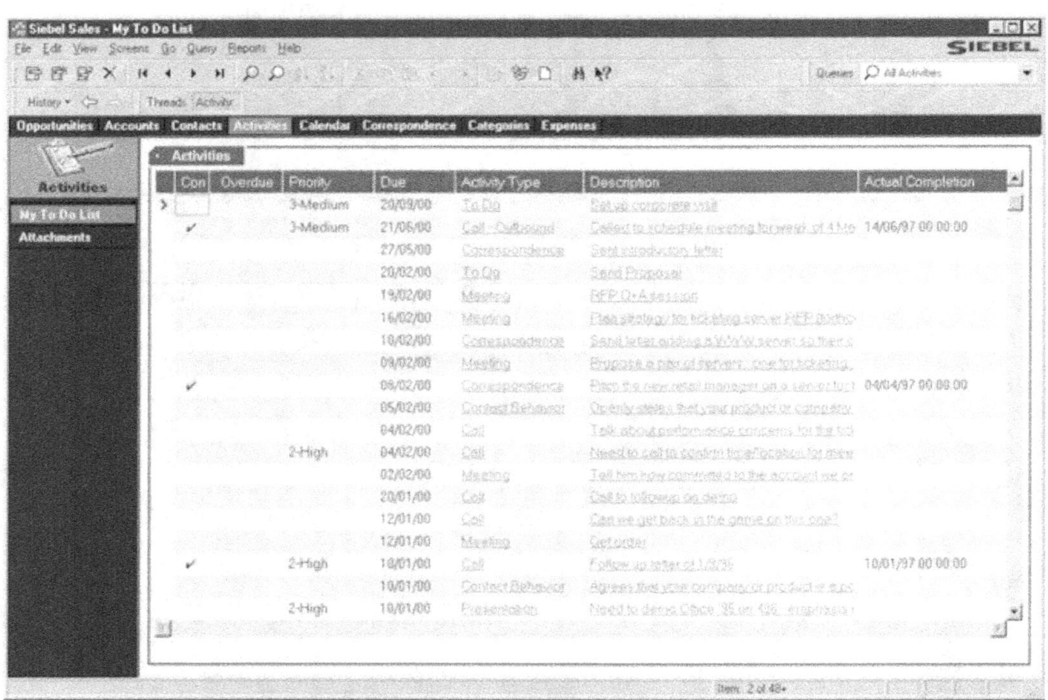

Ces activités pourront, soit être positionnées par l'utilisateur, soit directement générées par le workflow central, par exemple pour une action commerciale à effectuer suite à une opération de marketing central. Cette gestion des activités nécessite une bonne définition des interlocuteurs et de leurs compétences. Le lien avec les référentiels « ressources humaines » est utile pour identifier les habilitations, les compétences ou les formations d'un interlocuteur.

Agendas partagés

L'agenda partagé est un *must* des outils de gestion de la relation client. Il s'agit généralement de pouvoir répondre plus rapidement au client qui demande un rendez-vous en l'absence de son commercial, ou de permettre aux commerciaux de déléguer la fonction de prise de rendez-vous sur un centre d'appels.

Ces fonctions d'agendas partagés sont généralement intégrées avec un logiciel de messagerie et de gestion des agendas standards tels que Microsoft Exchange ou Lotus Domino.

L'intégration technique est certes importante (il faut veiller à ne pas prendre deux rendez-vous au même moment ou permettre au commercial de parcourir les 200 kilomètres entre deux rendez-vous), mais la difficulté se situe principalement dans la possibilité de « voir » l'agenda. Il est évident que la visualisation de l'agenda est un moyen puissant de contrôle de l'activité d'un commercial. Une des causes principales de rejet des projets de CRM tourne autour de la gestion politique de cette fonctionnalité. Il faut savoir faire confiance aux commerciaux, et ne pas tomber trop rapidement dans le « flicage » systématique des activités.

Génération de devis et de propositions

Les outils de CRM intègrent généralement la gestion de bibliothèques de documents types qui peuvent ensuite être rapidement paramétrés pour répondre à une demande de prix du client.

Figure 10-5 : Offre produit (SAP Sales)

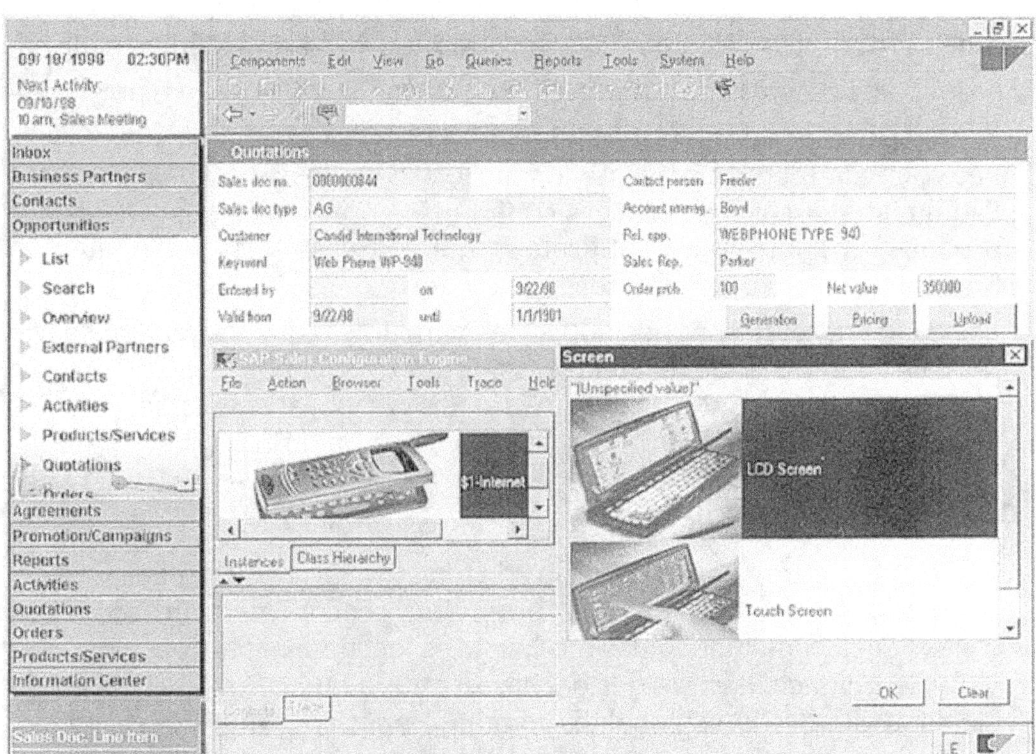

De plus, les outils de CRM proposent également d'intégrer les documents ainsi générés dans la base de données, en général sous forme d'un lien, de telle sorte que l'historique des documents échangés avec le client soit directement accessible depuis sa fiche.

Ces fonctions de génération de devis et de propositions posent à eux seuls quelques soucis d'intégration. Il s'agit de synchroniser des bases de données de produits, en général gérées dans un autre système, avec la base de données utilisée par l'outil de CRM. Les informations sur les produits doivent inclure des éléments de tarification, mais aussi des données plus volatiles comme les conditions de disponibilité ou les délais de livraison.

L'expérience de ce type de projet montre que les délais nécessaires à la synchronisation des informations sont une autre cause de rejet. Avec des délais trop longs, les commerciaux rejettent l'outil (ou doivent effectuer le travail en double !). Par ailleurs, l'impact de ces synchronisations sur le trafic réseau peut être une mauvaise surprise pour les responsables techniques.

Configuration de produits

Les fonctions de configuration de produits ne se justifient que dans des contextes où l'offre de produits et les combinaisons possibles sont complexes. Les configurateurs proposent des fonctionnalités permettant d'assembler des composantes pour constituer un produit en tenant compte :

- des préférences ou de l'historique des achats du client ;
- des contraintes de compatibilité entre les composantes du produit ;
- des composantes additionnelles éventuellement nécessaires pour combiner deux composantes données.

Les configurateurs se présentent sous forme de deux modules, l'un pour l'administrateur, qui y décrit les contraintes et les règles applicables aux produits, et l'autre pour l'utilisateur, qui voit ces règles s'appliquer en fonction de ses propres éléments de contexte.

Les configurateurs sont des outils très particuliers qui mettent en œuvre des algorithmes parfois complexes. Dans ces conditions, un certain nombre d'éditeurs ont choisi d'intégrer des composants externes pour les fonctions de configuration, comme ceux d'Ilog ou de Trilogy.

Documentation produits

Afin de permettre aux commerciaux de remettre des documents à jour sur les produits, les outils de CRM proposent généralement un accès aux fichiers de documentation des produits. Ces fonctionnalités documentaires proposent principalement des documents Word ou PDF, mais il est possible d'intégrer des fonctionnalités comme la prise en charge des documentations multimédias sous forme de vidéos ou de films interactifs.

Gestion des envois de documents

À partir des fichiers de documentation et de format de lettre type, les outils d'aide à la vente assurent la prise en charge de l'édition des documents demandés par l'utilisateur pour un client. Pour assurer des expéditions en masse, les outils de SFA possèdent souvent un module restreint de gestion de campagnes. Sans vouloir prétendre concurrencer les outils d'EMA, ils permettent d'extraire des listes de clients et permettent les fusions avec les documents.

Cette fonctionnalité permet à l'utilisateur de se positionner sur un contact, puis de cocher simplement les documents types qu'il souhaite envoyer. Le logiciel se charge de la personnalisation de l'édition et de la mémorisation de l'envoi. La remontée des actions locales peut être plus difficile à mettre en œuvre.

Dans le cas de documentations commerciales qui ne seraient pas éditables, les fonctionnalités de workflow prennent le relais pour router la demande de documentation auprès d'un centre de *fulfillment* (structure assurant la logistique de compilation et d'expédition des documents) interne ou externe à l'entreprise.

Gestion des scripts commerciaux

Généralement plutôt orientées centres d'appels, les fonctionnalités de scripts ont pour objectif de gérer le dialogue interactif avec le client.

Un module administrateur décrit les questions et les réponses possibles ainsi que les liens aux questions suivantes en fonction des réponses. Cet enchaînement, éventuellement agrémenté de liens à des programmes externes, par exemple pour effectuer une simulation financière ou transférer un dossier à un supérieur hiérarchique, est ensuite mis en production.

Les utilisateurs, lorsqu'ils reçoivent un appel entrant ou émettent un appel sortant, voient le script prédéfini démarrer sur leur écran ; ils posent la question qui apparaît à l'écran au client au bout du fil, et saisissent la réponse, généralement dans un menu déroulant à choix fermé. Ils se voient ensuite poser la seconde question en fonction de la réponse qu'ils ont saisie à la précédente question et ainsi de suite. Parallèlement, le gestionnaire de scripts assure la mémorisation des informations collectées dans le cadre de la base de données client.

Support des ventes en équipe et workflow

Les fonctions de travail collaboratif sont les différenciateurs essentiels des suites intégrées par rapport aux outils de gestion de contacts, qui ont une orientation beaucoup plus centrée sur l'utilisateur personnel.

Elles sont généralement basées sur le workflow de l'outil et proposent non seulement un partage de l'information, mais également l'automatisation des processus de partage des tâches.

Voici quelques exemples de ce que permettent les fonctions de support des ventes en équipe et de workflow :

- déclenchement automatique d'une demande d'appel à un technicien suite à un entretien d'un client avec un commercial ;
- alerte auprès d'un commercial en cas de réclamation de la part d'un client au service client ;
- application de processus d'escalade lorsqu'un contact commercial planifié n'a pas été assuré en temps voulu par son responsable.

Reporting des ventes

On retrouve sous cette dénomination les traditionnels rapports des ventes qui sont la résultante des saisies des utilisateurs (voir exemple figure 10-6). Ces ventes peuvent être consolidées par région, par portefeuille, par groupe ou par produit. Elles sont généralement présentées sous une forme préformatée, mais la plupart des outils intègrent également un générateur de rapports qui facilite le paramétrage de rapports ad hoc.

*Figure 10-6 : Exemple de rapport des
ventes (Siebel)*

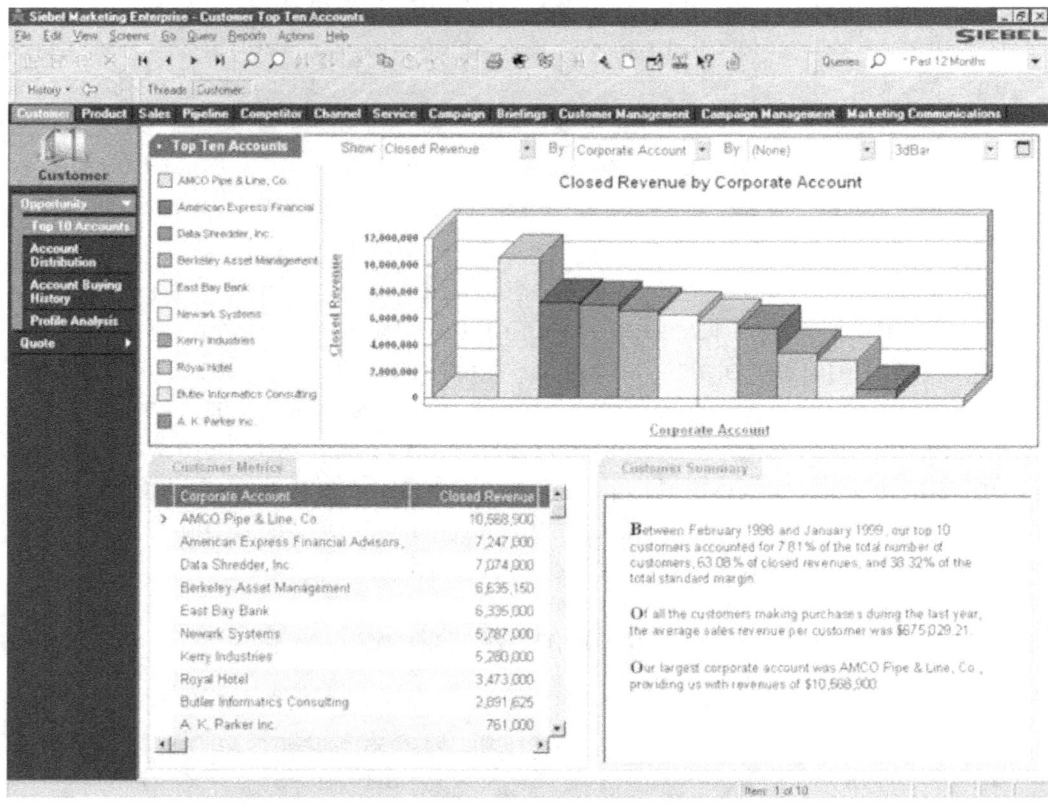

La gestion du reporting nécessite de pouvoir définir et modifier les porte-feuilles de clients par commercial et/ou région. Les fonctions de simulation pour la refonte ou l'optimisation d'un territoire sont parfois disponibles. Il faut essentiellement vérifier la possibilité de transférer un client d'un portefeuille à un autre.

Il reste une dernière fonction qu'il ne faut pas oublier : la sécurité.

Une application CRM contient une mine d'informations sur les produits et les clients de l'entreprise. Il faut donc veiller, surtout dans les applications mobiles, à protéger et sécuriser la base de données. Le vol d'un ordinateur ou la démission d'un commercial ne doit pas se traduire par une évasion du capital produit et client de l'entreprise !

Les fonctions pour le service client

Le service client démarre lorsque le prospect est passé au statut de client. Le recours au service client peut être considéré sous deux angles différents :

- si le client s'adresse au service client, c'est qu'il a rencontré des problèmes dans l'utilisation du produit ou du service (lecture négative). Par exemple, les appels suite à la réception de la première facture dans le cas d'un abonnement au forfait, montrent que les clients n'ont pas bien compris la formule d'abonnement au moment de la souscription.

- si le client s'adresse au service client, c'est qu'il utilise effectivement le produit ou le service (lecture positive). Par exemple, la réclamation d'un client en cas de non-réception de son journal traduit son attachement au quotidien.

Mais dans tous les cas, le service client est un énorme réservoir d'informations utiles pour comprendre le comportement des clients et améliorer la conception des produits et des services.

Dans une logique de développement et de fidélisation du client, le service client est un moyen de traduire les préoccupations de l'entreprise pour améliorer la relation avec ses clients. Le service client est donc un élément qui confirme ou infirme les promesses véhiculées par l'entreprise. Par exemple, lancer une campagne d'affichage ou télévisuelle sur l'excellence de l'écoute de son personnel et dans le même temps ne pas répondre aux demandes de tarifs ou aux lettres de réclamations, traduit le côté pure-ment virtuel de la promesse : des mots encore des mots !

Dans ces conditions, la frontière entre vente et service client devient ténue, ce que reflètent les outils de CRM en intégrant étroitement les deux fonctions. Cette intégration est indubitablement nécessaire :

- Le coût d'un contact entrant étant inférieur à celui d'un contact sortant, un appel client constitue une superbe opportunité de promouvoir une offre commerciale.
- Les informations collectées lors d'une intervention sur site peuvent, correctement transférées et exploitées par les commerciaux, se transformer en opportunités de vente additionnelle.

Ainsi, les fonctionnalités majeures présentées ci-après doivent être considérées en tant que partie intégrante d'un processus global d'échange d'informations entre le service client et le département commercial. De plus, elles doivent être vues dans une logique multicanal où la même fonction peut selon les cas être accessible via un centre d'appels, via un poste de travail ou via Internet, et ceci soit par un utilisateur soit directement par le client.

Ces fonctionnalités de service client peuvent être découpées différemment selon les éditeurs, mais on retrouve toujours à peu près les mêmes grandes fonctions :

- le help desk ;
- la gestion des contrats de service ;
- le support client ;
- la logistique des interventions sur site.

Le *help desk*

Les fonctions de *help desk* ciblent avant tout les services de support informatique des grandes entreprises. Elles couvrent la prise en charge de la demande de support, l'aide à la résolution de problèmes et la documentation de la solution proposée. Elles s'appuient pour cela sur une description du parc de machines, ainsi que sur des informations des utilisateurs et l'historique de leurs demandes de support (voir figure 10-7).

L'utilisation des outils de raisonnement à base de cas permet au conseiller en ligne de poser les questions les plus pertinentes et d'apporter la solution rapidement.

En parallèle, elles s'intègrent dans une logique de workflow qui supporte les processus d'escalade et de routage des demandes vers les opérateurs compétents.

Les fonctionnalités de *help desk* sont en réalité à la frontière du CRM puisqu'elles concernent la plupart du temps les utilisateurs internes. Elles reposent cependant sur des concepts communs avec les outils de service au client. Pour cette raison, on trouve sur ce segment certains acteurs spécialisés comme Remedy au côté de généralistes du CRM qui ont adapté leurs fonctionnalités de service client pour couvrir les besoins des *help desk*.

Figure 10-7 : Exemple d'interface de help desk (Remedy)

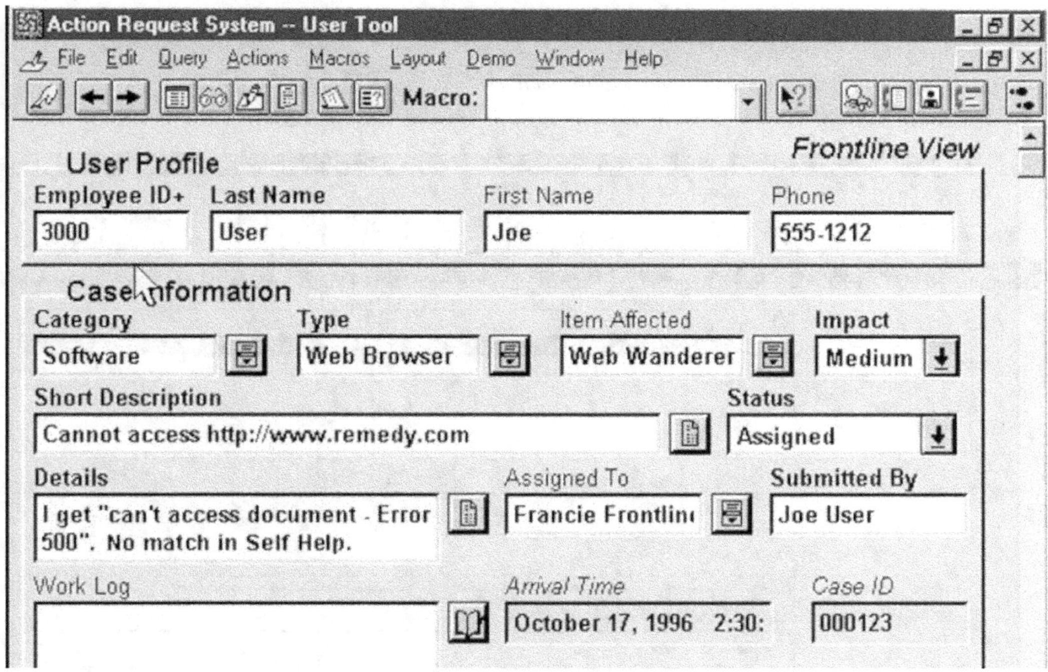

La gestion des contrats de service

Le cœur de l'activité de service au client repose sur une notion de contrat de service. Les outils de CRM proposent une gestion de ces contrats de service sous une forme structurée, qui permet notamment de décrire explicitement le niveau de service auquel aura accès le client (rapidité d'intervention, niveau des garanties, franchises, frais couverts…).

Cette formalisation du contrat de service permet ensuite de déterminer précisément le processus à déclencher suite à un appel client pour se conformer aux règles formulées dans le contrat de service. Le support de ce processus et la gestion des enchaînements de tâches seront généralement assurés par le moteur de workflow. Celui-ci pourra en outre prendre en considération des règles spécifiques pour mettre en cohérence le commercial et le service client, par exemple en donnant une priorité d'accès aux téléopérateurs à des clients pour lesquels une proposition importante est en cours de négociation.

Cette gestion des contrats de service est généralement combinée avec les fonctions d'automatisation des ventes. Elle permet tant aux commerciaux qu'au service client d'avoir une vision globale de la relation avec le client.

Le support client

Le support est la finalité des outils de CRM dans leurs fonctions de service au client. Il s'appuie sur les informations de logistique, les données client et les contrats de service pour traiter des demandes client dans des conditions économiques maîtrisées, en en assurant la traçabilité et conformément au contrat de service passé avec le client.

Figure 10-8 : Un écran du module de support client de ClarifyCRM

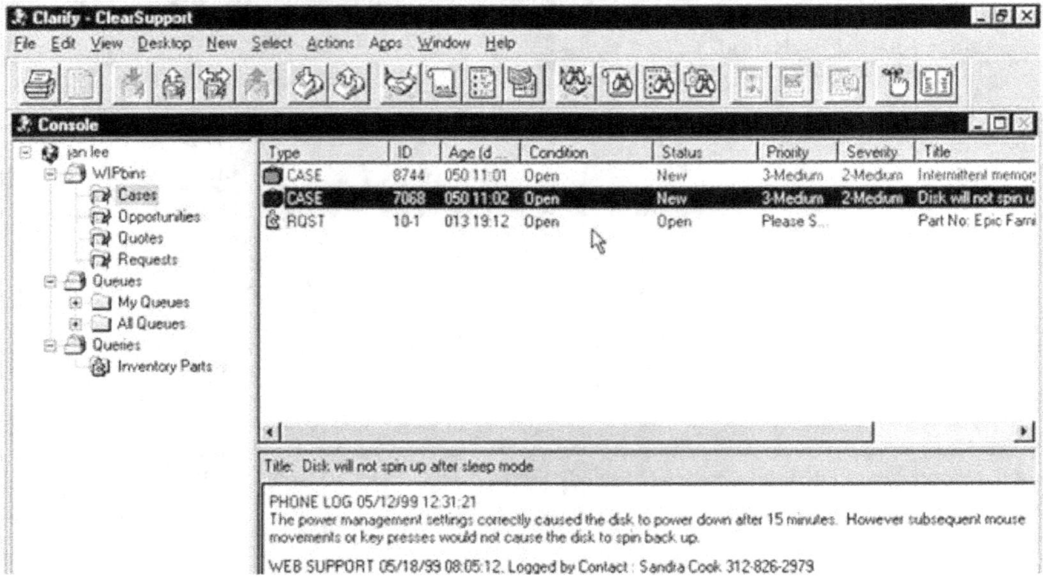

Concrètement, ces outils proposent des fonctionnalités pour :

- ouvrir un « cas », c'est-à-dire une demande de service ;
- partager le « cas » entre les acteurs du service client capable de contribuer à sa résolution, tant sur le plateau de service client qu'avec les agents de maintenance sur site ;
- garantir le traitement du cas dans les délais impartis par la relation contractuelle ;
- aider à la résolution du cas par la recherche de cas similaires ;
- historiser les étapes de la résolution du cas et les partager avec les autres intervenants.

Sur la base des informations générées lors de la prise en charge et de la résolution de la demande, ces outils proposent également des fonctions de pilotage de la qualité et de la productivité de l'activité de support.

La logistique des interventions sur site

Pour assurer le service au client, un certain nombre de demandes aboutissent à une intervention sur site d'un technicien de maintenance, soit pour finaliser le diagnostic, soit pour livrer directement les pièces nécessaires et assurer la réparation identifiée comme nécessaire lors de la phase de diagnostic.

Figure 10-9 : Exemple d'interface utilisateur pour le support logistique sur site (ClarifyCRM)

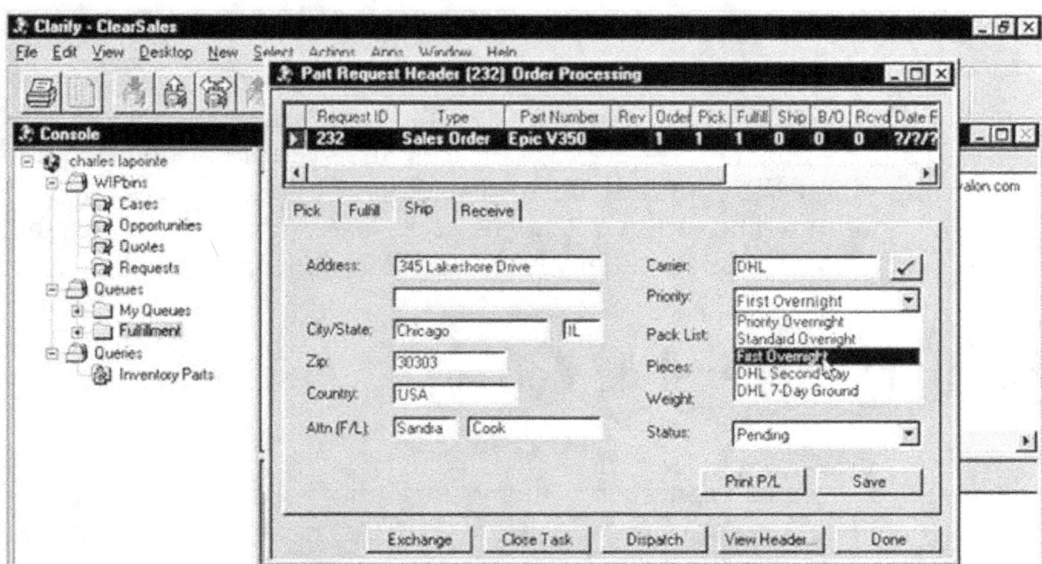

Pour ces techniciens sur site, les outils de service client proposent non seulement un accès aux fonctions de support décrites ci-dessus, mais également des outils spécifiques de logistique terrain :

- gestion des stocks de pièces détachées ;
- compte rendu d'exécution d'acte de réparation ;
- optimisation des tournées des techniciens, etc.

Le développement des PDA, de la téléphonie mobile, du GPS et des technologies de réseau sans fil bouleverse cette fonction. Il est possible en quelques instants :

- d'identifier par GPS la personne la plus proche du problème ;
- de déterminer les causes probables du problème, soit par des questions, soit par une analyse de l'équipement du client, des interventions précédentes, des normes fournisseurs, etc. ;
- de vérifier la disponibilité des pièces théoriquement nécessaires pour une intervention dans le stock à la disposition de la personne supposée intervenir ;
- de déterminer le temps nécessaire pour une intervention en fonction des axes de circulation ;
- de comptabiliser immédiatement les pièces utilisées dans l'intervention par saisie sur le PDA ;
- de déterminer le montant de l'intervention en vérifiant les pièces sous garantie et hors garantie ;
- de faire valider l'intervention par le client sur le PDA ;

- de consolider le rapport d'activité du personnel de maintenance et préparer les commandes de réassortiment des pièces détachées ;
- de transmettre au contrôle de gestion les différents paramètres de coût
de l'intervention, etc.

Cette fluidité dans la transmission des informations se traduit par des
interventions plus rapides et plus efficaces, mais aussi par une diminution importante des coûts administratifs liés aux échanges de documents,
et enfin par une diminution des litiges entre la comptabilité et le client,
premier souci de crispation dans les relations commerciales.

Panorama général de l'offre

Outre les grandes manœuvres financières que nous avons évoquées
précédemment, les grandes tendances des offres nous semblent être les
suivantes.

Une tendance à l'évolution vers des suites intégrées : les éditeurs spécialisés dans
les outils d'automatisation des ventes évoluent pour intégrer le service et
le marketing ; les éditeurs spécialistes des configurateurs s'orientent vers
la gestion du cycle de vente. Tous ces mouvements convergent vers le
marché des suites intégrées.

Une consolidation des acteurs : les éditeurs ont été pour la plupart surpris par
la rapide maturation du marché du CRM de 1998 à 2000. Face à cette situation, ils ont adopté une stratégie commune qui a consisté à accumuler
des parts de marché importantes (elles se comptabilisent en nombre de
postes) pendant la période d'explosion du marché. Dans la période de
ralentissement consécutive, la consolidation s'est accélérée avec d'une
part la disparition des petits acteurs marginalisés et d'autre part le rachat
par les leaders des acteurs moyens ou des petits acteurs spécialisés.

Une prise en compte forte d'Internet : la vraie révolution dans la relation client
est sans aucun doute Internet. Idéal pour déporter certaines fonctions sur
le client, bon marché pour collecter des informations ou diffuser des
messages, techniquement adapté pour supporter une grande partie du
service au client, Internet est devenu rapidement une composante essentielle dans les offres d'outils de CRM. Qui plus est, certains acteurs du
marché de Internet comme BroadVision attaquent de plus en plus directement le marché du CRM.

L'intégration entre ERP *et* CRM : les faiblesses des projets de CRM sont généralement concentrées dans les interfaces avec les ERP. Gérer parfaitement
un acte de vente pour aboutir à une commande impossible à livrer, voire
à fabriquer, est la caricature de ce qui peut arriver lorsque CRM et ERP
sont mal intégrés. Pour pallier ces problèmes, on assiste actuellement à
deux mouvements de fond : d'une part, des rapprochements capitalisti-

ques entre éditeurs de CRM et d'ERP et, d'autre part, chez les principaux éditeurs de CRM, l'émergence de produits « connecteurs » standards avec les principaux ERP assurant les fonctions d'interfaces entre ERP et CRM.

Une descente en gamme des gros éditeurs : les principaux éditeurs de CRM ont aujourd'hui une politique de tarification dont le ticket d'entrée, constitué des licences de base minimales avant de payer des licences par utilisateur, est prohibitif pour les petites structures. Tout en poursuivant leur stratégie de gain de part de marché en ciblant des grosses entreprises, les éditeurs de CRM commencent à décliner leur offre en proposant des versions plus abordables pour des PME. Ce phénomène est naissant et devrait s'amplifier au fur et à mesure que le taux d'équipement des grandes entreprises évoluera vers la saturation. La mise à disposition d'outils CRM en mode ASP participe à cette démocratisation des projets CRM.

La déclinaison des principes du CRM *à d'autres partenaires de l'entreprise que le client :* en France en tout cas, l'élargissement du concept de CRM aux autres partenaires de l'entreprise reste un discours marketing d'éditeur. On peut néanmoins citer le concept d'ERM, Enterprise Relationship Management, qui prétend étendre le CRM d'une part au client en tant qu'utilisateur, et d'autre part au fournisseur en tant que participant à la qualité du service au client. Le client pourra ainsi travailler directement sur les outils de CRM de l'entreprise pour assurer son autodiagnostic ou utiliser le configurateur de l'entreprise avant de passer commande. À l'autre bout de la chaîne, le fournisseur sera intégré lors de la commande afin d'assurer la disponibilité des pièces nécessaires et de déclencher les processus d'approvisionnement. Le Citizen Relationship Management (gestion de la relation entre les administrations et les citoyens), l'Employee Relationship Management (application des techniques de CRM à la population des salariés d'une entreprise) ou le Partner Relationship Management (extension des principes de CRM aux partenaires de l'entreprise) constituent autant de tentatives de nouveaux débouchés pour des éditeurs impatients de voir leurs ventes de licences exploser.

L'émergence de solutions de mobilité grâce au sans-fil et au PDA : jusque récemment, la mobilité était un concept d'éditeur sans réelle demande face aux offres. Depuis peu, on assiste à l'explosion du marché des PDA avec, surtout, des écrans enfin utilisables et la concrétisation du GPRS et du Wi-Fi qui permettent des connexions mobiles dignes de ce nom. Grâce à ces avancées technologiques, les offres des éditeurs CRM sur PDA, qui existaient depuis quelques années commencent à susciter un intérêt et des applications réelles dans le monde des entreprises. Telle société de maintenance d'ascenseurs, par exemple, a équipé ses techniciens de maintenance de PDA pour la gestion de leurs interventions. La saisie immédiate sur site et la transmission automatique permettent d'augmenter le temps dédié aux clients en limitant la perte de temps de saisie des informations au bureau.

Les facteurs distinctifs

Choisir un outil d'automatisation des ventes et du service client est une tâche complexe car les principales offres sont fonctionnellement très proches sur le papier et on ne peut se contenter de simples démonstrations commerciales pour les évaluer. Qui plus est, la relative rareté des projets se traduit par une certaine inflation des propositions et des promesses. Il est donc parfois difficile de choisir. Dans ces conditions, il faut avoir une vision précise de son projet pour ne pas avoir à évaluer l'ensemble des produits du marché.

Comment espérer approfondir les « bonnes » offres et en vérifier dans le détail l'adéquation à vos besoins ?

Les principaux critères de choix nous semblent être :

- la taille en nombre d'utilisateurs de la solution ;
- le périmètre, en termes de fonctions et de canaux, de la solution recherchée ;
- l'architecture technique, notamment pour le support des utilisateurs distants, techniciens de maintenance et commerciaux itinérants ;
- les fonctionnalités intrinsèques et notamment la gestion des opportunités et les fonctions de workflow ;
- la facilité d'intégration avec les ERP, notamment dans les données partagées telles que la définition du contrat de service ou l'encyclopédie de l'offre ;
- le niveau d'intégration avec Internet dans ses fonctions de commerce électronique et de service au client ;
- les compétences techniques et fonctionnelles des intégrateurs ;
- la pérennité de l'éditeur et sa présence locale ;
- enfin le budget raisonnable allouable au projet.

Nous avons placé ce critère du budget en fin de liste des critères de choix, mais l'expérience nous a montré qu'il est souvent préférable de définir d'abord un budget en s'appuyant sur des analyses précises de retour sur investissement du projet, afin de restreindre le champ de ses recherches de solutions. L'approche par les besoins (actuels et futurs) se traduit souvent par une liste impressionnante de fonctions et aboutissent à des choix d'outils coûteux souvent sous-utilisés. Les choix d'outils de CRM ne doivent pas se construire autour des rêves, sans des analyses de retour sur investissement, sous peine de se réveiller avec un véritable cauchemar !

Le scepticisme a remplacé les rêves et les élans un peu naïfs des débuts du CRM. Les projets à retour sur investissements et déploiement en six mois font plus sourire que rêver. Les entreprises ont considérablement « mûri », les éditeurs ont évolué pour mieux répondre aux attentes des clients, les intégrateurs ont développé une courbe d'expérience. Le marché du CRM est passé dans une phase de maturité tant au niveau du discours que de la gestion de projet.

Fiche signalétique de quelques outils

Amdocs ClarifyCRM

Amdocs ClarifyCRM est développé par la société Amdocs (www.amdocs.com). La dernière version du produit, Amdocs ClarifyCRM 12, apporte une réponse pour diminuer les coûts et tirer profit des interactions avec chaque client dans les centres d'appels. Amdocs ClarifyCRM 12 fournit des solutions pour améliorer l'efficacité des utilisateurs et la satisfaction des clients par une focalisation sur les processus critiques permettant d'apporter la bonne réponse aux clients à chaque étape de la relation.

Offre

Amdocs ClarifyCRM est configuré pour faire face à de gros volumes d'appels et apporter des solutions pertinentes dans des problématiques complexes. Le produit s'appuie sur une interface unifiée permettant aux équipes dédiées au service client de gérer de manière efficace les interactions et les tâches quelle que soit la position du client dans le cycle de la relation : avant-vente, vente, commande, livraison, facturation, installation, après-vente, analyses.

Amdocs ClarifyCRM se décompose en 5 modules :

- Marketing & Analytics
  - Data mining pour prédire le comportement du client.
  - Gestion de campagnes et moteur d'optimisation des offres en temps réel.
  - Capacité à identifier les éléments clés du comportement client pour améliorer la rétention et les taux de succès sur les campagnes.
  - Tableaux de bord intégrés pour mesurer l'impact des actions marketing.
- Sales & Ordering
  - Gestion efficace des processus en multicanal.
  - Gestion des processus de ventes permettant de maximiser le ratio ventes/coûts.
  - Gestion du cycle de transformation des prospects en client par un suivi automatique des opportunités.
  - Accès sécurisé pour apporter les informations aux points de contact.
- Delivery & Fulfillment
  - Gestion des réponses pour plus de rapidité, de cohérence et de précision aux problèmes.
  - Gestion des problèmes clients suivant plusieurs canaux : téléphone, e-mail, fax, Web.

- Billing & Settlement

Outil de suivi des contrats de service.

- Service & Support

  - Poste de travail unifié pour permettre aux personnes en contact avec les clients de traiter l'ensemble des problématiques.

  - Un seul écran donne accès à une vue complète des informations clients avec les historiques.

  - Fourniture des informations sur les produits pour aider au diagnostic mais aussi permettre des ventes complémentaires.

Fonctions

Les principales fonctions couvertes par l'outil sont :

- Intégration des processus CRM avec les chaînes de facturation, liens avec les processus métier, permettant une approche intégrée de la gestion du client.

- Closed-loop marketing et analyses pour améliorer l'acquisition, la rétention et la valeur des clients.

Figure 10-10 : *Interface utilisateur de Amdocs ClarifyCRM*

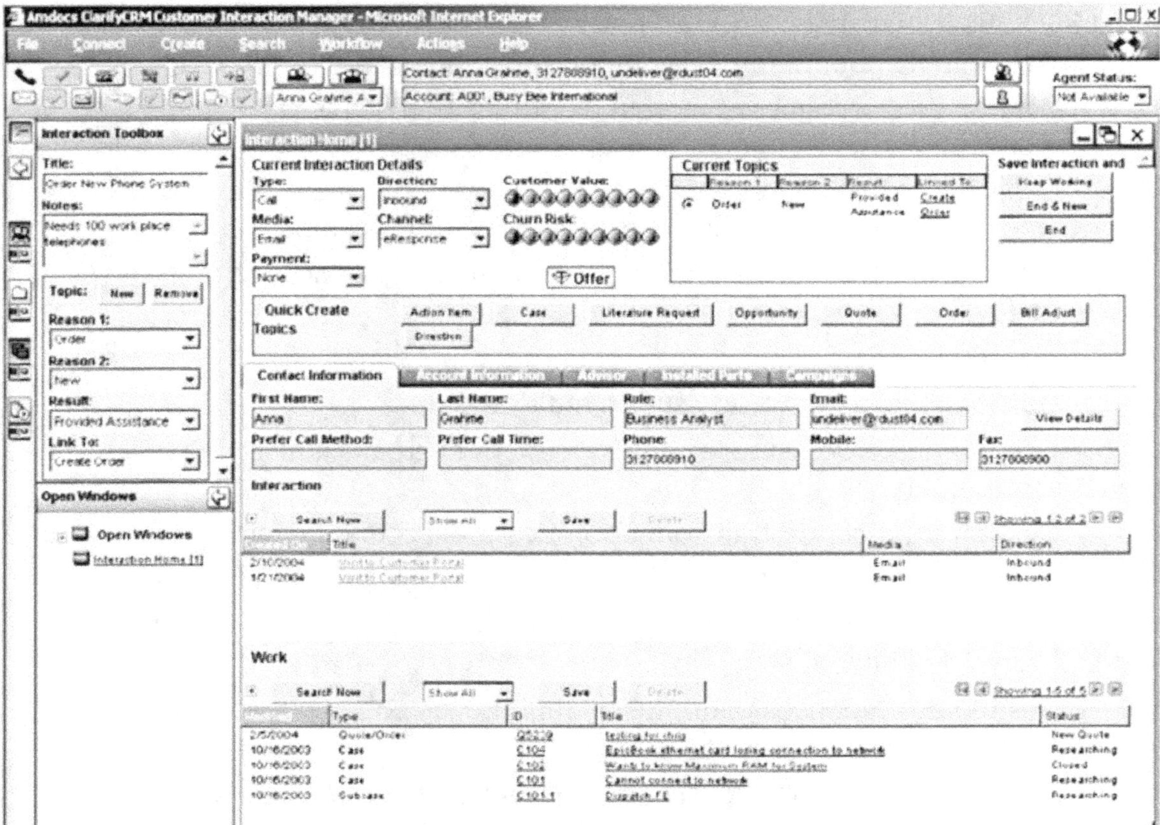

- Solution d'automatisation des ventes pour une gestion optimale des opportunités, le suivi des objectifs et les prévisions d'activités ou de revenus.
- Suite de gestion des commandes permettant une automatisation du processus allant de la négociation à la gestion des encaissements.
- Solutions de service et support pour tous les aspects du service aux clients sur l'ensemble des canaux.

Caractéristiques techniques

Les environnements techniques sur lesquels fonctionne la solution sont les suivants :

- Plates-formes clientes : Microsoft Windows XP/2000, client Web (Internet Explorer 5.5 ou 6.0).
- Plates-formes serveur : Microsoft Windows 2000 Server, Sun Solaris, HP-UX.
- SGBD : Oracle, Microsoft SQL Server.

Références

Vodafone, BT, Cegetel, Telekom Austria, Cingular Wireless, American General Financial Services, Union Bank of California, Union Central Life Insurance, HP, Nortel Networks, FedEx, Boise Office Solutions, SFR.

Tarifs

- Mode de tarification et tarif des licences pour les différents modules : par utilisateur et par serveur.
- Enveloppe pour une configuration monoserveur entrée de gamme : 25 000 $.

Société

- Amdocs est présent dans 22 pays : Canada, États-Unis, Mexique, Brésil, Australie, Chine, Japon, Thaïlande, Chypre, République Tchèque, France, Allemagne, Irlande, Israël, Italie, Pays-Bas, Pologne, Russie, Espagne, Suède, Turquie, Royaume-Uni.
- Effectifs dans le monde : 9 000 employés tous pays confondus.
- Chiffre d'affaires : 1,5 milliards de dollars pour 2003.

Cameleon d'Access Commerce

La suite Cameleon est éditée par la société Access Commerce. Elle apporte des solutions logicielles centrées « processus » à base de composants qui permettent aux entreprises d'automatiser les processus de vente quelle que soit la complexité du besoin client, des produits, des prix et du canal de vente. La suite Cameleon fournit l'interactivité nécessaire à chaque étape de la vente : comprendre le besoin client, proposer des solutions, personnaliser, chiffrer, négocier et conclure la vente.

La suite Cameleon bénéficie de technologies avancées de gestion de catalogues, de configuration de produits personnalisables et de gestionnaire de prix et de promotions. Ces solutions peuvent se déployer sur Internet, intranet, extranet ou sur des postes mobiles (usage nomade).

Offre

Cameleon Advanced Selling aide les entreprises à réduire leurs coûts de vente et à améliorer leur efficacité commerciale en automatisant et ou optimisant les processus clés de la vente. Le cœur de la suite Cameleon Advanced Selling est basé sur des technologies de vente, incluant l'analyse de besoins et les recommandations, la configuration de produits, de prix et de promotions complexes, la réalisation de devis et de propositions commerciales.

Cameleon Advanced Selling est une suite logicielle comprenant trois composantes majeures :

- des applications de vente pour équiper les forces commerciales et les réseaux de partenaires,
- des composants de configuration (produits, prix, catalogue), 100 % Java et intégrables dans toute application e-business,
- une méthodologie et un environnement graphique pour modéliser l'offre produit et la déployer sur tous les canaux de vente via les applications Cameleon selon le concept « Model Once, Deploy anywhere ».

La suite Cameleon Advanced Selling s'intègre avec le système d'information de l'entreprise. Un serveur d'intégration et des adaptateurs sont disponibles pour les principaux systèmes ERP du marché.

Fonctions

Les principales fonctions couvertes par l'outil sont :

- **Cameleon Direct Selling**, solution de vente pour les forces commerciales directes.
  - Cameleon Direct Selling équipe les forces de vente nomades et sédentaires d'une solution de vente associant des outils de gestion de la relation client à des technologies d'analyse de besoins et de configuration.
  - Accessible à partir d'un simple navigateur, Cameleon Direct Selling permet aux équipes commerciales d'attribuer automatiquement les affaires à l'équipe de vente appropriée, de gérer les opportunités, de mettre en œuvre des processus de vente collaboratifs, de configurer des produits, d'élaborer des devis et des propositions commerciales, de réaliser des prévisions fiables et des rapports d'éditions élaborés.
- **Cameleon Channel Selling**, solution PRM pour les réseaux de vente.
  - Cameleon Channel Selling offre une solution PRM (gestion de la relation partenaires) facile à mettre en œuvre. Cette solution accompa-

gne les partenaires tout au long du processus de vente, de la recherche de solutions à la configuration de produits, du devis jusqu'au suivi de commandes.

– Cameleon Channel Selling facilite la communication avec les canaux de distribution, augmente la collaboration avec les partenaires et améliore la visibilité du portefeuille clients.

• **Cameleon Configurator** : solution pour gérer la complexité de l'offre produit.

– Les composants de configuration Cameleon utilisent des moteurs qui solutionnent les problèmes de configuration, même les plus complexes.

– Ils combinent moteurs et technologies innovantes pour guider ingénieurs, commerciaux, clients et partenaires dans l'analyse de besoins, la recommandation de solutions, la configuration de produits complexes, l'exécution de prix et promotions personnalisés, la réalisation de

Figure 10-11 : Interface utilisateur de la suite Cameleon

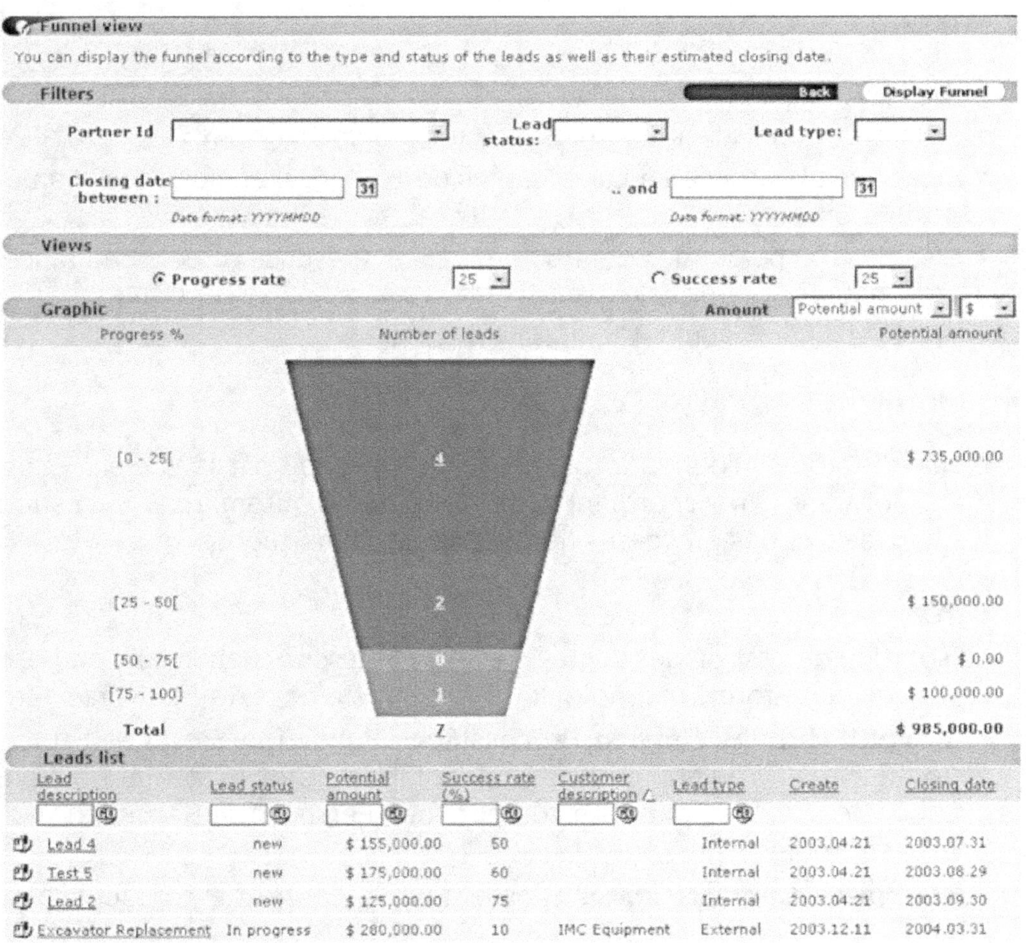

devis et propositions commerciales fiables et la génération instantanée des données de fabrication associées à chaque commande.
  – Les composants Cameleon Configurator sont disponibles dans les
  applications Direct Selling et Channel Selling.

Caractéristiques techniques

Environnements techniques supportés :
- Plates-formes serveur : Microsoft Windows, Unix, Linux.
- SGBD : Oracle, Microsoft SQL Server, Microsoft Access

Références

Alcatel, Aréva, Bouygues, BWT, Clipack, Eaton Corporation, Heatcraft
Worldwide Refrigeration, Invacare, Lapeyre, Manitou, Pinguely-Haulotte,
Peugeot, PCM Pompes, Schlumberger, Schneider Electric, Saint-Gobain,
Socomec, SR Telecom, Technal, Thomson, Thyssen.

Tarifs

Mode de tarification et tarif des licences pour les différents modules : en
fonction du projet, par utilisateur nommé, par utilisateur concurrent, par
serveur.

Société

- Access Commerce est une société française créée en 1987.
- Siège social européen à Labège, près de Toulouse, et siège social amé-
  ricain à Chicago.
- Effectif : 100 personnes dont 80 en France. Présence directe en France,
  en Allemagne et aux États-Unis.
- Chiffre d'affaires 2003 : 12 millions de dollars.

Chordiant

L'outil Chordiant Foundation Server est développé par la société Chordiant Software (www.chordiant.com). Il permet d'automatiser la gestion
des contacts et des processus liés aux interactions client.

Offre

La solution de gestion des contacts et des processus client se décompose
entre une plate-forme technologique et un poste de travail universel :
- **Straight Through Service Processing** : Foundation Server et Expan-
  sion Servers (Workflow, Rules, Collaboration, Knowledge, Interaction,
  Connectors, CTI, Application components, Persistence, Security, Development tools).
- **Enterprise Contact Center** (poste pour le centre de contact multimédia).

- **Retail Channel** (poste pour les réseaux d'agences).

Fonctions

- Automatisation des processus métier de bout en bout.
- Utilisateur guidé au travers des processus.
- Réutilisation massive des composants et des processus.
- Centralisation des composants et des processus.
- Automatisation des contacts et des suivis.
- Historique complet des communications.
- Personnalisation.
- Multicanal.
- Intégration en temps réel aux référentiels existants.
- Intégration avec le marketing (Chordiant Marketing Director).
- Poste de travail universel basé sur les profils et les rôles.
- Self-service client.
- Capacités à absorber des fortes volumétries.

Figure 10-12 : Interface utilisateur de Chordiant

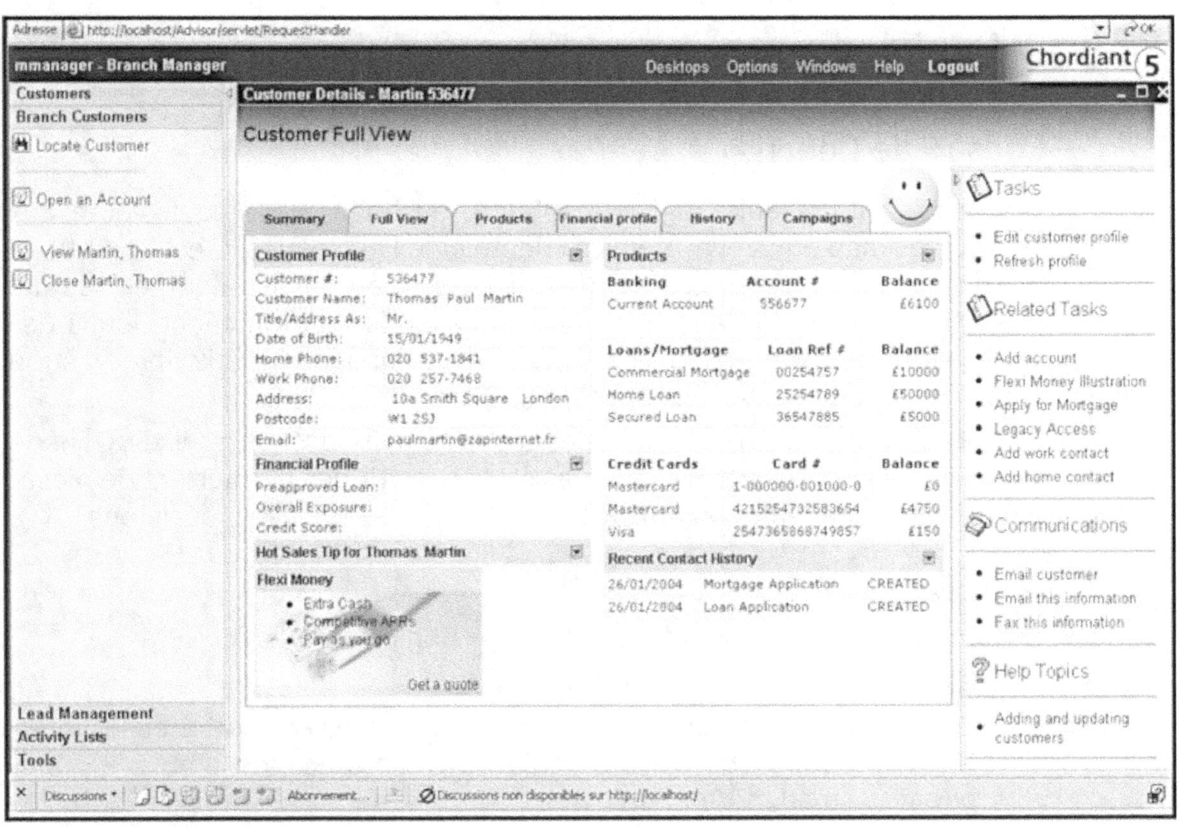

Caractéristiques techniques

Environnements techniques supportés :

- Technologie pure J2EE, XML, services Web.
- Plates-formes clientes : Internet Explorer 5+ (Advisor Browser Edition) ou Windows NT/2000/XP (Advisor Windows Edition).
- Plates-formes serveur : IBM AIX, Sun Solaris, WebSphere, WebLogic.
- SGBD : IBM DB2, Oracle.

Références

Barclays, Royal Bank of Scotland, Lloyds TSB, Bank of Ireland, Direct Line, USAA, Met Life, Prudential, CIBC, Canadian Tire Financial Services, Signal Iduna, Deutsch Bank, BSkyB, Hutchinson 3G, Littlewoods.

Tarifs et charges

Mode de tarification et tarif des licences des différents modules en fonction des serveurs utilisés et du nombre d'utilisateurs.

Société

- Siège social : Cupertino, États-Unis.
- Plusieurs bureaux en Europe : Manchester, Londres, Paris, Amsterdam, Madrid, Munich et Francfort.
- Date de création : 1997.
- Effectif : 300.
- Chiffre d'affaires : 74 millions de dollars (2002).

Conso+ de Coheris

Conso+ est une suite logicielle intégrée destinée à la force de vente, aux équipes marketing et au service clientèle de l'entreprise. C'est un outil de travail tant pour les centres de contacts que pour les équipes terrain. Conso+ permet de faire face aux contextes de relation client : suivi des opportunités commerciales, gestion de campagnes marketing, gestion des réclamations, service après-vente, etc.

Conçu pour accroître la qualité et la productivité des entreprises, Conso+ permet également de produire les états analytiques permettant de mesurer l'efficacité d'une organisation et d'étayer les prises de décisions.

Offre

Conso+ associe en standard quatre missions majeures du CRM :

- *Garantir la qualité du traitement des contacts*

  Conso+ permet de gérer tous les contacts entre l'entreprise et ses interlocuteurs, quel que soit le média de communication employé : téléphone, e-mail, formulaire Web, courrier, fax, etc. Conso+ offre les moyens de recueillir l'information nécessaire à une personnalisation de la relation. Chaque contact alimente un historique détaillé des échanges, de sorte que les membres de l'entreprise bénéficient d'une vision unifiée du client, garante d'un traitement informé et individualisé.

- *Accroître la performance du marketing*

  Conso+ offre une palette d'outils pour exploiter toute la connaissance client capitalisée au fil des contacts. Son moteur d'analyses multidimensionnelles permet l'identification de critères de segmentation, la définition de populations cibles et l'élaboration de tableaux de bord ou d'états statistiques. Ses fonctions de gestion de campagnes marketing automatisent l'import et l'export de fichiers, le pilotage de campagnes d'appels, la génération de mailings et d'e-mailings, etc.

- *Maximiser l'efficacité commerciale*

  Conso+ automatise les tâches répétitives ou consommatrices de temps et permet aux forces de vente sédentaires ou nomades de se concentrer sur les prospects et clients les plus profitables. Conso+ facilite la gestion des opportunités commerciales, des catalogues de produits, des devis et commandes, la création de rapports de ventes, l'échange de données avec les systèmes de facturation, de supply chain management, etc.

- *Améliorer le service et le support au client*

  Conso+ garantit un suivi des demandes des clients, du processus et des coûts associés. Conso+ analyse les motifs de contact et active le déclenchement automatisé d'enchaînements d'actions via un moteur de workflow : affectation des demandes aux agents compétents, génération d'e-mails, de courriers, de procédures d'escalades, etc. Conso+ appelle les bases de connaissance permettant d'apporter les réponses pertinentes et gère les plannings d'intervention sur site. Outil d'analyse autant que de supervision, Conso+ permet de mesurer la qualité de la réponse apportée aussi bien que la productivité de la chaîne de service.

Modules complémentaires

- *Module E-mail* : gestion des communications Internet (e-mails, formulaires Web...).
- *Module API* : interface avec les middlewares de couplage téléphonie informatique.
- *Module Data* : recherche de données dans une base externe.
- *Module Pilo* : pilotage des applications du système d'information.
- *Module Synchro* : synchronisation de données entre les bases de sites centraux et de postes nomades.
- *Module Script* : génération de guides de dialogue interactifs.

Figure 10-13 : Interface utilisateur de la suite Conso+

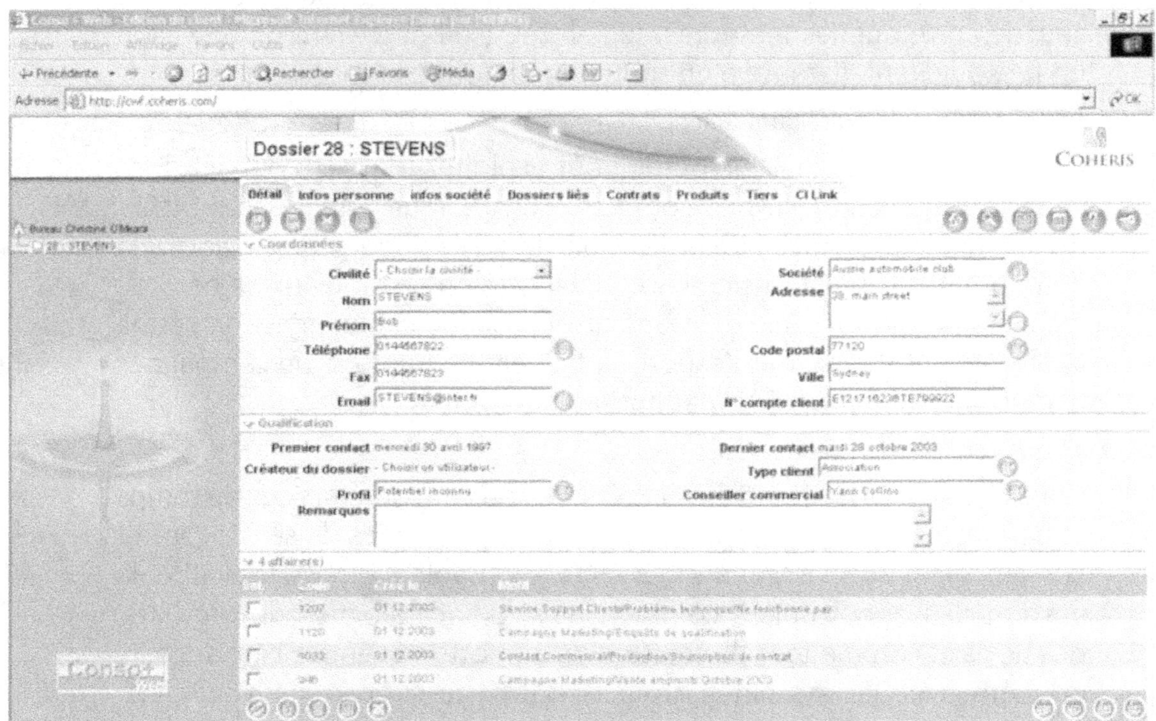

Caractéristiques techniques

Conso+ est disponible en deux versions : la première en architecture client-serveur, avec synchronisation de données pour les nomades, la seconde en architecture J2EE avec accès Web (sous l'appellation Conso+Web).

- En architecture client-serveur :

  Plate-forme cliente : Windows.

  Plates-formes serveur : Windows NT et 2000.

  SGBD : Oracle, Microsoft SQL Server, IBM DB2.

- En architecture Web :

  Plate-forme cliente : navigateur Internet Explorer.

  Plates-formes serveur : serveurs d'applications compatibles J2EE (Websphere, Weblogic, etc.).

  SGBD : Oracle, SQL Server, DB2.

Références

AGF, Beiersdorf-Nivea, CNP Assurances, Coca-Cola, Danone, Disneyland, EDF-GDF, France Télécom, Henkel, Kraft Foods, La Poste, L'Oréal, Monoprix, Natexis BP, Nestlé, Peugeot, Sacem, Sanofi-Synthélabo, SNCF, Société Générale, Société Marseillaise de Crédit, Schering-Plough, Sony, Suez, Total Fina Elf, Unilever, Volkswagen, Wanadoo, etc.

Tarifs et charges

- Les tarifs sont calculés par serveur et par accès simultané à l'application. À titre indicatif, le prix d'une configuration typique de 30 accès simultanés est de 40 000 euros.
- Les chiffres évoqués par l'éditeur pour l'implantation de l'outil sont les suivants :

  Formation administrateurs : 5 jours.

  Formation utilisateurs : 1/2 journée.

  Durée de paramétrage : de 2 à 12 semaines, selon le contexte.

Société

- Le Groupe Coheris est une société française, créée en 1994 et cotée au Nouveau Marché d'Euronext Paris.
- La société est présente en France (Paris, Strasbourg, Aix-en-Provence, Nantes, Lyon et Grenoble) et à l'international (Allemagne, Benelux, Espagne, Grande-Bretagne, Italie, Suisse).
- Chiffre d'affaires 2002 : 29 millions d'euros.
- Effectifs 2003 : 300 personnes.

E.piphany

E.piphany a mené une politique de croissance externe par l'acquisition de douze sociétés entre 1999 et 2001 (RightPoint Software, Octane, eClass direct…).

E.piphany E.6 est une suite CRM s'appuyant sur de puissants outils analytiques pour optimiser en temps réel chaque contact client et chaque processus métier du front office. La solution englobe des applications de marketing, de vente et de service client, qui peuvent s'interfacer entre elles, permettant ainsi de gérer de façon globale les contacts entrants et sortants et d'afficher une vision unifiée de l'entreprise.

E.piphany E.6 est une solution constituée de services Web et de composants métier reposant sur une infrastructure J2EE. Grâce à cette architecture orientée services, E.6 apporte la souplesse permettant une personnalisation et une intégration rapide.

Offre

La suite se compose de trois modules :

- E.*piphany Marketing* : E.piphany Marketing propose des outils pour la gestion de campagnes marketing multicanaux, multivagues et multimessages. Cette solution offre des capacités permettant de passer de l'identification des populations cibles à la création de campagnes, ainsi qu'à l'analyse des résultats. Les campagnes marketing sont coordonnées entre les différents canaux de communication : courrier, Web, téléphone, e-mail, SMS, etc.

- Segmentation de la population client pour le ciblage des campagnes.
- Modélisation prédictive et filtrage collaboratif des campagnes marketing.
- Analyse en temps réel de l'activité commerciale et marketing pour les recommandations additionnelles et croisées.
- Gestion des ressources.
- Analyse en boucle fermée permettant de comprendre les retombées de chaque campagne, d'améliorer le ciblage et d'optimiser les futures campagnes.

- E.*piphany Sales* : E.piphany Sales permet l'automatisation des processus de vente. Grâce à son module analytique intégré, E.piphany Sales aide les utilisateurs à acquérir une vue unique du client et les guide en fournissant des recommandations d'offres personnalisées et les prochaines étapes à réaliser dans le cycle de vente.
  - Système de gestion des contacts et base de connaissance clients via une interface intuitive et personnalisée.
  - Visualisation complète des activités client, produit et ventes.
  - Restitution des tendances et opportunités de ventes en fonction du profil client.
  - Distribution de leads qualifiés et scorés.
  - Accès multisupport à l'information pour les forces de vente mobiles (Internet, téléphone mobile, WAP, PDA).

- E.*piphany Service* : E.piphany Service est une solution d'optimisation des interactions clients téléphoniques, e-mail, Web... Une base de connaissance intégrée et un système de scripting intelligent permettent aux agents d'assurer une résolution rapide et efficace des demandes clients.
  - Identification des appels entrants et visualisation des fiches client/contact.
  - Résolution de problèmes et gestion des connaissances.
  - Scripting et génération automatique d'offres de ventes additionnelles et croisées selon les préférences des clients.
  - Web self-service et agents virtuels.
  - Identification des insatisfactions et offres promotionnelles de rétention.
  - Réponses automatiques par e-mail.
  - Alertes automatiques et notifications.
  - Outils d'analyse inter-canaux et reporting.

Caractéristiques techniques

Environnements techniques supportés :
- Plates-formes serveur : Microsoft Windows, IBM AIX, HP-UX, Sun Solaris.

Figure 10-14 : Interface utilisateur de
E.piphany Service

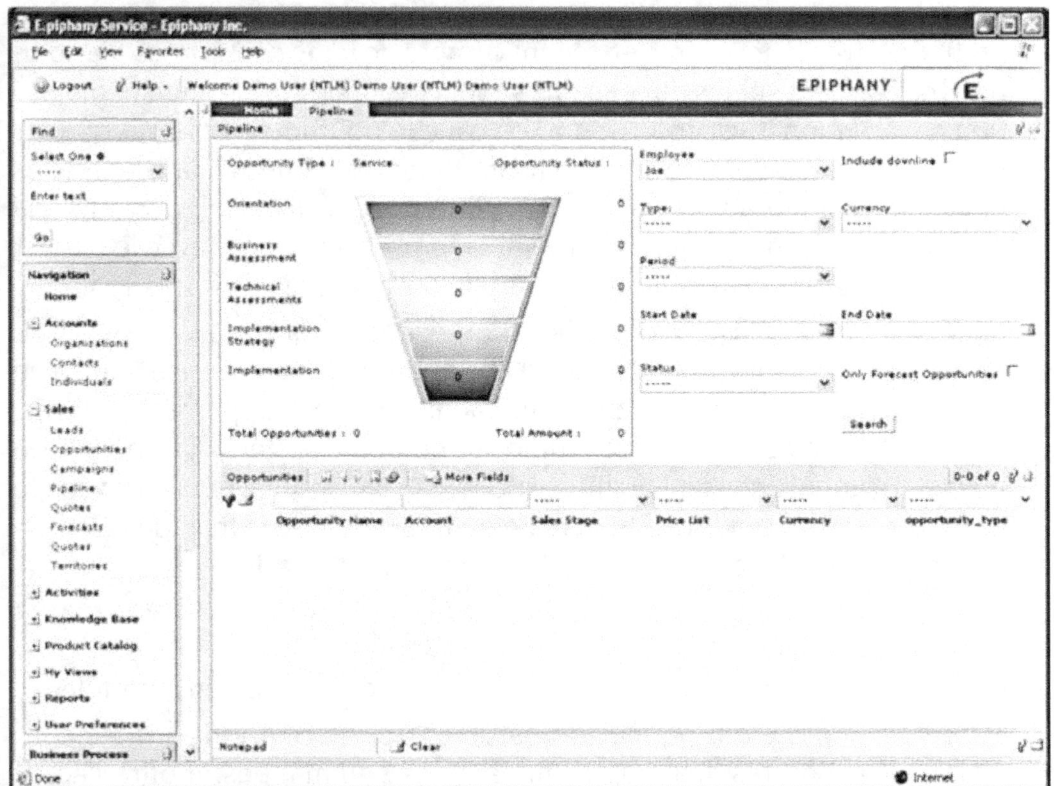

- Serveur d'applications : Websphere, Weblogic.
- SGBD : IBM DB2, Oracle, Microsoft SQL Server.

Références

DHL, Hard Rock Café, DaimlerChrysler, Cisco, Auchan, Renault, SNCF, Orange, SFR, Nestlé, etc.

Tarifs

Mode de tarification et tarif des licences pour les différents modules : par service Web /nombre d'utilisateurs.

Société

- Nationalité : Américaine.
- Date de création : 1996.
- Effectifs : 500 personnes, dont 8 personnes en France.
- Chiffre d'affaires 2003 : 96 millions de dollars.

Microsoft CRM

Microsoft est le dernier entrant sur le marché du CRM et se positionne volontairement sur le marché des petites et moyennes entreprises qui représentent le principal vecteur de croissance du marché du CRM de seconde génération.

Microsoft CRM se propose d'aider ces entreprises à construire une relation profitable avec leurs clients en tenant compte de leurs contraintes. La solution met l'accent sur les dimensions simplicité, rapidité et facilité d'intégration. La solution Microsoft CRM a été conçue pour intégrer le fait que les PME ont des équipes souvent moins importantes dédiées à la gestion des systèmes d'information. Microsoft CRM est donc une solution facile à installer et à maintenir avec un niveau de prix en cohérence avec le budget des PME. L'interface est intuitive pour limiter les délais de formation.

Microsoft CRM s'inscrit dans la volonté stratégique de Microsoft de connecter les clients aux systèmes d'information de l'entreprise quels que soit la plate-forme et les environnements de développement utilisés. Microsoft CRM est accessible au moyen de la messagerie Outlook et du Web en s'appuyant sur l'architecture .NET. Nul doute que l'arrivée du géant du logiciel modifiera le marché du CRM, tant au niveau de l'élargissement du marché que sur le mode de gestion des projets.

Offre

La suite CRM de Microsoft se compose actuellement de deux modules :

- Un *module Ventes* qui permet de partager les informations sur les contacts, les comptes, les opportunités et les commandes. Il offre l'accès aux informations sur les contrats, l'historique des contacts, ainsi que l'ensemble des informations nécessaires pour accueillir et satisfaire le client. Il améliore le cycle de vente par une automatisation de certains processus d'exécution des envois de documents, de passation des commandes ou de gestion des tâches à effectuer.

- Un *module Services* qui permet de fournir un service efficace pour la gestion des réclamations ou des demandes d'informations au moyen d'outils de recherche ou de gestion de routage automatisée des messages. La gestion des contrats permet d'accéder rapidement aux conditions d'intervention et de facturation.

Les modules se déclinent eux-mêmes en deux versions qui se distinguent essentiellement par l'existence ou non de fonctionnalités de workflow.

Microsoft CRM offre une interface intuitive d'accès aux informations. L'intégration des deux modules permet le partage des informations entre les collaborateurs pour améliorer les taux de concrétisation et de ventes, et améliorer la satisfaction des clients.

L'offre se complète d'un ensemble complet d'une centaine de tableaux de bord des activités Ventes et Services. Microsoft CRM s'interface bien évidemment avec les logiciels bureautiques comme Word, Excel ou PowerPoint pour assurer la mise en forme des rapports et documents.

Fonctions

Les modules Ventes et Services incluent une gestion des opportunités, une vue complète, une gestion automatisée des incidents et une base de connaissance accessible par un moteur de recherche. Microsoft CRM inclut des tableaux de bord pour la mesure et la prévision des activités.

Microsoft CRM *Ventes* permet l'automatisation des processus de vente :

- Visualisation et gestion complète des activités et des historiques client incluant les contacts entrants et sortants, les objectifs, les commandes en attente, les factures, les limites de crédit et l'historique des paiements.
- Distribution des opportunités et suivi du cycle de vente.
- Automatisation du processus de vente avec des workflows pour diffuser et suivre les tâches avec gestion des escalades.
- Suivi du cycle de ventes de la prise de commande à l'encaissement.
- Gestion des responsabilités et des territoires avec définition des organisations.
- Système de gestion des habilitations pour assurer un accès approprié et sécurisé des informations entre les différents intervenants.
- Système de fixation des objectifs pour les prospects et les clients.
- Système de suivi de la performance des collaborateurs et affectation des ventes en correspondance avec les objectifs.
- Encyclopédie marketing avec les fiches produit, les « White Paper ».
- Suivi des concurrents avec une base de connaissances des produits concurrents.
- Possibilité de rattacher les opportunités et les ventes aux concurrents permettant de faire des analyses concurrences par produit, par client ou par territoire, etc.
- Gestion des campagnes par e-mail avec possibilités de cibler des clients.
- Accès à Microsoft Outlook et accès Web au moyen de Outlook en mode on-line ou off-line permettant d'accéder à l'application de n'importe quel poste Internet.
- Accès multisupport à l'information pour les forces de vente mobiles (Internet, téléphone mobile, PDA).
- Moteur puissant de synchronisation.

Microsoft CRM *Services* est une solution pour assurer une résolution rapide et efficace des demandes clients :

- Identification des appels entrants et visualisation des fiches client/contact.
- Création, affectation et gestion des demandes de support avec accès à l'ensemble des informations, incluant les commandes en cours et les demandes d'informations passées afin de faciliter le diagnostic.
- Routage automatique au moyen d'un moteur de workflow permettant de router la demande vers l'interlocuteur approprié.

- Gestion des files d'attente avec les processus d'escalade ou de reroutage.
- Moteur de recherche et accès à des bases de connaissances.
- Gestion et mise à jour des contrats de service.
- Gestion des e-mails entrants.
- Réponses automatiques par e-mail.
- Alertes automatiques et notifications.

Reporting. Une gamme très large de tableaux de bord sont fournis et peuvent être adaptés pour mesurer et anticiper les activités :

- Détermination de la valeur du pipe commercial.
- Prévisions.
- Suivi des taux de concrétisation.
- Identification des Top Clients.
- Identification des meilleures ventes et des problèmes récurrents.
- Suivi du traitement des incidents et identification des goulots d'étranglement.
- Analyse de la concurrence.
- Suivi de la performance des collaborateurs.
- Suivi des objectifs.

Figure 10-15 : Interface utilisateur de Microsoft CRM

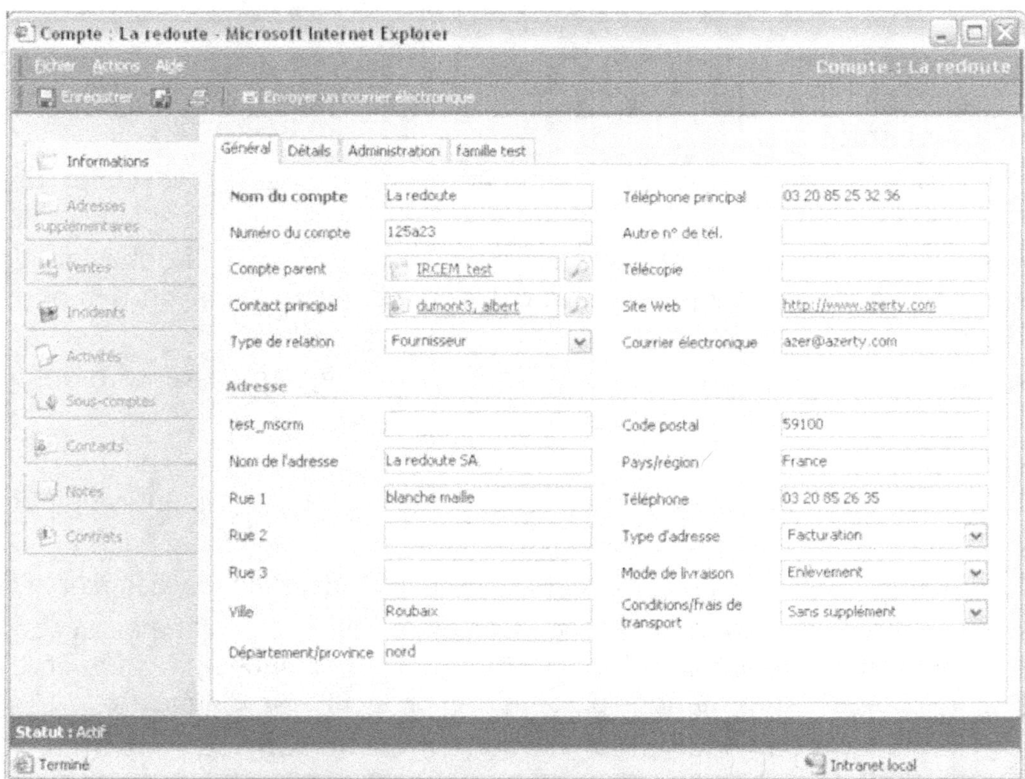

Caractéristiques techniques

La solution fonctionne en client léger ou de manière complètement intégrée à Outlook. Dans cette configuration, les contacts, opportunités et autres comptes sont présentés purement et simplement comme des dossiers Outlook et bénéficient des mêmes facilités de synchronisation que les dossiers calendrier ou boîte aux lettres.

Microsoft CRM s'inscrit dans l'architecture .NET de Microsoft : les fonctionnalités se présentent comme des services accessibles via d'autres applications depuis n'importe quel poste connecté à Internet.

Les prérequis techniques pour Microsoft CRM sont les suivants :

- Au niveau client :
  - Microsoft Internet Explorer 5.5 Service Pack 2 ou plus récent.
  - Microsoft Windows 98 Service Pack 2, Microsoft Windows 2000 ou Microsoft Windows XP.
- Au niveau serveur :
  - Microsoft Windows 2000 Server ou plus récent
  - Microsoft SQL 2000 Server ou plus récent
  - Microsoft Exchange 2000 Server ou plus récent
  - Un serveur d'annuaires LDAP,

Références

Au moment de l'écriture de cette fiche, elles sont essentiellement américaines :

- Télécommunication : Contoso.
- Industrie : Fabrikam, Holly.
- Service : Litware Inc.

Tarifs et charges

- La tarification est basée sur le nombre d'utilisateurs avec un prix par poste qui varie de 400 à 800 euros par utilisateur et un prix de la licence serveur d'environ 1 000 euros.
- Pour information, une configuration de 40 postes représente un budget de 125 000 euros sur trois ans qui se décompose de la façon suivante :
  - Coût de licence : 77 000 euros
  - Hardware : 3 000 euros
  - Intégration : 45 000 euros

Société

On ne présente plus Microsoft !

Remedy

Remedy Customer Service & Support est un ensemble de solutions développées et éditées par Remedy, filiale de BMC Software. Cette suite repose sur la plate-forme technique Action Request System (AR System), dont l'architecture inclut un moteur de workflow, de requêtes et de gestion de formulaires. Remedy est née en 1990 dans la Silicon Valley. Elle fait partie du groupe BMC Software depuis novembre 2002.

Offre

- *Customer Support* : outil de gestion du service/support client.
- *Quality Management* : outil de liaison entre clients et équipe de développement produits.
- *Service Level Agreement* : outil de suivi des contrats de service.

Fonctions

Les principales fonctions couvertes par l'outil sont :

- *Customer Support*
  - Gestion des réponses pour plus de rapidité, de cohérence et de précision aux problèmes.
  - Gestion des problèmes clients suivant plusieurs canaux : téléphone, e-mail, fax, Web.
  - Solution orientée tâches afin d'améliorer la productivité.
  - Configuration des escalades et notifications pour un déclenchement automatique en fonction de critères précis.
  - Base de connaissances intégrée permettant de diminuer le temps nécessaire à la résolution des problèmes et de capitaliser sur les connaissances.
  - Soumission de problèmes ou requêtes par les clients via le Web, ces derniers bénéficiant même d'un accès à la base de connaissances.
  - Nombreux rapports graphiques intégrés et possibilité d'exporter vers les outils standards du marché.
- *Quality Management*
  - Traduction des requêtes clients en demande d'évolutions des produits ou services.
  - Affectation automatique des demandes d'évolution aux personnes compétentes, et modification automatique des niveaux de priorité de ces demandes en fonction du nombre de demandes en cours.
  - Intégration complète des cycles de communication afin de tenir les clients au courant de l'évolution de leurs demandes.
- *Service Level Agreements*
  - Accroissement de la satisfaction du client en s'accordant sur les niveaux acceptables de service en fonction des besoins.

- Méthode de mesure permettant de déterminer les raisons pour lesquelles les objectifs ne sont pas atteints.

- Intégration possible avec un autre outil « AR System Flashboards » afin de présenter les principales mesures de façon graphique, dynamique et en temps réel.

Figure 10-16 : Interface utilisateur de

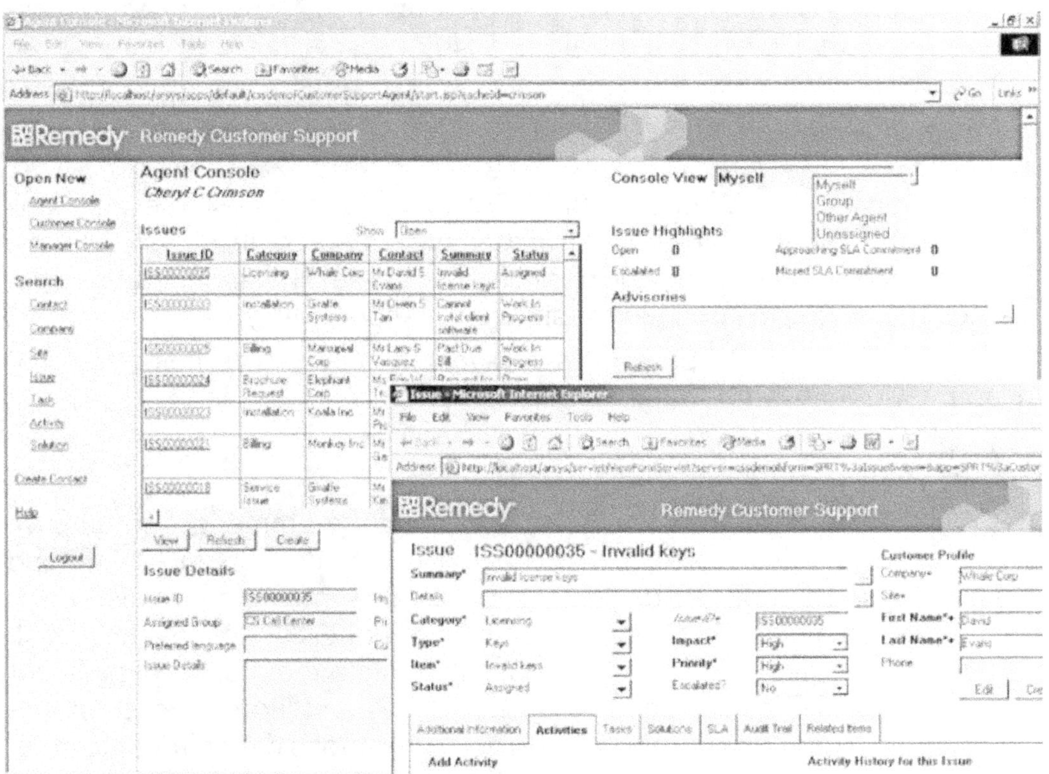

Caractéristiques techniques

Les environnements techniques sur lesquels fonctionne la solution sont les suivants :

- Plates-formes clientes : Windows 98/ME/NT/2000/XP, Internet Explorer 5.5/6 et Netscape 6.x/7.x sous Windows, Unix, Linux et Macintosh.

- Plates-formes serveur : Windows NT/2000, Sun Solaris, IBM AIX, HP-UX, Linux.

- Serveur Web/serveur applicatif : Microsoft IIS, iPlanet, Apache, Tomcat, IBM Websphere, BEA Weblogic.

- SGBD : Oracle, IBM DB2, Microsoft SQL Server, Informix, Sybase.

Références

ARES, Ajilon, Compagnie E. de Rothschild, Coris Assistance, etc.

Tarifs et charges

- Tarif : à partir de 30 000 euros en fonction des modules et options utilisés.
- Formations :
  - Pour les utilisateurs : Web based training Remedy Customer Support (150 euros) ; 2 jours de formation Remedy Customer Administering (870 euros).
  - Pour les administrateurs et les développeurs : AR System Administering Part 1 (web based training, 440 euros) – Part 2 (5 jours, 2 180 euros).

Société

Filiale du groupe américain BMC Software, Remedy est présente aux États-Unis, en Amérique du Sud, au Canada, en Australie, en Asie, et dans les principaux pays d'Europe (France, Allemagne, Hollande, Italie, Espagne…). Son siège européen est situé en Grande-Bretagne.

Effectifs : plus de 800 personnes à travers le monde pour Remedy, 6 100 pour BMC Software.

SAP CRM

L'offre SAP dans le domaine du CRM a émergé récemment et commence à faire des émules. L'intérêt d'une telle solution, dès lors qu'elle répond aux critères fonctionnels de l'entreprise, est de s'intégrer immédiatement avec les fonctions ERP de SAP, marché sur lequel SAP est leader. Ainsi, les coûts de mise en place s'en trouvent de facto réduits. De plus, le fait de partager des référentiels entre CRM et ERP améliore la réactivité de l'entreprise qui ne subit plus les désynchronisations de référentiels inhérentes aux interfaces batch entre systèmes ERP et CRM. SAP CRM se présente sous forme d'un portail pour l'utilisateur et les fonctionnalités sont paramétrables comme celles des autres outils de SAP.

Offre

On retrouve dans SAP CRM les modules classiques d'un logiciel de CRM intégré :

- *Customer Engagement* regroupe les fonctions d'interactions avec le client : ciblage, gestion de campagnes, télémarketing, e-marketing et gestion des prospects.
- *Business Transactions* englobe les fonctions commerciales : pilotage des ventes, gestion des comptes, des contacts et des opportunités, vente à distance, gestion de configuration et de devis et prise de commandes.
- *Order Fulfillment* couvre le cycle commande-livraison : pilotage du fulfillment, gestion de la logistique, gestion des risques de paiement et facturation.

- *Customer Service* adresse les fonctions de service client : suivi du service client, customer care et help desk, gestion des contrats et des sites, répartition et gestion des interventions sur site ou à distance.

Fort de sa connaissance étendue des entreprises grâce à son parc installé, SAP a décliné sa suite CRM en de nombreuses solutions verticales.

Fonctions

Les principales fonctions couvertes par l'outil sont :

- Marketing
  - Planification et exécution de campagnes
  - Analyses marketing
  - Segmentation des clients
  - Personnalisation des offres
  - Gestion des promotions
  - Encyclopédie marketing
- Ventes
  - Planification et prévision des activités
  - Gestion des territoires
  - Gestion des contacts et des agendas
  - Gestion des opportunités (devis, commandes, contrats)
  - Gestion et répartition des ordres d'intervention, description des missions, lien avec la facturation
  - Gestion des contrats et des conditions de facturation
  - Gestion des commissions et des primes
  - Connexion permanente avec le centre d'appels
- Support client
  - Gestion des demandes, des réclamations
  - Gestion des niveaux d'intervention
  - Gestion des contrats et des conditions de facturation
  - Auto-dépannage du client sur Internet SFA
- Approche multicanal
  - E-mail
  - Centre de Contacts unifié
  - Télémarketing
  - SMS
  - Fax
  - Wap et i-mode
  - Personnalisation des contenus et services

Figure 10-17 : *Interface utilisateur*
de SAP CRM

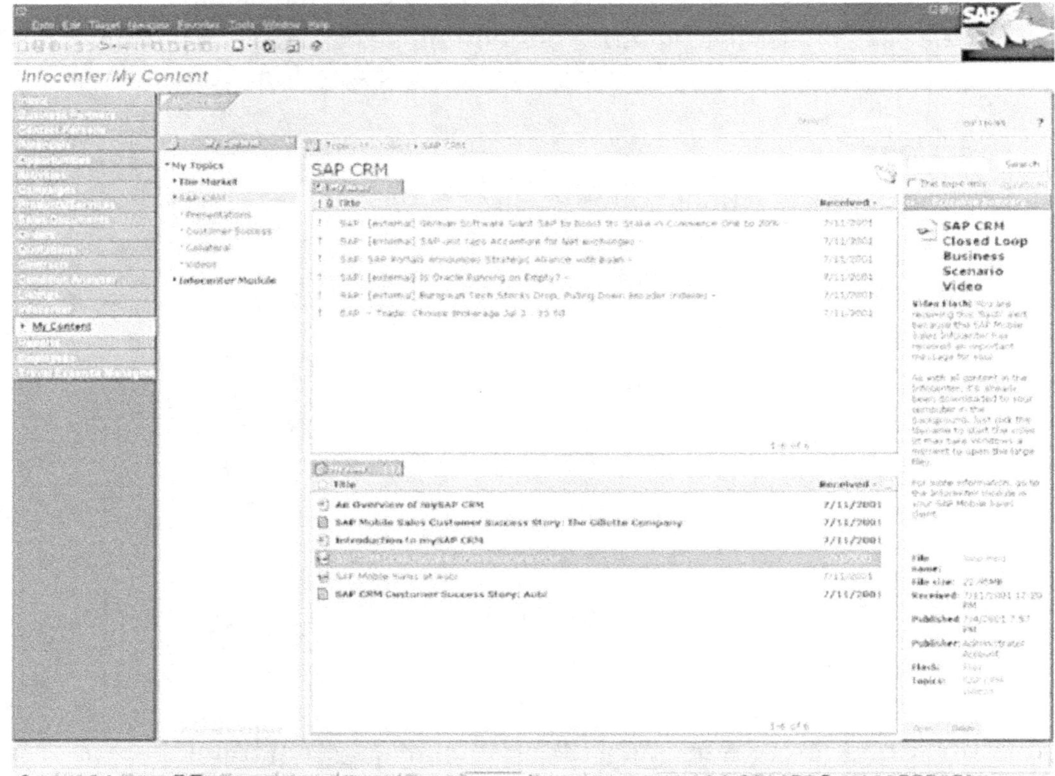

Références

Wellbeing, Ratiopharm, Brother, Tyrolit, IPSOA, Villeroy & Boch, Waters Corp, etc.

Tarifs

Mode de tarification et tarif des licences pour les différents modules : par Web services/nombre d'utilisateurs.

Société

- Création : 1972 en Allemagne.
- Chiffre d'affaires 2003 : 7,0 milliards d'euros.
- Effectifs : plus de 29 600.
- Implantations : 50 pays.

Selligent

Selligent est développé et édité par la société Selligent, ex-Aramis Software (www.selligent.fr). Cet éditeur européen propose des solutions de CRM et d'e-business destinées aux moyennes et grandes entreprises de tous secteurs.

La gamme de produits de Selligent couvre l'ensemble des activités de marketing, de vente et de service à la clientèle. L'approche technologie Global & Local de Selligent permet aux clients de respecter les particularités et préférences régionales/locales tout en assurant la cohérence et l'intégrité du système d'information global.

Offre

Les modules principaux couvrent les domaines du marketing, de la vente et du service client. Des modules spécifiques s'ajoutent pour la gestion du contenu Web, la gestion régionale et/ou internationale (Global & Local).

Les fonctions de vente et de consultation d'informations sont également disponibles sur PDA avec une synchronisation bidirectionnelle avec les outils de messagerie Microsoft Exchange/Outlook et Lotus Notes et moteur de réplication pour les postes nomades.

Fonctions

- *Selligent Marketing*
  - Gestion de campagnes.
  - Gestion de bases de données.
  - Identification de profils.
  - Télémarketing.
- *Selligent Vente*
  - Gestion des processus commerciaux.
  - Incitation à exécuter des activités.
  - Génération de propositions.
  - Génération de prévisions de vente.
  - Base de connaissances commerciales.
  - Encyclopédie marketing.
- *Selligent Service client*
  - Affectation des incidents, escalade, suivi.
  - Établissement de rapports.
  - Gestion des problèmes, résolution.
  - Gestion des garanties et des contrats.
  - Base de connaissances techniques.
- *Selligent Web Content*
  - Publication du contenu sur le Web.
  - Gestion des flux de contenu et personnalisation.
- *Selligent Global & Local*
  - Personnalisation linguistique.
  - Formats d'adresses avec conservation d'un socle commun global.

Figure 10-18 : Interface utilisateur
de la suite Selligent

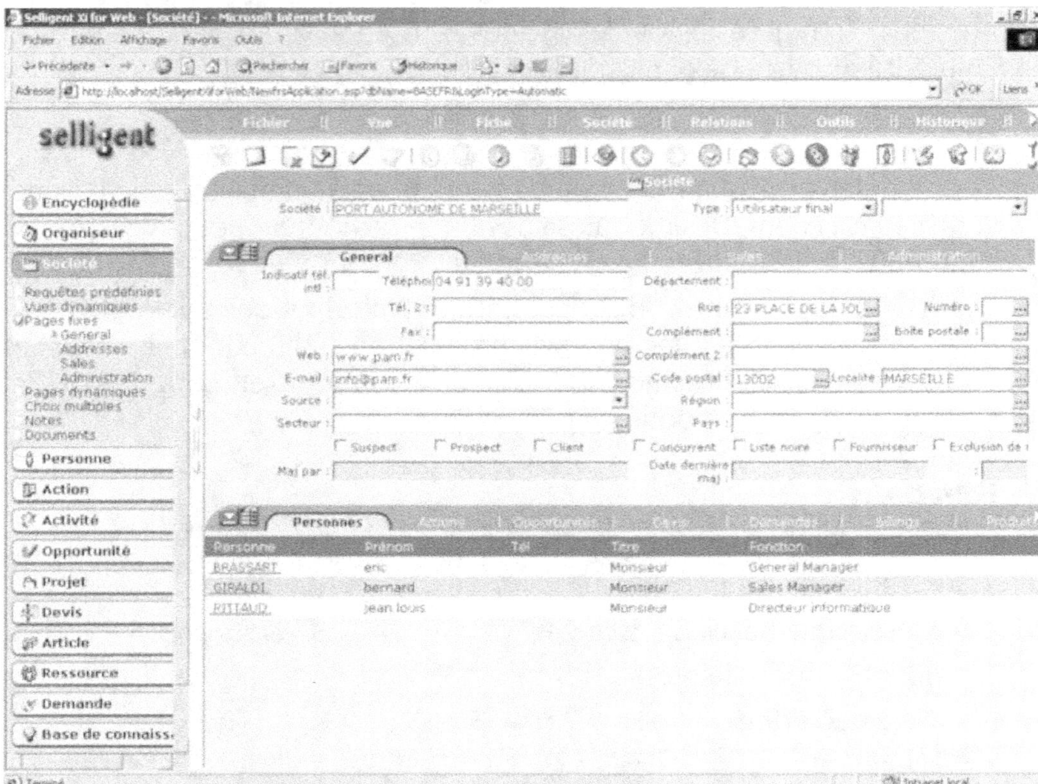

Caractéristiques techniques

Les environnements techniques sur lesquels fonctionne la solution sont
les suivants :

- Plates-formes clientes : Windows 2000, 2003 et XP.
- Plates-formes serveur : Windows 2000 et 2003, Unix.
- SGBD : Oracle, Microsoft SQL Server, IBM DB2.

Références

Gaz de France, Natexis, Banque Populaire, PMU, Bureau Veritas, Astra
Zeneca, GEFCO, Pompona, Biogaran, Siemens, etc.

Tarifs et charges

- Politique de tarification : acquisition des licences par utilisateur
  nommé.
  - Tarifs catalogue par module à titre indicatif (Marketing, Vente, Servi-
    ce client…) : 1 000 euros HT par utilisateur.
  - Tarifs catalogue Serveur d'applications Web Selligent : de 5 000 à
    15 000 euros HT selon options et modules.

- Tarifs ASP également disponibles sur demande (location mensuelle en fonction du nombre d'utilisateurs).
- Formations et certification Web (partenaires) :
  - Fonctionnalités et configuration : 5 jours.
  - Concepts techniques : 5 jours.
  - Durée de paramétrage : 6 semaines à plusieurs mois selon les projets.

Société

- Date de création : 1993.
- Implantations : Belgique (siège social), France, Allemagne, Espagne, Portugal, Italie, Suède, États-Unis, Canada.
- Effectifs : 85 dont 25 en France.
- Chiffre d'affaires 2003 : 9 millions d'euros, dont 6 millions d'euros en France.

Siebel

Siebel propose une famille intégrée de logiciels e-business permettant à des systèmes de vente multicanaux, de marketing et de service client d'être mis en place à travers le Web, les centres d'appels, le terrain, les réseaux de revendeurs, de détaillants et de distributeurs.

Mettant à profit son expérience, Siebel Systems a modélisé et intégré dans Siebel eBusiness Applications des centaines de processus métier sectoriels ou intersectoriels. Les processus métier Siebel sont orientés client et permettent aux entreprises de réduire les risques et les coûts associés aux déploiements, d'accélérer la mise en œuvre et d'obtenir un retour sur investissement plus rapide.

Offre

La suite intègre l'ensemble des fonctions opérationnelles et analytiques du CRM à travers les modules suivants :

- Ventes
  - Sales
  - Forecasting
  - Analytics
  - Mobile Sales
  - Incentive Compensation
- Marketing
  - Marketing
  - eMarketing
  - eEvents

- Marketing Analytics
- Centre d'appels et Services
  - Call Center
  - Field Service
  - Web Service
  - Service Analytics
  - Professional Services Automation
- Vente interactive
  - Advisor
  - Sales
  - Quotes
  - Order
  - Sales Catalog
  - Configurator
  - Product and Pricing Analytics
  - Order Analytics
  - Auction
  - Pricer
- Gestion des relations partenaires
  - Gestion des relations avec les employés
  - Analyses

À ces ensembles fonctionnels, derrière lesquels se cachent de nombreux modules techniques, s'ajoute une déclinaison sectorielle de la gamme qui comprend une verticalisation des écrans et des données. On trouve une vingtaine d'offres verticales Siebel sur les secteurs suivants : organismes financiers, laboratoires pharmaceutiques, assurance, communication, énergie, grande consommation, sciences de la vie, administration, automobile et voyage/transport.

Fonctions

- Support client
  - Gestion des fiches clients, des demandes d'assistance, des contrats, des pièces détachées
  - Suivi de la qualité
  - File d'attente universelle SFA
- Gestion de campagnes
  - Programmation et exécution de campagnes
  - Suivi des retours par des outils de CRM analytique
  - PRM (gestion des partenaires)

- Analyse
  - Datamart pouvant traiter des sources diverses
- Approche multicanal
  - E-mail
  - Téléphone
  - Courriers scannés
  - SMS
  - Fax
  - CTI (driver CTI universel intégré)

Figure 10-19 : *Interface utilisateur*

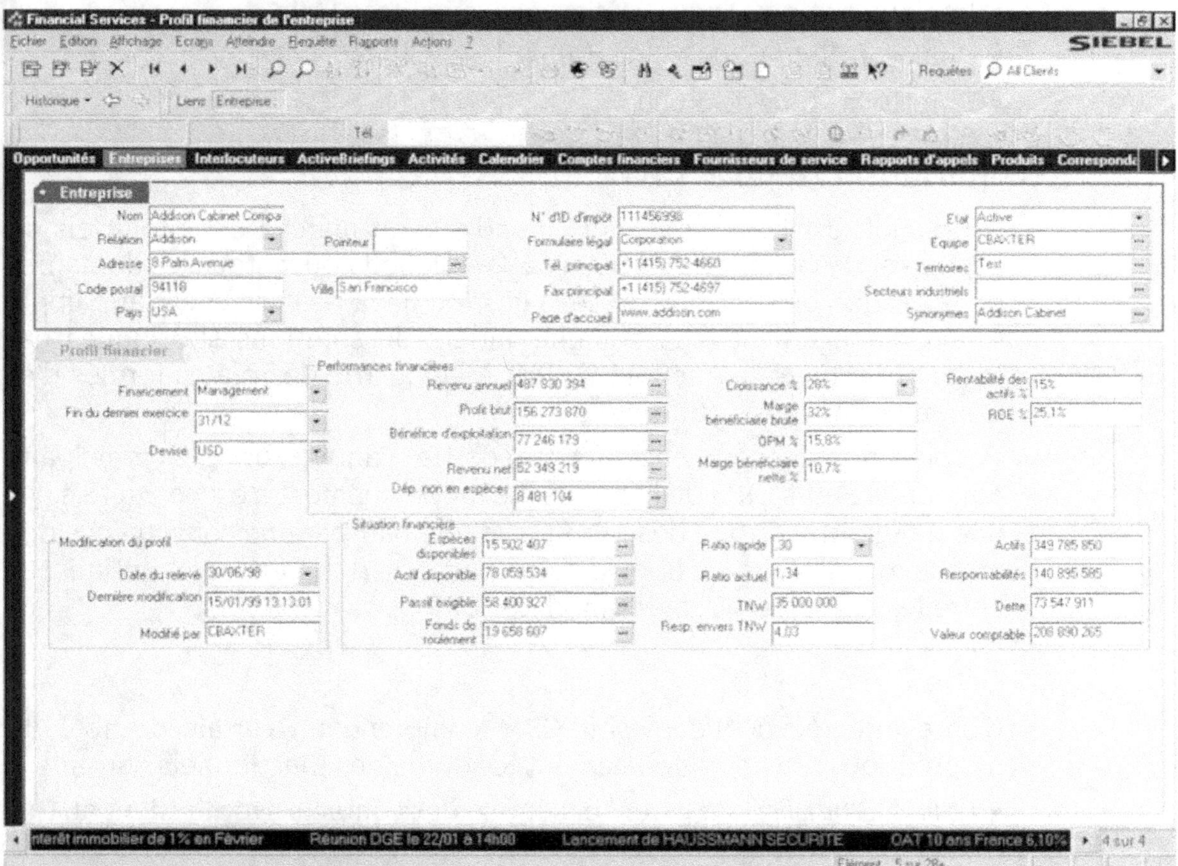

Caractéristiques techniques

L'architecture de Siebel supporte à la fois le modèle de client léger en mode HTML ou Java. Ces deux architectures peuvent se combiner et permettent dans tous les cas de supporter des clients distants et notamment des PDA.

Les environnements techniques sur lesquels fonctionne la solution sont les suivants :

- Plates-formes clientes : Windows (client léger).
- Plates-formes serveur : Windows Server, Unix.
- SGBD : Oracle, IBM DB2, Informix, Sybase, etc.

Références

Assurances Générales de France, European Financial Marketing Association, FranFinance, Harris Corporation, Novell, Roche Pharmaceuticals, Siemens, Société Générale, Vodaphone, Worms, etc.

Société

- Création : 1993.
- Implantations : 32 pays, siège social aux États-Unis.
- Chiffre d'affaires 2003: 1,35 milliard de dollars.
- Employés : plus de 5 000.

Peoplesoft Enterprise CRM

PeopleSoft est l'un des leaders mondiaux du marché des progiciels de gestion et des solutions e-business. PeopleSoft couvre tous les domaines de la gestion de l'entreprise, de la gestion de la relation client au Supply Chain Management, ainsi qu'une variété de solutions spécifiques par secteur d'activité permettant d'offrir à l'industrie des plates-formes d'e-Commerce ouvertes et flexibles.

Peoplesoft a racheté en 2000 la société Vantive, un des principaux éditeurs d'outils CRM de l'époque. Le rapprochement s'est concrétisé par une intégration étroite des produits, d'une part par une convergence des architectures techniques et d'autre part par des interfaces optimisées entre les modules SFA et les modules ERP.

Offre

L'offre intégrée de Peoplesoft CRM comprend un certain nombre de modules qui couvrent globalement les domaines fonctionnels suivants :

- *Le module Insight* pour gérer l'ensemble des contacts avec le client au travers d'une vision à 360 degrés. Cette vision donne :
  - l'ensemble des transactions, interactions, courriers et tâches associés à un client, un contact ou une entreprise ;
  - un accès aux données dynamique en fonction du profil et des habilitations de la personne.
- *Le module Correspondence* pour assurer le bon contact, par le bon canal au bon interlocuteur avec :
  - une gestion des propositions ;

- un historique des communications ;
- une sauvegarde des communications.

- *Le module Advisor* pour apporter aux clients ou aux équipes commerciales la possibilité d'identifier une solution avec :
  - un questionnement dynamique et interactif ;
  - un classement des recommandations des produits et services proposables ;
  - une identification des faits à investiguer par une gestion des profils similaires.

- *Le module E-mail* pour faciliter la gestion des e-mails entrants avec un accès aux profils des clients, et une gestion des pièces attachées avec :
  - une gestion du routage vers le bon service et l'intégration des escalades ;
  - une gestion du contenu avec une analyse du texte, une recherche des mots-clés pour faciliter l'identification des e-mails.

- *Le module Analytics* pour faciliter la prise de décision avec :
  - des tableaux de bord multidimensionnels ;
  - une mesure de la profitabilité et de la valeur des clients ;
  - une mesure de la satisfaction ;
  - un simulateur.

Peoplesoft a développé des offres verticales dans le domaine de l'énergie, des services financiers, des assurances, des télécommunications et des nouvelles technologies.

Fonctions

- *La solution Ventes* fournit les outils nécessaires au fonctionnement en temps réel d'un service commercial en permettant de mieux comprendre les clients, de générer des recettes depuis différents canaux et d'identifier systématiquement les meilleures opportunités.
  - Augmenter l'efficacité des représentants commerciaux, où qu'ils se trouvent, au travers d'un accès permanent qui fournit une vision en temps réel des relations clients et prospects.
  - Répondre aux besoins des clients en proposant les produits ou services les mieux adaptés grâce à des outils de ventes dirigées interactives.
  - Modéliser des organismes complexes à partir de différents critères qui optimisent une gestion souple du territoire.
  - Bénéficier d'une vision et d'une prévisibilité en temps réel grâce à une gestion prévisionnelle multidimensionnelle.
  - Augmenter le degré d'adhésion des utilisateurs à l'application grâce à une interface interactive simple d'utilisation.

- Configurer, au lieu de personnaliser, les clients, produits et relations types.
- Influencer et renforcer les comportements de vente grâce à une gestion des commissionnements.

- *La solution Service* a été conçue pour répondre aux exigences croissantes des clients tout en fournissant des outils capables de générer des recettes et d'augmenter la rentabilité en :
  - Fournissant des moyens de communication d'une grande souplesse avec les clients.
  - Garantissant l'efficacité du personnel.
  - Établissant un service en boucle fermée.
  - Analysant et gérant l'activité grâce à des outils d'analyse prêts à l'emploi.

- *Le module Help Desk* fournit une infrastructure collaborative qui rationalise les actions d'assistance technique. Ses outils automatisent la prise en charge des problèmes et permettent un fonctionnement efficace et rentable de l'infrastructure de l'entreprise.
  - Obtenir un panorama complet des effectifs et permettre aux agents de trouver rapidement et sans difficulté la réponse au problème ou à la question de l'employé.
  - Définir la meilleure solution à un problème grâce à un puissant moteur de recherche qui propose des solutions triées, pondérées ou organisées en fonction du degré de précision.
  - Identifier la solution la plus appropriée à un problème grâce à la présence d'une icône.
  - Accéder à un entrepôt de données central d'outils de diagnostic proposant des scripts de dépannage, des méthodes de résolution des problèmes et des solutions conseillées par les agents.
  - Gérer la correspondance entre les employés et les contacts.
  - Recevoir, classifier, transférer, répondre de manière efficace grâce à des fonctions de gestion de la messagerie et de conversation en ligne.

- *La solution CRM Analytique* permet de planifier, gérer et évaluer les objectifs des activités et interactions des clients afin de cibler, planifier et évaluer les activités marketing, commerciales et d'assistance.
  - Customer Scorecard permet d'afficher un état des pertes et profits pour chacun des clients, produits et canaux.
  - Customer Behavior Modeling du comportement client permet de créer des profils, des modèles et une classification des clients afin d'anticiper leurs comportements et réponses.

- *La solution Marketing* aide les entreprises à gérer les frais de marketing, à se mettre en relation avec les clients et à maximiser les retours. Elle offre une suite complète d'applications pour comprendre le comportement des clients, coordonner les opérations de marketing entre les différents canaux et regrouper les ressources sur les meilleures opportunités.

– Optimisation des investissements grâce à une analyse des segments, des stratégies de contact adaptées aux différents canaux, et une affectation adéquate des ressources marketing.

– Optimisation des investissements effectués grâce à la possibilité de tester, mesurer et lancer des campagnes ciblées.

– Rationalisation du processus marketing grâce à des fonctions de validation de budgets, de tâches et de campagnes, la création et l'affectation de tâches, l'envoi de rappels et une conception muticanal des campagnes.

– Analyses en temps réel des campagnes pour évaluer les performances de la campagne en cours et apporter les modifications nécessaires.

– Coordination de canaux multiples et de déclencheurs d'événements qui génèrent automatiquement des actions en fonction des réponses.

Figure 10-20 : *Interface utilisateur de la suite Peoplesoft* CRM

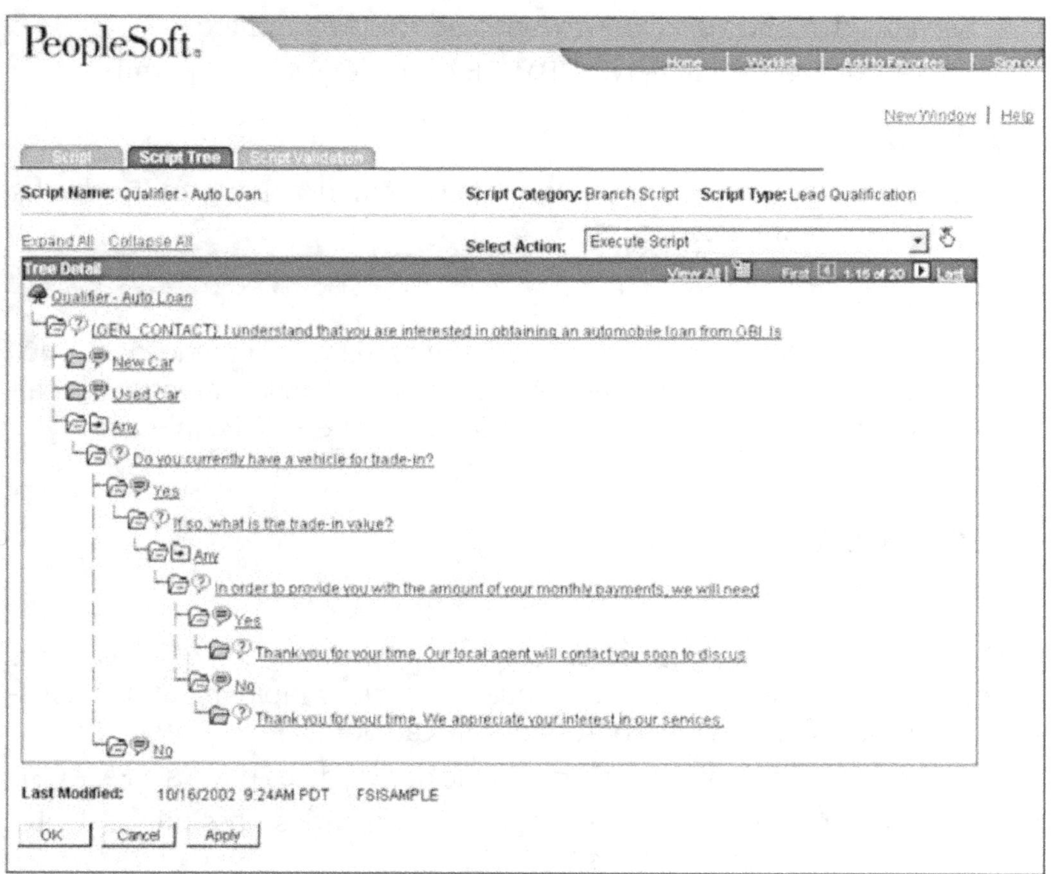

- *Le module Télémarketing* propose automatiquement aux opérateurs des séries de questions-réponses leur permettant de conseiller les produits et services qui correspondent le mieux aux besoins et exigences spécifiques de chacun, garantissant ainsi la réussite de campagnes de marketing personnalisées.
  - Automatisation des processus d'interaction client, à l'aide de questions/réponses orientées, comme les offres et questions connexes.
  - Conception de scripts ciblés, affectation d'équipes de télémarketing à des vagues de campagnes marketing spécifiques, coordination des validations et exécution des opérations de télémarketing directement par les spécialistes du marketing, à partir d'une interface conçue spécifiquement pour eux.
  - Amélioration en continu des efforts de télémarketing grâce à une analyse en temps réel et en boucle fermée des performances de la campagne et de l'équipe de télémarketing.

Environnements techniques

- Plates-formes clientes : navigateurs Web Microsoft Internet Explorer ou Netscape Communicator.
- Plates-formes serveur : Windows NT/2000/2003, IBM AIX, HP-UX, Sun Solaris, Linux.
- Serveurs d'applications : BEA WebLogic, IBM WebSphere.
- SGBD : Microsoft SQL Server, IBM DB2, Oracle, Sybase, Informix.

Références

Aegis, Aon, Belgacom, London Drugs, Pepsi America, Peugeot, Rockfeller Global Télecommunication, etc.

Société

PeopleSoft emploie plus de 7900 personnes dans le monde dont 2400 consultants spécialisés eBusiness. À ce jour, plus de 4600 entreprises, réparties dans 107 pays, utilisent les applications eBusiness de PeopleSoft.

Conclusion

Ce rapide panorama permet de conclure définitivement que les offres sont matures, même si elles continuent d'évoluer rapidement. On constate une segmentation des offres en trois catégories :

- Les suites CRM globales avec l'ensemble des modules (EMA + SFA + CS).
- Les outils principalement orientés SFA, offrant des possibilités d'intégration avec les agendas, les ERP, etc.

- Les outils principalement orientés vers le service client, permettant l'intégration avec les agendas, la téléphonie, etc.

Les choix se construisent autour des besoins prioritaires de l'entreprise, de ses capacités budgétaires et de ses capacités d'intégration. Ces éléments définis, les outils offrent souvent des fonctionnalités comparables.

C'est plutôt sur la pérennité des fournisseurs, sur les modalités d'intégration, sur l'adaptation des processus et sur la conduite du changement que se fera la différence entre un projet de CRM véritablement réussi et un échec patent.

Annexe : check-list pour un progiciel d'automatisation des ventes

Les fonctionnalités recherchées varient nécessairement en fonction des processus à automatiser (vente à distance, vente assise, vente itinérante…) et des besoins d'intégration aux systèmes existants. Nous avons compilé ci-après une check-list fonctionnelle pour comparer des outils d'automatisation des forces de vente dans un contexte de force de ventes itinérantes en B to B.

To do list/gestion des agendas

Existence d'un tableau de bord de pilotage des actions avec hyperliens sur les tâches, l'agenda (type Outlook) et la « photo client »
Tableaux de bord spécialisés selon les activités :
– recrutement,
– fidélisation,
– étapes de la vente.
Édition de graphiques à partir des tableaux de bord
Historique détaillé des activités/actions
Gestion et notification des priorités par code de couleur ou autre indicateur visuel
Gestion des échéances d'actions (type relance) visuelle, en fonction de l'historique client (tous critères) ou de règles paramétrables
Plan d'action de vente : global, par affaire, par commercial, par canal de vente
Positionnement des actions (RV, tél…) par glisser-déplacer du client vers l'agenda

Gestion des affaires/commandes et des produits

Rattachement des affaires/commandes (société, individu, les deux)
Accès direct aux actions, contacts et sociétés associés à l'affaire/commande
Gestion des différents intervenants dans une commande (équipes internes, fournisseurs)
Historique de toutes les modifications apportées à une commande
Intégration du merchandising à la prise de commande (visuels de présentation des produits et des offres)
Possibilité de réaliser des devis et de les reprendre en commande
Possibilité de réaliser des commandes types et de les modifier en commande ferme, les commandes types étant affectées aux clients selon une segmentation

Gérer un catalogue de produits en famille/sous-familles, en conditionnements différents, avec des unités de livraison, tous ces éléments combinables en offres particulières
Gérer des prix et des remises en fonction de tous les éléments du catalogue de produits et des conditions propres à chaque client
Gérer des primes à la commande en fonction de tous les éléments du catalogue de produits et des conditions propres à chaque client
Aide à la proposition : recherche de la meilleure offre (offres possibles et besoins client)
Gestion d'un échéancier de paiement et de livraison par client
Définition des étapes du cycle de vente incluant la définition des causes d'interruption du cycle et incidences sur le cycle
Gestion d'un ratio d'avancement de l'affaire avec ajustement automatique du ratio d'avancement
Interfaçage/synchronisation avec un applicatif externe

Gestion des canaux de vente

Gestion de plusieurs canaux de vente pour une même entreprise
Possibilité de changer le canal de vente sur un projet en cours et gestion des actions concertées

« Photo client/prospect »

Paramétrable par son contenu
Avec hyperliens vers le tableau de bord (l'agenda et les autres fonctions)

Fonctions de géomarketing

Visualisation de la localisation des clients/prospects et des tournées
Critères visuels indiquant l'importance d'inclure dans la tournée certains points à visiter selon plusieurs segmentations
Calculs de distances kilométriques

Groupware et travail en équipe

Gestion des fonctions :
– d'e-mailing
– d'agenda
Report automatique des RV et actions dans l'agenda
Accès aux disponibilités des collaborateurs
Assignation d'actions à des collaborateurs

Gestion des frais commerciaux

Existence de barèmes types, modifiables et affectables à chaque commercial
Critères des barèmes (KM, entretien véhicule, repas, séminaires…)
Pré-remplissage des notes de frais en fonction de l'agenda
Report automatique des distances entre lieux de déplacement de l'agenda

Reporting et pilotage

Partie intégrante du logiciel ou réalisée par interface avec un logiciel extérieur qui permet de construire des rapports (tableaux et graphiques) facilement actualisables et d'assurer le suivi de l'historique :
– de l'activité de vente
– des clients et prospects
– des affaires
– des réclamations
– des portefeuilles des commerciaux

Filtrage des données par critères multiples
Personnalisation des rapports par l'utilisateur par mise en place d'un nouveau type de rapport diffusable à un ensemble de collaborateurs

Prévision

Partie intégrante du logiciel ou réalisée par interface avec un logiciel extérieur, doit permettre la simulation par scénarios (tableaux et graphiques) facilement actualisables
Les calculs tiennent compte :
– de la concurrence
– de l'avancée du projet
– des paramètres de l'affaire (effectif, volume, budget...)
– de l'historique du commercial
– de comparaisons : affaires gagnées/perdues d'un même groupe (secteur, taille du point de vente...)
Personnalisation des critères de prévision
Recalcul automatique des états prévisionnels lors du changement d'un paramètre
Vérification de la fiabilité des pourcentages de réussite saisis par le commercial

Gestion des réclamations

Affectation d'un scénario de traitement de la réclamation et insertion automatique de tâches dans l'agenda
Visualisation et reporting sur l'avancement d'une ou plusieurs réclamations (groupement par date, motif...)

Gestion des enquêtes

Gestion d'un catalogue d'enquêtes à administrer dans le temps, par quotas, en fonction d'une segmentation de clientèle
Rattachement des enquêtes :
– par société
– par individu
– par commande
– par commercial
– par canal de vente
Gestion dynamique des questions en fonction des réponses
Gestion séquentielle des enquêtes administrées par client

e-commerce

Fonctions de prise de commande et suivi des commandes analogues à celles des vendeurs avec paramétrage spécifique des écrans et des données
Utilisation d'un moteur standard du marché : oui/non, lequel ?
Interfaçage/synchronisation avec un applicatif externe

Gestion des campagnes marketing

Gestion d'un référentiel de campagnes
Définition de campagnes événementielles et non événementielles
Définition des cibles (clients + prospects) et comptages
Dédoublonnage par rapport aux ciblages/actions antérieurs
Définition des séquences d'actions de la campagne
Définition des coûts sortants et entrants sur action
Définition des enchaînements d'actions
Définition des critères de réponse et de non-réponse

Topage des remontées par affectation directe ou paramétrable
Définition des événements (déclencheurs) pour les campagnes événementielles
Automatisation des campagnes événementielles
Définition et utilisation des groupes de contrôle
Possibilité de tester la campagne sur un échantillon
Planification des campagnes et séquences d'actions
Mode de lancement des campagnes
Gestion dynamique des coûts
Tableaux de bord de pilotage de campagne prédéfinis ou paramétrables

Synchronisation des postes nomades

Ouverture vers des systèmes externes
Préparation de la synchronisation hors connexion
Outil de synchronisation propriétaire ou du marché
Réplication complète des données entre nomades et central
Durée de connexion nécessaire et durée totale de synchronisation
Reprise de synchronisation partielle ou complète d'un poste

Maintenance de la base de données

Import/export de données selon dessins et formats de fichiers paramétrables
Automatisation des imports/exports
Dédoublonnage et fusion de clients/prospects
Historisation/purge
Sécurité et confidentialité par utilisation d'un standard du marché
Standards de sécurité utilisés pour prévenir les intrusions
Cryptage éventuel des données
Paramétrage des droits d'accès

La mise en œuvre

Compétences et durée de mise en œuvre et de déploiement
Compétences et durée de formation administrateurs du logiciel
Compétences et durée de formation utilisateurs
Possibilité de récupération des données existantes
Mode d'importation des données existantes dans la base
Dédoublonnage et fusion de clients/prospects à l'initialisation
Interfaçage du logiciel avec :
– des ERP
– des logiciels de centres d'appels
– des logiciels de marketing automation
– des logiciels d'e-commerce

Technologies utilisées

– sur une architecture client-serveur
– intranet/extranet
– autonome
– sur PDA (Palm, Pocket PC)
– téléphonie mobile

Chapitre 11

La personnalisation sur Internet

« Ne demandez pas ce que votre client peut faire pour vous mais ce que vous pouvez faire pour vos clients. »

Faith Popcorn, *Le rapport Popcorn*

Dans les chapitres précédents, nous avons insisté à maintes reprises sur l'importance de la gestion de la relation client dans une logique cohérente quel que soit le canal d'accès. Il est important d'avoir une vision unique du client quel que soit le canal de distribution. Or il faut constater que le développement historique du CRM s'est opéré par l'addition successive d'applications et de canaux. Les différentes applications CRM répondent à des besoins spécifiques à chaque service ou département de l'entreprise : centre d'appels, service client, site Web, département commercial ou département marketing. Ces applications ont sans aucun doute permis d'améliorer la productivité de ces différents services, mais force est de constater que chacun d'entre eux travaille généralement sur une base de données spécifique, développe des processus internes et définit des indicateurs qui lui sont propres.

L'efficacité du CRM est souvent locale et pas encore globale. Les données comme les processus ne font pas l'objet d'échanges ou de partages entre les différents départements. Les raisons de cet éclatement sont :

- techniques, lorsque l'entreprise a dû mettre en œuvre rapidement des applications pour chacun des canaux et que les projets ont été menés de manière séparée ;
- organisationnelles, lorsque les services sont répartis sur des sites différents et que les échanges ne sont pas fréquents ;
- politiques, lorsque les différents départements veillent jalousement à conserver leurs données et leurs méthodes de travail loin du regard des autres.

Le défi actuel des entreprises passe par la réunification de ces applications. Il faut améliorer la communication et le partage entre les applications pour développer l'efficacité globale du CRM. Cette faiblesse dans la communication entre les canaux est probablement l'un des facteurs essentiels de l'explosion des coûts des projets CRM, de la complexité de mise en œuvre et des échecs en termes de retour sur investissement.

Internet a parfaitement illustré les dérives possibles en matière d'intégration et de communication dans les projets de CRM. En effet, de nombreux sites Internet sont certes fonctionnellement performants, mais déficients sur le plan de la communication « front to back », qui passe trop souvent par des ressaisies manuelles d'informations. Cela va dans certains cas jusqu'à une véritable forme d'autisme vis-à-vis du reste de l'entreprise.

À l'inverse, d'autres sites ont été conçus dans une logique totalement intégrée. Ils sont une véritable interface de communication entre le partenaire, le client et les données de l'entreprise. Le croisement des données saisies par l'utilisateur avec les informations issues des bases de données permet d'animer et de personnaliser la relation avec le client.

Internet est le canal qui offre le plus de possibilités de faire converger les quatre formes de CRM :

- CRM opérationnel avec la saisie des données, l'affichage de propositions, la gestion dynamique du discours ;
- CRM analytique avec l'analyse des données saisies pour personnaliser l'affichage, appel à des techniques statistiques pour augmenter le panier d'achat du visiteur ;
- CRM procédural avec la mise en place automatique des processus de confirmation des commandes, d'information sur les expéditions et de relance par e-mail en fonction des achats ou des délais inter-commandes ;
- CRM collaboratif avec la diffusion et le partage des informations sur l'activité du site, le transfert entre les applications (téléphonie, éditique) ou le déploiement des tests sur les nouvelles offres.

Ce chapitre se propose de présenter les possibilités importantes de personnalisation offertes par Internet. Certains lecteurs seront peut-être surpris de constater qu'Internet est encore traité à part dans cet ouvrage alors que la « bulle » a explosé. Mais le Web reste unique dans ses possibilités de personnalisation :

- la présentation de la page peut varier en temps réel en fonction de la provenance ou de la navigation du client sur le site ;
- les processus de suivi du client peuvent être totalement personnalisés en fonction du profil du client, pour un coût défiant toute concurrence par rapport aux médias traditionnels et en particulier du média papier.

Internet offre aussi un avantage certain par rapport aux autres canaux : sa souplesse de réaction. La mise en place d'une segmentation client dans un réseau de distribution se traduit souvent par la nécessité d'adapter les supports de communication, d'informer et de former l'ensemble des collaborateurs de l'entreprise, de modifier les écrans des applications pour afficher le code segment et de revoir la structure des scripts commerciaux. Un simple travail d'organisation du fichier client peut se traduire par des centaines de jours de travail ! Le passage du concept à la diffusion passe par un long chemin de croix : il faut plusieurs mois pour que le code segment soit enfin opérationnel. Internet offre à l'inverse une souplesse et une réactivité stupéfiantes. L'intégration de la segmentation ne prend souvent que quelques jours ou semaines, et il est possible d'évaluer en « live » ses apports en termes de chiffres d'affaires, de commandes, d'efficacité des processus et de fidélisation des clients.

Il faut ajouter que lorsque les contraintes techniques sont maîtrisées (vitesse d'affichage essentiellement), les contraintes organisationnelles sont souvent moins importantes : l'utilisation d'un algorithme de personnalisation n'entraîne pas de besoins en formation, alors que l'utilisation d'un code segment sur un centre d'appels nécessite de nombreuses heures de formation.

Enfin, Internet reste un des principaux vecteurs d'innovation sur le marché de la relation client :

- solutions de e-CRM pour les commerciaux itinérants ;
- fonctionnalités de *click-to-call* sur les sites de commerce électronique, permettant de mettre automatiquement le visiteur en relation avec un conseiller du centre d'appels ;
- transfert de données vers les applications et les bases de données au moyen du langage XML ;
- partage des éléments de personnalisation des courriers ou des e-mails entre les supports électroniques et les chaînes d'éditique.

Internet est de plus la meilleure solution pour déporter une partie des tâches de saisie directement chez le client, pour le plus grand bénéfice de l'un et de l'autre : saisie directe de la commande, *self-customer care*, réponse à des questionnaires, FAQ (Foire aux questions)… Ce transfert de tâches de l'entreprise vers le client étant inéluctable, Internet en est le moyen privilégié.

Gestion de campagnes et personnalisation sur Internet

Avant de présenter plus avant les fonctionnalités de personnalisation sur Internet, il nous a paru souhaitable de les positionner par rapport aux solutions classiques de CRM, et plus particulièrement par rapport aux outils de gestion de campagnes.

Temps réel versus temps différé : les outils de gestion de campagnes fonctionnent plutôt en différé, c'est-à-dire qu'ils génèrent des actions qui seront effectivement exécutées plus tard (c'est le cas du courrier, pour lequel le gestionnaire de campagnes sort une liste de noms, qui fera ultérieurement l'objet d'une personnalisation et d'un routage). À l'inverse, les outils de personnalisation sur Internet fonctionnent pour une partie en temps réel, et doivent pratiquement réagir du tac au tac aux informations fournies par le visiteur soit explicitement (les réponses aux questions), soit implicitement (son comportement sur le site).

Exécution versus lancement : les logiciels de personnalisation sur Internet assurent l'exécution de l'action, à savoir la personnalisation en temps réel ou l'envoi d'un e-mailing. Les gestionnaires de campagnes vont généralement jusqu'au lancement de l'action, c'est-à-dire la sortie de la liste des clients ciblés. L'exécution est assurée par d'autres outils. Cette distinction entre exécution et lancement tend à s'estomper, et on constate que certains logiciels de gestion de campagnes commencent à proposer des outils d'exécution des campagnes sur Internet.

Monocanal versus multicanal : les logiciels de gestion de campagnes sont multicanaux. Ils peuvent déclencher des séquences d'actions sur le téléphone, par courrier ou sur Internet. Les logiciels de personnalisation se cantonnent pour l'instant à Internet.

Figure 11-1 : gestion de campagnes et personnalisation sur Internet

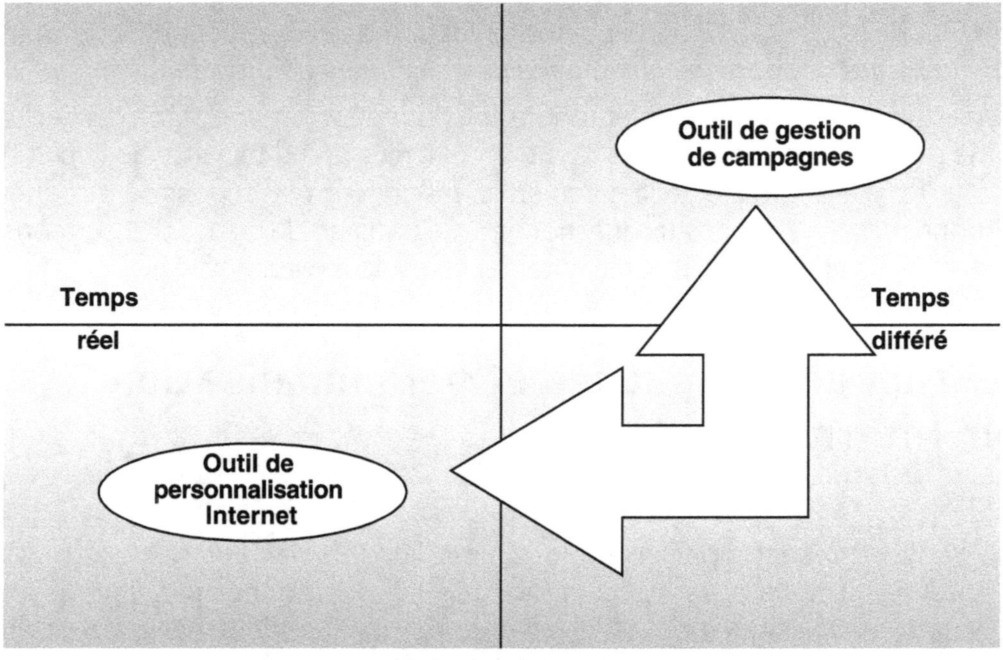

Certains fournisseurs entretiennent un certain amalgame entre ces deux fonctions. Considérons plutôt que les deux types d'outils se répartissent clairement les rôles :

- Le gestionnaire de campagnes orchestre des envois de messages cohérents sur les différents canaux, dont Internet. Il envoie des actions à exécuter aux outils de personnalisation et récupère en retour des informations quant aux résultats de ces actions.

- Les outils de personnalisation assurent des fonctions de recommandations en temps réel lors de la visite du site. Ces actions de recommandations sont remontées dans la base marketing comme des mini-campagnes. Elles peuvent ensuite être exploitées comme des campagnes à des fins de mesure ou de repoussoir dans le cadre du gestionnaire de campagnes.

La personnalisation côté jardin

Pour le client, la personnalisation sur Internet devrait être littéralement invisible et indolore puisqu'elle devrait coller au plus près de ses attentes. Cette personnalisation peut prendre plusieurs formes pour le client :

- Personnalisation du Web : le contenu des pages du site est adapté en temps réel en fonction de l'historique de navigation du client et des traces qu'il a pu laisser lors de ses précédentes visites. Ce type de personnalisation est utilisé par le site Amazon : en fonction du type d'article sélectionné et des mots saisis dans le moteur de recherche les affichages sont personnalisés.

- Informations personnalisées : dans ce cas, c'est le visiteur qui organise ses propres pages Web selon ses desideratas. Plus précisément, vous réorganisez dynamiquement votre site en fonction des demandes de personnalisation émises par le client.

- Service personnalisé : à la demande du client, le Web passe la main à un opérateur téléphonique (voire sur vidéophone), qui finalise la transaction ou apporte le complément d'informations demandé.

- Communauté personnalisée : les utilisateurs sont qualifiés, puis guidés vers des forums ou des *chatrooms* (salles de discussion) consacrés à leurs centres d'intérêt ou de préoccupation.

- Offre croisée : le visiteur se voit proposer des produits additionnels en fonction de ce qu'il a mis dans son Caddie, que ce soit en temps réel ou en différé (par e-mail).

- Enchères personnalisées : les services d'enchères disposant d'une base de clients suffisamment importante commencent à relancer leurs clients sur des combinaisons de produits et de prix, pour lesquelles une analyse a pu déterminer qu'elles présentaient un intérêt pour un individu donné.

La personnalisation côté cour

La quête du one to one passe par deux évolutions parallèles :
- une meilleure connaissance des clients ;
- plus de souplesse dans l'interactivité.

Figure 11-2 : *Les caractéristiques du one to one*

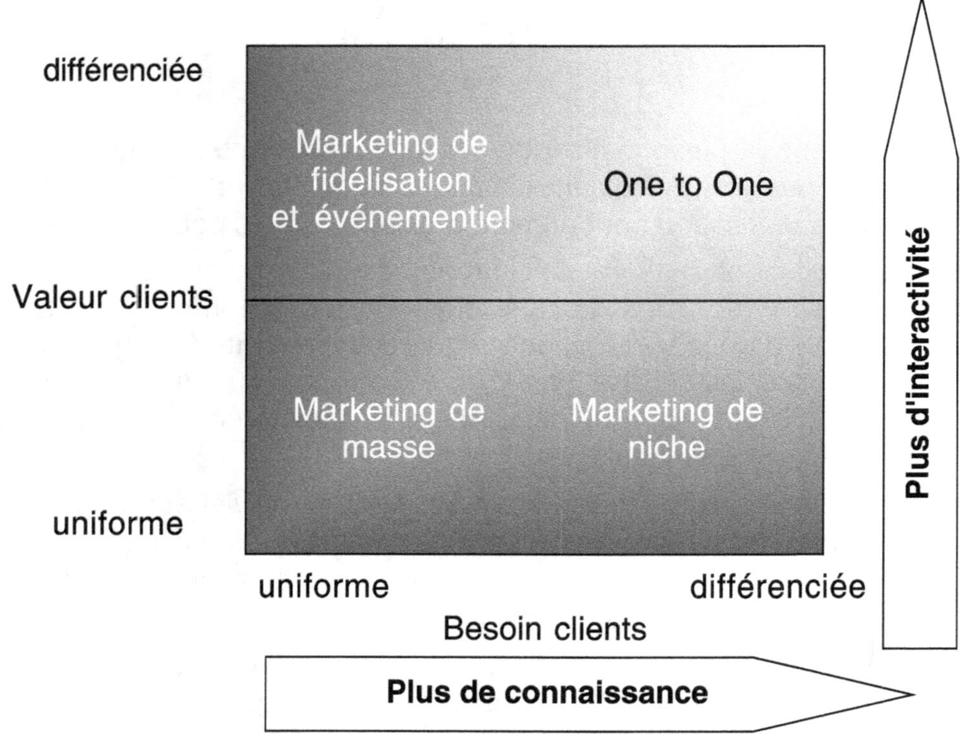

Internet est le moyen idéal pour assouplir l'interactivité, car les coûts du dialogue sont quasiment nuls, de même que, pour obtenir une meilleure connaissance du client, le coût de collecte des informations comportementales est très limité.

Il s'agit donc d'un superbe laboratoire pour tester facilement les préceptes du one to one ; nombre d'éditeurs ont identifié cette opportunité et proposent sous différentes formes des outils de personnalisation sur Internet. Ces outils regroupent généralement :

- les alertes personnalisées ;
- le filtrage collaboratif (*collaborative filtering*) ;
- la notation par la communauté (*community rating*) ;
- le ciblage mail ;
- les règles de personnalisation.

Les alertes personnalisées

Il s'agit de fonctions relativement évidentes, mais efficaces, permettant à l'internaute de déclarer des centres d'intérêt et des seuils d'alerte. À partir de ces informations, un moteur envoie ou pousse, sur dépassement du seuil en question, des informations vers l'internaute, généralement sous forme d'un e-mail personnalisé et de liens vers les sites concernés par son alerte.

Figure 11-3 : Exemple de paramétrage d'alerte sur le site Les Échos

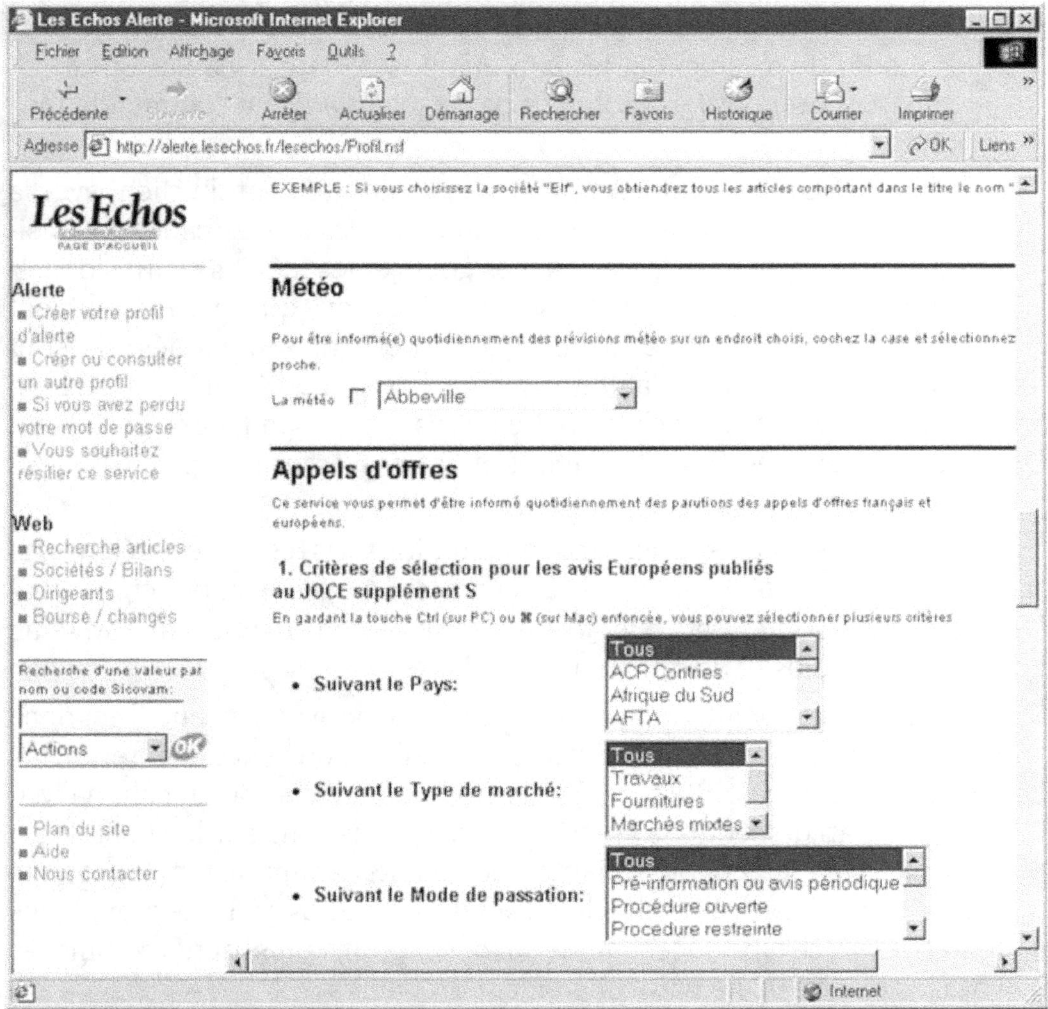

Cette fonctionnalité, dès lors que le périmètre des alertes est suffisamment intéressant pour déclencher l'envie de s'abonner, est un excellent moyen de collecter des informations sur le profil du visiteur. Elle est donc en général utilisée par les sites dont le contenu informatif est important et vivant, comme les sites financiers ou la presse.

Le filtrage collaboratif *(collaborative filtering)*

Pour simplifier, les technologies de filtrage collaboratif prédisent les préférences d'un client et adaptent les recommandations en fonction de celles-ci. Ces recommandations peuvent prendre la forme de propositions explicites de ventes croisées, ou se traduire implicitement par une adaptation des informations ou des publicités affichées sur le site Web.

Pour déterminer ces préférences, les technologies de personnalisation reposent en entrée sur une analyse en temps réel des comportements immédiats et historiques :

- Comportements immédiats, tels que le cheminement de la navigation, le temps passé sur les pages, les recherches effectuées…
- Comportements historiques, tels que les visites ou les achats passés, les modes de paiement et les informations déclarées via des questionnaires, ou les notations données par le client à des recommandations précédentes.

Ces analyses confrontent les données de comportement du client avec la connaissance accumulée sur la communauté des autres clients ou visiteurs du site, qui partagent les mêmes goûts et les mêmes centres d'intérêt. Une fois ces « mentors » – c'est le nom des gens qui vous ressemblent dans le jargon technique du filtrage collaboratif – identifiés, ils sont segmentés par groupes d'affinités. Chaque groupe d'affinités est caractérisé par une distance au client visiteur. Les recommandations consistent ensuite à isoler les produits qui ont pu intéresser les groupes d'affinités les plus proches.

Elles aboutissent ainsi à des recommandations basées sur les préférences de la communauté. La magie du système, si on adhère au principe mécaniste sous-jacent, est que chaque transaction permet au système d'apprendre plus et de s'enrichir.

Le filtrage collaboratif s'apparente à du tac au tac avec le client. Il est donc peu adapté à une véritable vente conseil. Il présente, en revanche, l'énorme avantage de pouvoir commencer à apporter des recommandations très rapidement et avec très peu d'informations sur le client. Il est donc particulièrement bien adapté à des achats par impulsion de produits légers comme le disque, la vidéo, les livres ou les DVD. Les quelques tentatives de ce type de technique sur des produits plus lourds comme les voyages n'ont pas été particulièrement probantes.

Figure 11-4 : *Exemple de filtrage collaboratif sur*

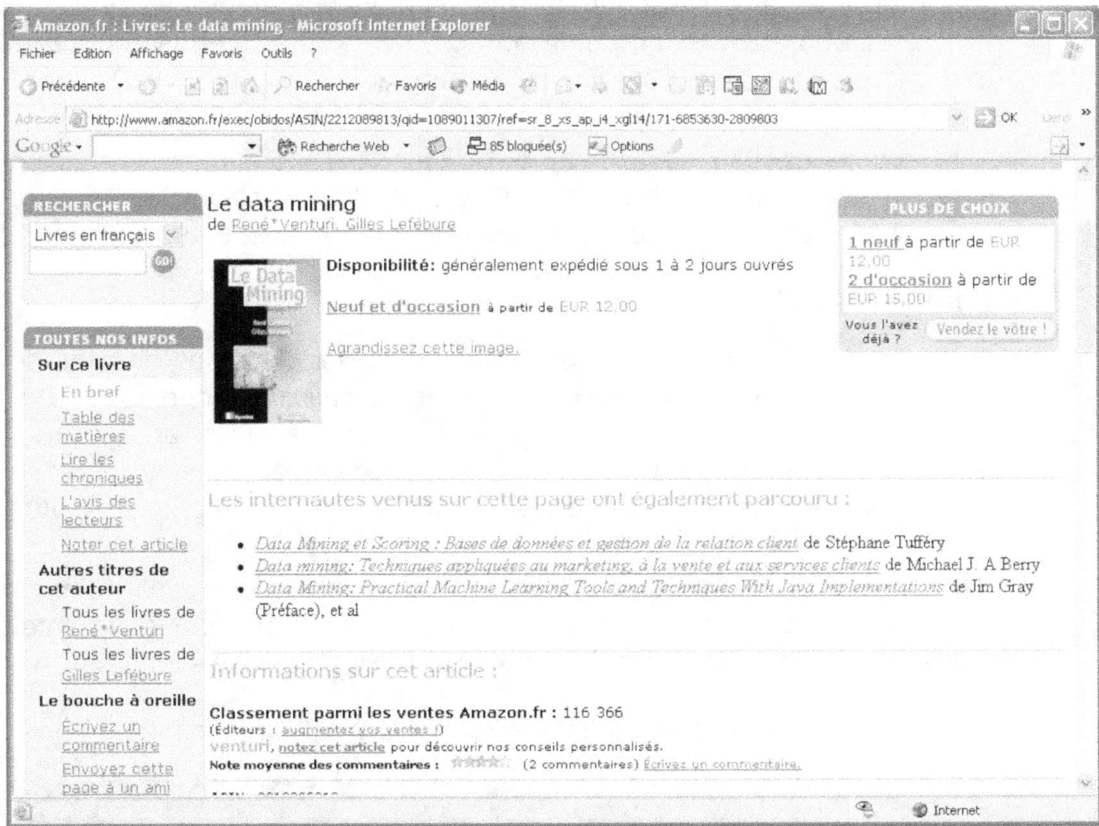

Figure 11-5 : *Exemple de notation sur le site Fnac.com*

La notation par la communauté *(community rating)*

La notation par la communauté est une manière d'alimenter les outils de filtrage collaboratif. Il s'agit de proposer des produits à l'utilisateur et de lui demander son avis. Cet avis vient compléter son profil d'une part et enrichir la base d'analyse du moteur de recommandation d'autre part.

Cette technique est en réalité un mode de collecte d'informations comme un autre ; en tant que tel, il convient à tous les types de produits, dès lors que les notes demandées portent sur des produits en rapport avec l'objet du site.

Le ciblage e-mail

L'envoi de masses d'e-mails personnalisés impose de plus en plus de contraintes spécifiques. Le développement du *spamming* impose de gérer de manière spécifique les données transmises par le client : acceptation, désabonnement, etc. De plus, la forte volatilité des adresses Internet se traduit par une gestion spécifique des NPAI, traditionnellement plus nombreux que dans les autres canaux.

Enfin, le rythme beaucoup plus soutenu des actions sur le canal Internet nécessite de conserver un historique des communications et des présentations afin de ne pas surcharger le client avec une offre toujours identique.

Figure 11-6 : Exemple de paramétrage d'une campagne d'e-mails avec Prime@Vantage

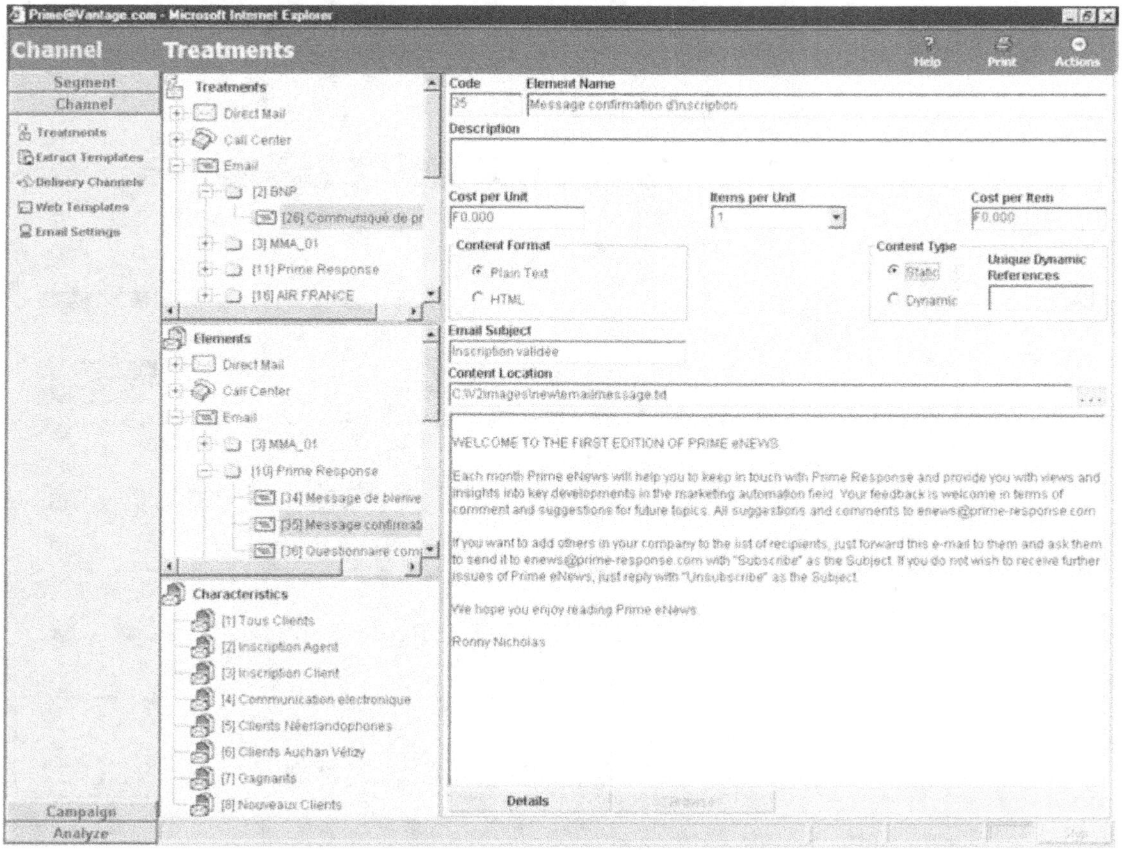

La personnalisation par règles

Les règles de personnalisation sont, en quelque sorte, le pendant du filtrage collaboratif. D'un côté, le filtrage est purement mécanique, de l'autre, les recommandations s'appuient sur les dires d'experts humains.

Il s'agit, en quelque sorte, d'une mise au goût d'Internet des bons vieux concepts des systèmes experts. Dans la pratique, cela revient à permettre aux responsables marketing d'édicter des règles de personnalisation telles que :

```
MeilleurClient est :
Si MontantGéré > 25000 ou
Au moins 50 Trades > 10000
Et NbvisiteInternet/NbAppelPlateau>1
```

Ces règles, une fois validées, sont appliquées aux visiteurs du site, qu'ils soient reconnus ou anonymes. Elles aboutissent à une personnalisation des pages et à des options de navigation en fonction des caractéristiques du client et des règles définies dans l'outil de personnalisation.

La personnalisation par règles est beaucoup plus fine que celle par filtrage. Elle présente néanmoins l'inconvénient de nécessiter une maintenance et un volume d'informations sur le client plus importants avant de pouvoir réellement exprimer sa pleine puissance. Pour ces raisons, les règles conviennent généralement mieux pour des produits plutôt lourds, dont le processus d'achat est raisonné, et sur des gammes relativement restreintes. Elles conviennent donc plutôt mal pour le disque, mais s'adaptent bien à la vente de voyages ou de produits informatiques.

Présentation d'applications

Le développement des applications sur Internet a connu une croissance continue. Passée la période d'euphorie et d'utopie, certaines applications dans le domaine de la gestion de la relation client tant en B to B qu'en B to C nous ont semblé particulièrement intéressantes et représentatives de la spécificité et de la richesse du média Internet.

Pour réaliser cette partie applicative, nous nous sommes appuyés sur des applications mises en œuvre par des sites comme Fnac.com, voyages-sncf.com, Cdiscount.com, Amazon.com, Virgin-Express.com.

L'animation

Le média Web permet de prendre contact d'une manière très économique avec les clients, par exemple pour annoncer des offres spéciales ou pour proposer la participation à un jeu (voir figure 11-7).

Figure 11-7 : *Jeu proposé par voyages-sncf.com*

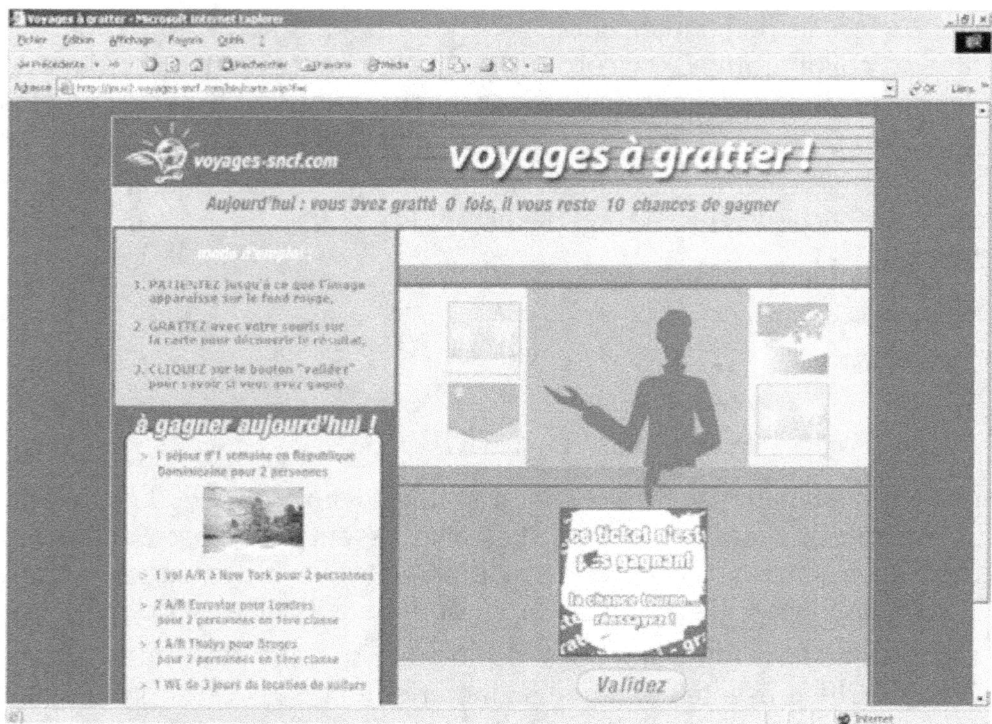

Figure 11-8 : *Alerte ciblée d'Amazon*

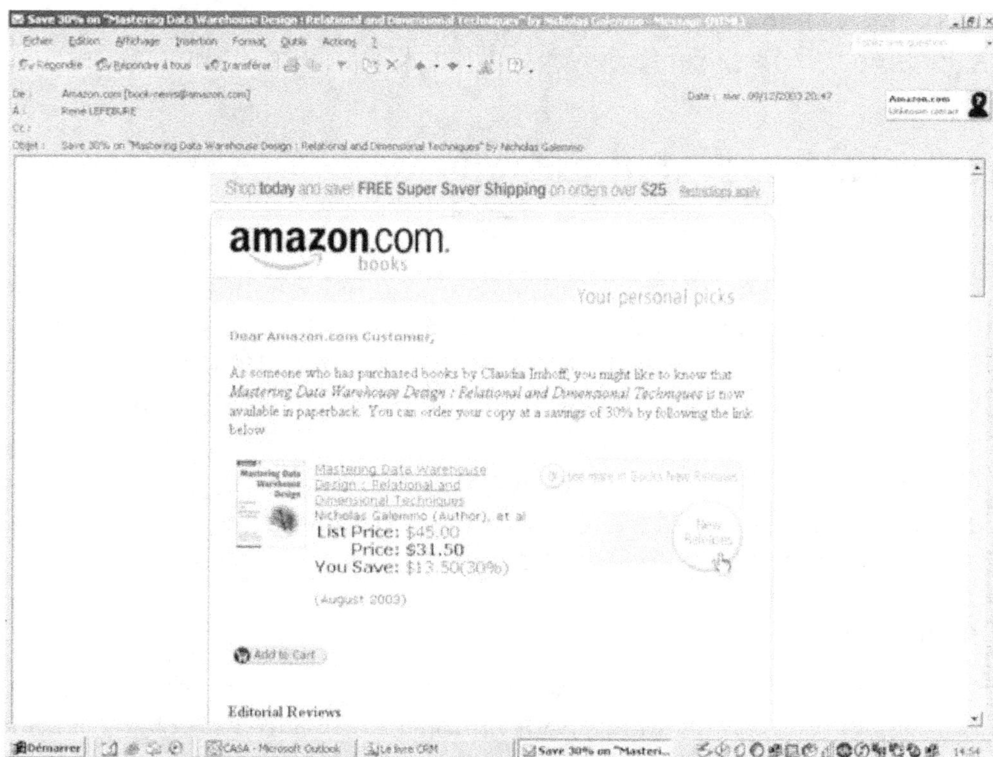

Certains utilisent des informations stockées dans la base de données pour personnaliser le message électronique. Par exemple, Amazon offre des opérations spéciales de remise et cible ses propositions en fonction du délai inter-achat et des derniers achats effectués (voir figure 11-8).

La qualification

Le Web est un moyen de collecter des informations sur les clients de manière directe par des questionnaires ou de manière indirecte par une analyse de leur navigation.

La collecte directe consiste comme l'illustre la figure 11-9 à demander des informations sous la forme d'un questionnaire à cocher. Afin de mieux qualifier le visiteur, voyages-sncf.com demande la profession du participant au jeu.

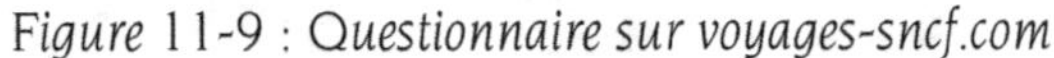

Figure 11-9 : Questionnaire sur voyages-sncf.com

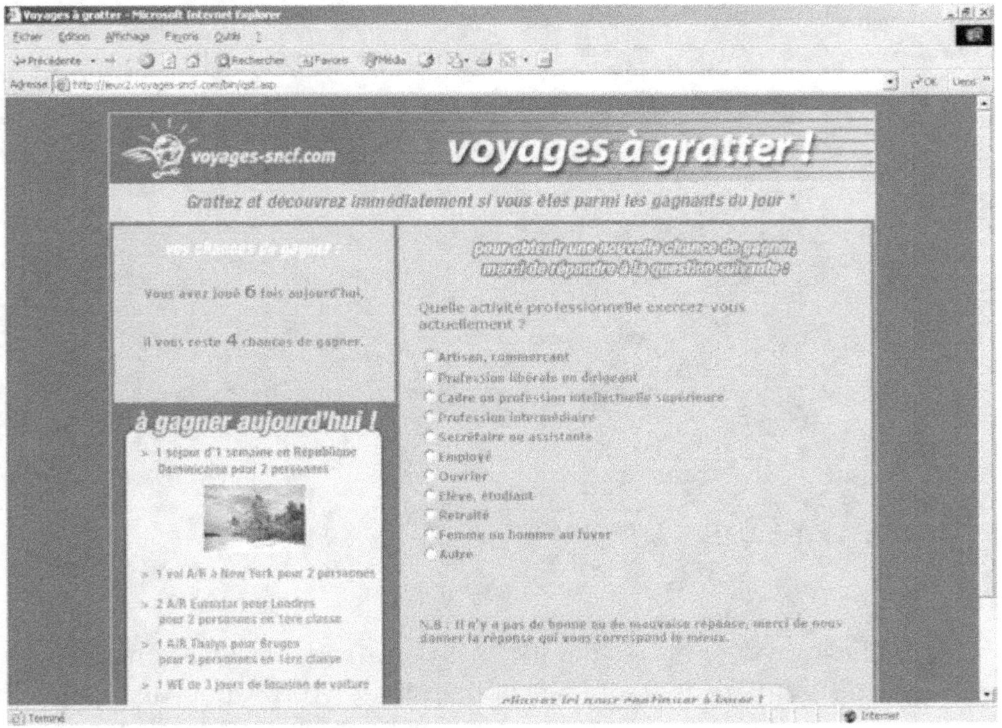

La fiabilité des données collectées par Internet est souvent moins bonne que celle des données en provenance d'autres médias surtout en mode B to C. Il faut veiller à ne pas paraître trop inquisiteur et annoncer avant le temps nécessaire pour la réponse. Le mode ludique employé par voyages-sncf.com avec une alternance « grattage-qualification-recommandation » rend moins pénible le processus.

La collecte indirecte consiste à offrir un ensemble de rubriques au client ou au visiteur et à conserver la trace des navigations effectuées dans la session. Ces données peuvent être ensuite utilisées pour qualifier les centres d'intérêts d'un groupe de clients, voire d'un client si l'identification du client est possible au travers d'un mot de passe ou d'un cookie.

Par exemple, sur les sites d'information comme le site Guide-Informatique .com, il est techniquement possible d'identifier si le visiteur souhaite des informations sur les applications en ressources humaines, l'agenda des événements ou un livre sur un thème précis (voir figure 11-10).

Figure 11-10 : *Gestion des centres d'intérêts*

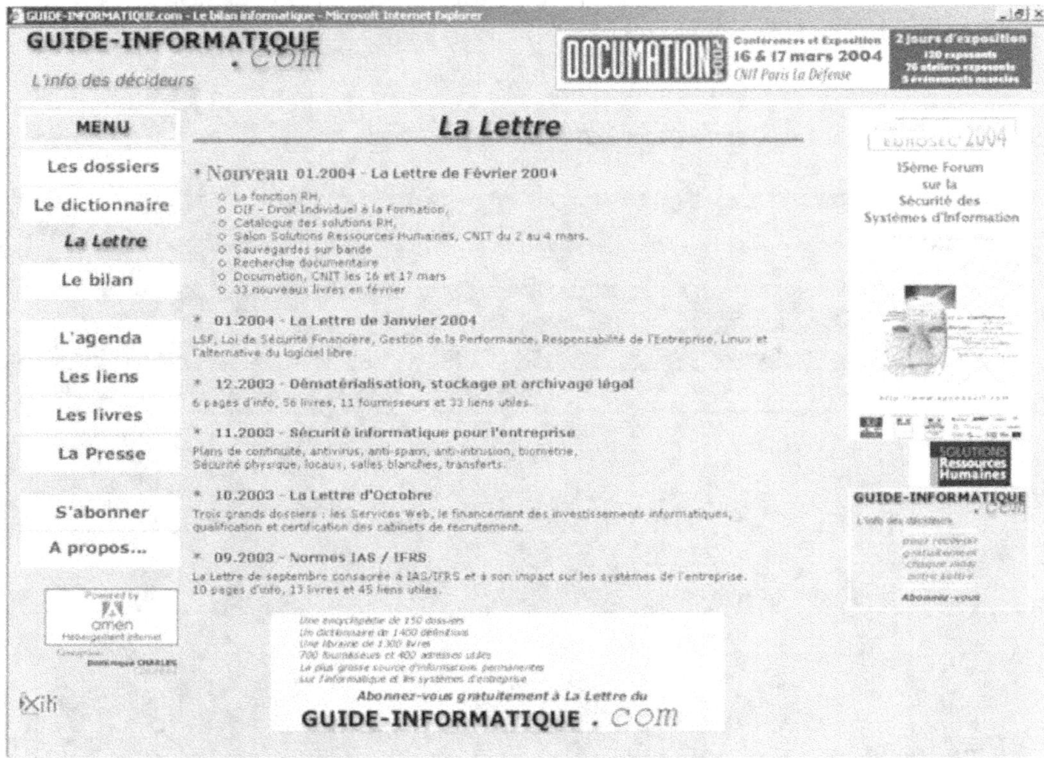

La qualification des centres d'intérêts au travers des navigations peut être utilisée de manière instantanée pour pousser des « pop-ups » spécifiques, ou de manière désynchronisée par le stockage de cet enrichissement dans une base de données ou sa prise en compte dans un processus de ciblage ou de relance.

Le cross selling

Le cross selling consiste à augmenter le montant des achats du client par la proposition d'offres ciblées. Amazon est très connu par ses possibilités d'affichage de propositions en fonction des mots introduits dans le moteur de recherche ou des articles sélectionnés précédemment (voir figure 11-11). La liste des articles proposés correspond à des produits achetés par des clients ayant commandé l'article demandé. Ces propositions sont construites avec des traitements d'association et/ou avec des règles.

Figure 11-11 : Ventes croisées sur Amazon

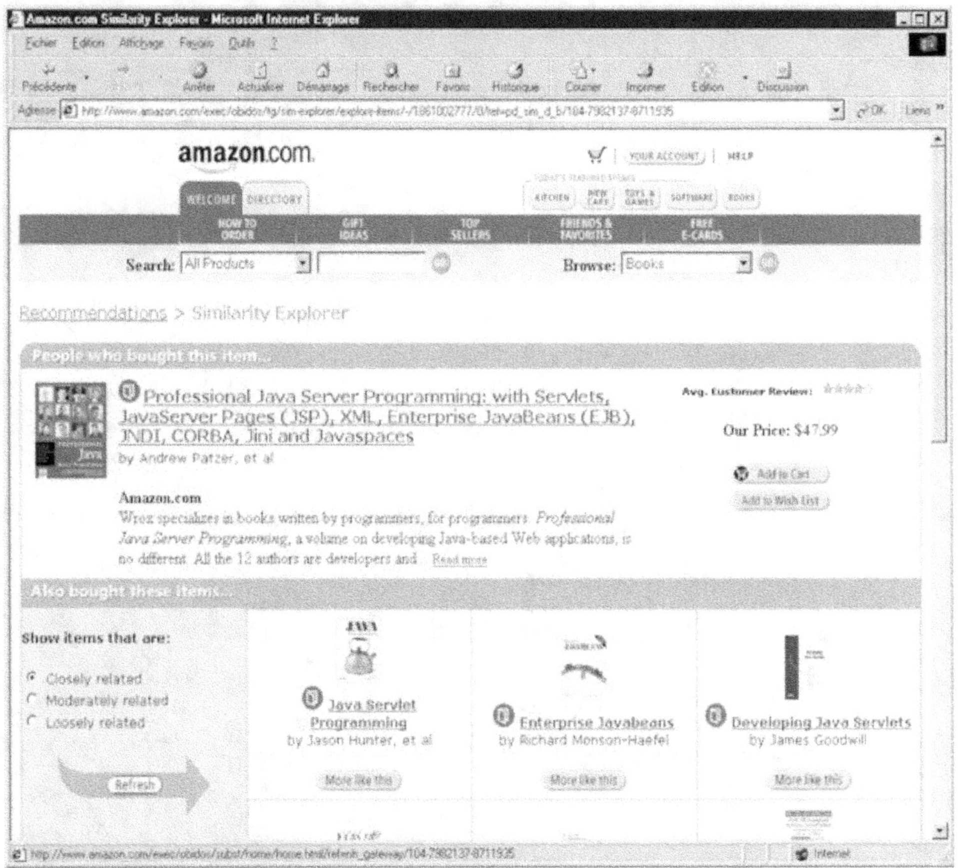

Le suivi du cycle de vente

Lorsqu'une commande est passée sur Internet, il est possible de suivre d'une manière de plus en plus poussée le cycle de gestion de la commande grâce à l'envoi d'une série d'e-mails de confirmation : confirmation de la commande (voir figure 11-12), confirmation du paiement (voir figure 11-13), confirmation de l'expédition (voir figure 11-14).

Cet enchaînement d'envois d'e-mails est pris en charge de manière automatique par les outils de gestion de campagnes. Dans le domaine des transports, on commence à voir apparaître une combinaison des canaux avec l'utilisation de SMS pour aviser les clients des éventuelles annulations ou retards de vols.

Figure 11-12 : Confirmation de commande sur EasyJet.com

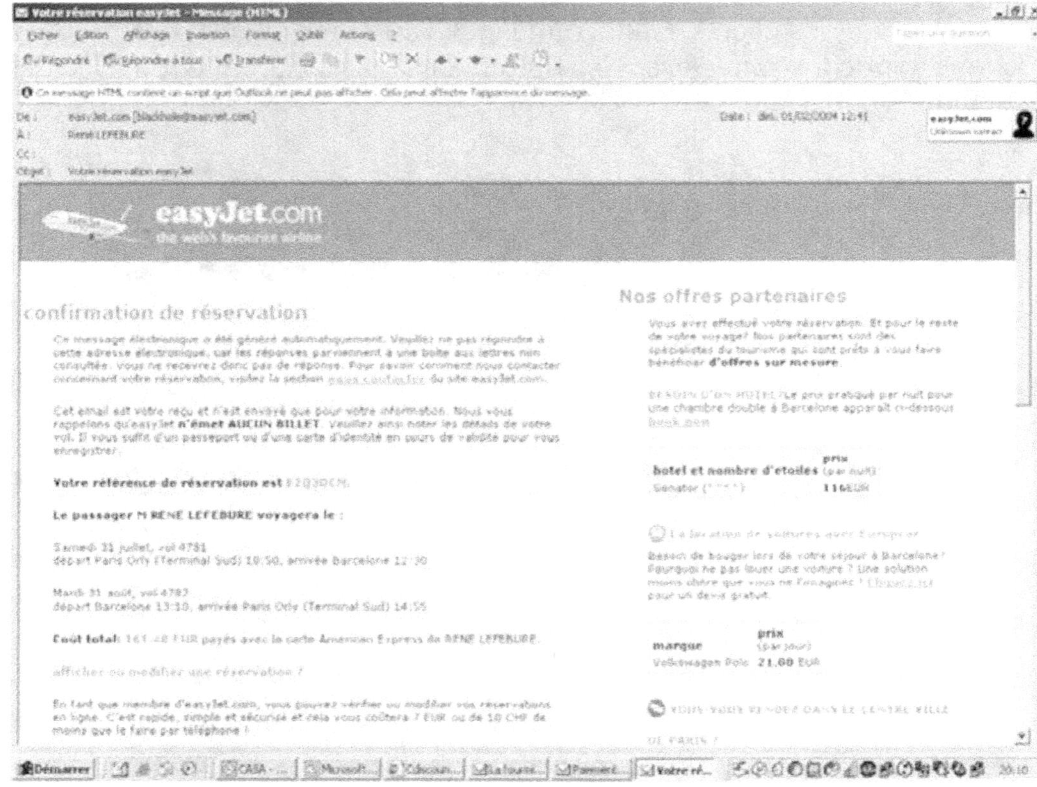

Figure 11-13 : Confirmation de paiement par la Caisse d'Epargne

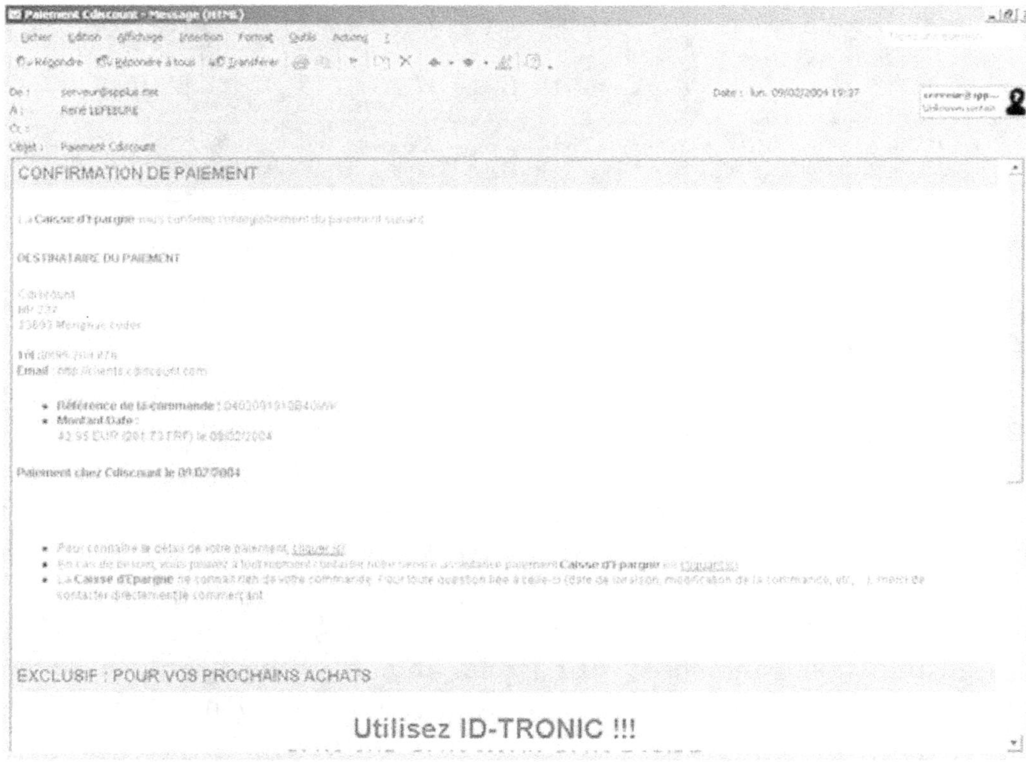

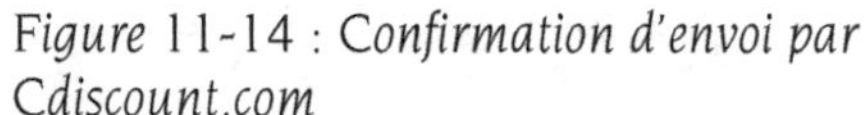

Figure 11-14 : Confirmation d'envoi par Cdiscount.com

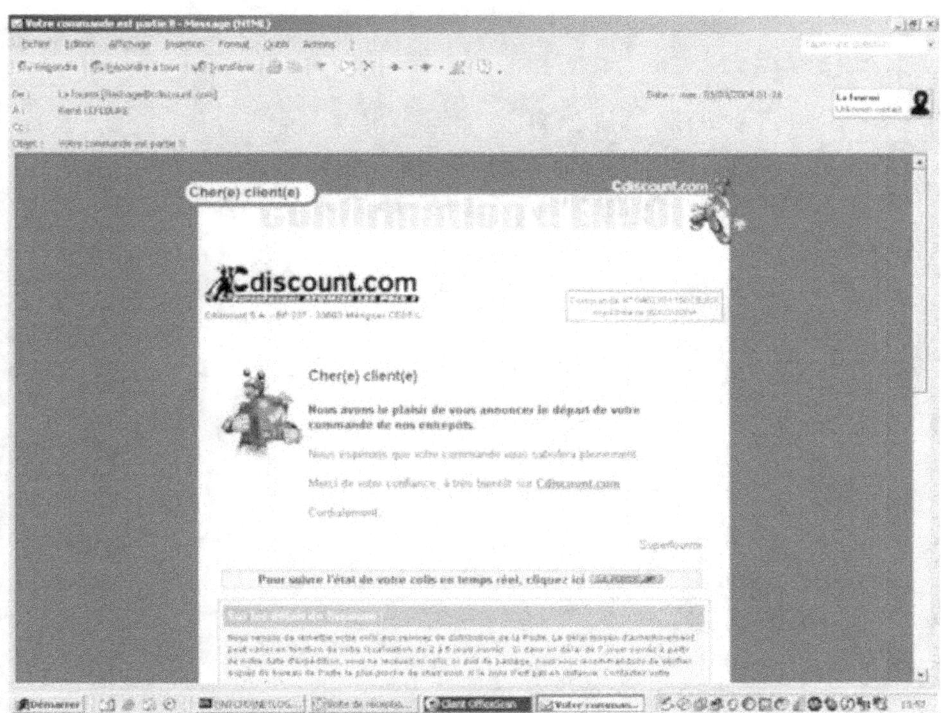

Certaines compagnies commencent à proposer des services d'avis des heures d'arrivée aux proches du passager pour éviter les attentes dans les aéroports.

Le service après-vente

Les demandes d'information – Les principales questions sont de plus en plus prises en charge par des foires aux questions (voir exemple figure 11-15). L'application doit être suffisamment ouverte pour permettre d'accéder par téléphone à une personne de l'entreprise. Certains sites proposent de rappeler le client en cas d'attente trop longue sur le centre d'appels. La connexion entre le site et les applications CTI est particulièrement importante pour assurer une gestion optimale de la file d'attente des appels, mais aussi le passage de certaines informations données par le client sur le site.

La gestion des dossiers de réclamation – Pour assurer une meilleure traçabilité des incidents, certains sites offrent aux clients la possibilité d'ouvrir un dossier de réclamations ou d'incidents et de recevoir une réponse de l'entreprise (voir figure 11-16).

La collaboration avec des partenaires – L'ensemble de la chaîne de traitements nécessite de s'appuyer sur un ensemble de partenaires. Lors du paiement, on constate dans certains cas que le routage des informations entre le fournisseur et un établissement bancaire se fait de manière automatique, et que le partenaire bancaire confirme la régularité du paiement.

Figure 11-15 : Foire Aux Questions sur Cdiscount.com

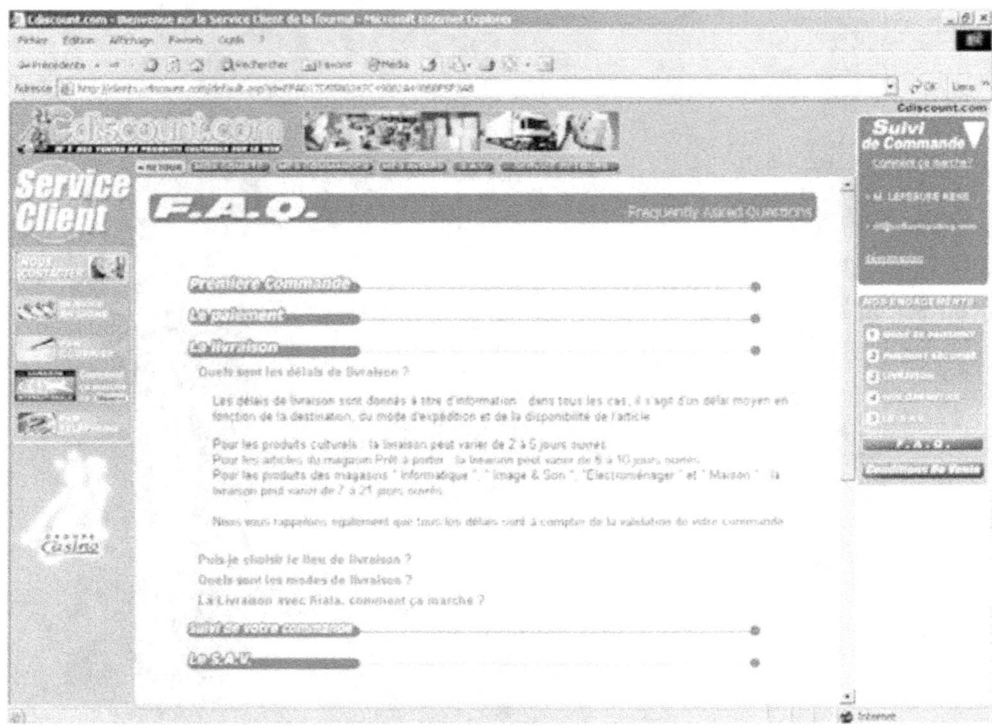

Figure 11-16 : Ouverture d'un dossier sur Cdiscount.com

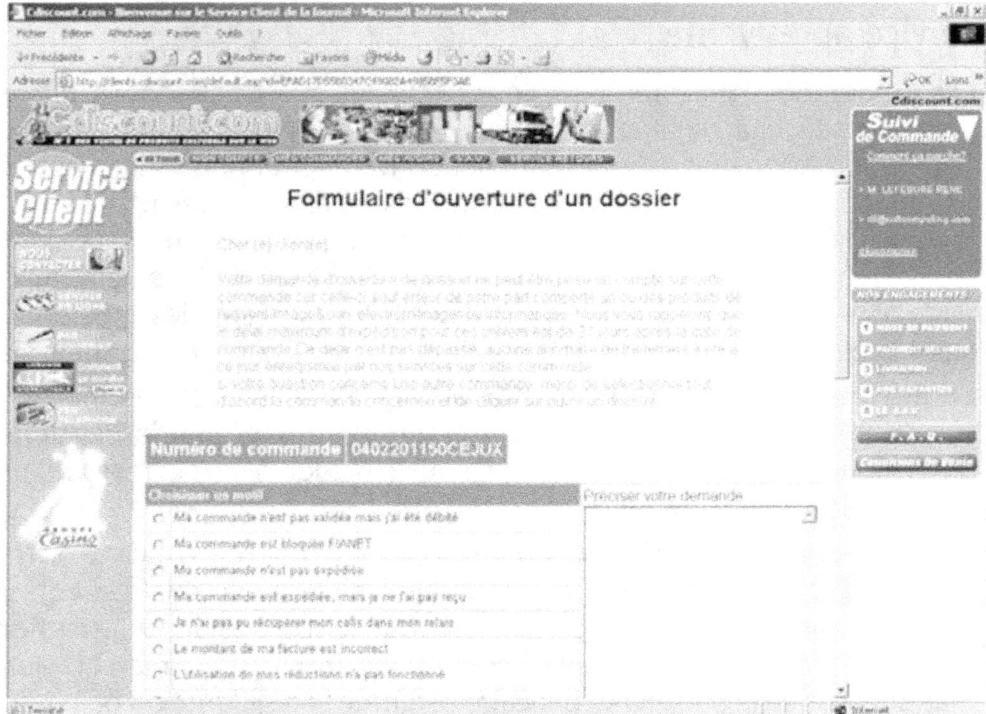

Un des points faibles du système Internet a été pendant une période la gestion des flux logistiques de marchandises avec des délais de traitement largement supérieurs à ceux observés dans la vente par correspondance classique. On constate une véritable professionnalisation du secteur avec la communication des informations sur le suivi de la livraison. Le fournisseur vous avise de l'envoi du produit et il devient possible de suivre la livraison avec le partenaire logistique.

Cette transmission des informations se fait de manière automatique au moyen d'un identifiant de commande. Elle offre une visibilité totale de la chaîne de traitement et permet d'évaluer de manière permanente l'efficacité du processus mis en place. L'ensemble des acteurs logistiques est progressivement contraint à apporter ce niveau d'information pour espérer maintenir sa part de marché. CDiscount.com offre la possibilité de suivre ses expéditions en communiquant un numéro de colis qui est consultable sur le site coliposte.net. Plus généralement, aujourd'hui, tous les transporteurs majeurs proposent à leurs clients des fonctions de suivi de colis qu'ils peuvent lier directement dans leur site à leurs propres fonctionnalités de suivi de commandes.

Figure 11-17 : *Suivi de l'expédition sur ColiPoste*

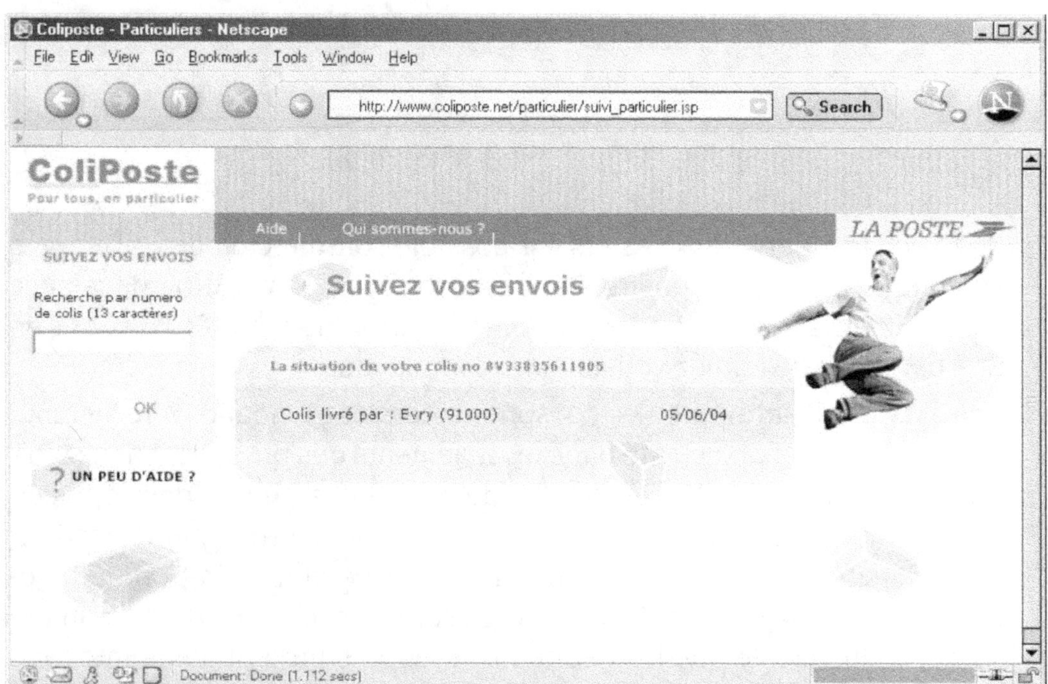

Le partage des connaissances

L'accès à des sources d'informations – La mise à disposition des informations sur Internet est un moyen d'animation du site, principalement dans le domaine du B to B. Toutefois, des acteurs reconnus comme la

Fnac ont mis en place une véritable politique éditoriale qui permet d'attirer de nombreux visiteurs sur le site.

Figure 11-18 : Dossiers techniques sur Fnac.com

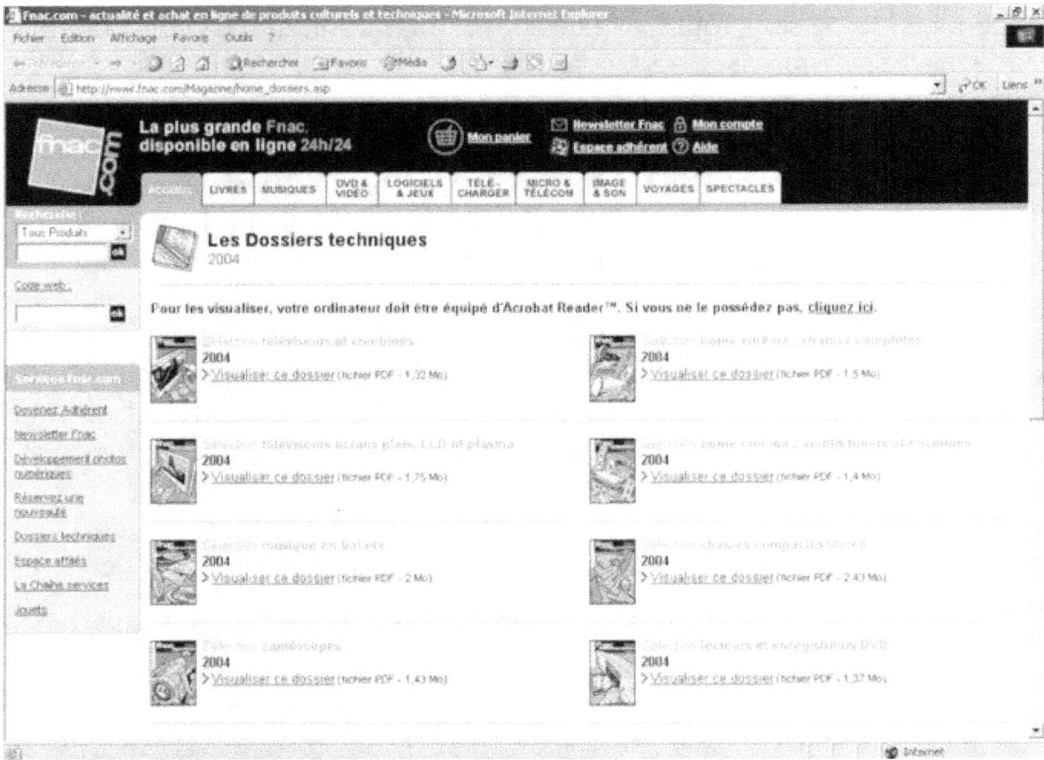

Le téléchargement des dossiers est possible soit directement, soit après avoir rempli un questionnaire. Dans le second cas, un workflow de relance est mis en place pour assurer la transformation de l'intérêt du client en une demande de rendez-vous ou une commande.

Les avis d'utilisateurs – Les consommateurs ont tendance à rechercher de plus en plus d'objectivité dans les jugements des produits. La possibilité d'accéder à des avis d'experts ou de consommateurs se développe de plus en plus. Les avis sont mis en ligne après un contrôle par le gestionnaire du site qui s'assure de la pertinence et de la modération du jugement porté sur le produit. Ces avis d'utilisateurs expriment d'une manière souvent plus lisible que les habituels descriptifs produit les points forts et les points faibles des différents articles proposés sur le site et participent ainsi au processus de prise de décision.

La recommandation

Internet offre des possibilités importantes de développer un marketing viral soit en offrant la possibilité au visiteur du site d'envoyer par e-mail à un ami l'URL d'une fiche produit (voir figure 11-19), soit en demandant les adresses d'un contact pour étoffer la liste des envois.

Figure 11-19 : Gestion des recommandations sur voyages-sncf.com

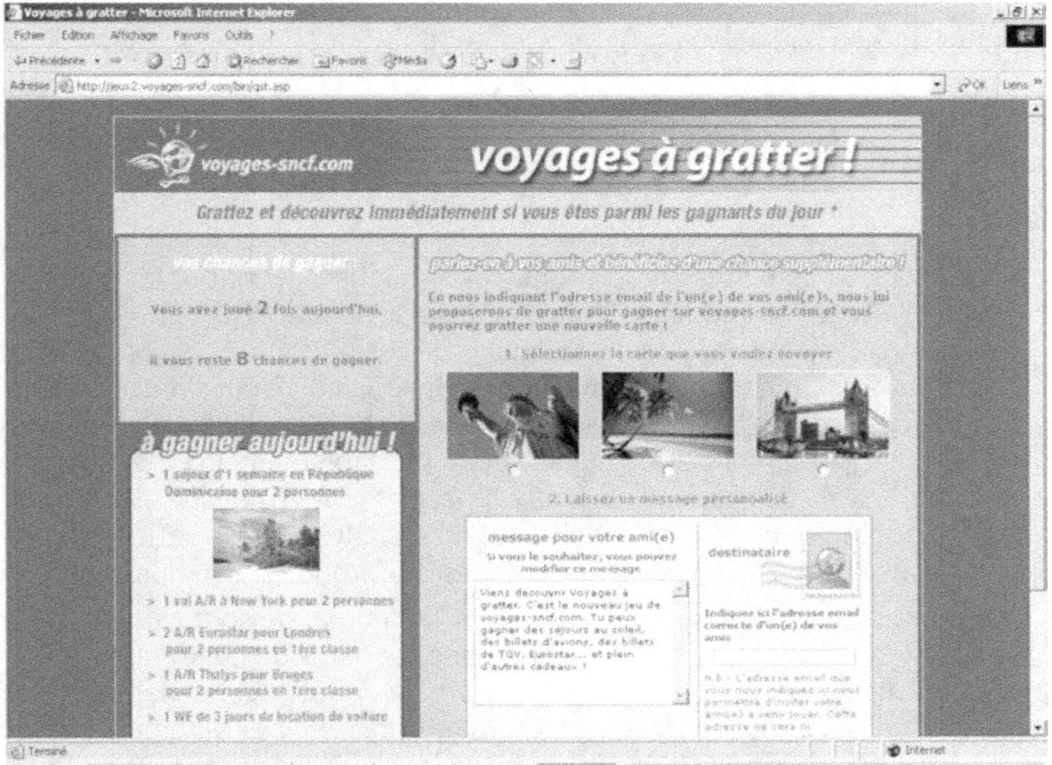

Comme le montrent ces différents exemples, Internet apporte des moyens innovants pour gérer les prospects ou les clients. Nul doute que les formes de relation et de communication continueront à se sophistiquer et à s'industrialiser avec la maturité du média Internet. Il faut toutefois constater que toute cette créativité des annonceurs commence à trouver une limite : celle de la capacité de réceptivité des clients.

Certains annonceurs abusent de l'e-mail :

- Une communauté de recherche auquel un des auteurs appartient envoie plus de quatre e-mails par jour et n'offre pas la possibilité de filtrer les messages par thèmes.

- Une entreprise commerciale envoie des relances quotidiennes pour des offres de produits, alors que le client est en attente d'une commande.

- Un éditeur de logiciels prolixe en annonces en tout genre invite à découvrir des nouveautés tous les trois jours.

Trop d'utilisateurs d'Internet découvrent à chaque retour de vacances ou de week-end, voire chaque matin, une boîte aux lettres surchargée de messages non sollicités, qui induisent des temps de traitement de plus en plus longs et conduisent à mettre en place des stratégies anti-spam.

Face à cette intrusion de plus en plus forte des e-mails non sollicités qui nuisent à la productivité des entreprises et sont une véritable atteinte à la vie privée, les pouvoirs publics ont été contraints de réagir pour mettre en place une législation spécifique au commerce électronique avec la « Loi pour la confiance dans l'économie numérique ».[1]

1 Loi n° 2004-575 du 21 juin 2004, à consulter sur le site www.legifrance.gouv. fr. Voir aussi www. avocats-publishing. com pour des informations actualisées sur ce sujet.

Conclusion

Les outils de personnalisation sont très médiatisés, et ont notamment le souci d'attirer l'attention de l'internaute sur les risques qu'il encourt pour sa vie privée. Il faut pourtant souligner que ces outils sont encore perfectibles avec d'un côté des outils « pavloviens » mais autodidactes, et de l'autre des outils plus fins mais chronophages en termes de maintenance. L'outil de personnalisation idéal serait probablement un mélange de technologies à base de règles dans la phase amont de conseil au client et de technologies de filtrage collaboratif ou d'analyse d'association pour la partie aval de l'acte de vente que constitue la proposition de produit.

Les outils de gestion de la logistique de la commande sont certes moins « glamours » au niveau technologique que les outils de personnalisation. En revanche, ils sont très exigeants sur la fluidité et la fiabilité des communications entre des systèmes d'information des différents partenaires. Ces outils apportent une réelle valeur au client car ils lui permettent de suivre le cycle de gestion de la commande, du paiement, de la livraison et de la réclamation. Compte tenu de l'exigence croissante des clients, il ne fait aucun doute que ces applications continueront à se déployer dans l'ensemble des secteurs d'activités marchands et non marchands. Les problèmes liés à la gestion de l'identification du demandeur et à la sécurité des informations transmises nécessiteront une évolution des modes de communication entre les différents partenaires.

Actuellement focalisés sur la gestion des commandes, c'est-à-dire sur un cycle court, ces outils préfigurent un mode de gestion plus industrialisé des clients avec des processus :

- de suivi de la phase d'accrochage du client, avec par exemple des relances automatiques après n jours sans visite ;

- d'historisation des commandes accessibles par le client, lui résumant son historique d'achat, ses commandes en cours et lui présentant des promotions personnalisées ;

- des processus de fidélisation interagissant de manière automatisée en fonction des événements ou des alertes détectés dans la base de données.

Il ne s'agit que de reproduire la gestion du processus « commande-livraison » pour le dupliquer sur une période plus longue qui s'écoule entre l'entrée en relation et la fin de la relation entre une entreprise et son client.

Nous ne sommes certes pas encore arrivés à cette prise en charge « automatisée » du cycle de vie des clients, mais les débords déjà observés dans le domaine de la gestion des sollicitations montrent très clairement que les entreprises devront apprendre à gérer leurs politiques promotionnelles et de communication dans une vision moins pavlovienne. Le respect du client passera de plus en plus par le respect de sa capacité d'écoute, et donc par une gestion optimale de ses centres d'intérêts et de son temps !

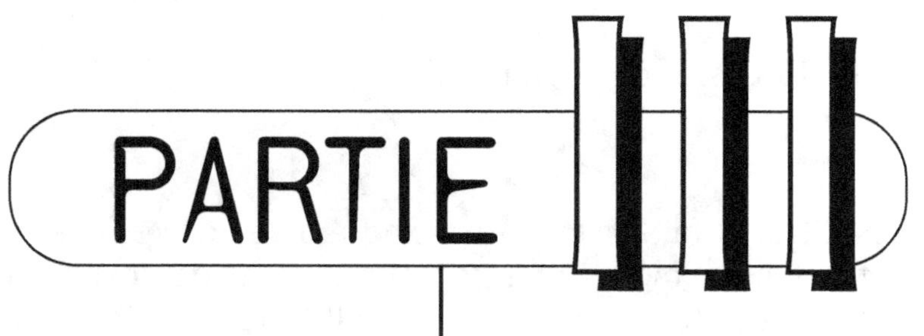

Réussir son projet CRM

Les entreprises doivent faire face de manière de plus en plus rapprochée à des ruptures technologiques, des mutations et/ou des crises associées. Il est donc important pour les dirigeants d'avoir une vision claire de leur projet CRM. La capacité à définir les priorités et à faire les bons choix est de plus en plus importante.

Les différentes études traduisent les échecs de nombreux projets et les désillusions des dirigeants quant aux retours sur investissement. Ces projets sont maintenant considérés à haut risque. Il apparaît que le mariage de la technologie avec les aspects métier n'est jamais simple. Il n'y a pas si longtemps, la vague de désillusions des projets ERP a jeté un doute sur leur pertinence. Cette tension a permis de revoir les composants technologiques et la gestion des projets pour répondre de manière plus satisfaisante aux attentes du marché.

Il est fort probable que le CRM effectue la même mutation : les expériences retirées des premiers projets serviront à dégager les facteurs clés de succès et à anticiper les risques. Cette troisième partie se propose d'apporter quelques conseils tirés de notre expérience pour maximiser les chances de réussite et pour pérenniser votre projet.

Nombre de projets sont réalisés dans les délais et les budgets, en regard des considérations techniques, mais sont des échecs flagrants en termes fonctionnel et financier. Nous proposons de présenter une méthodologie de projet et une synthèse de notre expérience, avant de conclure sur des aspects plus stratégiques et managériaux pour traiter les problématiques commerciales et marketing.

Le chapitre 12 développe une méthodologie de mise en œuvre d'un projet de CRM. Il détaille les étapes essentielles avant de présenter les difficultés organisationnelles inhérentes à la mise en place de ce type de projet.

Le chapitre 13 fait un bilan de cinq années de retours d'expérience de projets plus ou moins réussis pour en tirer des conclusions pratiques quant aux recettes qui marchent et celles qui fonctionnent moins bien.

Le chapitre 14 souligne la situation de crise que traversent actuellement les sciences de gestion avec le développement d'actifs immatériels tels que le capital client et l'impossibilité actuelle de leur donner une reconnaissance dans les systèmes comptables.

Chapitre 12

Le projet CRM

> « Mettre en œuvre un système, c'est intégrer des outils existants avec des nouvelles technologies de capture, de classification, d'analyse, de filtrage collaboratif, de diffusion sélective de l'information… mais c'est aussi et surtout mettre en place une organisation qui incite au partage du savoir. »
>
> Christine Aceto

Les responsables des systèmes d'information se focalisent principalement sur la technologie et peuvent en arriver à sacrifier la valeur de l'information. Le développement d'un projet de CRM ne se limite pas à la bonne sélection de machines ou de logiciels. Il est illusoire de croire que la simple recherche d'une bonne combinaison prix/performance peut suffire dans ce contexte spécifique. En effet, l'implémentation d'un outil de CRM nécessite l'intégration d'un nombre important de données, de processus (d'analyses ou opérationnels), de solutions logicielles dans une architecture globale de système d'information, au service d'utilisateurs aux métiers différents.

Dès le début du projet, il est primordial d'intégrer qu'il s'agit non pas de réaliser une application autonome pour une catégorie d'utilisateurs internes, mais d'intégrer des applications complexes dans un ensemble interconnecté d'échanges d'informations qui dépassent les frontières traditionnelles de l'entreprise. Le périmètre est notoirement plus important qu'un projet plus classique de mise en place d'un système de gestion. Les composantes humaines et organisationnelles sont majeures.

La décision d'investir, même lourdement, dans une refonte des processus, dans des outils de data mining ou de CRM n'est en aucun cas une garantie de succès. Si le pilote du projet doit bien évidemment bénéficier du soutien sans faille de la direction générale, il lui faut identifier en priorité les points clés qui apportent une réelle valeur ajoutée au client et qui ont un impact certain sur la position concurrentielle de l'entreprise. Ainsi, beaucoup d'entreprises mettent en place des programmes d'avantages client, mais oublient d'améliorer les conditions de travail des employés qui reçoivent ces clients. Certains mobilisent des ressources importantes pour analyser les comportements des clients, mais oublient d'expliquer au point de contact la signification des informations inférées. D'autres, enfin, développent des interfaces de communication avec les clients, mais n'intègrent pas dans leurs processus les informations échangées sur ces interfaces. L'entreprise décide une priorité client, mais reste en définitive centrée sur ses produits. L'architecture CRM n'est en fait qu'un moyen d'écouler les produits ! Cyniquement, on pourrait dire que le projet CRM n'est qu'un alibi pour faire croire au marché que l'entreprise est orientée client.

La mise en œuvre d'une solution de CRM ne se limite pas à la livraison de données aux points de contact avec le client. Elle s'accompagne d'un plan de formation et de communication qui doit anticiper les réticences naturelles et contribuer à transformer la culture client de l'entreprise.

Les études montrent que les risques d'échec dans un projet de CRM sont de quatre ordres : technique, fonctionnel, méthodologique et organisationnel.

Il n'est pas dans notre propos de développer la gestion des risques techniques. Une collaboration étroite avec les fournisseurs de matériels et surtout de logiciels contribue à minimiser ces risques. Il s'agit de réussir l'intégration de l'outil de CRM avec les applicatifs existants dans l'entreprise. Cet interfaçage est essentiel pour instaurer une étroite collaboration entre les services commerciaux, le marketing, la fabrication et la finance. Un des facteurs à contrôler au début du projet est la tendance à choisir un outil du marché pour aller plus vite, en oubliant de prendre en compte les développements spécifiques qui se révèlent souvent nécessaires. Il faut être conscient que les outils décrits dans les chapitres précédents sont des produits soumis à des évolutions rapides. Par conséquent, il faut anticiper la gestion des versions successives des produits, les difficultés d'adaptation des utilisateurs aux nouvelles versions (risque de rejet), la croissance des budgets de maintenance, les délais de plus en plus longs de mise à jour et de recette, sans oublier les risques d'incompatibilité entre les différents composants. Au niveau technique, les méthodes de conduite de projets ont permis de mieux contrôler les ressources et les charges. Les apports des intégrateurs sont évidents : la capacité à anticiper les problèmes est la preuve de l'expérience. Aujourd'hui, les risques majeurs se situent dans les problèmes de rapidité d'affichage des informations sur les postes de centres d'appels, et dans les vitesses de synchronisation entre les bases centrales et locales.

La gestion des risques fonctionnels nécessite une bonne appréhension des besoins des métiers différents qui couvrent tout le cycle de relation client : de la prospection au service après-vente en passant par le marketing. Nous espérons avoir fourni dans les chapitres précédents une description assez complète des métiers et des fonctions permettant au chef de projet de gérer ce risque en comprenant mieux le vocabulaire des différents interlocuteurs. Il faut cependant reconnaître que les impacts de la technologie sur la façon de conduire une démarche commerciale ou une stratégie marketing sont importants. Il est évident qu'une recomposition des modes d'exécution traditionnels est souvent nécessaire pour dégager les retours sur investissement. Continuer à travailler de manière sous-optimale avec des composants technologiques entraîne souvent un véritable problème. Auparavant, le bon sens humain permettait de corriger les défauts flagrants. La systématisation des workflows et l'intensification des messages par des interfaces électroniques ne laissent pas de solutions de rattrapage.

Ce chapitre traite de la gestion des risques méthodologiques et organisationnels.

Nous aborderons dans un premier temps une méthodologie de gestion d'un projet de CRM. Cette méthodologie a été mise au point par les auteurs sur la base de leur expérience. Toutefois, il faut garder à l'esprit que, malgré une abondance de déclarations et d'articles dans la presse spécialisée et dans les conférences, les projets de gestion de la relation client sont souvent récents, que les déploiements manquent encore de maturité, et que les indicateurs de pilotage des résultats sont déficients. Compte tenu de ce manque de recul, il est probable que la multiplication et l'extension des projets feront apparaître de nouveaux facteurs clés de succès. Conscients de cette limite, nous espérons seulement contribuer à clarifier les étapes clés dans la gestion de ce type de projet.

Dans une seconde phase, nous aborderons la gestion des risques organisationnels, en mettant en évidence les effets déstabilisants d'un projet de CRM sur les processus et sur la gestion des pouvoirs dans une organisation. La mise en œuvre d'un projet de gestion de la relation client nécessite en amont de réfléchir aux modes de fonctionnement et d'organisation de l'entreprise. Il ne faut jamais oublier qu'un projet de CRM est un moyen de remettre le client au cœur de l'organisation… et non un moyen de bloquer le trublion à l'aide de technologies évoluées. Il ne s'agit pas de construire un piège pour cadrer l'imprévisibilité du client, mais, au contraire, d'être capable d'affronter une remise à plat du mode d'organisation. Une évolution, voire une réorganisation des services concernés est généralement inévitable. Elle implique de revoir le métier de chacun pour adopter de nouvelles méthodes de travail, développer une culture du partage, cette fois orientée vers le client. Dès lors, il ne faut jamais sous-estimer la résistance des personnes au changement. Un déficit de communication laisse souvent la place aux rumeurs et inquiétudes, ce qui se traduit par une augmentation de cette résistance.

Heureusement, les études montrent une amélioration significative dans l'achèvement des projets de CRM. Les enquêtes passées révélaient des taux d'échecs de l'ordre de 80 %. Ces défaillances des pionniers sont aujourd'hui du domaine de l'histoire ; les entreprises semblent maintenant avoir mieux pris en compte la difficulté de ces projets. Ainsi, selon le baromètre français du CRM 2001 publié par Planète Client (www.planeteclient.com) :

- 5 % des projets « ne fonctionnent toujours pas malgré tous nos efforts » ;
- 7 % des projets « n'ont rien permis de plus qu'une automatisation de certaines tâches » ;
- 39 % des projets « sont en attente de résultats » ;
- 26 % des projets « ont réellement permis d'orienter l'entreprise vers le client » ;
- 14 % des projets « ont permis d'atteindre l'objectif prioritaire de notre politique de CRM ».

À titre de comparaison, en 2000, l'étude faisait ressortir un taux d'échec de 25 %, contre 5 % en 2001. Le cabinet Meta Group estime pour sa part que les échecs seraient essentiellement liés à un rejet des progiciels de force de vente par les vendeurs (entre 55 et 75 % des échecs). Les commerciaux sont en effet peu enclins à partager leurs connaissances, à mettre en commun leurs contacts et à se voir imposer un outil pour gérer leurs activités et le calendrier prévisionnel de visites. Il faut déployer des efforts d'explications, de formation pour impliquer et rassurer le personnel. Il s'agit non pas de gérer une technologie, mais de faire de la politique autour du changement !

La méthodologie de gestion de projet

La présentation séquentielle est la seule possible dans un livre. Il faut garder à l'esprit que la séquence développée ici est plus formelle que réelle. Dans l'exécution de son projet, le responsable sera probablement conduit à des retours en arrière fréquents.

Nous avons identifié neuf étapes clés :

- la construction de l'équipe projet ;
- la définition des objectifs ;
- l'évaluation des processus métier ;
- l'expression de besoins ;
- la rédaction du cahier des charges ;
- la sélection du partenaire ;
- la construction du plan de déploiement ;
- la formation des utilisateurs ;
- l'évaluation des résultats.

Ces étapes ne détaillent pas en particulier la phase de mise en œuvre informatique à proprement parler. Nous partons en effet de l'hypothèse que l'implantation du progiciel sera sous-traitée à un intégrateur, ce qui est souvent, pour ne pas dire toujours, le cas. Nous tenons à souligner les difficultés rencontrées dans cette phase d'intégration au niveau de la recette des applications. Il faut distinguer deux niveaux de recette :

- L'application fonctionne-t-elle ?
- L'application fournit-elle des informations justes ?

La mise en œuvre d'une vision client se construit autour d'un périmètre d'informations plus important et impose de construire des nouvelles définitions du client, du foyer ou du partenaire. Dès lors, il est fréquent d'intégrer des nouvelles données, peu utilisées auparavant, qui présentent des faibles niveaux de qualité (faible niveau de renseignement, données non cohérentes avec le référentiel). Nous recommandons de systématiser les tâches d'audit des données en amont des projets pour limiter les charges de développement. La gestion de ce que nous appelons le troisième sexe (en théorie, il n'y en a que deux, mais le champ Sexe d'une base de données contient souvent des « 1, 2, M, H, F, X, Inconnu » qu'il faut pouvoir coder en H et F dans l'entrepôt !) au niveau de la programmation se révèle inefficace.

Toute modification des définitions fonctionnelles – redéfinition de la notion de « client », par exemple – a pour effet d'introduire des ruptures dans la lecture des chiffres : le passage d'une vision contrat à une vision personne ou même foyer peut se traduire par une baisse de 15 à 25 % d'indicateurs tels que le nombre de « clients ». Cette rupture est difficile à accepter, souvent politiquement car elle peut avoir des impacts sur la part de marché de l'entreprise. Par ailleurs, elle peut avoir des effets secondaires comme la révision des politiques de rémunération. Face à de tels risques de remise en cause, il est fréquent que la hiérarchie pose des questions sur la fiabilité des traitements d'agrégation des contrats autour du partenaire. Nous recommandons, au niveau de la recette sur les agrégats, de mettre en place une politique d'information sur la définition des règles d'agrégation, et une analyse des écarts. Il est important d'anticiper sur ces écarts, sous peine d'avoir à remonter la difficile pente de la crédibilité du projet ensuite.

La construction de l'équipe projet

Les membres de l'équipe projet

La reconnaissance du projet par toute l'organisation est une condition sine qua non de la réussite de celui-ci. Un représentant de chaque département appelé à utiliser le système doit être intégré dans l'équipe.

Le groupe doit comprendre un ou des représentants :

- des équipes marketing ;

- du comité de direction responsable des forces de vente ;
- des équipes de service après-vente ;
- du contrôle de gestion ;
- de la production ;
- et, naturellement, des équipes informatiques.

Il ne faut pas hésiter à laisser une part aux experts métier reconnus dans l'entreprise. Le groupe projet a trois clients principaux : le marketing pour la transformation des données en information, les ventes et le service client pour les interfaces d'alimentation et de restitution des informations. Les projets qui réussissent ont à leur tête une personnalité commerciale qui s'assure que le projet est sur les rails, ne dérape pas et brise les barrières de réticence. Cette prise de responsabilité par un service utilisateur renforce l'appropriation du projet. Il est souhaitable d'améliorer la formation des utilisateurs fonctionnels sur les termes techniques afin de faciliter le dialogue entre la maîtrise d'ouvrage et la maîtrise d'œuvre.

Le contrôle de gestion intervient dans un premier temps pour construire les scénarios de mesure des retours sur investissement et mettre en œuvre des procédures de mesure de gestion du projet (tableau de bord). Ensuite, il est souvent l'acteur incontournable pour spécifier l'intégration avec les outils d'ERP.

La production intervient pour aider à la définition des informations sur les produits et participer à la refonte des processus.

L'informatique doit apporter le support technique au groupe projet : connaissance technique, sélection des sociétés, construction des comparatifs techniques et intégration dans le système existant. Elle apporte souvent une maîtrise de la gestion des charges en maîtrise d'œuvre du projet.

Il ne faut pas hésiter à confier la direction d'un projet CRM à la maîtrise d'ouvrage : c'est à elle, représentant les utilisateurs, de l'assurer. Le chef de projet doit avoir des compétences techniques, mais ses qualités relationnelles seront essentielles pour maintenir la cohésion entre des interlocuteurs différents et l'intérêt des forces de vente dans le projet. Il est banal de dire que le support et l'engagement dans le projet sont cruciaux pour sa réussite. Mais, dans le cas des projets de CRM, les luttes de pouvoir sont importantes. Le fameux adage « Qui détient l'information détient le pouvoir » est toujours pertinent. Souvent, les individus à des postes clés ne sont pas préparés à partager les informations qu'ils détiennent. Le chef de projet doit avoir un sens politique, mais aussi être ferme sur ses objectifs pour ne pas céder aux multiples pressions qui visent à maintenir l'existant. Il faut être clair : un groupe projet de CRM laisse peu de place aux individualistes et aux gens qui protègent leur pouvoir.

Le chef de projet doit suivre avec rigueur les activités du projet. Il doit consacrer la majeure partie de son temps à l'animation et au soutien des futurs utilisateurs. Sa première tâche est d'organiser le lancement du projet pour impliquer le maximum d'acteurs. Il doit souligner le caractère stratégique et ne pas se réfugier derrière un langage technique pouvant faire fuir les utilisateurs métier. Afin d'assurer sa légitimité et ses arrières, il doit s'astreindre à communiquer à chaque étape. Le reporting vers l'équipe de direction doit être pédagogique et limpide, mettant en évidence les délais, les résultats obtenus et les difficultés rencontrées. Des réunions portes ouvertes, une lettre interne d'information ou un site intranet doivent informer régulièrement les utilisateurs.

La définition des objectifs

Il faut commencer par identifier les facteurs qui conduisent l'entreprise à mettre en œuvre une gestion de la relation client. Les objectifs peuvent être multiples. Il faut distinguer ceux qui visent à la croissance des revenus et ceux qui contribuent à la diminution des coûts. Les applications suivantes traitent toutes de la baisse des coûts :

- l'automatisation des processus de marketing opérationnel avec l'intégration de la gestion événementielle pour mieux suivre les clients ;
- l'informatisation des forces de vente pour réduire le cycle de vente et augmenter le taux de concrétisation des contacts ;
- la mise en place d'un serveur vocal interactif pour apporter un service 7 jours sur 7, et diminuer le nombre de communications traitées par le centre d'appels ;
- l'enrichissement du site Internet avec un configurateur de produits pour faciliter les commandes en ligne ;
- la mise en place d'une chaîne intégrée pour mettre à la disposition du centre d'appels les données sur le suivi de la commande et la livraison.

Les décisions finales sont plus souvent prises sur des perspectives de réduction des coûts qui semblent moins discutables. On peut dénoncer ce fait, mais le proverbe « un tien vaut mieux que deux tu l'auras » a la vie dure. L'expérience montre que les diminutions de coût, global ou unitaire, sont plus souvent mises en avant comme objectifs prioritaires, que les augmentations de revenus.

Il faut percevoir les objectifs de la gestion de la relation client dans leur globalité : tant au niveau interne que dans les relations avec les partenaires principaux en amont ou en aval. Il peut être nécessaire d'intégrer certains partenaires qui jouent un rôle important très tôt dans la réflexion : les systèmes de saisie externe, les prestataires de mise à jour des adresses, les fournisseurs pour les référentiels de compatibilité des composants, les prestataires dans la gestion des appels sortants ou l'édition des mailings.

À titre d'exemple, nous fournissons une liste d'objectifs :

- identifier, cibler et suivre les actions à forte rentabilité ;
- comprendre et anticiper les besoins des clients ;
- adapter les processus en fonction de la valeur client (actuelle et future) ;
- proposer une offre plus adaptée et plus souple aux partenaires ;
- intégrer et suivre les nouveaux produits et services.

Les objectifs étant identifiés, formalisés et validés, il faut alors définir les indicateurs. L'exemple suivant illustre la distinction que nous faisons entre but, objectif et indicateur :

- Améliorer la satisfaction des clients est un but.
- Atteindre un taux de 50 % de clients très satisfaits est un objectif.
- Le taux de satisfaction est l'indicateur.

La variation mesure les progrès accomplis.

Il est nécessaire de suivre l'évolution des indicateurs pour apprécier les apports du projet. La lecture de l'évolution de l'indicateur doit permettre un ajustement des moyens. L'indicateur doit être partagé par l'entreprise et communiqué au sein de l'entreprise.

Il faut construire des indicateurs pour chacune des directions impliquées dans le projet, à la fois pour impliquer l'ensemble des participants et éventuellement évaluer certains effets collatéraux du projet. Par exemple :

- effectuer 80 % des opérations marketing dans un délai inférieur à trois semaines ;
- transformer 40 % des contacts qualifiés en clients ;
- répondre immédiatement à plus de 90 % des questions au centre d'appels, etc.

La détermination de ces indicateurs s'appuie sur une première base de départ quantifiée. Il est donc nécessaire de faire un état des lieux avant la mise en œuvre du CRM afin de pouvoir en mesurer ultérieurement les progrès par comparaison.

La suite de la démarche consiste à déterminer les retours sur investissement et la complexité de mise en œuvre.

La détermination des marges de progrès permet de simuler financièrement les retours sur investissement attendus sur un an. L'évaluation doit être collégiale, mais les apports du contrôle de gestion sont cruciaux pour valider cette approche. Pour décider des priorités de mise en œuvre, il faut identifier où se situera le plus fort retour sur investissement.

La détermination de la complexité de mise en œuvre doit être pilotée par les équipes informatiques, qui vont estimer les charges et les délais des projets. Le groupe projet doit définir les phases qui permettent de passer du système existant au système cible. Quelles sont les ressources nécessaires ? Quels sont les coûts associés ? Quels sont les délais pour accomplir le projet global ? C'est le rôle du projet pilote d'affiner ces premiers éléments. Certains coûts, comme les coûts de formation et de déploiement, peuvent être difficiles à estimer. À ce stade, il ne s'agit pas de construire une étude détaillée, mais plutôt de se positionner par rapport à des benchmarks disponibles sur Internet, dans la presse ou auprès des fournisseurs.

La sélection et la hiérarchisation des sous-projets se font ensuite en disposant ces derniers sur une matrice à deux dimensions.

Figure 12-1 : Exemple de matrice complexité/gain

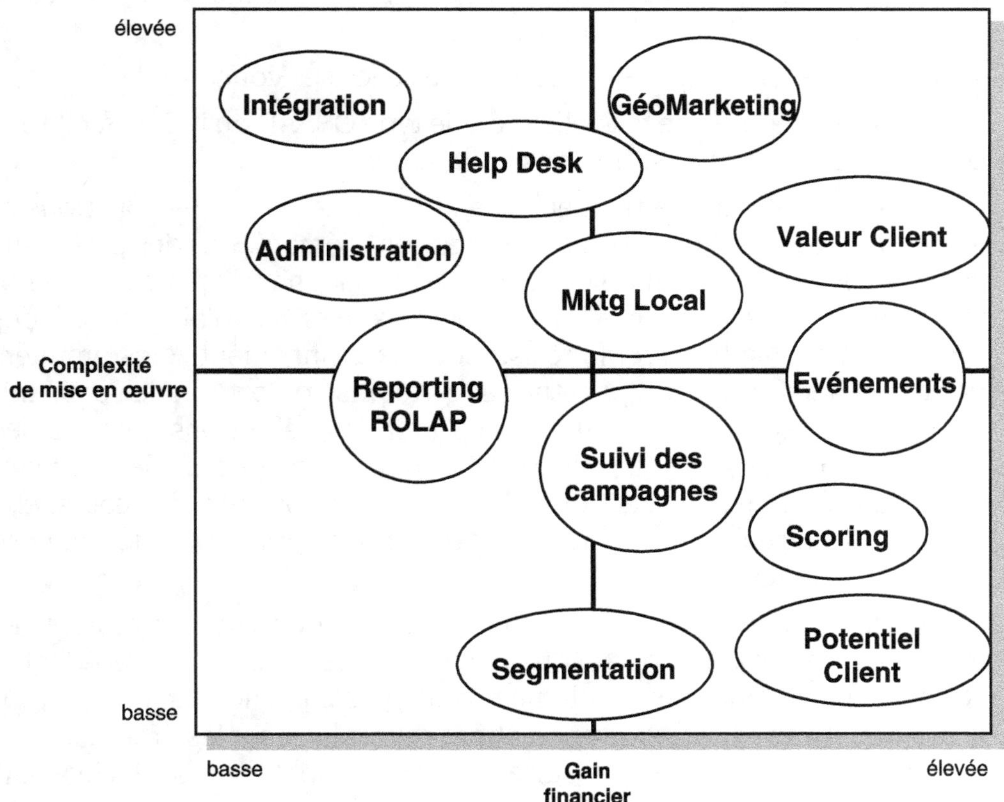

Cette méthode fondée sur des objectifs précis contribue à fixer le niveau adéquat d'investissements.

L'évaluation des processus métier

Il faut prendre le temps de comprendre les processus métier avant d'évaluer les solutions possibles. Avant de choisir une solution, il est important d'anticiper les problèmes liés à l'évolution du système d'information sur la gestion des processus métier et sur son externalisation vis-à-vis des autres composants du système d'information. Il faut évaluer les impacts de la nouvelle solution sur l'organisation du travail et sur la modification du pilotage de l'entreprise. Par processus métier, on entend les processus complexes traitant les événements au cœur du métier : vente de produits, prise de commande, facturation, campagne marketing après-vente.

L'implémentation du CRM est un moyen de moderniser l'organisation, et donc de recomposer les processus et les procédures.

Il faut commencer par :

• analyser les processus actuels ;

• interviewer les membres de l'entreprise sur les qualités et les défauts du système actuel ;

• impliquer les meilleurs vendeurs et conseillers de clientèle pour comprendre les meilleures pratiques ;

• identifier les pratiques les plus efficaces chez ses concurrents.

La fourniture d'outils de modélisation de type OSSAD ou MEGA facilite la construction et l'optimisation des processus.

Cette tâche préliminaire permet d'identifier et de définir les fonctions et les ressources clés. Les besoins d'études complémentaires des processus critiques émergent à ce moment. La mise en évidence de pistes d'amélioration dans l'exécution des processus existants est d'ailleurs un des premiers moyens d'évaluer la résistance aux changements : les premiers pas d'une démarche CRM passent par cette prise de conscience des limites d'un processus existant. Il faut apporter des définitions précises des entités client, des produits, des fournisseurs, des processus de commandes, des inventaires, des actions, du suivi de campagnes, des coûts, etc. Ces définitions guident la fixation des degrés de priorité pour les améliorations attendues.

Il est déconseillé de commencer un projet CRM en cherchant à couvrir tout le périmètre que nous avons décrit dans les chapitres précédents : adopter une vision transversale ne signifie pas chercher à satisfaire tout le monde ! Les analyses doivent d'abord se focaliser sur les processus qui sont dirigés vers le client et ensuite sur ceux qui sont dirigés vers les fournisseurs. Il sera toujours temps par la suite de se pencher sur ceux qui sont en amont.

Il faut savoir investir du temps pour corriger certains dysfonctionnements dans l'acte de vente ou dans le service, plutôt que de chercher à automatiser un processus qui fonctionne mal. Les techniques de Business Process Reengineering permettent, d'une part, de mettre à plat les différents processus de l'entreprise pour comprendre son organisation et, d'autre part, de décider ce qui peut être amélioré, dans le but de répondre aux attentes des clients. Il ne faut pas hésiter à profiter du projet pour éliminer des étapes inutiles de traitement. Toutefois, il ne faut pas aborder les problèmes de réorganisation des organigrammes dans cette phase sous peine de voir le projet lui-même remis en cause. Il sera toujours assez tôt pour faire de la politique.

Ensuite, il faut évaluer la capacité de l'entreprise à mettre en œuvre le système cible :

- niveau de structuration des données ;
- niveau de formation du personnel interne ;
- identification de tous les systèmes et sous-systèmes existants impactés par la mise en œuvre du système de gestion de la relation client.

Dans cette phase d'évaluation de l'entreprise, il est intéressant de se faire assister par un consultant extérieur. De par sa position externe, il sera plus à même de mettre en évidence les forces et les faiblesses de l'existant actuel. Sa position externe et temporaire permet d'exposer certaines problématiques sans créer des tensions insoutenables dans l'organisation. Il doit agir comme un catalyseur du changement en absorbant une partie des crispations des acteurs.

L'expression des besoins

Lorsque vous avez une vision claire de votre fonctionnement, il faut définir quelles sont les fonctions nécessaires d'un point de vue métier. Le groupe projet doit évaluer le positionnement et les attentes des différents départements impactés par le projet. Il doit mettre à plat les spécifications générales qu'il utilisera pour juger les logiciels du marché.

L'implication des utilisateurs est importante pour identifier ce qu'ils utilisent et comment ils souhaiteraient l'améliorer. On distingue deux groupes :

- Les managers sont intéressés par toutes les fonctions qui permettent d'anticiper, d'organiser et de contrôler (moyens de reporting et de prévision).
- Les opérationnels veulent vendre rapidement, envoyer des catalogues pour réduire leur cycle de vente et réaliser plus facilement leurs objectifs.

La liste des fonctions, fournie dans les chapitres précédents, est un moyen de vérifier la couverture du domaine fonctionnel avec les responsables commerciaux, marketing ou du service après-vente. À ce stade du projet, il faut utiliser intelligemment la technologie : les choix technologiques sont là pour aider à la résolution d'une problématique métier. Il ne faut pas demander aux utilisateurs de modifier un processus qui fonctionne pour s'adapter à la technologie.

Il ne faut pas oublier que la résistance des hommes est le problème à résoudre. Il faut souvent freiner les demandes des managers qui souhaitent plus de contrôle. Le CRM ne doit pas apparaître comme un nouveau moyen sophistiqué de mieux contrôler l'activité. Le projet doit permettre d'améliorer la productivité et l'efficacité. Le groupe projet doit prendre du recul pour évaluer si les fonctions souhaitées se traduisent par un équilibre des bénéfices entre les managers et les opérationnels.

Les projets de CRM sont très complexes et échouent souvent par manque d'anticipation des problèmes. Ces échecs des autres et leurs impacts doivent inciter les entreprises à se rapprocher de celles qui ont initié une démarche CRM, à s'entourer d'experts qui ont déjà une expérience dans la mise en œuvre de ce type de projet, à la fois pour les aspects fonctionnels et pour les aspects techniques.

Ces conseils extérieurs vous aideront à :

- comprendre les processus marketing et commerciaux de façon à identifier rapidement les lots prioritaires ;
- revoir les processus de gestion des campagnes de façon à les intégrer dans l'ensemble des points de contact client ;
- développer les outils de pilotage pour apporter les éléments d'évaluation et d'amélioration du projet ;
- réduire les coûts et les délais en recomposant de manière dynamique les projets de façon à allier les objectifs long terme et les gains court terme qui pérennisent le projet ;
- réduire le risque d'essoufflement du projet en assurant, auprès du sponsor, le relais pour obtenir les ressources nécessaires ;
- comprendre les impacts de la relation client sur la stratégie de l'entreprise et maintenir le cap sur les projets qui délivrent de la valeur.

La rédaction du cahier des charges

Pour rédiger le cahier des charges du projet CRM, l'équipe doit commencer par :

- faire un état des lieux de ce que permettent effectivement les logiciels de CRM ;
- réaliser une analyse du marché pour identifier l'ensemble des fonctionnalités des logiciels.

À ce stade, il est recommandé de participer à des conférences, de visiter des salons et de dialoguer avec des entreprises qui ont entamé des démarches comparables, pour valider les options techniques.

L'informatique doit déterminer les modalités d'intégration dans l'existant et les charges à prévoir pour l'intégration informatique. Il faut éviter de se focaliser uniquement sur les volumes et les performances et de perdre de vue les aspects fonctionnels. Il est malheureusement fréquent de constater que les équipes projet entreprennent de longs benchmarks sur les machines et les softwares pour valider le couple volume/performance. Elles passent comparativement peu de temps à valider le degré de couverture fonctionnelle. Dès lors, pour rattraper le temps perdu, limiter les charges et tenir les délais, les aspects fonctionnels sont réduits du lot 1 !

La solution est enfin là, totalement déconnectée des processus… et des utilisateurs, mais au top de la technologie ! Plus grave, les outils qui devaient mesurer la performance financière et la contribution du projet à la fidélisation des clients ne sont pas présents ! Le pilotage du projet se fait donc au feeling. Il est fréquent de constater que les indicateurs majeurs d'un projet CRM, comme l'efficacité des contacts, des rendez-vous, le taux de multiventes, la pression mailing, le taux de fidélisation des clients, ne sont pas calculés et suivis.

L'expérience montre que la facilité d'utilisation est un facteur clé de succès dans la réussite du déploiement d'un logiciel de CRM. Plus le produit est facile à utiliser, plus il a de chances d'être accepté par les utilisateurs. Un projet de CRM est un projet qui touche presque toutes les catégories d'usagers dans l'entreprise. Lors du déploiement d'une application dans un service connaissant un fort taux de turn over, on doit être excessivement attentif à cet aspect convivialité de prise en main. Une application trop complexe et non soutenue par un plan de formation est rejetée tant par les opérationnels que par les managers. Il s'agit d'augmenter les capacités de réponse et la réactivité d'utilisateurs dont le métier de base n'est pas l'informatique. Il faut leur permettre d'effectuer leurs tâches en moins de temps... et ne pas leur demander de modifier leur façon de travailler pour s'adapter à l'outil. La convivialité de la solution est de rigueur !

Il est nécessaire de construire une solution qui puisse être facilement modifiée. Le cycle d'implémentation ne doit pas être trop long (idéalement quatre à dix mois) au regard des changements de l'environnement qui s'opèrent. Une bonne solution doit offrir des capacités de paramétrage du système. Une rapidité de réaction est importante surtout dans les premières semaines de déploiement de l'application.

Enfin, la définition de l'infrastructure ne se limite pas à la seule technique. Il convient aussi d'évaluer les besoins d'administration et de formation, ainsi que les besoins en ressources humaines pour accompagner le projet. Une évaluation du climat social en amont du déploiement est souvent utile. Un projet CRM déployé dans une équipe déchirée par les conflits peut devenir le catalyseur des tensions. Il faut anticiper les besoins de support et d'assistance pour lancer le projet. On ne doit pas hésiter à investir sur des ressources externes pour former les utilisateurs et assurer une aide en interne si les compétences ne sont pas disponibles.

La sélection du partenaire

La première sélection ne devrait pas compter plus de trois à cinq logiciels. Un survol de ces solutions devrait vous permettre de réduire à deux ou trois produits cette première liste grâce au crible de votre cahier des charges. Il faut appliquer la règle des 80/20 dans cette phase de sélection des solutions packagées. Une analyse préliminaire de huit semaines permet d'éliminer 80 % des risques liés à la sélection. Les apports méthodologiques d'experts indépendants sont essentiels dans cette phase.

L'implémentation de solutions packagées représente toujours un risque. Il est courant de lire des articles sur des entreprises qui ont dépensé des millions d'euros dans l'implémentation de packages et qui sont totalement insatisfaites. Il faut se souvenir des leçons tirées de ces échecs pour minimiser les risques :

- Rester dans le standard et ne pas tomber dans la personnalisation et le paramétrage à outrance : l'objectif est de disposer d'une application qui doit rester ouverte et évolutive.
- Évaluer le degré de compréhension de votre problématique par l'éditeur ; demandez les sites installés, interrogez ces entreprises sur les difficultés d'installation, les erreurs, les coûts et le bilan.
- Vérifier l'assistance proposée par l'éditeur, par exemple, les compétences techniques locales, l'ancienneté des ingénieurs support, l'installation, le paramétrage et la formation. Un projet CRM est un projet commun entre l'éditeur, l'intégrateur et l'entreprise.
- S'assurer de la pérennité du fournisseur et du partenaire.
- Mettre en place un plan qualité qui précise les phases du projet, les délais, les pénalités et les responsabilités.

Cette phase de sélection peut conduire à refuser une solution globale pour acquérir les meilleurs composants de différents vendeurs. Il faut dès lors veiller à sélectionner un système suffisamment ouvert. Un système ouvert implique que vous puissiez remplacer ou changer un composant d'un vendeur par un composant d'un autre vendeur sans avoir à reconstruire les interfaces.

Outre le choix de l'outil, un nombre croissant d'entreprises délègue tout ou partie de la mise en place de leur gestion de la relation client à un intégrateur. L'objectif est de capitaliser sur l'expérience de l'intégrateur pour éviter les écueils et accélérer les développements. La sélection de l'intégrateur se fait généralement sur des critères culturels, de maîtrise technique de l'outil retenu et de connaissance de votre secteur spécifique d'activité.

La construction du plan de déploiement

La mise en place d'une solution de CRM nécessite une approche par phase afin d'ajuster l'organisation de manière progressive. Il faut d'abord se concentrer sur ce qui est nécessaire immédiatement et ajouter des fonctions de manière régulière. Il est plus judicieux d'introduire les changements de façon incrémentale, de manière à éviter la confusion.

Il est important d'établir les priorités avec les utilisateurs afin de choisir le contenu et le périmètre du projet pilote. Il faut démarrer avec un prototype et éviter les modifications des processus existants, tant que les avantages attendus ne sont pas perceptibles en interne ou externe de l'entreprise. Le prototype doit aider à :

- comprendre l'organisation générale des flux d'information dans l'organisation ;
- évaluer les réactions des utilisateurs internes ou externes à l'entreprise ;
- vérifier in vivo les problèmes d'intégration et notamment la qualité des données source ;
- dimensionner plus précisément les coûts et les délais de développement.

Le prototype doit être suivi par un pilote, qui sera testé auprès d'utilisateurs dans des conditions réelles de travail.

Le pilote a pour objectif de tester le système avant sa généralisation. Il est possible alors de faire un bilan des problèmes rencontrés et d'évaluer la charge prévisionnelle du plan d'implémentation global.

Le projet est ensuite étendu progressivement auprès d'un nombre plus important d'utilisateurs avant de passer en phase de généralisation.

La formation des utilisateurs

La réussite d'un projet de CRM se mesure plus en termes d'acquisition de compétences par le personnel de l'entreprise et de perception de ces compétences par les clients que par le respect du budget et des coûts d'implémentation du logiciel. Le succès d'un projet de CRM dépend du personnel. Il ne faut jamais oublier que les meilleurs processus alliés à la meilleure technologie échouent si les utilisateurs ne l'acceptent pas.

Il convient de mettre en œuvre des campagnes d'information, de sensibilisation, de formation de l'ensemble des acteurs. Les expériences des entreprises qui ont réussi les projets de CRM montrent que pour 1 euro de logiciel et de matériel, elles ont dépensé entre 3 et 15 euros de formation…

Un projet CRM concerne des utilisateurs qui sont rarement habitués aux ordinateurs. Il est prudent de prévoir des formations sur les fondamentaux de l'informatique. La mise en place d'une cellule d'assistance pour aider et former d'autres utilisateurs permet d'accélérer le plan de déploiement. Enfin, il ne faut pas hésiter à former en continu les utilisateurs par des sessions de formation régulières, ni à aller voir ce qui se fait ailleurs, pour bénéficier de l'expérience des autres et éviter certaines difficultés.

Il est important d'impliquer, de bien communiquer, de former à temps les utilisateurs. Mais il faut aussi les informer le plus tôt possible de ce qui va se passer, de comment cela va se passer, surtout lorsqu'il y a des grands changements d'organisation. Les rumeurs ont miné de grands projets ! L'absence d'attention sur ces aspects de formation et de communication peut être un facteur important d'échec.

L'évaluation des résultats

Dès le pilote, il faut mettre en place un système de mesure pour évaluer l'impact du CRM sur les indicateurs retenus initialement :

- réduction du nombre d'appels ;
- baisse des pertes de clients ;
- évolution du nombre et de la nature des demandes d'informations ;
- évolution du nombre de rendez-vous ;
- augmentation du nombre de produits vendus par entretien ;
- augmentation du taux de disponibilité du service client.

Il est souhaitable de comparer, sur une période de temps significative, les résultats de la région pilote avec les autres régions. Il faut être conscient que la mise en place d'une nouvelle méthode de travail se traduit toujours par une baisse de la productivité à court terme, avant de trouver son régime de croisière après six à huit mois de fonctionnement.

Ces indicateurs mettent en évidence les apports de la solution. Ils mesurent les gains de productivité et donnent des premières évaluations financières. Mais il convient de compléter cette démarche d'indicateurs par une tâche de refonte des instruments de mesure et des tableaux de bord de l'entreprise. En effet, il faut être conscient que les départements marketing manquent souvent de définitions précises de processus, d'outils de mesure et d'évaluation comme le retour sur investissement et la marge. Le suivi se focalise sur les résultats de campagnes ou les ventes de produits, et rarement sur les aspects de la profitabilité du client et de l'accroissement de valeur pour celui-ci. Il faut donc « financiariser » la lecture des résultats commerciaux avec la mise en place d'indicateurs comme les coûts du service client et une méthode de détermination de la valeur client.

Il est insuffisant d'apprécier un projet de CRM sur des seuls indicateurs internes. Le marketing doit créer des outils pour évaluer la contribution du projet à la création de valeur pour les clients. Cette mesure passe par le calcul régulier de baromètres pour évaluer la qualité perçue par les clients de l'entreprise. La régularité de la mesure est un facteur important pour la crédibilité du projet CRM. L'absence de mesure régulière rend toute forme de progrès impossible ou difficile à évaluer par rapport aux attentes des clients.

La plupart des clients ne croient pas que les entreprises s'occupent d'eux : ils pensent que la recherche de la satisfaction n'est pas la priorité des entreprises, que les commerciaux ne font pas remonter les problèmes et que les entreprises ne sont pas organisées pour prendre en compte les remarques des clients.

La mesure systématique et la recherche de l'opinion du client doivent favoriser l'amélioration des produits et des services. L'avis du client devient un élément central du processus, favorisant l'évolution de l'organisation dans le sens attendu par le client. Les entreprises ne se mobilisent plus sur des priorités de département, mais sur des priorités client, permettant de construire le long terme.

Et maintenant que vous avez suivi ce cheminement, vous vous dites que c'est fini. Le projet est lancé. Les utilisateurs sont globalement satisfaits (ils ne le sont jamais totalement !). Les indicateurs montrent que les clients ont bien noté les progrès de l'entreprise. Il est facile de céder à une satisfaction toute légitime. Eh bien, non ! On peut dire, au contraire, que tout commence !

Il vous faudra maintenant assumer un rôle d'animateur et de diplomate. L'arrivée du CRM s'accompagne souvent d'une baisse du moral des collaborateurs. En effet, le changement des processus remet en cause l'organisation et, par voie de conséquence, les rapports de force. Les outils et la technologie renforcent encore le sentiment de perte de liberté. Une vision trop technocratique peut conduire, au pire, à faire fuir les meilleurs collaborateurs et à développer l'incertitude et la démotivation. Cette baisse de moral fait partie du cycle normal des projets impactant l'organisation.

- Phase 1 : on attend beaucoup de cette nouveauté (on se trouve sur la pente des attentes exagérées).
- Phase 2 : après avoir placé beaucoup d'espoirs dans cette technologie émergente, les premiers utilisateurs se heurtent aux premières difficultés. Ils connaissent un grand nombre de désillusions, ce qui les conduit dans la vallée des désillusions.
- Phase 3 : l'apprentissage de la technologie vient ensuite. Les utilisateurs et intégrateurs cernent mieux les possibilités et les limitations des nouveaux outils.
- Phase 4 : enfin, une fois les difficultés surmontées, on atteint un plateau de productivité, où l'on commence à tirer réellement parti de la nouvelle technologie en question.

Figure 12-2 : Le Hype Cycle

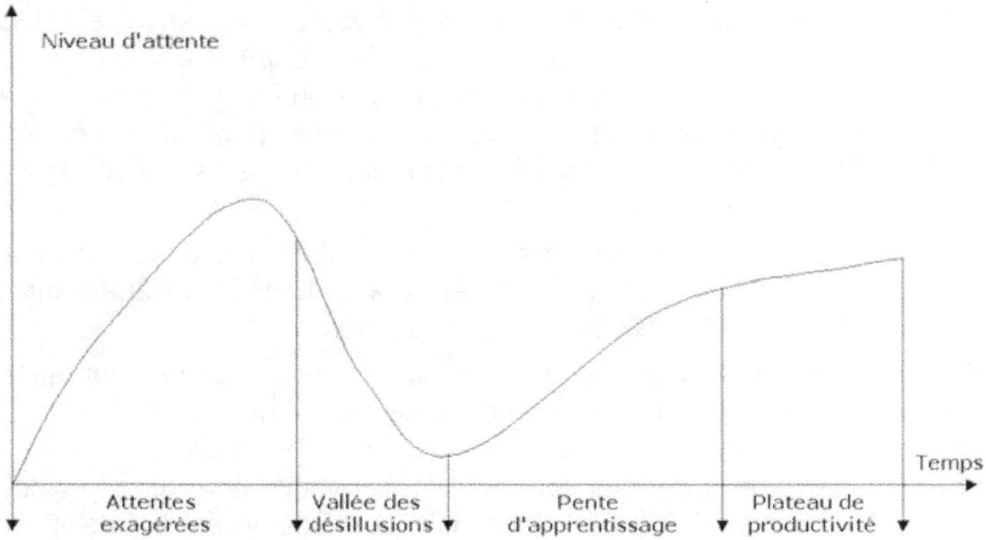

Il s'écoule donc un temps de plusieurs mois, voire de plusieurs années, avant d'atteindre la phase 4.

Certaines études montrent que le malaise des collaborateurs peut faire gonfler le poste de service à cause des charges engendrées par la conduite du changement et l'accompagnement des utilisateurs dans ces mutations. Il est donc crucial d'anticiper ces résistances naturelles dès le départ du projet, pour ne pas devoir mettre en place un plan de sauvetage lorsque le mal est fait, par exemple, la grève des commerciaux, des démissions en masse au marketing, des revendications syndicales liées à l'impact du projet… Il faut donc associer au plus tôt le département des ressources humaines, qui a la difficile tâche de préparer l'organisation, d'identifier les compétences clés et d'assurer la formation des collaborateurs.

Vous aurez compris qu'un projet de CRM ne ressemble pas à une simple destination. Il s'apparente plus à une quête. Il faut faire preuve d'obstination et d'abnégation car des forces contraires s'attachent continuellement à laminer votre beau projet. Il faut avoir une âme de pèlerin. Afin de ne pas trop décourager les futurs chefs de projet, nous allons seulement citer certains facteurs destructifs :

- Le programme de CRM a de multiples composants, et les fournisseurs ne manqueront pas de faire évoluer leurs versions… en vous laissant les problèmes de compatibilité. Une bonne nouvelle, vous ne serez pas là pour régler le problème de l'an 10000 !

- Lorsqu'elles ne sont pas maintenues, les données deviennent rapidement obsolètes. Comme la qualité des informations est le socle du système d'information, l'adage *Garbage In Garbage Out* (informations pourries en entrée, résultats pourris en sortie) prend tout son sens. Par exemple, si chaque année, plus de 5 % de vos clients déménagent ou changent de nom, vous devrez mettre en place des procédures spécifiques pour maintenir la qualité des adresses.

- Les besoins d'intégration avec les systèmes de back office seront de plus en plus pressants. Au début, le décalage d'une journée entre les données marketing et les données de production sera toléré. Mais, avec le développement de l'interactivité, les systèmes opérationnels et décisionnels devront évoluer vers le temps réel pour analyser, « scorer » et faire des propositions aux clients.

- Le CRM est un processus d'apprentissage continu. Les besoins évolueront, la réponse aux attentes initiales sera rapidement insatisfaisante. « Vingt fois sur le métier, remettez votre ouvrage ! »

En conclusion, nous pouvons constater que les entreprises qui ont mis en œuvre des projets de CRM ont d'abord sélectionné des outils… avant de se forger une philosophie. Il ne suffit pas d'intégrer un progiciel de CRM pour espérer réussir dans la conquête du consommateur. Il est évident que la construction d'une excellence opérationnelle nécessite une approche méthodique, mais elle doit s'accompagner d'une étape de transformation des mentalités dans l'entreprise. Le CRM implique une culture de partage, d'échange, qui aboutit à ce que l'ordinateur ne soit pas le seul réceptacle des données. Le pouvoir réel du CRM réside dans le formidable effet de levier qu'il représente pour transformer une entreprise et la rapprocher de ses clients. Cette force de changement est un enjeu vital pour beaucoup d'entreprises. Mais, qui dit changement, dit crainte.

Dans cette seconde partie, nous présenterons les résistances organisationnelles face au changement. Le chef de projet doit connaître ces facteurs de résistance pour interpréter le comportement de certains départements dans la mise en œuvre du projet.

Les difficultés organisationnelles

La tentation de rationalisation

La réussite d'un projet de CRM s'appuie, certes, sur une maîtrise des choix technologiques, mais la seule technologie ne pourra pas changer la culture d'une entreprise. Comme l'illustre la vaste littérature sur la planification stratégique, le management est très réceptif à toutes les techniques qui lui permettent de limiter l'incertitude. Certains éditeurs s'appuient sur cette soif de contrôle pour convaincre les décideurs des bienfaits du CRM. Ainsi, les brochures commerciales des logiciels de CRM mettent souvent en avant la maîtrise des coûts et l'industrialisation des méthodes de vente comme avantages. La déclaration suivante, extraite d'une présentation produit, est explicite : *Managing customer performance and customer focus is not really possible without measuring progress and results. Marketing, sales and service must be subjected to the same process control techniques that are usually applied to the company functions of production, logistics and administration.* (« La gestion de l'orientation client et de la performance client n'est possible qu'en mesurant les progrès et les résultats. Le marketing, les ventes et le service doivent être soumis à la même rigueur de contrôle et de suivi que la production, la logistique et l'administration. »)

Dès lors, il existe un risque évident de chercher à imposer des approches commerciales pour le bien du client. Le CRM n'est plus qu'une industrialisation de la relation... mais ne développe absolument rien de relationnel ! La mise en œuvre de la gestion de la relation client se doit d'oublier le mot gestion, dans sa vision contrôle a posteriori, pour donner toute son importance au mot relation.

Les entreprises qui réussissent ne cherchent pas à imposer des produits et services par une maîtrise des techniques de production et de commercialisation. Au contraire, elles inversent le processus en s'adaptant continuellement aux besoins du consommateur. Elles cherchent à comprendre les attentes des clients, à mesurer leur position par rapport aux concurrents, pour évaluer des pistes d'amélioration afin de mieux satisfaire les clients ou de maintenir la satisfaction en diminuant les coûts pour l'entreprise. Cette priorité, accordée au client, ne doit pas se limiter à des déclarations dans le rapport annuel d'activité ou dans les communiqués de presse. Il faut que l'entreprise traduise cette volonté réelle de construire une relation forte avec ses clients dans l'organisation, par la mise en place de structures dédiées, dotées de réels moyens d'action. Le retour sur investissement d'un projet de gestion de la relation client dépend de son exécution. Le but des outils est de modifier le comportement de l'entreprise face à son client. Sans cette modification comportementale, l'outil n'apporte aucun gain.

Peu d'entreprises ont déjà opéré le changement organisationnel nécessaire pour adopter une démarche de gestion de la relation client globale. Cette transition inspire des craintes nombreuses dans les organisations :

- Les départements marketing ont la sensation de perdre du pouvoir car les opérationnels maîtrisent mieux la définition des offres et des cibles.

- Les départements communication sont effrayés par la perspective de gérer des dizaines de microcampagnes par trimestre au lieu de dix campagnes de masse par an.

- Les départements des ressources humaines sont inquiets sur les conséquences du recrutement ou de la formation de nouvelles compétences.

- Les informaticiens doutent de la qualité et de la sécurité du système d'information partagé.

- Les financiers sont sceptiques sur les mesures de retour sur investissement et les modèles de détermination de la valeur client.

Ainsi les réticences et le scepticisme dominent, entretenus par la médiatisation de quelques échecs cuisants. Avec le recul, il est évident que les principaux obstacles à la mise en place du CRM ne sont pas techniques, mais culturels. Les entreprises craignent la perte de contrôle et les automatismes dans les processus de décision. Les excuses pour justifier le retard de l'informatique décisionnelle comme la mobilisation des ressources pour l'euro, les restrictions budgétaires, la mauvaise qualité des données... ne sont parfois que des aveux d'impuissance à faire évoluer la culture de l'entreprise.

Il est vrai que le projet CRM doit s'accompagner de nombreuses modifications organisationnelles. Nous allons présenter les changements les plus significatifs à introduire :

- mettre le client au cœur des processus ;

- refondre les systèmes d'évaluation ;

- recomposer les organigrammes ;

- mettre en place une structure dédiée à la gestion de l'information ;

- changer le mode de management.

Le client au cœur des processus

Traditionnellement, les entreprises ont été organisées par lignes de produits et par division fonctionnelle :

- Les coûts et les revenus sont mesurés par lignes de produits pour mesurer le niveau de productivité… même s'ils aboutissent à l'appauvrissement du capital humain.

- Le découpage des entreprises est essentiellement produit, et chaque chef de produit cherche à maximiser son activité… même si elle conduit à appauvrir le résultat global de l'entreprise.

- Le discours des entreprises consiste à adopter un mode de communication orienté produit… même si elles énoncent une volonté de s'intéresser au client.

- Les biens les mieux suivis et les mieux valorisés sont les stocks et l'équipement… même si tous les rapports annuels énoncent que les collaborateurs et les clients sont le capital de l'entreprise.

Le développement d'une organisation orientée client signifie que les activités de gestion de la relation client sont organisées autour du client et non plus autour du marketing, des ventes ou d'un autre département. Le client n'est plus au bout du processus, il est au cœur du processus.

Figure 12-3 : La transition d'une organisation produit à une organisation client

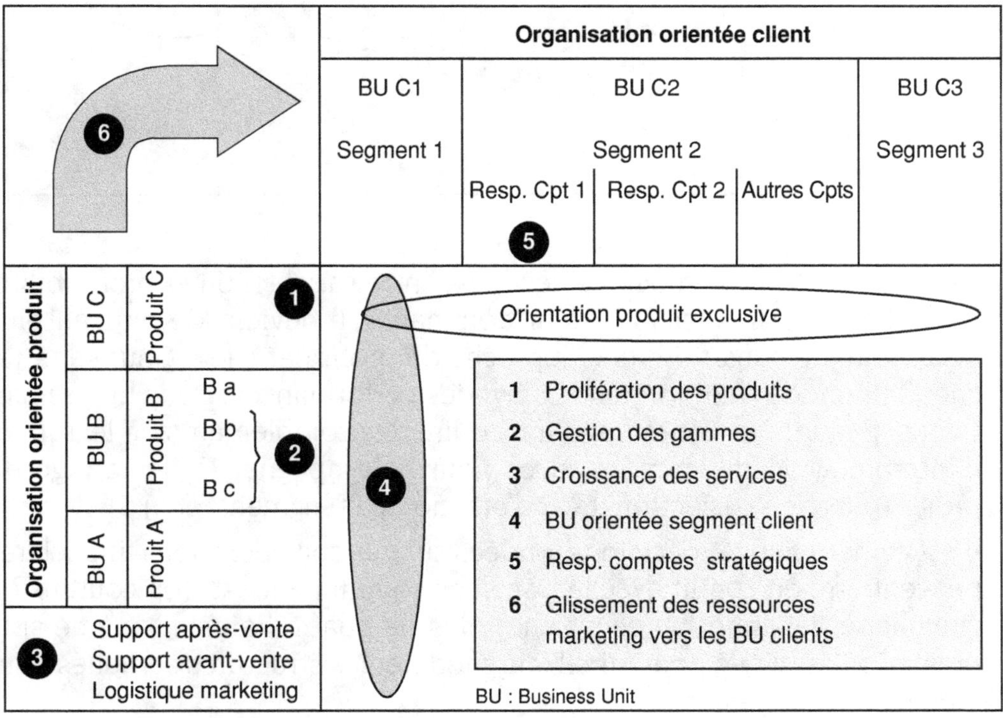

La refonte des modes d'évaluation des performances

Une stratégie fondée sur la relation client et la satisfaction nécessite un changement important dans le pilotage. Les indicateurs de suivi d'activité, organisés par produit, inhibent les efforts de construction de la relation client : la fidélisation, c'est bien, mais les objectifs quantitatifs, c'est mieux pour la rémunération.

Dès lors, il faut essayer de les transformer en objectifs par segment de clientèle. Il faut avoir le courage de reconnaître que la part de marché, les bénéfices, les ventes et la rentabilité des investissements ne viennent que d'une seule source : les clients. Satisfaction et fidélité deviennent des indicateurs pivots !

Figure 12-4 : Les liens entre fidélité et revenus

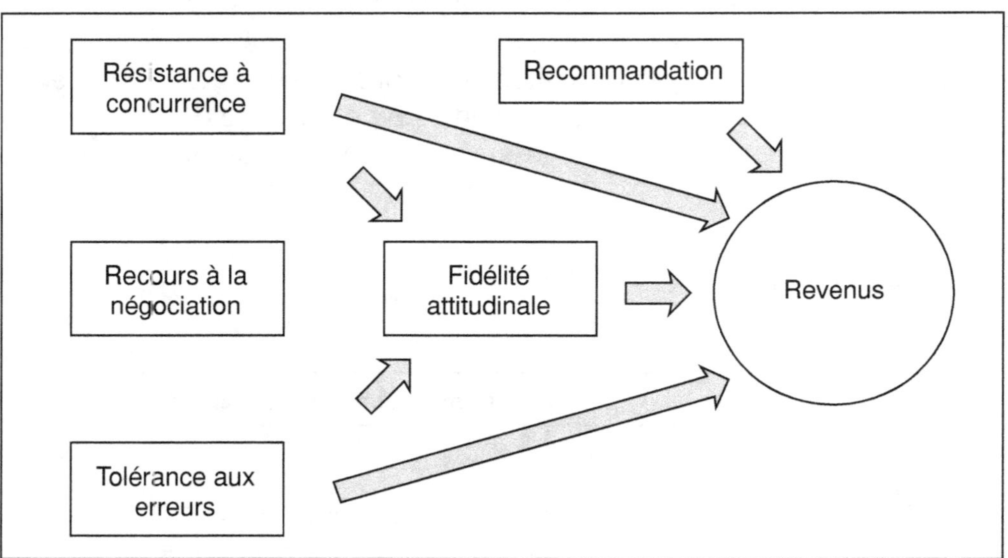

Faute de véritables études sur les liens entre satisfaction et profitabilité, les indicateurs financiers restent dominants. Il devient de plus en plus nécessaire de construire une approche du profit par client pour se rattacher à un mode traditionnel de suivi des performances. Dans un premier temps, il faudra se contenter d'introduire des compléments de lecture et d'interprétation des performances pour accompagner le démarrage du projet (taux de satisfaction, taux d'attrition par segment, etc.).

Il est évident que les décisions fondées sur des considérations financières peuvent être en conflit avec le bon sens commun : il est trop coûteux de chercher à dépanner un client en moins de quatre heures… même si la prestation est vitale pour lui ! Il faut modifier les structures actuelles pour amener le changement.

Le changement de l'organigramme

La grande majorité des clients fait mention de conflits d'intérêt entre les départements. Les entreprises sont découpées par fonction : marketing, avant-vente, vente, après-vente, assistance. Chaque fonction optimise ses processus pour résoudre ses problèmes, mais elle reste isolée des autres. Ce manque de communication est plus flagrant au niveau du front office client. Ce dernier est incapable de personnaliser la relation, de rebondir sur des événements pour construire cette touche relationnelle qu'il attend. Pour y parvenir, il faut davantage intégrer les applications du back office à celles du front office, et mieux relier le commercial et le marketing. Pour éviter les problèmes de dysfonctionnement, il apparaît important de gérer la relation client d'une manière plus intégrée et donc de revoir l'organisation.

Les tendances actuelles s'orientent vers une division des fonctions d'acquisition et de développement des clients. Elles doivent être placées sous la responsabilité d'une même personne pour éviter des logiques de recrutement de clients non rentables :

- la division Acquisition conserve une organisation par spécialisation : publicité, recherche et développement ;
- la division Rétention est plus verticale, de façon à pouvoir résoudre les problèmes du client de manière globale.

Figure 12-5 : La réorganisation des fonctions autour du client

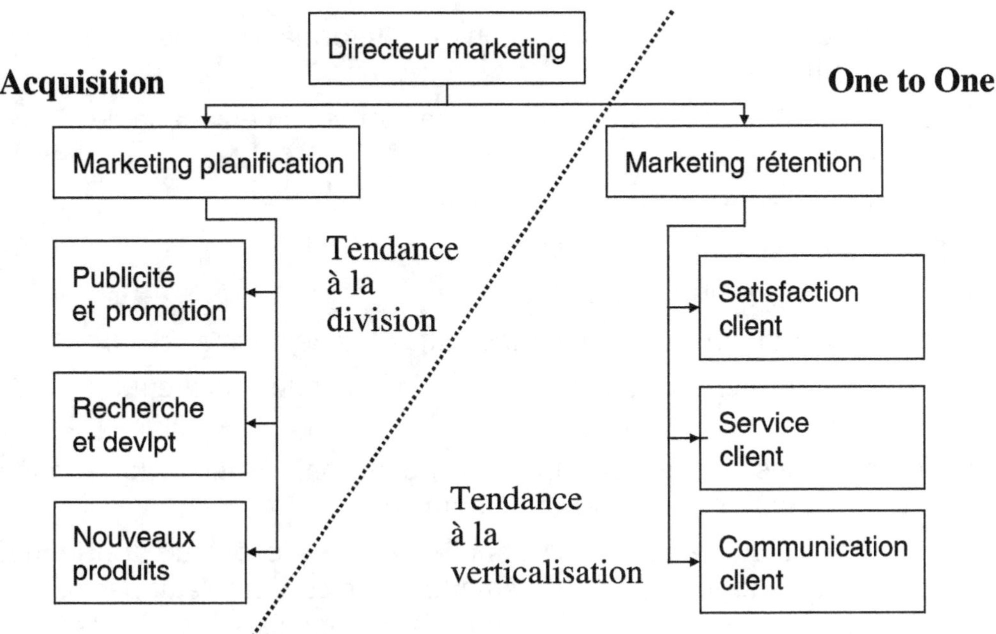

La création d'une structure dédiée à la gestion de l'information

Le nouveau modèle qui se dégage est celui d'une entreprise organisée autour de la circulation de l'information pour mieux servir le client.

La capacité de traitement des informations doit être à la fois au plus proche du client et au plus profond des processus. La partie la plus complexe est de faire remonter l'information client jusqu'aux systèmes de production de l'entreprise. Cette intégration dans l'existant est loin d'être simple. La mise en œuvre d'un mode inversé de gestion de la production est plus facile pour les entreprises qui se lancent dans le commerce électronique. Dell est l'exemple le plus significatif avec la fabrication du produit à la demande du client. Les avantages de ce mode inversé sont une réduction des stocks et un gain de 5 % de marge.

Cette inversion du cycle de production n'est possible que par la mise en œuvre d'une organisation dédiée à la gestion de l'information. Il est illusoire de croire qu'un département existant pourra seul prendre en charge la mise en œuvre de la gestion de l'information dans l'entreprise. Il lui sera difficile de gérer sa charge de travail, d'absorber ce nouveau projet… et d'être impartial au moment des décisions de refonte des processus.

Il est donc nécessaire de créer une structure dédiée à la gestion de l'information.

Il pourrait sembler logique de confier cette mission à la seule direction informatique. Pourtant, la technologie a pris un tel rôle stratégique qu'il devient dangereux de ne la percevoir que dans ses seuls aspects techniques. En fait, l'informatique devient trop sérieuse pour n'être confiée qu'aux seuls informaticiens. Il est évident que la capacité d'écoute et de compréhension des comités de direction en matière d'informatique doit encore s'améliorer !

Cette structure dédiée à la gestion de l'information peut exercer les responsabilités suivantes :

- aider le comité de direction à appréhender les enjeux de la gestion de l'information ;
- réaliser des audits des systèmes existants ;
- piloter la refonte des processus ;
- identifier les solutions possibles ;
- être un médiateur pour aplanir les difficultés de mise en œuvre.

Elle est l'instrument de la construction de la révolution client au sein de l'entreprise.

Nous apportons, à titre d'exemple, une définition du métier de l'administrateur fonctionnel de l'entrepôt de données :

- Il doit avoir une vision fonctionnelle globale de ce que contiennent l'entrepôt de données et les datamarts associés. Il ne s'agit pas pour lui d'être un expert dans tous les domaines de données – les experts métier sont ses relais –, mais d'être capable d'avoir une approche macro du système d'information décisionnel.

- Il est le garant du dictionnaire des métadonnées, et donc du sens et de la qualité des données vis-à-vis de l'ensemble de l'entreprise.
- Il valide la qualité des données mises à disposition au quotidien, par la mise en place de tableaux de bord d'exploitation, à chaque évolution du modèle, par des audits réguliers sur la qualité des données du système.
- Il est l'interlocuteur pour toutes les questions utilisateur liées au contenu de l'entrepôt et des datamarts.
- Il maintient, fait évoluer et valide le MCD (modèle conceptuel des données) et la documentation associée.
- À chaque fois qu'un nouveau besoin apparaît, il doit en être informé et doit :
  - Vérifier que la donnée n'est pas déjà présente.
  - S'assurer de la cohérence de la demande par rapport à d'autres demandes utilisateur et d'autres projets.
  - Spécifier le besoin en collaboration avec le demandeur et l'administrateur technique.
  - Valider les spécifications.
  - Prioriser la mise en œuvre de la donnée avec le demandeur et l'administrateur technique.
  - Suivre le développement.
  - S'assurer de la bonne conduite du test avec le représentant métier.
  - Communiquer à tous les représentants métier qu'il existe une nouvelle donnée.
- Il centralise, documente et valide la forme des différents rapports utilisateur à automatiser. Il administre à ce titre le référentiel des rapports du système d'information décisionnel.
- Il participe au choix des outils qui utilisent l'entrepôt de données.
- Il participe à la définition des profils utilisateur.

Le changement du mode de management

Le facteur humain est un facteur critique dans la mise en œuvre d'une stratégie de CRM. C'est particulièrement évident pour le personnel de vente, qui est en première ligne. La relation commence à ce premier contact et conditionne fortement la relation future. Les acteurs doivent faire remonter la voix du client dans le cœur de l'organisation et disposer de suffisamment de pouvoir pour apporter rapidement de la satisfaction aux clients. Offrir la possibilité de dire oui aux niveaux les plus profonds de la hiérarchie est encore trop souvent perçu comme le début de l'anarchie par l'encadrement. Ce dernier doit se légitimer davantage par la construction d'un état d'esprit au sein de l'équipe que par le contrôle du respect des procédures. Plus facile à dire qu'à faire.

Les travaux sur les impacts organisationnels de la mise en œuvre du CRM sont encore rares. Jon Anton, qui a mené une recherche sur ce thème, a identifié six leviers principaux dans la transition vers le CRM :

- Changer la définition du métier de l'entreprise par la création d'une chaîne de valeur client de l'avant-vente à l'après-vente :
  - raccourcir les hiérarchies ;
  - favoriser l'innovation et le partage d'expérience ;
  - penser comme un client.
- Identifier et différencier les clients en termes d'enjeux, de caractéristiques et d'attentes :
  - ne pas chercher à satisfaire tous ses clients ;
  - construire des offres pour des cibles clairement identifiées ;
  - multiplier les visions externes de façon à remettre en cause les modes de traitement habituels.
- Déterminer les attentes prioritaires des clients en fonction du niveau de performance :
  - développer les prestations qui ont l'impact le plus important sur la valeur perçue ;
  - redéfinir le périmètre de son métier.
- Mesurer de manière permanente le niveau de satisfaction des clients (valeur perçue) :
  - gérer les utilisations du client en favorisant le retour d'information et en agissant rapidement ;
  - identifier les coûts et le livrable de chaque processus ;
  - apprécier son impact sur la valeur perçue par le client avec des méthodes statistiques.
- Construire et maintenir des baromètres internes et externes de la relation client :
  - nombre d'appels non décrochés, temps de traitement d'une réclamation, factures erronées ;
  - innover dans la mesure traditionnelle de la productivité (tâche/temps), inadaptée pour la société de l'information. Il est primordial de changer les indicateurs de mesure qui conduisent à dégrader la relation client (exemple : nombre de commandes à l'heure !).
- Construire une vision synthétique des indicateurs de mesure :
  - former le personnel dans cette vision stratégique ;
  - montrer que conserver des clients rapporte de l'argent, que le service client en apporte et n'est pas un centre de coûts ;
  - montrer que l'abandon des cibles non profitables est une économie directe.

Le passage d'une organisation centrée sur le profit à une organisation centrée sur le client se traduit par des modifications importantes qui sont résumées dans la figure 12-6. Un vaste programme…

Figure 12-6 : La transition du profit au client

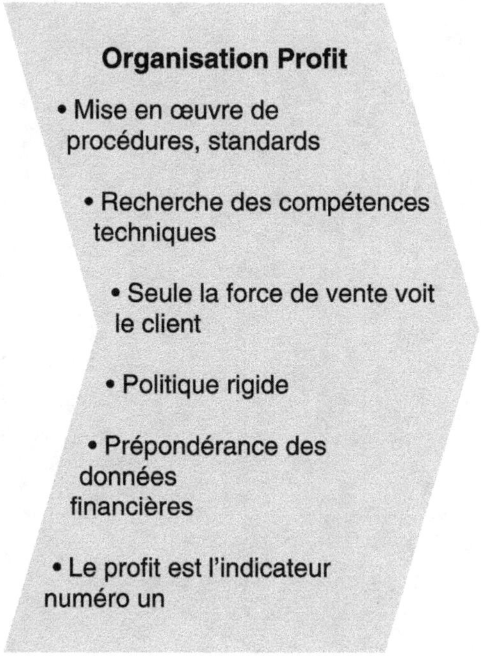

Organisation Profit

• Mise en œuvre de procédures, standards

• Recherche des compétences techniques

• Seule la force de vente voit le client

• Politique rigide

• Prépondérance des données financières

• Le profit est l'indicateur numéro un

Organisation Client

• Assurer une souplesse face au client

• Recherche des compétences relationnelles

• Toute personne est en contact avec le client

• Flexibilité

• Importance des données clients

• La satisfaction des clients est l'indicateur numéro un

L'idée générale du CRM consiste à véhiculer une information homogène et enrichie sur les clients à chaque maillon de la chaîne depuis le client jusqu'au fournisseur. Elle nécessite l'intégration des outils du back office avec ceux du front office commercial et marketing. La structure doit refléter cette nouvelle organisation avec la reconnaissance d'un travail d'équipe autour de valeurs telles que la collaboration, l'interaction et l'adaptation.

Il s'agit d'un nouveau mode de management en rupture avec le modèle dominant, dans lequel les personnes agissent de manière individuelle et accomplissent des tâches répétitives normalisées par des procédures. La notion de performance individuelle sera progressivement remplacée par le travail d'équipe, incorporant des équipes multidisciplinaires dédiées par exemple à la fidélisation ou à l'acquisition des clients, évaluées sur l'efficience du processus.

Tout le monde, en commençant par les fournisseurs, les employés, les clients et les autres intermédiaires ainsi que les investisseurs et le comité de direction, aura besoin d'être organisé comme une chaîne de relations qui ajoute de la valeur à chaque élément.

Les relations que l'entreprise développe avec le client n'auront que la résistance du maillon le plus faible. Les personnes travailleront en équipe sur les mêmes comptes et passeront progressivement d'une vision de chasseur du client à celle, plus agricole, qui cherche à construire et à faire fructifier une relation. Les systèmes de récompenses et d'appréciation de la performance devront progressivement intégrer cette modification.

Chapitre 13

Retours d'expérience

« [...] il est peu de réussites faciles, et d'échecs définitifs. »

Marcel Proust, A la recherche du temps perdu

La première édition de cet ouvrage a été rédigée en 2000, autant dire à l'ère des pionniers de la gestion de la relation client. Les concepts importés d'outre-Atlantique étaient clairs ; les projets foisonnaient dans l'euphorie de la bulle Internet ; pour autant, les retours d'expérience sur la durée étaient peu nombreux.

Avec le recul, cette nouvelle édition est l'occasion de dresser un bilan de plusieurs années d'expériences en matière de projets de gestion de la relation client et d'en tirer des enseignements.

Nous revenons en particulier dans ce chapitre sur la question du lien entre satisfaction client et rentabilité, sur l'importance de la dimension humaine dans les projets CRM, ainsi que sur les difficultés rencontrées dans l'intégration entre CRM opérationnel, CRM analytique et ERP. Nous proposons enfin une cartographie des projets CRM en fonction du taux moyen de réussite constaté sur le terrain : chaque type de projet CRM (mise en place d'un centre de contact, d'un outil de gestion de campagnes, d'applications de segmentation ou de ciblage, de tableaux de bord, etc.) est positionné sur une matrice à deux dimensions, l'une représentant le taux de réussite fonctionnelle, l'autre le taux de réussite en matière de production de valeur et de retour sur investissement.

La relation satisfaction - rentabilité

Avant d'aborder les retours d'expérience, il nous a semblé nécessaire de faire le point sur la question de la relation entre satisfaction, fidélité et performance, en apportant une lecture contradictoire avec les croyances dominantes en la matière.

Les effets supposés de la satisfaction client

Les premiers projets de CRM nous semblent avoir été construits autour d'une somme de croyances, de mantras. Ceux-ci répétés dans de nombreuses conférences associent dans une relation de cause à effet les notions de satisfaction client, de fidélité et de rentabilité. Tout le monde sait, ou croit savoir que :

- le coût d'acquisition d'un nouveau client est cinq fois plus élevé que la conservation d'un client déjà existant ;
- la probabilité pour qu'un client reste fidèle à son fournisseur varie de 70 % à 45 % selon qu'il est satisfait ou relativement satisfait ;
- un client insatisfait en parle à une dizaine en moyenne contre quatre pour un client satisfait ;
- l'insatisfaction conduit 80 % des clients insatisfaits à migrer vers la concurrence ;
- seulement 4 % des clients insatisfaits réclament, ce qui signifie que 96 % des clients quittent une entreprise sans se plaindre du produit ou du service qui leur est fourni ;
- permettre à un client déçu de se plaindre contribue à accroître les chances de le voir acheter de nouveau ;
- les probabilités de ré-achat sont d'autant plus importantes que les réclamations auront été traitées rapidement et avec efficacité.

Ces différentes affirmations ont été reprises à leur compte par les éditeurs de logiciels de CRM, trop heureux de trouver des éléments chiffrés pour justifier la nécessité d'investir. Elles ont conduit de nombreuses d'entreprises séduites par ces promesses de retours sur investissement, à axer leurs projets de CRM sur la satisfaction du client, sans mises en œuvre d'outils de mesure de la profitabilité des clients. Comme la relation semble mécanique, il suffit d'apporter de la satisfaction, et les effets bénéfiques ne tarderont pas à se faire sentir en termes de chiffres d'affaires et de bénéfices.

Nous allons essayer de brièvement présenter les origines de cette confusion.

Le schéma des équivalences

Aujourd'hui, il nous semble évident qu'il existe une relation forte entre la qualité, la valeur perçue par le client, la satisfaction et la fidélité. Mais cette évidence a nécessité de nombreux travaux de recherche pour aboutir à la création d'un modèle causal, permettant d'établir ces liens entre qualité de service, satisfaction du client, rétention du client. Ce modèle est aujourd'hui incontournable, mais il y a moins de quinze ans, il n'était pas évident de comprendre les liens et encore moins de mesurer ces différents concepts. Pour apprécier la difficulté de l'exercice, posez-vous les questions suivantes : ai-je choisi ma voiture pour ses qualités intrinsèques de qualité ou pour la valeur perçue de la marque ? Est-ce la qualité ou la valeur qui conditionne ma fidélité à la marque ?

Le principe fondamental qui sous-tend la relation entre satisfaction et profitabilité repose sur l'idée qu'un client satisfait est un client fidèle et donc il aura davantage tendance à revenir faire des achats, générateurs de revenus, objectif poursuivi par l'entreprise.

Un des modèles les plus intéressants est celui proposé par Valarie A. Zeithaml (voir figure 13-1) qui établit un lien entre qualité de service et profitabilité en distinguant deux types de stratégies marketing :

- Marketing offensif (conquête de clients) avec une croissance de la réputation de l'entreprise, une augmentation de la part de marché, une moindre sensibilité des clients aux prix. Tous ces éléments devant se traduire par une croissance du chiffre d'affaires.

- Marketing défensif (fidélisation des clients) avec une baisse des coûts client, une augmentation des achats, un pouvoir de recommandation. Tous ces éléments devant se traduire par une croissance du taux de marge.

Figure 13-1 : La relation qualité – profits de Zeithaml

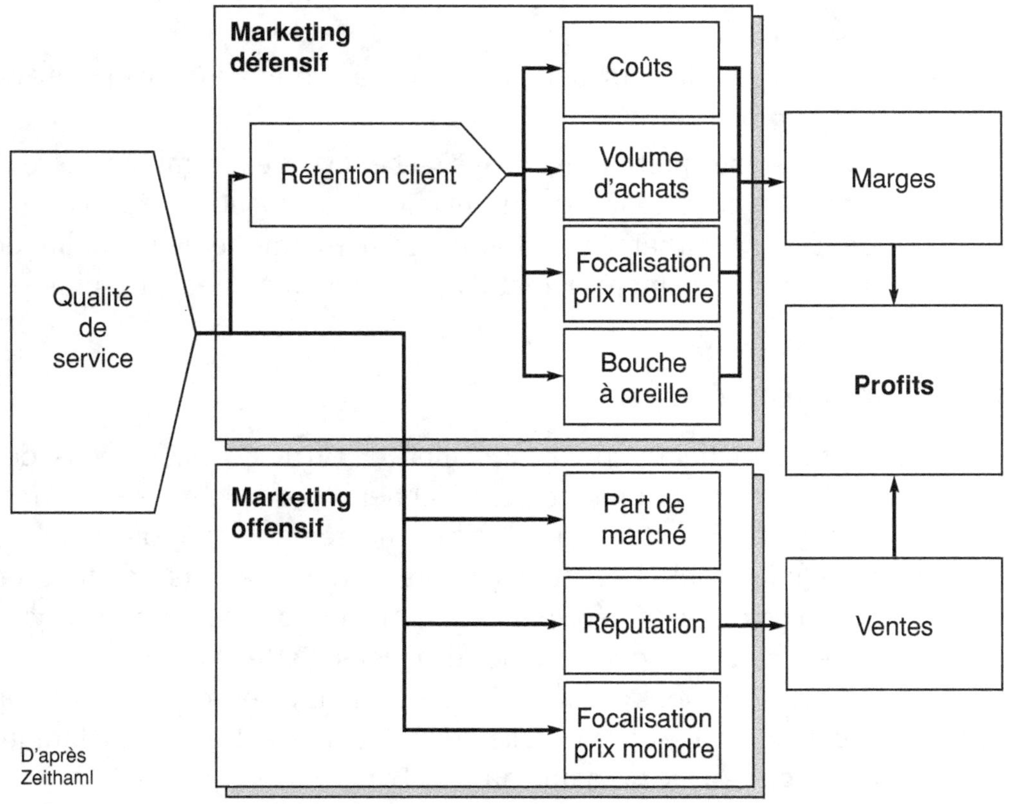

Ce modèle a permis d'organiser les concepts en positionnant les éléments de qualité au début du processus. La relation qualité/prix crée la valeur.

Le centre d'intérêt de Valarie A. Zeithaml est la mesure de la qualité de service. Il a construit, avec d'autres chercheurs, une échelle de mesure de la qualité de service unanimement reconnue avec le modèle ServQual[1]. Ses travaux ont permis de donner un instrument de mesure de la qualité de service, fournissant au marketing un véritable moyen de contrôle d'une de ses activités clés. Pour faire comprendre l'importance de ce travail, on peut dire que Zeithaml et ses collaborateurs ont tout simplement créé le premier thermomètre du marketing relationnel !

Le schéma de la figure 13-1 introduit une relation « supposée » entre la satisfaction et le profit, qui va devenir rapidement un fait acquis. Pourtant, Zeithaml[2] avait émis des remarques suffisamment explicites sur la nécessité de confirmer les effets supposés de la satisfaction par une mesure de cette relation entre satisfaction et profits :

- développement de méthodologies pour capturer l'impact de la qualité de service sur le profit,
- mise en place de mesures fiables pour examiner la relation d'une manière consistante, valide et fiable,
- compréhension de la relation entre la qualité et la profitabilité selon les secteurs d'activité, afin de distinguer les facteurs généralisables des facteurs spécifiques,
- identification des facteurs modérateurs de la relation entre la qualité de service et la profitabilité.

Les mauvaises interprétations de ce schéma nous semblent être à l'origine des croyances dans le rôle magique de la satisfaction comme vecteur de profits. Zeithaml avait fourni un thermomètre de la qualité de service que certains s'empressèrent d'utiliser comme une pierre philosophale.

La fin d'un mythe ?

Pourtant des chercheurs comme Dowling et Uncles[3] avaient émis des doutes sur la simplification faite par Reichheld lors de la mise en correspondance entre les clients loyaux et les clients rentables. Selon eux, dans le domaine industriel, les études auprès des acheteurs mettent en évidence la possibilité de développer une meilleure capacité de négociation au travers du développement des échanges. Cette affirmation allait à l'encontre des assertions de Reichheld en mettant en évidence que la meilleure connaissance des produits de l'entreprise entraîne une diminution de la marge dans le domaine du B to B.

[1] A. Parasuraman, V.A. Zeithaml, L.L. Berry, « SERVQUAL : a multiple-item scale for measuring consumer perceptions of service quality », *Journal of retailing*, 64:1, 1988.

[2] V.A. Zeithaml, « Consumer perceptions of price, quality and value : a means-end model and synthesis of evidence », *Journal of Marketing*, 52, 1988.

[3] G. Dowling, M. Uncles, « Do customer loyalty programs really work ? », *Sloan Management Review*, Summer 1997.

Plus récemment, Reinartz et Kumar[1] ont constaté une relative incohérence avec les travaux de Reichheld sur la relation entre fidélité et valeur du client dans le secteur de la vente par correspondance.

Reinartz et Kumar mettent en évidence que :

- la profitabilité n'est pas bien expliquée par la durée de vie des clients : 20 % des clients génèrent des profits malgré une durée de vie courte et 20 % des clients génèrent des profits faibles malgré une durée de vie longue !

- les profits décroissent avec le temps ; seuls les segments avec de faibles profits et une durée de vie longue semblent s'améliorer !

À la vision du cercle vertueux où la fidélité du client se concrétise par une volonté de renforcer la relation, succède maintenant celle d'un client qui a un besoin de variété, s'ouvre aux concurrents pour valider son jugement, éprouve une certaine forme d'ennui à travailler avec la même entreprise. Il faut donc développer un marketing relationnel pour contrecarrer ce sentiment de lassitude.

Sur ce point les travaux de Reinartz et Kumar sont tout aussi édifiants. Il semble que le marketing crée des clients fidèles à un coût inacceptable (programme de fidélité, marketing direct, télémarketing) :

- Les clients fidèles consomment autant de promotions que les autres. Le ratio Promotion/Revenu des très bons clients est aussi élevé que pour les autres clients.

- Les clients fidèles n'acceptent pas de payer plus cher. Il semble même qu'il existe une part importante de clients rentables sur un univers de court terme.

Reinartz et Kumar montrent que se sont les revenus qui conduisent la valeur à long terme… et pas seulement la durée de vie. Ainsi, le taux de marge a une importance très forte, et un client générant des revenus mérite toujours plus d'intérêt qu'un client long terme.

Pour Reinartz et Kumar, l'impact de la durée de vie du client est plus limité que ce que laissaient entendre les études antérieures. Il est préférable de se concentrer d'abord sur les revenus et la baisse des coûts, avant de se préoccuper de la gestion de la durée de vie des clients.

Une concordance avec la réalité

Nous n'avons pas eu la possibilité de construire des études aussi approfondies, mais notre quotidien de gestion de projets de CRM montre que les mêmes interrogations se posent dans les entreprises. Une majorité des projets menés à leur terme (solution installée, en exploitation) tardent à prouver le fameux ROI tant attendu. L'effet magique se fait encore attendre : le CRM ne serait-il qu'un effet de mode ?

Nous restons persuadés que non, mais il est nécessaire de dépasser la logique simpliste de l'effet loyauté, et de gérer le projet CRM dans sa

[1] W.J. Reinartz, V. Kumar, « On the profitability of long lifetime customers : an empirical investigation and implications for marketing », *Journal of Marketing*, 64, 2000.

complexité, tant dans sa conception que dans son évaluation. Une évidence : il n'y a pas de relation mécaniste entre un projet CRM et les résultats. Il est nécessaire d'entreprendre des travaux connexes à la technologie informatique pour accompagner et évaluer la réussite financière du projet CRM. Tous les projets n'apportent pas les mêmes résultats.

Il est cependant nécessaire de se poser une question : une entreprise a-t-elle les moyens d'évaluer, sur la base des informations comptables à sa disposition, les apports d'un projet CRM ? Ce point crucial sera traité dans le dernier chapitre.

Une surmédiatisation des échecs qui masque des succès plus discrets

À l'apogée de la bulle Internet, le CRM était considéré comme le remède à tous les maux de l'entreprise et promettait à la fois une croissance du chiffre d'affaires et une baisse des coûts. Comme toute révolution ou évolution importante basée sur les technologies de l'information, le CRM, à ses débuts, a souffert d'une surmédiatisation, orchestrée par les fournisseurs et les prestataires, et relayée par les médias.

Cette surmédiatisation a généré chez les donneurs d'ordre un niveau d'attente largement au-delà de ce que la technologie pouvait raisonnablement délivrer. Il était courant d'annoncer des retours sur investissement sur moins de deux ans, comme si le déploiement des solutions techniques devait se traduire par un changement instantané du comportement des acteurs de l'entreprise et des clients, et par une amélioration immédiate des résultats.

Par un effet de retour de balancier, quelques années plus tard, les mêmes médias qui encensaient alors le CRM se sont fait l'écho des échecs et des difficultés de certains grands projets. N'oublions jamais que les « choses normales » ne trouvent que peu d'échos dans les médias : le sensationnel attire. Par ailleurs, les entreprises qui ont réussi, jalouses de leur succès, ne communiquent pas toujours, et éprouvent souvent des difficultés pour évaluer précisément les gains financiers. Pourtant, quelques entreprises comme Dell ont permis de mettre en évidence qu'une fluidité entre les processus clients et les produits peut se révéler un avantage concurrentiel important.

Les échecs ont été aussi exagérés que les promesses initiales l'avaient été. Notre perception générale après quelques années de retours d'expérience est la suivante :

- Il y a de moins en moins de projets « ratés » bien que le niveau de satisfaction à l'arrivée soit généralement inférieur aux attentes.

- La proportion de projets réussis est d'autant plus grande que le projet est récent, la plupart des projets lancés à partir de 2001 ayant abouti.

- Le niveau de satisfaction à l'arrivée est souvent inversement proportionnel au nombre d'utilisateurs de la solution déployée. Typiquement, il est plus facile de mettre en place un bon système de CRM analytique, utilisé par quelques décideurs, que de satisfaire plusieurs dizaines ou centaines de commerciaux avec un outil d'automatisation des ventes.
- Les difficultés techniques, souvent à l'origine de la médiatisation de certains échecs, ont toujours été d'une manière ou d'une autre résolues, voire contournées.
- Rares sont les projets dont les délais et/ou les coûts n'ont pas dépassé les estimations initiales, ceci essentiellement parce que les spécifications des fonctions commerciales et marketing sont souvent difficiles à figer.

In fine, les projets de CRM sont des projets d'entreprise comme l'étaient en leur temps les projets d'ERP. En tant que tels, ils doivent être jugés dans la durée, le temps que l'outil entre dans les mœurs et que les cicatrices liées à son introduction disparaissent.

L'intégration et les interfaces : pierres d'achoppement

Vu de très haut, la mise en place d'une solution de CRM n'est rien d'autre que le développement d'un entrepôt de données, simple mise en place d'une base de données, certes volumineuse, et d'un outil d'aide à la vente ou de gestion de campagnes, qui peut se résumer au paramétrage de quelques écrans pour les responsables marketing, les forces de ventes ou les acteurs du service client. Ces deux projets finissent toujours par aboutir à force de persévérance, d'inventivité pour contourner les problèmes, ou de rallonges budgétaires pour augmenter la puissance de traitement et améliorer les temps de réponse ou de communication.

Les entreprises qui ont passé le cap de la mise en place d'un CRM analytique et d'un CRM opérationnel dignes de ce nom se retrouvent face à une nouvelle difficulté : l'intégration des deux composants dans une logique d'échanges de données en temps réel avec le reste du système d'information.

L'intégration entre le CRM analytique et le CRM opérationnel

Le marketing guide et aide le commercial qui, inversement, remonte au marketing les informations terrain lui permettant d'améliorer son support au commercial. Il en est de même entre le CRM analytique et le CRM opérationnel, le premier distribuant de la connaissance au second, ce dernier remontant des données au premier pour lui permettre d'affiner cette connaissance.

Le CRM opérationnel se focalise sur la gestion quotidienne de la relation avec le client au travers de l'ensemble des points de contact (service client, centre d'appels, forces de vente…). Le CRM analytique vise à améliorer la compréhension du client et la diffusion de l'information dans l'ensemble des processus commerciaux.

Les flux d'informations correspondants sont grossièrement les suivants :

- De l'analytique vers l'opérationnel :
  - Contacts : par exemple, liste des clients touchés par les actions de marketing direct, synthèse des contacts téléphoniques, historique des connexions sur le site de support client, etc.
  - Connaissance client enrichie : par exemple, des scores d'appétence produit, des événements produit et/ou client probables, des signes d'attrition, etc.
  - Listes d'actions : par exemple, rappel systématique tous les six mois d'un client, positionnement automatique d'une liste d'actions dans les tâches du jour, génération automatique de la liste des clients ayant demandé dans les trois derniers jours l'envoi d'un relevé d'informations, etc.
- De l'opérationnel vers l'analytique :
  - Contacts : compte rendu structuré des contacts, statut des propositions en cours, informations sur les actions commerciales, etc.
  - Qualifications : mise à jour d'informations qualifiant le client (données signalétiques, attentes…), informations sur la concurrence, relevés de prix, etc.

Force est de constater que l'intégration de ces flux de bout en bout pose toujours problème, et il ne s'agit pas là de problèmes techniques : preuve en est, ce constat est valable aussi pour des entreprises ayant un progiciel unique pour l'analytique et l'opérationnel ou disposant d'un EAI pour gérer les flux entre les deux.

Notre diagnostic est que le marketing a du mal à s'aligner précisément avec le commercial et le service client et vice versa. L'introduction d'outils nécessite la définition précise des informations transitant entre ces départements. Il vaut mieux délimiter les domaines de prérogatives, les missions et les rôles de chacun. C'est sans doute pour solutionner cette difficulté que certaines entreprises ont pris l'initiative de créer une direction du CRM transversale, identifiant et arbitrant ces problèmes transverses.

L'exemple d'un opérateur de téléphonie

Après deux années de développement, cet opérateur de téléphonie disposait finalement d'un entrepôt de données de plusieurs tera-octets et de modèles statistiques prédisant correctement les clients risquant de résilier rapidement. Parallèlement, il achevait le déploiement d'un outil de service client sur plusieurs milliers d'opérateurs.

Les clients les plus risqués firent l'objet de campagnes d'appels sortants efficaces bien que coûteuses. L'opérateur décida donc de profiter des appels entrant au service client pour, lorsque l'appelant était un client risqué, proposer une offre alléchante en contrepartie d'un renouvellement d'abonnement. Le projet de mise en place des liens entre l'entrepôt et le service client, des scripts téléphoniques et des offres commerciales dura près de 18 mois, soit presque autant que chacun des deux projets d'entrepôt et de service client.

Toujours plus d'intégration entre le CRM et les systèmes d'information

Avec le recul, on peut se poser la question de la pertinence de séparer clairement ERP et CRM. En effet, dès leur déploiement, la plupart des solutions de CRM, même si elles sont conformes au cahier des charges initial, sont considérées comme insuffisamment intégrées avec le reste des systèmes d'information. Les griefs sont généralement sur trois plans :

- L'interface utilisateur : les utilisateurs se plaignent de devoir naviguer dans des environnements informatiques hétérogènes selon, par exemple, qu'ils manipulent la fiche client dans l'application CRM ou la saisie de commandes dans l'application ERP.

- La double saisie : la double saisie est le moyen idéal pour discréditer toute application et en particulier les applications de CRM, notamment auprès des utilisateurs commerciaux. Les utilisateurs rechigneront, par exemple, à ressaisir dans l'application de gestion des lignes de crédit, le numéro du client sur lequel ils travaillent dans l'environnement CRM.

- La synchronisation des données : toute désynchronisation des données, même si elle relève d'un cas de figure exceptionnel, a toute les chances d'être rapidement détectée et, si le projet CRM ne fait pas l'unanimité, d'être montée en épingle. Par exemple, le fait qu'une réclamation posée sur Internet ne soit pas visible lorsque le client appelle le centre d'appels cinq minutes plus tard peut déclencher une crise remontant jusqu'à la direction générale, bien que ce genre de cas de figure ne se présente que moins d'une fois sur 10 000.

Ces trois symptômes constatés par l'utilisateur relèvent tous du même problème d'intégration tant au niveau des traitements que des données. Bien que conforme avec les spécifications initiales, une solution de CRM peut échouer au déploiement sur ces problèmes d'intégration.

Les contre-mesures sont de trois ordres :

- Lors des spécifications, combler les spécifications utilisateurs en ajoutant des interfaces partout où le bon sens laisse présager qu'elles peuvent faciliter la vie de l'utilisateur.

- Lors de la conception, proposer des maquettes dynamiques aux utilisateurs pour qu'ils visualisent la navigation interapplication.

- Dans l'architecture technique, prévoir des composants techniques (EAI, progiciels intégrés ERP et CRM) accélérant les développements d'interfaces.

Plus de succès dans les projets de CRM analytique

D'une manière générale, les projets de CRM analytique sont mieux perçus tant par les utilisateurs que par la hiérarchie quand on les compare aux retours d'expérience sur le CRM opérationnel.

À cela probablement plusieurs raisons :

- Des utilisateurs bien moins nombreux : les utilisateurs d'applications analytiques sont des dizaines, voire des centaines, mais toujours moins nombreux que les utilisateurs du CRM opérationnel. Leurs besoins sont donc à la fois plus homogènes et plus faciles à cerner totalement.

- Des délais de déploiement moindres : les projets analytiques et opérationnels ont généralement des durées non comparables. Les déploiements opérationnels nécessitent plus de délais compte tenu du nombre d'utilisateurs concernés.

- Des utilisateurs plus demandeurs : il est rare que des équipes commerciales réclament des outils informatiques. A contrario, les directions du marketing, et plus généralement celles qui sont les cibles des applications de CRM analytique, sont souvent sous-équipées et très demandeuses d'outils. Elles sont donc beaucoup plus enclines à accueillir positivement toute solution, même imparfaite, qui leur permettra d'industrialiser un tant soit peu leurs fonctions.

- Des retours sur investissement plus facilement ou plus rapidement calculables : les gains en productivité résultant de l'automatisation des forces de vente se font lentement et le démarrage peut même conduire à une perte de productivité, pendant la phase où les utilisateurs découvrent les outils. A contrario, les premières initiatives marketing basées sur le CRM analytique présentent souvent des retours sur investissement excellents, mais surtout rapidement obtenus et relativement facilement mesurables (augmentation des remontées, diminution des coûts de marketing direct).

Quoi qu'il en soit, de ce constat, on peut tirer l'enseignement suivant : il est toujours souhaitable de coupler un projet CRM opérationnel avec des initiatives mêmes simples de CRM analytique, comme par exemple le calcul de quelques scores ou la mise en place de systèmes de mesure de campagnes marketing.

Une dimension humaine sous-estimée

Nous avons insisté à maintes reprises dans les précédents chapitres sur l'importance de la dimension humaine dans la mise en place d'un outil de gestion de la relation client. Celle-ci est d'autant plus primordiale que le nombre d'utilisateurs et le nombre de départements concernés dans l'entreprise sont importants. Rappelons-le, les facteurs clés de succès reposent pour 25 % sur la technologie, pour 25 % sur les processus et pour 50 % sur les hommes. En d'autres termes, 75 % de la réussite d'un projet CRM dépend de la capacité de l'organisation à absorber les changements induits.

Or, si les conditions du succès sont techniques pour 25 % et humaines pour 75 %, les moyens alloués sont généralement au mieux inversés, à savoir 75 % pour la technologie et 25 % pour l'accompagnement au changement ! Cet accompagnement au changement doit être planifié dès l'amont du projet au même titre que les tâches techniques et doit se dérouler en parallèle et en aval du projet de mise en œuvre à proprement parler.

Le contenu d'un programme d'accompagnement du changement n'est pas spécifique au CRM, mais dépend fortement des populations concernées et de la culture de l'entreprise. À titre d'exemple, l'accompagnement peut inclure :

- des formations aux utilisateurs,
- des réunions d'informations et de sensibilisation,
- une communication sous forme de newsletter ou d'intranet pour informer du déroulement du projet,
- une ligne téléphonique pour le support ou l'information sur le projet,
- un baromètre de satisfaction des utilisateurs,
- une boîte à idées ou des groupes de travail pour suggérer des évolutions.

L'accompagnement du changement passe également par des éléments plus subjectifs – mode de communication du management, choix des individus pour les phases pilote –, mais aussi par d'autres très tangibles comme la refonte du mode de rémunération des commerciaux.

De notre point de vue, les plus belles réussites, notamment en matière d'automatisation des forces de vente, ne sont pas nécessairement celles qui ont couvert le plus de fonctionnalités, mais bien celles pour lesquelles des moyens importants ont été mis en œuvre très tôt pour assurer une bonne acceptation de la solution par les utilisateurs, avec des moyens de contrôle de la performance pour identifier les comportements déviants des acteurs qui refusent le changement.

Certains succès se sont construits par une politique d'aide au changement dans les relations entre les collaborateurs : le projet CRM repose sur le partage des informations, et il ne faut pas compter sur la technologie pour changer les habitudes du secret. Le système de pilotage doit permettre d'identifier les conditions du succès, mais aussi les poches de résistance pour étudier les moyens complémentaires à déployer en formation ou en gestion des ressources humaines.

Cartographie des projets CRM en fonction de leur taux de réussite

Afin de donner une vue synthétique des retours d'expérience et de permettre aux décideurs et aux responsables de projets de mieux appréhender les facteurs de risque, nous proposons ci-dessous une typologie des projets CRM et positionnons chaque projet sur une matrice à deux dimensions, l'une représentant le taux de réussite fonctionnelle, l'autre le taux de réussite en matière de production de valeur (voir figure 13-2).

Le positionnement ne s'appuie pas sur une étude scientifique, mais sur nos retours d'expérience en tant que consultants et sur les nombreux témoignages de responsables de projets que nous avons recueillis. Pour chaque type de projet, le positionnement sur la matrice reflète le taux de réussite moyen constaté sur le terrain : le fait qu'un projet soit situé dans le quadrant inférieur gauche, par exemple, ne signifie pas que ce type de projet est systématiquement voué à l'échec, mais plutôt qu'il présente des risques plus importants. Une entreprise très performante aura la capacité à positionner tous ses projets dans le carré gagnant.

Les projets types que nous avons retenus, qui représentent en fait les principales composantes d'une solution de CRM globale, sont les suivantes :

- CRM Opérationnel :
    - Mise en place d'un centre de contacts multicanal.
    - Développement d'un site Internet marchand avec personnalisation.
    - Refonte du poste de travail des commerciaux (poste de travail interne).
    - Mise en place d'une application front office chez des partenaires (poste de travail externe).
- CRM Analytique :
    - Connaissance de la clientèle : segmentation.
    - Mise en place d'un entrepôt de données (construction des bases de données).
    - Développement de tableaux de bord.
    - Optimisation des ciblages, scoring : scores d'appétence, de risque, d'attrition.
    - Mesure de la valeur des clients.

- CRM Procédural :
  - Intégration des outils de gestion de campagnes et de traitement des événements.
  - Mise en œuvre de workflow de traitement des dossiers (processus internes à une application).
  - Optimisation des flux entre les canaux et/ou partenaires (processus impliquant des organisations différentes).
  - Moteur d'analyse et de mise en portefeuille automatique des clients.
- CRM Collaboratif :
  - Développement d'applications intranet pour le partage des connaissances (Knowledge Management).
  - Construction des entrepôts de données (dictionnaire et référentiel).
  - Intégration des applications de GED dans le processus client.

Figure 13-2 : La matrice de positionnement des projets

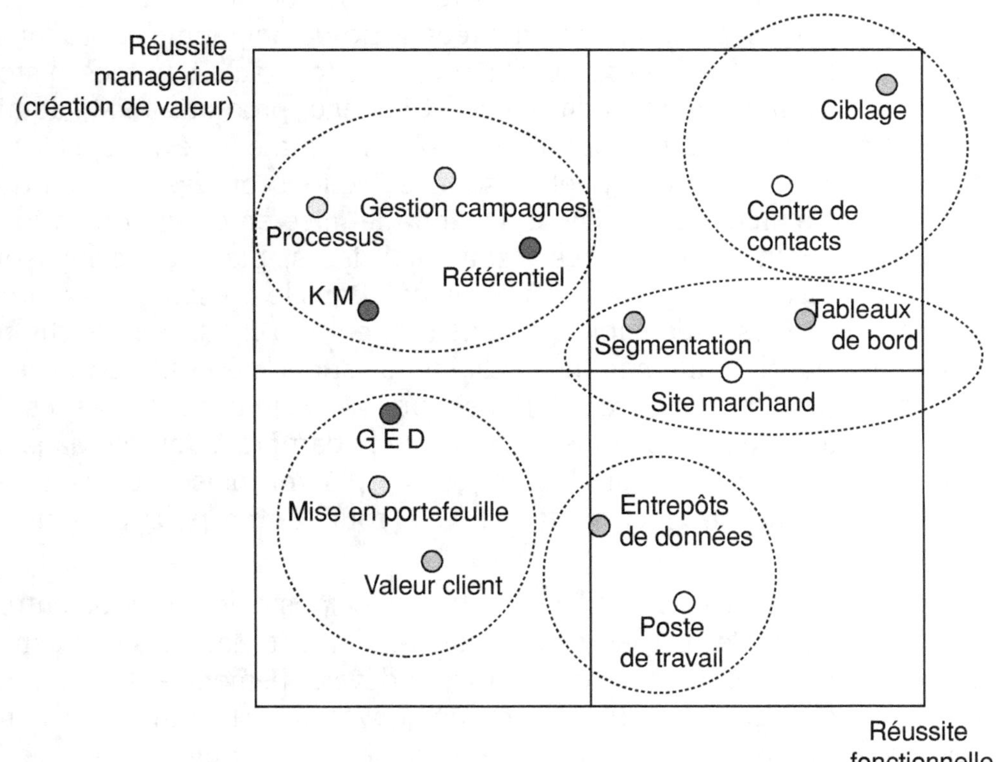

Les projets « vertueux » sont les projets de type ciblage, scores et centres de contacts (SVI, téléphone ou Internet). Ces projets sont maintenant parfaitement maîtrisés dans la conception, le management des équipes et leur intégration dans les lignes métier. Ils ont prouvé leur contribution à l'amélioration de la satisfaction des clients et à l'amélioration de l'efficience commerciale (augmentation du ratio revenu/coût). Il semble toutefois qu'il soit difficile de conserver le même rythme de performance dans la durée : passée la période de mise en place des premiers scores ou des premiers services à distance, il devient de plus en plus difficile de progresser. Ces projets resteront-ils vertueux ? Cette question peut se poser compte tenu des effectifs importants mobilisés dans les entreprises, et la question de l'externalisation risque de se poser à moyen terme.

Les projets « utiles » sont les projets de type tableaux de bord, site marchand et segmentation. Ces projets sont maîtrisés au niveau de la conception, mais il est difficile d'établir leur valeur ajoutée. En effet, il est indéniable que les applications de tableaux de bord sous intranet ont fiabilisé la fourniture des informations, mais la question de la valeur ajoutée reste entière. On constate que les utilisateurs passent plus de temps à analyser les chiffres qu'à agir, et qu'ils cherchent plus à justifier les écarts aux objectifs qu'à développer des actions correctrices. Dans d'autres cas, les utilisateurs sont dépassés par la quantité d'indicateurs, ce qui les paralyse. Dans le domaine de la segmentation, la capacité à faire est plus forte, mais souvent les réflexes du passé aboutissent à la construction de segmentations orientées socio-démographie et produits. Elles ne tirent pas profit des nouvelles données (contacts, gammes, historique) et les indicateurs traditionnels (CSP, âge, produits, RFM) dominent. Il n'est toujours pas possible de savoir comment développer « un bon client », ni de savoir quelles sont les actions ou événements qui contribuent à créer ce bon client. Quant à la mise en œuvre opérationnelle, les applications « offres » sont maîtrisées, mais la déclinaison « terrain » reste faible : que dire à ce client ? Dans le domaine des « sites marchands », il est indéniable qu'ils contribuent à la croissance du chiffre d'affaires, mais le traitement de la chaîne logistique nécessite des investissements importants qui consomment une partie importante des résultats. Il semble de plus en plus évident que la barrière à l'entrée dans le commerce électronique est chaque jour de plus en plus importante et qu'il est difficile de créer de la valeur à court terme pour un nouvel entrant.

Les projets « difficiles » sont les projets de type poste de travail ou entrepôt de données. Ces projets ne sont pas totalement maîtrisés : on constate des difficultés dans la conception, le développement et le déploiement. La mise en production constitue souvent un chemin du calvaire pour le chef de projet qui doit arbitrer entre les « vrais bugs » et « la peur du changement ». Il faut avoir une capacité très forte d'analyse pour faire la part des choses. Une évidence : ces projets font beaucoup de bruit. De plus, même lorsque la réussite fonctionnelle semble atteinte, il est difficile d'établir les gains apportés par rapport à l'infocentre précédent ou aux anciennes applications ? Il est évident que ces projets nécessitent une surveillance plus forte tant au niveau conception que mesure.

Les projets « magiques » sont les projets de type processus, construction du référentiel, gestion de campagnes ou gestion des connaissances. Ces projets ne sont pas encore totalement maîtrisés au niveau de la réalisation, on peut compter sur les doigts de la main les développements totalement opérationnels, mais ils ont déjà hérité d'une aura en termes de résultats. On retrouve ici les survivances du CRM de première génération : l'effet magique. Nous ne pourrions que recommander une certaine prudence dans la conduite de ces projets. Il est vital d'en évaluer les conditions de mise en œuvre auprès des « pionniers » de ce domaine. Sans dévoiler de grands secrets, il est évident que les opérateurs de téléphonie mobile ou les compagnies aériennes sont les plus avancées dans le domaine de la gestion de campagnes, que l'industrie informatique est la plus performante dans l'opérationnalité des processus client, que certaines grandes entreprises industrielles sont plus performantes dans la construction des référentiels, et que la recherche, l'armée ou le consulting sont les plus performantes dans le domaine du partage, de l'analyse et de la gestion des connaissances.

Les projets « alchimiques » sont les projets de type gestion électronique des documents, mise en portefeuille automatisée ou valeur client. Ils sont encore au stade de la gestation intellectuelle, les déploiements sont rares et le fantasme du retour sur investissement plane dans l'esprit de quelques consultants éclairés. Il faut être prudent dans ce type de projet et s'appuyer sur un expert du domaine. Le principal risque est celui du syndrome « NIH » (Non Invented Here) : le chef de projet pense maîtriser le concept et décide de développer la solution en interne. Les projets « alchimiques » sont en partie le résultat d'une contradiction dans l'exercice de la communication : si l'expert du domaine simplifie son discours afin de mieux faire passer les concepts, le risque est que le chef de projet s'imagine maîtriser suffisamment les choses pour se lancer dans un développement sans accompagnement. À l'inverse, lorsque l'expert expose le détail de sa compétence, il s'expose soit au piratage de mauvaise qualité de ses idées, soit à l'incompréhension de son interlocuteur.

Nous pensons que cette matrice évoluera progressivement vers un positionnement des projets dans le cadran vertueux, mais que l'imagination des acteurs du marché introduira toujours de nouveaux concepts qui s'inscriront dans les cadrans de l'alchimie et des fantasmes.

Après la démesure, le pragmatisme

Au plus fort de la bulle Internet, tout directeur général digne de ce nom se devait d'avoir son projet CRM. En ce temps, le cours de bourse d'une entreprise était positivement influencé par l'annonce de l'attribution de budgets importants pour la gestion de la relation client. La situation était telle, à cette époque, que certaines entreprises ont été jusqu'à acquérir des licences de logiciels sans même avoir défini au préalable les besoins. Les plus cyniques iront même jusqu'à dire qu'elles n'en ont même jamais ouvert le manuel d'installation.

L'éclatement de la bulle Internet a gelé de nombreux budgets. La plupart des avant-projets CRM ont été arrêtés pendant plusieurs trimestres. Certains ne sont jamais réapparus et ceux qui ont redémarré ensuite ont radicalement changé de forme.

Avant l'éclatement de la bulle, la plupart des projets de CRM pêchaient par excès d'ambition : ils étaient souvent globaux tant en termes de canaux que de fonctions couvertes. Par conséquent, les budgets induits étaient colossaux et les projets pharaoniques. Tous les ingrédients étaient là pour que les dérapages s'accumulent jusqu'à discréditer ces projets, voire la technologie dans son ensemble.

Les projets récents ont tous en commun beaucoup plus de pragmatisme : ils sont plus courts, moins chers, moins ambitieux, plus contrôlés. La vision globale restant une cible, la mise en œuvre est généralement déclinée en sous-projets. Ceux-ci sont donc automatiquement plus légers donc moins risqués. Ils sont par ailleurs la plupart du temps associés à des retours sur investissemen intrinsèques qui permettent à chaque étape d'obtenir des retours tangibles.

Les outils de mesure de la rentabilité des projets ne sont plus sacrifiés sur l'autel du respect des délais. Il faut pouvoir mesurer la rentabilité du projet pour établir sa légitimité. Les chefs de projet semblent avoir compris cette contrainte et se focalisent davantage sur cet aspect de mesure. Le CRM est contraint de prouver son utilité, mais en a-t-il les moyens ?

Nous montrerons dans le dernier chapitre que cette question s'inscrit dans un débat plus large sur l'évaluation de la productivité du marketing et sur la nécessité de la prise en compte par les systèmes comptables d'actifs immatériels tels que le capital client. La confiance des décideurs et des investisseurs dans les projets CRM nécessite d'être restaurée, et cela ne pourra se faire sans une évolution du mode d'évaluation des performances du marketing et de profonds changements dans les pratiques comptables.

Chapitre 14

Pour une meilleure évaluation du capital client et sa prise en compte dans les systèmes comptables

« Un jour, tout sera bien, voilà notre espérance. Tout est bien aujourd'hui, voilà l'illusion. »

Voltaire

Comme de nombreuses études montrent que plus de 50 % des entreprises ayant mené un projet de CRM ne savent pas comment en mesurer les performances, nous ne pouvions finir cet ouvrage sans essayer de soulever une question qui nous semble de plus en plus importante : pourquoi les systèmes CRM n'ont-ils pas réussi à prouver leur retour sur investissement ?

Nous avons établi dans le chapitre précédent une cartographie des projets de CRM en fonction de leur taux de réussite. Certes, il est moins risqué de mettre en place une démarche de scoring des clients que de mettre en place un entrepôt de données. Mais selon nous, même les projets « vertueux » ne nous semblent pas avoir de systèmes fiables d'évaluation de leurs contributions aux résultats de l'entreprise. Au mieux, on trouve des résultats sur des actions ponctuelles, mais peu d'analyses d'impacts sur la profitabilité ou la performance sur un cycle de plusieurs périodes. Malgré toutes les affirmations sur les effets supposés du CRM, force est de constater que de nombreux projets n'ont pas pu démontrer leur apport en création de valeur.

Les deux chapitres précédents ont mis en évidence que ces difficultés peuvent s'expliquer en partie par certaines pratiques de gestion de projet et par le manque de maturité des acteurs. Mais n'est-il pas nécessaire de se poser la question différemment : est-il possible avec les instruments de mesure actuels d'évaluer la performance d'un projet CRM ? Car il est clair que si les entreprises disposaient de moyens de mesure simples, elles ne se priveraient pas de les utiliser.

Comme nous allons essayer de le montrer dans ce dernier chapitre, le monde du marketing est en crise. Cette crise est interne, car elle touche certains fondamentaux du marketing, mais aussi externe car ce sont plus fondamentalement les pratiques comptables actuelles qui sont à remettre en cause. Il semble inutile de souligner à quel point les entreprises connaissent de profondes mutations. Mais force est de constater que les moyens d'évaluer les entreprises n'ont pratiquement pas changé au cours des trente dernières années. Pire, certains principes comptables ont plus de cinquante années d'existence. Ce décalage grandissant entre une comptabilité « orientée » produits, valorisant essentiellement les actifs matériels, et les investissements grandissant des entreprises dans les actifs immatériels, tels que les systèmes d'information et les clients, pose un problème de plus en plus difficile pour le marketing, et pour les entreprises.

Nous présentons dans ce chapitre les éléments de ce débat, en soulignant l'impact de cet immobilisme sur la mesure des projets CRM.

La crise interne du marketing

La perte de contrôle

Les nouvelles technologies de l'information mettent à mal la règle des 4 P du marketing : prix, place, produit, promotion. Alvin Toffler avait annoncé cette évolution du marketing dans les années 1970 dans son livre *Future Shock*. Ainsi, les 4 P traditionnels ont migré progressivement vers les 4 C : client (ses attentes et ses besoins), coût du client, confort, c'est-à-dire facilité d'accès, et communication. Selon Alvin Toffler, le consommateur intervient de plus en plus dans la fabrication du produit ou du service pour devenir le *prosumer*.

Le *prosumer* attend quatre engagements de l'entreprise : répondre à ses attentes, se rappeler ses préférences, anticiper ses besoins et faire avancer ses attentes. Chacune de ces fonctions permet d'élever le degré d'intimité.

- Répondre à ses attentes : le client doit avoir la possibilité de choisir entre une offre standardisée à un prix bas ou une offre totalement personnelle… aux mêmes conditions !

- Se rappeler les préférences du client : la majorité de nos actions sont répétitives. Ces actions répétitives répondent à une logique d'exécution totalement différente des choses que nous ne faisons qu'accessoirement.

- Anticiper sur les besoins du client : il faut être capable d'offrir le bon produit ou service au client avant qu'il n'ait eu besoin de le formuler. Cette capacité d'anticipation est la véritable mesure de la qualité de la relation.

- Faire avancer les attentes : la qualité du système ne tient pas que dans sa seule capacité à me faire de bonnes recommandations, elle tient aussi dans sa capacité à générer des relations avec 10 millions de clients.

Les entreprises ont mis en place des architectures CRM pour développer une meilleure maîtrise des 4 C.

Mais cette course technologique pour la maîtrise des 4 C s'est effectuée à un prix très lourd pour les entreprises : la perte de la maîtrise des 4 P ! Autrefois, éléments maîtrisés par le producteur, les 4 P sont passés progressivement entre les mains du client. Il est évident que le client maîtrise de plus en plus le prix de vente, le lieu d'achat, la collecte des informations et la recherche des promotions. Le succès des ventes aux enchères traditionnelles en B to C (du type eBay) ou inversées en B to B, préfigure l'apparition de cette nouvelle domination du client. Tous les ouvrages de management soulignent que le client est le roi… ils n'imaginent pas à quel point il va le devenir de plus en plus au moyen des technologies !

Cette perte progressive de maîtrise signifie une perte de contrôle des éléments contributifs de la marge. Une entreprise qui ne maîtrise plus totalement les prix, les promotions, mais qui a développé des coûts de services est une entreprise qui délègue à la bonne volonté de ses clients la production de son résultat opérationnel.

Or cette stratégie des 4 C représente un surcoût important qui augmente avec le temps. La montée de l'exigence des clients n'est pas rassurante sur cette dimension des coûts, et préoccupante sur l'état de leurs « bonnes volontés ». Toutes les entreprises éprouvent des difficultés pour maintenir un niveau de prix, ou inclure les éléments de coûts des 4 C dans le prix de vente. Face à cette croissance des coûts, et cette perte de plus en plus forte des éléments de la marge, il faut savoir renoncer parfois à la poursuite de la satisfaction des 4 C.

Il ne s'agit pas de croire qu'il est possible de revenir à la situation antérieure : les clients voudront toujours plus de services. Mais il faut devenir conscient de l'importance de maîtriser la politique de distribution des 4 C. Les coûts des 4 C doivent de plus en plus être connus et maîtrisés. La mutation des sciences de gestion passe par une meilleure connaissance et affectation de ces coûts du CRM pour éviter de distribuer sans discernement les ressources. Les organisations doivent mieux maîtriser l'efficience et l'efficacité de leurs ressources. Il s'agit de s'intéresser à l'analyse du ratio coûts/profits afin de déterminer si on a mené les bonnes actions et de mener les bonnes actions avec le bon niveau d'investissement.

L'évolution des mesures de performance

Dans le cycle traditionnel du marketing relationnel, les entreprises commencent par la mise en place de services clients et/ou d'actions marketing pour fidéliser leurs clients. Rapidement, pour limiter les coûts de leurs prestations, elles s'appuient sur des techniques de segmentation et de scoring leur permettant d'augmenter les taux de transformation des contacts par une meilleure personnalisation de la relation. Ces entreprises mesurent la satisfaction des clients comme indicateur de performance.

Les entreprises les plus avancées, à recherche de l'efficience, dosent leurs efforts marketing et promotionnels en fonction de la valeur et du potentiel des segments. En effet, puisque les clients ne contribuent pas de façon égale aux revenus, elles ajustent les actions marketing. Elles ont nécessairement mis en place des méthodes d'évaluation et de calcul de la valeur des clients. Ces méthodes d'évaluation sont souvent plus précises dans la mesure des revenus que dans l'affectation des coûts. À ce niveau, les entreprises raisonnent par segment de clients et mettent en relation les coûts et les revenus des actions commerciales ou promotionnelles.

Dans une logique plus axée sur la valeur ajoutée, certaines entreprises évaluent le lien entre les efforts consentis et les retombées immédiates et futures. Elles ne considèrent plus seulement les coûts d'un courrier, d'un appel ou d'une campagne. Elles développent une lecture des coûts organisée par activité comme le coût de la gestion des réclamations, du service après-vente, de l'animation commerciale, de la formation. L'apport contributif d'une activité est évalué en termes de création de valeur client à court et moyen terme, ce qui nécessite d'imaginer des nouvelles méthodes d'évaluation.

Par un élargissement sur plusieurs années de la prise en compte des coûts et des revenus, elles positionnent les dépenses CRM comme des investissements. Savoir identifier les meilleures opportunités d'investissements et reconnaître celles qui génèrent de la valeur devient l'objectif principal du système de gestion de la relation client. Cette mise en relation entre des investissements en gestion de la relation client et la création de valeur est le pont qu'il faut construire entre la finance et le marketing, entre la valeur client et la valeur pour l'actionnaire. Les entreprises qui réussiront les démarches CRM ne seront pas celles qui se concentreront sur les coûts (évaluation et contrôle), mais celles qui feront de la création de valeur un axe central. Les objectifs doivent être de comprendre, mesurer et décrire les relations coûts valeurs qui permettent d'assurer la compétitivité à long terme de l'entreprise.

Ces nouvelles approches se traduisent pour le marketing par une nécessaire réorganisation.

L'évaluation du marketing

Les dirigeants souhaitent mesurer les résultats en termes financiers. Pour répondre à cette attente, les autres services de l'entreprise ont développé des outils pour mieux évaluer leur productivité. Ainsi, l'informatique, qui a connu une crise de remise en cause de l'efficacité et de légitimité des dépenses technologiques, a développé des métriques spécifiques d'évaluation. Les activités de fabrication ont mis en œuvre des approches qualité, de gestion du just-in-time et introduit une flexibilité de la production. Cette amélioration de la productivité des activités non-marketing exerce une pression de plus en plus forte sur le marketing, qui doit à son tour évoluer.

Comme le souligne Webster : « *Le marketing a besoin d'une meilleure méthode pour évaluer les dépenses marketing en terme de ratio coûts/bénéfices, afin de faire les bons choix pour tirer le maximum des sommes investies, incluant les activités de support et pas seulement la recherche de nouveaux produits, les médias. Il est un fait que, alors que les coûts sont en augmentation, le marketing ne trouve pas de nouveaux moyens d'améliorer son efficacité* ».

L'amélioration de l'efficacité et de l'efficience du marketing a pour enjeu de mieux le positionner par rapport aux autres fonctions de l'entreprise. En effet, le marketing doit communiquer avec les autres fonctions sur des bases financières, langage commun de l'entreprise. Une tâche plus difficile qu'il n'y paraît lorsqu'on constate la difficulté de construire une vue commune entre le marketing stratégique, le marketing études et le marketing opérationnel, ajustés sur des dimensions temporelles différentes.

Le choix des investissements doit se construire sur les perspectives de retour sur investissement. Malheureusement, trop d'actions marketing ont été menées sans que les praticiens du marketing simulent ou quantifient les résultats obtenus. Selon Peter Doyle plusieurs facteurs expliquent cette situation :

- l'incapacité du marketing à incorporer le concept de valeur pour l'actionnaire, avec pour conséquence l'impossibilité d'évaluer les succès d'une politique marketing, ce qui rend difficile d'accepter les propositions sur les éléments de tarification, de promotion ou de refonte des gammes de produits ;

- la croyance forte du marketing dans des indicateurs comme la part de marché ou l'augmentation des ventes, alors que les dirigeants savent que la relation entre part de marché et rentabilité est de moins en moins établie.

Le marketing ne peut plus se concentrer sur ses leviers traditionnels (notoriété, taux de retour, etc.) comme facteurs de succès et instruments de communication. À l'instar de ce qui s'est mis en œuvre dans les autres fonctions, il lui faut :

- comprendre comment les activités doivent être exécutées,
- identifier la contribution des activités à la création de valeur pour l'actionnaire,
- définir des métriques marketing et leurs conditions d'utilisation,
- valider les outils de mesure de la rétention des clients, des retours sur investissement à long terme en marketing.

Ce décalage se trouve renforcé actuellement par l'image relativement trouble et sulfureuse du CRM. Avec les doutes actuels sur les projets CRM, la valeur ajoutée du marketing est de moins en moins établie et de nombreuses interrogations se posent sur la justification des dépenses marketing, son positionnement, son influence et sa contribution dans les résultats financiers. Peter Doyle prédit que si le marketing est incapable de mettre en évidence les bénéfices d'une approche client ou marché, alors les dirigeants s'orienteront vers d'autres problématiques. L'évolution vers des projets de gestion de la relation client vers des budgets plus restreints, des objectifs opérationnels plutôt que stratégiques, illustre l'actualité de cet avertissement.

À l'exposé de ces incertitudes et de ces lacunes, il apparaît clairement que le marketing doit donc prendre ses responsabilités sous peine d'être marginalisé. Le marketing doit s'interfacer avec les autres fonctions de l'entreprise. S'il décide de rester l'« étranger », il ne faudra pas s'étonner que les autres départements fonctionnels de l'entreprise comme la finance ou le contrôle de gestion, traitent le problème de la gestion de la relation client… sans son aide. Si les mesures marketing continuent à être absentes, alors le marketing devra avouer sa faillite !

Selon Robert Blattberg et John Deighton, l'alignement du marketing à la logique financière apparaît comme une fantastique opportunité. « *De la même manière que la performance du gestionnaire de capital est mise en évidence par une augmentation de la valorisation du portefeuille des titres, l'homme de marketing doit être jugé par l'augmentation du capital client dans le temps. Si le marketing ne relève pas le challenge de relier son activité à un indicateur de capital client, c'est à la fois qu'il ne comprend pas le rôle du marketing ou qu'il manque d'autorité pour assumer cet objectif.* »

Une reformulation du marketing

Le marketing doit être la discipline dédiée au développement et à la gestion des actifs intangibles tels que les clients, les canaux de relation et la marque, afin de maximiser la valeur économique. Ce concept est celui de value-based marketing. Cette redéfinition du rôle du marketing est partagée par Peter Doyle pour qui :

« Le marketing est le management des processus visant à maximiser le retour sur investissement des actionnaires en développant la relation avec les clients à valeur ajoutée par la création d'un avantage compétitif ».

Cette nouvelle conception du marketing marque une modification profonde de paradigme, avec le passage d'une activité de spécialistes à un élément stratégique du management. Les aspects « management des processus – mesure sur des critères financiers » apparaissent comme de nouveaux éléments dans la réflexion marketing. Le paradigme ancien, basé sur des critères de part de marché, notoriété, satisfaction, adaptés pour du marketing « produit » apparaît de plus en plus insuffisant. Cette situation de « crise » (au sens d'une modification du paradigme) milite pour le développement d'une double approche de la valeur client :

- L'approche stratégique avec une logique de mesure des retours sur investissement. Elle se matérialise par la mise en place d'une logique de gestion de projet par segment de clients et d'indicateurs de mesure long terme. Il faut allouer ses efforts en fonction de la valeur pour l'entreprise de chaque catégorie de clients.

- L'approche tactique avec une logique de priorisation qui s'appuie sur une allocation des ressources dans une tentative de rationalisation des ressources.

Toutefois, cette crise du marketing n'est pas de sa seule responsabilité. Si le marketing manque d'outils pour évaluer sa contribution, une part de la responsabilité incombe aux comptables qui ont échoué dans la réalisation d'un pont entre le marketing et la finance. Les systèmes de comptabilité se focalisent sur les profits à court terme en ignorant les actifs intangibles, marginalisant ainsi le marketing. Peter Doyle y voit une opportunité de mettre en place des analyses complémentaires permettant d'enrichir les systèmes de comptabilité traditionnels aux limitations de plus en plus flagrantes.

Dans un rapport de 1994, l'American Institute of Certified Public Accountant (AICPA) conclut que les pratiques actuelles de comptabilité sont inadéquates, avec une orientation insuffisante vers le client : *« les rapides changements liés à l'irruption de la technologie ont créé des nouveaux besoins qui n'ont pas été relayés. Il faut prendre davantage en compte les aspects non financiers. Beaucoup d'entreprises se déclarent orientées client lorsqu'elles font référence à un niveau de qualité de leurs produits ou services. Mais, les systèmes comptables se focalisent sur les produits, les départements, les régions, et rarement sur les clients ».* Les systèmes comptables semblent démunis face à la place grandissante du client.

La crise externe au marketing

Dans ce contexte, la fonction marketing dépend des données comptables lui permettant de relier ses efforts aux clients. Comme nous allons le voir : pas facile !

Les limites actuelles

Les systèmes de gestion des coûts de production ont été établis sur les principes du management scientifique au début du XXe siècle. Basés sur des coûts standards et des allocations des frais indirects sur la base des heures de travail, ces systèmes ont perdu de leur pertinence. Avec l'augmentation croissante de la mécanisation, les années 1970 se sont caractérisées par le passage d'une économie basée sur le travail manuel à une économie d'automatisation des processus mécanisés. Cette modification nous invite à penser qu'il serait plus adéquat d'affecter les coûts indirects sur le montant des investissements que sur les coûts de main d'œuvre, ou tout au moins d'en introduire une partie dans la gestion des clés de répartition.

Ce problème est encore plus flagrant dans le secteur des services. En effet, la structure de coûts de ces activités est de plus en plus dominée par les coûts fixes, ce qui rend relativement inefficients les principaux modes de détermination des coûts. Il est donc de plus en plus fréquent de recourir à des systèmes basés sur des coûts ou des revenus marginaux. Ainsi, lorsque le coût d'acquisition d'un client est marginal – si les revenus marginaux sont supérieurs aux coûts marginaux –, il peut être intéressant de recruter ce client. Le développement du « yield management » et l'optimisation globale des structures et des ressources prennent le pas sur les indicateurs de coût unitaire de l'opération. Un exemple significatif de ce principe existe dans les compagnies aériennes où le coût lié à l'ajout d'un passager dans un avion est faible, ce qui permet des inscriptions en dernière minute à des prix préférentiels.

Octave Jokung-Nguena constate que « *les systèmes classiques d'information comptable, même s'ils conservent un intérêt certain pour la gestion des entreprises d'aujourd'hui, sont cependant incapables de fournir l'ensemble des informations nécessaires à la gestion de la valeur pour le client dans un environnement économique où celui-ci devient le déterminant de la valeur économique de la production de l'entreprise* ».

Cette approche bouleverse les modes traditionnels de fixation des prix. Les difficultés d'incorporer les actifs immatériels, et la part croissante des coûts fixes pour les maintenir, rendent les systèmes comptables incapables d'apprécier la rentabilité des clients ou l'efficacité de l'organisation. Bien que les entreprises aient adopté l'idée selon laquelle la création de valeur pour les clients est indispensable, leurs systèmes d'information ne remontent des ventes que le nombre d'unités vendues, le prix des produits et les coûts de production, ils ne produisent aucune information sur la valeur client.

Malgré cette évolution et ces lacunes, une étude récente montre que 80 % des entreprises anglo-saxonnes utilisent encore la méthode des coûts standards, moins de 50 % utilisant une méthode alternative comme la méthode ABC[1]. Ainsi chez certaines entreprises (souvent les plus grandes), deux systèmes comptables commencent à se côtoyer :

- le système standard afin de répondre aux besoins législatifs,
- le système avancé de coûts pour le management stratégique et opérationnel.

Le développement de l'immatériel

Ces systèmes comptables basés sur les méthodes ABC et EVA[2] se sont développés pour combler les lacunes induites par la modification des facteurs de production. Traditionnellement basés sur des actifs matériels, les processus de production intègrent une part d'actifs immatériels croissante (marque, systèmes d'information, informations sur les clients et gestion des relations). Depuis 1975, l'investissement immatériel croît à un rythme proche de 5 % par an et son développement est plus rapide que celui de l'investissement matériel.

Christian Pierrat et Bernard Martory[3] constatent que le ratio investissements immatériels/investissements matériels est passé de 21 % au milieu des années 1970, à 39 % en 1989 et doit être actuellement proche de 50 %. Ce développement rapide des investissements immatériels établit leur place croissante, au côté des éléments purement matériels, en tant que source vitale de la valeur et de l'amélioration des performances. La compétitivité future de l'entreprise est de plus en plus liée à sa capacité à entretenir et accroître ces investissements immatériels.

La croissance des actifs immatériels traduit une évolution profonde des organisations. Elle correspond non seulement à l'introduction massive de l'intelligence dans le fonctionnement des unités productives, mais aussi à une modification plus profonde de la manière dont la richesse se crée. Une entreprise qui souhaite maintenir sa compétitivité doit impérativement accumuler ce capital intellectuel. Cette notion d'accumulation est distinguée de la notion d'usage : à l'idée d'usage correspond la notion financière de dépenses, tandis qu'à l'idée d'accumulation correspond la notion d'actif. De plus, lorsque la dépense contribue à l'accumulation, il est possible d'évoquer la notion d'investissement.

Le développement de l'investissement immatériel conduit donc à la création d'actifs immatériels, pourtant peu reconnus par les systèmes comptables traditionnels. Le « market to book ratio » des 500 plus grosses entreprises est supérieur à 4, ce qui implique que 75 % de la valeur de ces entreprises se situe dans leurs marques et d'autres actifs intangibles. Cet écart entre la valorisation des entreprises et la valorisation des actifs

[1] La méthode ABC (Activity-Based Costing) est décrite dans le chapitre 4.

[2] L'EVA (*Economic Value Added*) est une marque déposée par le cabinet Stern Stewart. Elle estime la création de valeur pour l'actionnaire après rémunération normale du capital, en partant des capitaux investis dans l'entreprise et en estimant la différence entre l'évolution de la valeur de l'action d'une part et le rendement des mêmes capitaux investis au taux de marché.

[3] Ch. Pierrat, B. Martory, *La gestion de l'immatériel*, Nathan, 1996.

tangibles établit sans ambiguïté qu'il n'est plus possible d'appréhender la valeur d'une firme et sa performance à l'aide des instruments comptables traditionnels.

Si, aujourd'hui, les actifs immatériels ont acquis une reconnaissance économique, il leur reste à acquérir une reconnaissance comptable, afin que l'on puisse véritablement parler d'actifs immatériels.

La faible reconnaissance de l'immatériel

La difficile gestation de l'intégration comptable de la marque illustre cette très lente évolution des systèmes comptables. En effet, le capital marque n'a acquis une existence en tant qu'actif que de manière très récente et partielle. Il n'est souvent possible de valoriser le capital marque que par le seul jeu des acquisitions. La création de marque en interne n'est reconnue que depuis 1992 et encore sous de strictes conditions. En tant qu'élément incorporel, elle ne peut être inscrite à l'actif immobilisé du bilan que :

- s'il est possible de démontrer, avec une probabilité raisonnable, qu'elle est susceptible d'engendrer des avantages économiques futurs au profit de l'entreprise,
- si elle est destinée à être utilisée durablement dans l'entreprise,
- si son coût peut être mesuré de manière fiable, à l'aide d'un projet nettement individualisé.

Au même titre que la marque, et compte tenu des efforts qu'il induit, le client devrait pouvoir être considéré comme un actif immatériel.

Dans ce contexte, il y a un intérêt croissant des revues de comptabilité pour le thème de la profitabilité client. De nombreux travaux attestent de l'importance de l'enjeu qu'il représente pour l'évolution de la comptabilité. Dans le but de sensibiliser les professionnels, le Conseil National de la Comptabilité a été saisi par le Ministère de l'industrie afin de définir une méthode comptable qui permette d'identifier les dépenses commerciales s'accumulant sous la forme d'actifs incorporels. L'objectif final est d'inciter les entreprises françaises à investir dans la constitution d'un capital commercial afin d'améliorer leur position sur des marchés de plus en plus concurrentiels. Les dépenses en CRM pourront alors être reconnus comme des investissements pour l'avenir, en vue de développer une activité future des clients.

Un facteur de blocage

Malgré ce besoin de plus en plus important de reconnaître les actifs intangibles et d'évaluer le capital client, force est de constater que peu d'évolutions ont été faites. On peut espérer une réaction suite à la multiplication des scandales boursiers. En effet, il est largement admis que la faiblesse des pratiques comptables et de diffusion des informations au marché a conduit au déclin du marché et à la récession de 1929. Les réformes mises en œuvre en 1934 visaient d'ailleurs à standardiser les pratiques sur la performance et la communication aux actionnaires. Dans un premier temps, les comptables résistèrent en insistant sur la difficulté de produire des principes comptables uniformes, principalement à cause de la difficulté de satisfaire d'une manière unique des lectures différentes selon les utilisateurs.

Le système actuel est encore largement le résultat des réformes de 1934, les règles de prudence et le conservatisme de la comptabilité n'ayant pas permis d'évolutions notoires pour refléter la réalité des entreprises du XXIe siècle. La nouvelle crise de confiance suite aux « affaires » Enron, Worldcom ou Parmalat sera-t-elle un déclencheur de réformes ? La comptabilisation du capital client est certainement encore un objectif éloigné, car sa prise en compte en tant qu'actif de l'entreprise est conditionnée à l'existence d'une méthode d'évaluation suffisamment fiable et pertinente pour satisfaire aux qualités de l'information comptable, l'approche que nous avons présentée au chapitre 4 relevant plus de la pratique que de la norme. Il est fort probable qu'il faille de nombreux mois de discussions avant qu'une formule soit reconnue par les cabinets d'audit.

Cette absence de suivi de la profitabilité par client est pénalisante lorsqu'une entreprise cherche à mettre en place une organisation orientée client. En effet, lorsqu'une organisation par segment a été mise en place, il est difficile, voire impossible de suivre leur profitabilité. Ainsi, la faiblesse des systèmes comptables se révèle un facteur de blocage dans l'évolution des organisations et dans la mise en place d'une évaluation objective des projets de CRM. Faute de chiffres, les entreprises ne connaissent pas les coûts de services aux différents segments de clients, elles identifient des activités non profitables, mais elles n'en connaissent ni les raisons ni les origines. L'absence d'une norme comptable de calcul de la valeur client est donc un facteur bloquant pour l'évaluation des projets CRM.

Conséquences sur les autres fonctions

La problématique liée à la profitabilité dépasse l'aspect marketing. L'absence d'orientation client dans les systèmes comptables se traduit par :

- une difficulté dans la mise en œuvre des systèmes de rémunération basés sur les résultats client,
- une difficulté à rendre transversale la performance des comptes clés et à identifier les services les plus importants.

Cette impossibilité à rendre la valeur du client transverse se traduit par des incohérences organisationnelles, avec un marketing qui se concentre presque exclusivement sur la façon d'attirer et de gérer les bons clients pendant que les autres services gèrent les clients plus difficiles, alors qu'il serait plus cohérent de gérer les deux composantes dans la même structure.

Conclusion et perspectives

Si l'orientation client est une nécessité, elle n'en est pas moins difficile à mettre en œuvre. Il est plus difficile que prévu d'orienter une organisation vers le client, car cela implique des changements organisationnels, non seulement au niveau des structures, mais aussi dans les systèmes d'information (comptabilité, informations clients, gestion des récompenses clients…) et la gestion des ressources humaines (qualification, recrutement, formation et gestion des carrières). Des systèmes de comptabilité et d'information doivent être mis en place pour suivre les revenus et les coûts par client (ou groupe de clients), et les systèmes de rémunération doivent être adaptés pour être orientés clients.

Il faudra arrêter de passer des investissements clients dans des postes de coûts : un client comme un bâtiment s'acquiert sur plusieurs années et nécessitent une certaine maintenance. L'impossibilité d'amortir certains coûts d'acquisition et de suivre les dépenses de maintenance reviendrait dans le domaine immobilier à charger les résultats l'année de l'acquisition et à réparer sans aucune relation avec une valeur de revente. Ce comportement apparaît rapidement irrationnel pour les actifs tangibles, mais se trouve être le modèle dominant dans le domaine des actifs intangibles.

Ce débat sur la valorisation des actifs immatériels est très animé et il faut reconnaître que depuis cinq ans les choses évoluent. Mais les réticences internes sont encore fortes et les progressistes de la comptabilité ne sont pas encore parvenus à modifier la puissance de la pensée dominante.

PARTIE IV

Annexes

Glossaire

3 tiers (3 niveaux) : Modèle d'architecture informatique répartissant les données sur un serveur, la logique de traitement sur un système intermédiaire, et la présentation sur le client. Certains logiciels de CRM proposent, dans certaines configurations, une architecture 3 tiers basée sur des applets et des servlets Java.

ACD (Automatic Call Dispatcher) : Dispositif permettant de répartir automatiquement les appels en fonction de la disponibilité des télé-acteurs et de l'encombrement des lignes, de gérer les attentes, de renvoyer vers un serveur vocal, etc.

ACS (Automatic Call Sequencer) : Dispositif permettant de prendre un appel entrant quand l'agent d'accueil ou tout autre destinataire est en ligne. Il diffuse un message ou une musique pour faire patienter l'appelant. Il alerte l'agent qu'un appel est en attente.

ADSL (Asymetric Digital Subscriber Line) : Procédé permettant de transmettre des informations numériques à grande vitesse sur le réseau téléphonique classique. France Télécom commence à proposer des offres xDSL pour accéder à Internet avec un débit de 512 Ko ou plus. On parle aujourd'hui de xDSL (ADSL, HDSL, SDSL...).

Agrégation foyer : Opération qui consiste à construire un regroupement des personnes dans une entité foyer. Cette agrégation s'appuie sur la création d'un match-code.

Alerte : Dispositif avertissant d'un incident et remontant à son origine.

Arbre de décision : Technique de data mining qui décompose de manière automatique un problème sous forme d'arborescence. L'ensemble de l'arbre se compose de nœuds, de branches et de feuilles. L'arbre commence à partir d'un seul nœud appelé communément tronc ou nœud racine. Chaque nœud représente une décision ou un test.

Argumentaire : Document destiné à la force de vente, rassemblant tous les arguments techniques et commerciaux susceptibles de favoriser la vente d'un produit ou d'un service (*voir* Encyclopédie marketing).

ASP (Active Server Pages) : Composants logiciels réutilisables normalisés par Microsoft et permettant de développer des applications fonctionnant sur le World Wide Web.

Attrition : Encore appelé *churn*, désigne le fait qu'un client arrête sa relation avec son fournisseur. Les efforts marketing visent à minimiser le taux d'attrition car le coût d'acquisition d'un client est souvent supérieur aux coûts pour le garder.

Bande passante : Débit qu'un réseau peut assurer sans affaiblissement du signal. On parle beaucoup de large bande passante (*broadband*), qui devrait ouvrir de nouveaux horizons à Internet en facilitant le trafic de nouvelles formes de données.

Bannières (add-banners) : Zones publicitaires de taille normalisée intégrées dans les pages Web et permettant de pointer d'un simple clic sur le site de l'annonceur.

Base de connaissance : Base de données où sont enregistrées les solutions apportées lors du traitement d'un problème (*voir* Système expert et CBR).

Base de données marketing : Ensemble d'informations structurées pour faire des offres ciblées à des clients ou prospects.

Boucle de feed-back automatique : Opération qui consiste à optimiser les activités de planification, d'exécution, de mesure, d'évaluation et d'optimisation de la campagne dans un seul processus intégré.

BPR (Business Process Reengineering) : Concept défini par Hammer et Champy et ayant pour finalité la mise à plat du système d'information et de l'organisation de l'entreprise pour la « réinventer » en vue de répondre de façon satisfaisante au client (source : CXP).

Browser (navigateur ou fureteur) : Logiciel de navigation sur le Web. Les plus connus sont Netscape Navigator et Microsoft Internet Explorer.

Call blending : Mécanisme de dosage des appels téléphoniques entrants et sortants dans un centre d'appels. Selon le trafic d'appels entrants, le système déclenche des appels sortants pour maximiser l'occupation des opérateurs.

Call center (centre d'appels) : Centre dédié et organisé pour prendre et gérer les appels émanant de clients internes ou externes. Il offre un point unique d'entrée aux clients.

CAM (Customer Asset Management) : Gestion de l'actif client. Un principe selon lequel le client est précieux pour l'entreprise. L'activité et le système d'information doivent être organisés pour mieux le connaître et le servir.

CBR (Case Base Reasoning) : Système qui prend en compte toutes les informations concernant le problème. Il les analyse, les compare et établit des liens avec des problématiques déjà traitées et des solutions existantes.

CCM (Continuous Customer Management) : Stratégie qui consiste à optimiser la valeur des relations clients en gérant les contacts par référence au cycle de vie du client : de sa phase d'acquisition jusqu'à la fidélisation en passant par les actions de ventes croisées. Le CCM coordonne les communications entre les différents points de contact client.

Churn : *Voir* Attrition.

Client léger (thin client) : Un ordinateur bon marché, limité dans ces capacités de traitements à l'exécution de programmes Java ou de browsers HTML, et permettant de lancer un programme (souvent un navigateur) qui reconnaît HTML et qui communique avec un serveur Web.

Client-serveur : Architecture informatique s'articulant autour d'un serveur qui gère les données et de clients qui assurent la présentation et le traitement.

CNIL (Centre national pour l'informatique et les libertés) : organisme de contrôle régissant les limites d'utilisation des données à caractère sensible et centralisant les déclarations des traitements automatisés d'informations nominatives.

Collaborative filtering : Technique de personnalisation sous l'Internet.

Configurateur : Outil permettant de définir un produit complexe à partir de ses composants, options et variantes. Les configurateurs permettent de gérer des nomenclatures sur plusieurs niveaux et vérifient la compatibilité des différents composants.

Couplage téléphonie informatique (CTI) : Technologie qui permet de coupler la téléphonie et l'informatique. Le téléphone transmet des instructions au système informatique pour l'exécution de certaines fonctions.

Cross selling : Technique qui consiste à associer les produits. Par exemple, un client qui achète un ordinateur a de grandes chances d'avoir aussi besoin d'une imprimante ; on cherchera à vendre les deux produits ensemble (*voir* Market basket analysis).

Customer Relationship Management (CRM) : La capacité de bâtir une relation profitable sur le long terme avec les meilleurs clients sur l'ensemble des points de contact.

Data cleaning : Processus qui consiste à analyser et à corriger les données extraites des systèmes opérationnels avant d'effectuer le chargement dans les systèmes décisionnels. Cette opération vise à fiabiliser les informations.

Data mining : Extraction d'informations originales, auparavant inconnues, potentiellement utiles à partir de grandes bases de données.

Data warehouse : Collection de données orientées sujet, intégrées, non volatiles et historisées, organisées pour le support du processus d'aide à la décision.

Datamart : Un sous-ensemble du data warehouse orienté vers un objectif spécifique. Sa structure et son contenu sont optimisés pour répondre à cet objectif : faire des ciblages, faire de la vente croisée, etc.

Dictionnaire de données : Référence l'ensemble des définitions sur les données et les métadonnées.

Drill-down : Technique d'exploration des données par les différents niveaux de hiérarchies. Par exemple, pour les données temporelles : années – trimestres – mois.

E-mail : Courrier électronique.

EDI (Échange de données informatisé) : Système permettant d'échanger une information entre les différentes entités, basé sur des normes qui structurent les messages envoyés d'ordinateur à ordinateur.

EIS (Executive Information System) : Système d'information permettant à l'encadrement de bâtir des états d'analyses multidimensionnelles à partir des données du système informatique de gestion.

Encyclopédie marketing : Base de données qui stocke toutes les informations sur les produits, les offres des concurrents, ou toute autre information collectée par le marketing. Elles sont mises à la disposition des forces de vente pour les aider dans le cycle de vente.

ERP (Enterprise Ressource Planning) : Progiciels intégrés couvrant différents domaines (finance, gestion commerciale, ressources humaines, logistique, gestion de production, etc.) possédant une base de données commune, à laquelle ont accès les différents modules de l'offre.

Géomarketing : Système permettant d'intégrer des informations liées à l'environnement spatial dans le système d'information. Les logiciels permettent de restituer les informations statistiques sous des formes cartographiques.

Gestionnaire de campagnes : Outil qui permet d'automatiser les phases de sélection, d'exécution et de mesure des actions marketing supposées modifier le comportement du client. La gestion de campagnes s'appuie sur les informations contenues dans le data warehouse ou la base de données.

GPS (Global Positioning System) : Dispositif embarqué donnant par triangulation une position dans l'espace sur la terre. La triangulation est assurée par une connexion avec 3 des 24 satellites GPS. Le procédé GPS est dérivé du domaine militaire américain

GPRS (General Packet Radio Service) : également appelée 2.5 G (génération 2.5 c'est-à-dire entre la 2G du GSM et la 3G de l'UMTS), norme de transmission de données sur un réseau de téléphonie mobile GSM permettant d'obtenir des débits de l'ordre de 50 à 100 Kbit/s.

Groupe de contrôle : Est utilisé pour évaluer la performance par rapport à un groupe cible. Il est constitué de manière aléatoire. Il permet de mesurer le succès ou l'échec dans la mise en œuvre d'un nouvel algorithme de ciblage.

Groupware : Désigne une offre de logiciels dont la fonction principale est de gérer la circulation de l'information pour permettre à plusieurs utilisateurs de travailler sur les mêmes dossiers.

GSM (Global System for Mobile telecommunication) : Norme pour la téléphonie cellulaire, adoptée internationalement en Europe et en Australie. La norme propose deux fréquences : 900 MHz (Cégétel et France Télécom) et 1800 Mhz (Bouygues Telecom).

GPRS (Global Packet Radio Service) : Norme pour le transport de données sur le réseau GSM permettant d'atteinte des débits utiles de 50 à 100 Kbit/s et autorisant la connexion permanente. Ces services sont disponibles en France, sous le nom de 2.5G, et constituent une étape intermédiaire avant l'arrivée des services UMTS, dits 3 G pour troisième génération, qui devraient voir le jour au plus tôt en 2004.

Help desk : Service dont la fonction principale est de résoudre les problèmes des utilisateurs et de répondre aux questions posées par une base de clients internes ou externes.

Home page (page d'accueil) : Page d'entrée sur le serveur Web, contenant souvent des informations générales sur le contenu du serveur, et assurant les liens avec les pages HTML requises pour le fonctionnement de l'applicatif Internet ou intranet.

Hot line : Service dédié à la résolution de problèmes applicatifs et techniques.

HTML (HyperText Markup Language) : Langage de description de pages hypertexte élaboré par le W3C pour la présentation de données multimédias d'un serveur Web accessibles par Internet.

HTTP (HyperText Transfer Protocol) : Protocole utilisé pour le transfert des pages HTML au travers du réseau entre un serveur Web HTTP et un navigateur HTML.

IP (Internet Protocol) : Protocole de gestion de trafic inter-réseau utilisé par Internet.

Java : Langage de développement informatique conçu par SUN et portable en passe de standardisation dans le monde d'Internet et plus généralement du développement applicatif.

Knowledge management : Ensemble d'outils destinés à collecter, structurer et rendre accessible la connaissance capitalisée par l'entreprise.

LTV (Life Time Value) : Technique pour déterminer la valeur des clients selon leur potentiel long terme.

Market basket analysis : Technique employée dans la distribution pour analyser quels sont les produits les plus vendus et quelles affinités existent entre les marques ou les produits.

Match-code : Code créé à partir de l'extraction de chaîne de caractères sur le nom, le prénom et l'adresse, de façon à permettre des travaux de déduplication ou de fusion dans des fichiers.

Métadonnées : Englobent l'ensemble des informations relatives à la provenance, à l'historique et aux traitements associés aux données de production.

Mise à jour des données : Le processus de rafraîchissement des informations dans le système décisionnel. La fréquence de mise à jour doit être déterminée en fonction des besoins des utilisateurs ou des clients.

Modélisation prédictive : Analyse statistique qui vise à expliquer les variations d'une donnée par la combinaison d'autres données. La valeur prédite peut être un nombre ou une probabilité. Les techniques de modélisation incluent les régressions, les réseaux de neurones et les arbres de décision.

Nettoyage des données : Opération qui consiste à exclure les données incomplètes, manquantes ou erronées.

ODBC (Open DataBase Connectivity) : Interface de connexion aux bases de données définie par Microsoft, qui traduit les protocoles de connexion avec un maximum de transparence.

ODS (Operational Data Store) : Zone de stockage intermédiaire entre les bases opérationnelles et le data warehouse, l'ODS est généralement très proche des structures de données opérationnelles et sert de tampon pour faciliter les processus de chargement.

OLAP (On Line Analytical Processing) : Désigne une catégorie d'outils d'exploitation qui ont pour but d'analyser les données multivariables avec la notion d'hypercube. Ils permettent d'exploiter les dimensions d'une population de données (*voir* Drill-down).

PABX (Private Branche Automatic Exchange) : Autocommutateur ou « standard » téléphonique. On parle aussi de PCBX quand les fonctions de commutation du PABX sont assurées par un ordinateur traditionnel.

PDA (Personal Digital Assistant) : Assistant personnel électronique, ordinateur portable tenant dans la main et assurant des fonctions de navigation sur Internet, de bureautique, d'agenda et de messagerie électronique. Les PDA sont une solution de rechange au client léger pour les utilisateurs itinérants.

Point de contact client : Ensemble des moyens qui permettent à un client d'entrer en communication avec l'entreprise. Les points de contact permettent d'obtenir de l'information ou d'effectuer des transactions : point de vente, représentant, marketing direct, centres d'appels, audiotex, Minitel, Web, téléphone portable.

Predictive dialer : Système informatique qui compose automatiquement les numéros d'appel et élimine les mauvais numéros (fax, répondeur, occupé, absent, etc.).

Profitabilité client : Elle mesure les profits apportés par un client. Elle complète le suivi du profit par produit en intégrant dans la détermination des coûts l'ensemble des coûts de service. Elle privilégie davantage une approche directe d'affectation des prestations en s'appuyant sur le data warehouse.

Programme de rétention : Action marketing qui visent à maintenir la relation avec le client.

Pull (sur Internet) : L'utilisateur tape une adresse ou sélectionne un lien explicitement, ce qui génère une requête qui lui renvoie les informations demandées.

Push (sur Internet) : L'utilisateur reçoit des liens ou des informations en souscrivant à des canaux ou en décrivant des alertes ou des centres d'intérêt.

Réplication : Synchronisation bidirectionnelle des données entre deux bases de données.

Reporting : Tableaux de bord, états d'analyse élaborés par et pour la hiérarchie.

Requête : Demande envoyée à la base de données dans un langage informatique structuré (*voir* SQL).

Réseaux de neurones : Algorithme d'apprentissage composé d'une structure de neurones connectés associant des entrées à une ou des sorties (*voir* Modélisation prédictive).

Scoring à la volée (**scoring dynamique**) : La possibilité de scorer en temps réel un client avec les informations disponibles. Ce type de scoring utilise des données stockées et des données collectées au point d'interaction avec le client (*voir* ODS).

Scoring : Méthode utilisée pour déterminer quels sont les clients ou prospects qui présentent la probabilité la plus forte de répondre à une offre spécifique (*voir* Modélisation prédictive).

SCS (Sales Configuration System) : *Voir* Configurateur.

Segmentation : Opération consistant à décomposer le marché en des groupes homogènes pour mettre en œuvre une politique spécifique par segment.

SFA (Sales-Force Automation) : Logiciels dédiés aux forces de vente et assurant des fonctions de stockage des informations clients et une automatisation du processus de vente (ciblage, alerte, agenda, etc.).

SGBDR (Système de gestion de bases de données relationnelles) : Progiciel ayant pour fonction d'assurer la gestion automatisée de la base de données.

SIAD (Système interactif d'aide à la décision) : Environnement permettant de stocker et de structurer l'information décisionnelle.

SQL (Structured Query Langage) : Langage de manipulation des données supporté par les SGBDR.

Système expert : Système d'aide à la décision qui contient une base de connaissances à base de règles du type Si…Alors.

Télémarketing : Désigne les actions marketing faites au téléphone (ciblage de clientèle, relances téléphoniques, prise de rendez-vous, etc.) par des personnes spécialisées.

Trigger : Désigne la possibilité d'activer de manière automatique une action à partir d'un événement (*voir* Alerte).

Wi-Fi : protocole de gestion de réseau local sans fil efficace sur des distances de l'ordre de quelques dizaines de mètres. Dans la foulée de ce protocole, de nombreux « hotspot » ont vu le jour dans les grandes villes, qui permettent aux utilisateurs nomades de terminaux PC ou PDA de se connecter sur Internet sans fil.

Wireless : ensemble des technologies permettant des communications sans fils comme le Wi-Fi ou le GPRS.

Bibliographie et adresses utiles

Ouvrages de références

Allen C, Kania, Yaeckel, *Guide to One-to-One Marketing*, Wiley, 1998.

Anderson J., Narus J., *Business Market Management : understanding, creating and delivering value*, Prentice Hall, 1999.

Anton J. *et al.*, *Integrating People with Processes and CRM Technology – Gaining Employee Acceptance of Technology Initiatives*, The Anton Press, 2002.

Anton J., *Customer Relationship Management*, Prentice Hall, 1996.

Ashkenas R. *et al.*, *The Boundaryless Organization*, Jossey-Bass Publisher, 1995.

Baier M. *et al.*, *Contempary Database Marketing*, Racom Communications, 2002.

Baron G., *Friendship marketing*, PSI Successful Business Library, 1997.

Barquin R., *Data Warehousing Step by Step*, Prentice Hall, 1999.

Baumard P., Benvenutti JA, *Compétitivité et systèmes d'information*, InterEditions, 1998.

Berdugo A. et al., *Challenge pour les DSI*, Dunod, 2004.

Berdugo A. et al., *Guide du Management des Systèmes d'Information*, Lavoisier, 2002.

Berdugo A., *Le Maître d'ouvrage du système d'information*, Hermes, 1997.

Berry M., Linoff G., *Data Mining techniques*, Wiley, 1997.

Berson A. et al., *Building Data Mining Applications for CRM*, McGraw-Hill, 1999.

Best R., *Market-Based Management, Third Edition*, Prentice Hall, 2004.

Black A. et al., *In Search of Shareholder Value*, Prentice Hall, 2001.

Blattberg R. et al., *Customer Equity*, Harvard Business Scholl Press, 2002.

Bogliolo F., *La création de valeur*, Éditions d'Organisation, 2000.

Boyer L, Burgaud D., *Le Marketing Avancé*, Éditions d'Organisation, 2000.

Brown S., *The Customer Relation Management : linking People, Process, and Technology*, Wiley, 1999

Broydrick S., *The 7 Universal Laws of Customer Value or How to win Customers & Influence markets*, Times Mirrors, 1996.

Champy J., *Reengineering Management*, HarperBusiness, 1995.

Chorafas D., *Agent Technology Handbook*, McGraw-Hill, 1997.

Christopher M., *Relationship marketing*, CIM Professionnal Development Series, 1993.

Chun Wei Choo, *The Knowing Organization*, Oxford University Press, 1998.

Cinquin L. et al., *Le Projet eCRM*, Eyrolles, 2002.

Coyle D., *The Weightless World*, MIT, 1998.

Cram T., *The Power of relationship marketing*, Pitman Publishing, 1994.

Curry J., Stora L., *Le Client, capital de l'entreprise*, Éditions d'Organisation, 1993.

Curry J., *The Customer Marketing Method*, Simon & Schuster, 2000.

Cusack M., *Online Customer Care*, ASQ Quality Press, 1998.

Czegel B., *Running an effective help-desk*, Wiley, 1995.

De Bonis J.N. *et al.*, *Value-Based Marketing for Bottom-Line Success*, McGraw-Hill, 2002.

De Menthon S., *Le Marketing de la réception d'appels*, Éditions d'Organisation, 1997.

Dell M., *Direct from Dell*, Harper Business, 1999.

Devoitine P., *Mettre en place et exploiter un centre d'appels*, Eyrolles, 2003.

Doyle P., *Value-Based Marketing*, Wiley, 2000.

Du Châtelier D., Nogret-Carrega A., *Le Guide juridique du marketing direct*, 1999.

Dufour A., *Le Cyber Marketing*, Presses Universitaires de France, 1997.

Duncan G., *Direct Marketing*, Adams Media Corporation, 2001.

Dyche J., *The CRM Handbook: A Business Guide to Customer Relationship Management*, Addison-Wesley, 2002.

Dyson E., *Release 2.0, a design for living in the digital age*, Broadway Books, 1997.

Edvinson L., Malone M., *Intellectual capital*, Harper Business, 1997.

Evrard Y., Pras B., Roux, *Market, études et recherches en marketing*, Nathan, 1993.

Ferber J., *Les Systèmes multiagents*, InterEditions, 1995.

Foss B. *et al.*, *The Customer Management Scorecard: Managing CRM for Profit*, 2003.

Franco J.-M., De Lignerolle S., *Piloter l'entreprise grâce au Data Warehouse*, Eyrolles, 2000.

Fried L., *Managing information technology in turbulent times*, Wiley, 1995.

Gamble P. et al., *Up Close and Personal? Customer Relationship Marketing at Work*, Kogan Page, 2000.

Geller L., *Response!*, The Free Press, 1996.

Gentle M., *The CRM Project Management Handbook*, 2001.

Goglin J.-F., *La Construction du Datawarehouse*, Lavoisier, 2001.

Gordon I., *Relationship Marketing - New Strategies, Techniques and Technologies to Win the Customers You Want and Keep Them Forever*, Wiley, 1998.

Gouarné J.-M., *Le Projet décisionnel*, Eyrolles, 1998.

Griffin J., Lowenstein M., *Customer Winback*, John Wiley, 2001.

Groth R., *Data Mining: Building Competitive Advantage*, Prentice Hall, 2000.

Hagel J., Singer M., *Net Worth : shaping markets when customers make the rules*, Harvard Business School Press, 1999.

Harvard Business Review, *Measuring Corporate Performance*, Harvard Business Review, 1998.

Hiebeler R. *et al.*, *Best Practices : building your business with customer-focused solution*, Simon and Schuster, 1999.

Horngren C., Foster G., Datar S., *Cost Accounting : a managerial emphasis*, Prentice Hall, 2000.

Hughes A., *Strategic Database Marketing*, McGraw Hill, 1994.

Hughes A., *The Complete Database Marketer*, McGraw Hill, 1996.

Humby C. et al., *Scoring Points*, Kogan Page, 2003.

Hurd M. et al, *The Value Factor*, Bloomberg Press, 2004.

Imhoff C. et al., *Mastering Data Warehouse Design*, Wiley, 2003.

Imhoff C. et al., *Building the Customer-Centric Enterprise*, Wiley, 2001.

Inmon B., *Building the operational data stores*, Wiley, 1998.

Inmon B., Welch, Glassey, *Managing the Data Warehouse*, Wiley, 1997.

Jambu M., *Introduction au data mining*, Eyrolles, 1998.

Johnson H., Kaplan R., *Relevance lost. The Rise and Fall of Management Accounting*, Harvard Business School Press, 1987.

Kelly K., *New Rules for the new economy*, Viking Press, 1998.

Kendall K., *Emerging Information Technologies; Improving Decisions, Cooperation, and Infrastructure*, Sage, 1999.

Kimball R. et al., *The Data Warehouse Lifecycle Toolkit*, Wiley, 1998. [Traduction française : *Concevoir et déployer un data warehouse*, Eyrolles, 2000.]

Kotler P., Dubois B., *Marketing Management*, Publi-Union, 1997.

Lee D. *et al.*, *The Blueprint for CRM Success: Results of a Comprehensive Study Identifying Best Practices Leading To ROI And Factors Contributing To Failure*, 2002.

Lefébure R., Venturi G., *Le data mining*, 2e édition, Eyrolles, 2001.

Lehu J.-M., *Le Marketing interactif*, Éditions d'Organisation, 1996.

Lequeux J.-L., *Manager avec les ERP*, Éditions d'Organisation, 1999.

Levan S., *Le Projet workflow*, Eyrolles, 1999.

Liautaud B., *E-Business Intelligence*, Maxima, 2001.

Longépé C., *Le projet d'urbanisation du système d'information*, Dunod, 2001.

Mattison R., *DataWarehousing and Data Mining for telecommunications*, Artech House, 1997.

McKenna R., *Real Time, Preparing for the age of the never satisfied customer*, McKenna Group, 1997.

Messina E., CTI, *la Téléphonie informatisée*, Eyrolles, 1999.

Micheau A., *Marketing de bases de données*, Éditions d'Organisation, 1997.

Mintzberg H., *Le Management*, Éditions d'Organisation, 1990.

Mintzberg H., *Le Pouvoir dans les organisations*, Éditions d'Organisation, 1986.

Muller J., *The Design of Intelligent Agents*, Springer, 1996.

Naumann E., *Creating Customer Value or The Path to sustainable competitive advantage*, International Thomson Publishing, 1995.

Newell F., *Why CRM Doesn't Work: How to Win by Letting Customers Manage the Relationship*, Mc Graw-Hill, 2003.

Novo J., *Drilling down, turning customer data into profits with a spreadsheet*, Boocklocker.com, 2000.

Parsaye K., Chignell M., *Intelligent Database Tools and Applications*, John Wiley & Sons, 1993.

Payne A., *Advances in relationship marketing*, Cranfield management serie, 1995.

Peck M., *Integrated Account Management*, Amacom, 1997.

Peppers D., Rogers M., Dorf B., *One to One Fieldbook*, Currency Double Day, 1999.

Peppers D., Rogers M., *Enterprise One to One*, Currency Double Day, 1997.

Petersen G., CRM *Best Practices & Self-Assessment*, 2001.

Piatetsky-Shapiro G., Frawley W., *Knowledge discovery in databases*, AAAI Press, 1995.

Pine II J., *Mass Customization*, Harvard Business School Press, 1993.

Reichheld F., *The Loyalty Effect*, Harvard Business School Press, 1996.

Rivard F., Plantain T., L'EAI *par la pratique*, Eyrolles, 2003.

Rust R., Zeithaml V., Lemon K., *Driving customer equity*, Free Press, 2000.

Schonberger R., *World Class Manufacturing*, The Free Press, 1996.

Seybold P., *Customer.com*, Times Business, 1998.

Siebel T., *Cyber Rules*, Currency Doubleday, 1999.

Slywotzky A. *et al.*, *Profit Patterns*, Random House, 1999.

Sterne J., *Building Customer Relationships with email marketing*, Wiley, 2000

Sterne J., *Customer Service on the Internet*, Wiley, 1996.

Stone B., *Méthode de marketing direct*, InterÉditions, 1992.

Storbacka K., Lehtinen J. : *Customer Relationship Management*, McGraw Hill, 2001.

Swift R., *Accelerating Customer Relationships*, Prentice Hall, 2001.

Thompson H., *The Customer-Centered Enterprise*, McGraw-Hill, 2000.

Tourniaire F, *Just Enough CRM*, 2003.

Vavra T., *After Marketing*, Irwin, 1995.

Wayland & Cole P.M., *Customer Connections : New Strategies for Growth*, Harvard Business Scholl Press, 1997.

Webster F., *Market-driven Management*, Wiley, 1994.

Whiteley R., Hessan D., *Customer Centered Growth*, The Forum Corporation, 1996.

Wiserma F., *Customer Intimacy*, HarperCollinsBusiness, 1996.

Woodruff R., Gardial S., *Know your Customer : New Approaches to Understanding Customer value and Satisfaction*, BlackWell Business, 1996.

Articles

Adolf R. *et al.*, « What leading banks are learning about big databases and marketing », *The McKynsey Quarterly*, 1997.

Ambler T., « Abandon lifetime value theories and take care of customers now », *Marketing*, 2001.

Anderson E., Fornell C., Lehman D., « Customer satisfaction, market share, and profitability : findings from Sweden », *Journal of Marketing*, 1994.

Anderson J. et al, « Business Marketing : Understand What Customers Value », *Harvard Business Review*, novembre-décembre 1998.

Beresford S., « Computer telephony integration for beginners », *Sophron Partners*, 1999.

Caar D. *et al.*, « Best Practices in reengineering », *McGraw-Hill*, 1995.

Cage W., Event driven marketing, CRM *Consulting Group*, 1999.

Calciu M., Salerno F., « Modélisation de la Valeur Client : synthèse des modèles et proposition d'extension », *Congrès AFM Lille*, 2002.

Chalder M., Gamble P., Stone M., « Managing good and bad customers in practice », *Journal of Database Marketing*, 2000.

Child *et al.*, « Can Marketing regain the personal touch », *The McKynsey Quarterly*, 1995.

Cooper R., Kaplan R., « Activity-Based Systems : measuring the costs of resource usage », *Accounting Horizon*, 1993.

Day G., « Managing Market Relationship », *Journal of the Academy of Marketing Science*, 2000.

Doane M., « The SAP Blue Book », 1998.

Dowling G., Uncles M., « Do customer loyalty programs really work? », *Sloan Management Review*, 1997.

Dwyer R., « Customer Lifetime Valuation to support marketing decision marketing », *Journal of Direct Marketing*, 1997.

Edgar, Dunn & Company, « In Pursuit of Customer Value », EFMA, 2000.

Eggert A., Ulaga W., « Customer perceived value : a substitute for satisfaction in business markets ? », *White paper University of Kaiserlautern*, 2000.

Frawley A., « Getting from direct mail to continuous customer management », *Exchange Applications*, 1998.

Frawley A., « One-to-One marketing for the masses », *Exchange Applications*, 1999.

Hallberg G., « All customer are not created equal », CRM *Web Site*, 1995.

Hantosia B., « Can you predict when your customers will leave ? ", *Direct Marketing*, 1993.

Hughes A., « What is Customer Relationship Management », DataBase Marketing Institute, 1998.

Jain D., Singh S., « Customer Lifetime Value Research in Marketing: a review and future directions », *Journal of Interactive Marketing*, 2002.

Jambu M., « Estimation et prédiction de la fidélité, de la durée de vie et de la valeur économique des clients, par des techniques de data mining », *Revue française de marketing*, 1998.

Manasco B., « Customer relationship that can last a lifetime », *Knowledge Inc*, 1997.

Meslier F., « La valorisation du capital client », *thèse* HEC- Mines, 1999.

Metzer M., « What consumer value », MBA, 1998.

Morgan R., Hunt S., « The commitment trust theory of relationship marketing », *Journal of Marketing*, 1994.

Mulhern F.J., « Customer profitability analysis : measurement, concentration and research directions », *Journal of Direct Marketing*, 1999.

Narayaman V.G., « Analyzing Standard Costs », *Harvard Business School*, 1995.

Parasuraman A., « Reflections on gaining competitive advantage through customer value », *Journal of the academy of marketing science*, 1997.

Parasuraman A., Grewal D., « The impact of technology on the quality-value-loyalty chain : a research agenda », *Journal of the academy of marketing science*, 2000.

Pinto S., « Relationship marketing », *Mercer Management Journal*, 1997.

Ramirez R., « Pour une nouvelle conception de la création de valeur », *Les Échos*, 1998.

Reinartz W, Kumar V., « On the profitability of long lifetime customers : an empirical investigation and implications for marketing », *Journal of Marketing*, 2000.

Reichheld F., Schefter P., « E-Loyalty : your secret weapon on the Web », *Harvard Business Review*, 2000.

Schneiderman A., « Managing system profit », *Journal of Cost Management*, 2000.

Shaw R., « Measuring, managing and improving the performance of CRM », *Journal of Interactive Marketing* , 1999.

Suther T., « Why data warehouse planners should care about speed and intelligence in marketing », DM *Review*, janvier 1999.

Swift R., « How to successfully manage Customer Relationships through a dynamic info-structure », NCR *Corporation*, 1998.

Vartabedian M., « From Prospect to loyal customer », *Call Center Solutions*, janvier 1999.

Vialle G., « Du Capital Client au marketing relationnel », HEC, 1998.

Vinckier J., « The business promise of 'hub-and-spoke' systems », *The McKinsey Quarterly*, 1994.

Volle P., « La fréquentation des points de vente : valeur du client, fréquence de visite, fidélité et inertie des choix », *Document Internet*, 1996.

Walter A. *et al.*, « Value creation in buyer seller relationships », *Industrial Marketing Management*, 2001

Woods B., « Hidden assets », *Direct Response*, 1993.

Sites Web

Les sites de fournisseurs de solutions

www.act.com : outil de gestion de contacts ACT!

www.access-commerce.com : éditeur de Cameleon, outil de gestion des forces de vente

www.aims-software.com : progiciel de gestion de campagnes marketing

www.amdocs.com : éditeur de la suite ClarifyCRM

www.broadvision.com : personnalisation dynamique sur Internet

www.coheris.com : éditeur de la suite Conso+

www.chordiant.com : suite CRM

www.epiphany.com : suite CRM

www.esrifrance.fr : éditeur d'outils de SIG

www.frontrange.com/goldmine/ : outil de gestion de contacts

www.ines.fr : outil de gestion des ventes et du service client en mode ASP

www.isoft.fr : éditeur des outils de data mining Alice et ReCall

www.maximizer.com : outils de gestion de contacts et de CRM

www.microsoft.com : Microsoft CRM

www.mysapcom : la suite CRM du leader des ERP

www.neolane.com : outil de gestion de campagnes marketing

www.netperceptions.com : outil de filtrage collaboratif

www.onyx.com : éditeur de la suite Onyx Enterprise CRM

www.oracle.com : éditeur du SGBD leader du marché et du progiciel Oracle CRM

www.peoplesoft.com : numéro 2 du CRM depuis le rachat de Vantive

www.pivotal.com : suite CRM destinée aux entreprises de taille moyenne

www.remedy.com : outil de gestion du service client

www.salesforce.com : outil d'automatisation des ventes en mode ASP

www.sas.com : outil de gestion de campagnes marketing

www.selligent.com : suite CRM

www.siebel.com : le leader du marché des suites CRM

www.spss.com : outils d'analyse prédictive et de data mining (Clementine)

www.teradata.com : outil de gestion de campagnes marketing Teradata CRM

www.unicacorp.com/global/france/ : suites Affinium et Marketic

Les sites de documentation

www.1to1.com : le site des gourous du one to one, Peppers et Rogers.

www.cnil.fr : le site d'information de la CNIL

www.crmcommunity.com : portail communautaire sur le CRM

www.crmdaily.com : portail dédié au CRM

www.crm-forum.com : portail dédié au CRM

www.crmguru.com : des articles intéressants

www.customermarketing.com

www.dbmarketing.com

www.dmreview.com

www.ebiz.businessweek.com : le site de *Business Week* sur les technologies Internet

www.journaldunet.com : site généraliste en français avec des articles intéressants sur le CRM

www.planeteclient.com : portail en français sur le CRM

www.socap.org : articles sur le CRM

www.softcomputing.com : le site de la société des auteurs si vous avez des questions

Quelques adresses utiles

CNIL : Commission nationale de l'informatique et des libertés
21, rue Saint-Guillaume, 75007 Paris

SNVPC : Syndicat national de la vente par correspondance
60, rue La Boétie, 75008 Paris

UFMD : Union française du marketing direct
60, rue La Boétie, 75008 Paris

V

valeur client 47, 133, 426
    définition 138
    espérance de profitabilité client 141
    prise en compte dans les systèmes comptables 431
Vantive 242, 344
velocity marketing 171, 187
vendeurs
    aide à la vente 43
    applications nomades 258
ventes 240
    croisées 47
    reporting 308

verticalisation 241
VPCistes 56, 117

W

Wanadoo Data 169
Wi-Fi (Wireless Fidelity) 256
workflow 179, 252, 307

Z

ZAD (zone) 168
zones test 273